堤防土石结合部病险探测监测的理论与实践

赵寿刚　宋力　等　编著

黄河水利出版社
·郑州·

内 容 提 要

本书从理论上探讨了堤防土石结合部病险探测方法的依据，并基于理论演绎进行方法改进，以此为基础开展仪器研发；系统研究了声波、冲击回波、探地雷达、光纤技术等的适用性和可靠性，并结合原型探测进行试用；基于数值模拟等方法开展监测技术理论研究，并进行典型工程试用示范，最终获得成套探测监测技术，在黄河水闸工程中得到了应用。

本书可供水利工程施工、设计、科研人员阅读参考。

图书在版编目(CIP)数据

堤防土石结合部病险探测监测的理论与实践/赵寿刚，宋力等编著. —郑州：黄河水利出版社，2016.12

ISBN 978-7-5509-1672-2

Ⅰ.①堤… Ⅱ.①赵… ②宋… Ⅲ.①堤防-土石坝-安全监控-研究 Ⅳ.①TV871.2

中国版本图书馆 CIP 数据核字(2016)第 319482 号

组稿编辑：王志宽 电话：0371-66024331 E-mail：wangzhikuan83@126.com

出 版 社：黄河水利出版社

地址：河南省郑州市顺河路黄委会综合楼 14 层 邮政编码：450003

发行单位：黄河水利出版社

发行部电话：0371-66026940、66020550、66028024、66022620(传真)

E-mail：hhslcbs@126.com

承印单位：河南承创印务有限公司

开本：787 mm×1 092 mm 1/16

印张：17.5

字数：400 千字 印数：1—1 000

版次：2016 年 12 月第 1 版 印次：2016 年 12 月第 1 次印刷

定价：72.00 元

《堤防土石结合部病险探测监测的理论与实践》编著委员会

主　编	赵寿刚				
副主编	宋　力	苏怀智	李长征		
编　写	杨　磊	李　娜	常芳芳	高玉琴	鲁立三
	张晓英	杨校礼	周兰庭	张　昭	范国群
	王　锐	张清明	郝伯瑾	颜小飞	李延卓
	赵志忠	李姝昱	胡延正	何岗忠	周　杨
	余元宝	谢义兵	张艳蓉	王少锋	

前 言

我国的堤防建设有着悠久的历史,随着人类繁衍与社会经济发展而不断兴起和完善。堤防通常建于江河两岸、湖泊周边等地,用以约束水流和抵御洪水、风浪的侵袭,是极其重要的水工建筑物。除堤防建筑物外,以分洪、排涝、灌溉和供水等为目的,在沿江、河、湖大堤上修建有大量的分洪闸、引水闸、泄水闸(退水闸)、灌排站、虹吸管及其他管涵等水工建筑物。这些建筑物大多采用钢筋混凝土或素混凝土结构,而堤防通常采用土体,由于两者材料不同且属性相差较大,施工时土石结合部的回填土质量较难控制,从而使得土石结合部填土与堤防填土之间的性能指标有一定差别。随着时间的推移,建筑物与填土之间容易出现一些病害,形成安全隐患。通常在堤防的土石结合部由于材质、沉降速率、沉降的不同极易产生沿缝渗漏,进而形成渗漏通道,严重时可引发渗水、管涌等险情,甚至导致堤防决口。

长期以来,大部分土石结合部的隐患排查工作基本依靠人工探视,很容易出现漏查、漏报的情况。如何借助先进的科学探测技术快速有效地探查到隐患部位,有的放矢地进行除险加固是一项十分重要的工作;同时,如何利用先进的监测和预测预报技术及时掌握土石结合部的隐患产生和发展变化情况,并采取相应措施对其进行加固处理也具有重要的现实意义。

在堤防涵闸土石结合部病险探测方面,常规的探测方法有多种,主要包括高密度电法、探地雷达法和声学法等,各有优缺点。如何以现有的探测技术为基础,针对土石结合部的特点,有的放矢地开展相关探测技术的研究是需要解决的问题。在堤防涵闸土石结合部病险监测方面,位移、应力、渗流等可采用常规的监测方法,但是也存在一定的局限性。随着科技的进步,分布式光纤技术在我国大坝安全监测中逐步得到应用,它与常规的监测技术不同,具有分布式、长距离、实时性、精度高和耐久性长等特点,其像人的神经系统一样,能对工程设施的每一个部位进行感知和远程监测、监控。如何根据分布式光纤监测系统的原理、主要特点及性能,把该项技术引入堤防病险监测中来,并为堤防病险监测提供高效的服务也是急需解决的问题。

鉴于此,首先通过调研、资料收集对国内土石结合部存在的病害进行总结分类,并对病害形成原因进行分析,提出病害分类分级及评价初步方法。其次,通过理论分析,对各种探测方法的适用性进行分析,得到应采取多物探方法进行综合探测土石结合部隐患的技术。再次,基于国内外堤防安全监测技术与方法,针对堤防土石结合部病害主要类型及特征,总结常规监测传感器和仪器监测适应性及监测方案,通过理论分析、模型试验,重点对分布式光纤监测渗漏、渗流流速、浸润线技术进行综述。最后,结合工程实例对土石结合部探测方法的技术示范应用进行综述。

由于时间紧迫、水平所限,本书难免存在不当之处,敬请赐教。

作 者

2016 年 9 月

目　录

第一章　绪　论

第一节　基本概况

我国的堤防建设有着悠久的历史，随着人类繁衍和社会经济发展而不断兴起和完善。堤防往往建于江河两岸、湖泊周边等地，用以约束水流和抵御洪水、风浪的侵袭，是极其重要的水工建筑物。目前，国内共整修和加固各类江河、湖泊堤防 28 万多 km，长江、黄河、淮河等主要江河共有蓄滞洪区 98 处，总面积 3.45 万 km^2，总蓄洪量 970.7 亿 m^3。据有关统计，全国现有近 1/2 的人口、1/3 的耕地和约 70% 的工农业总产值在堤防的保护之下。另外，自然环境的变化亦会使堤防存在较多的安全隐患，据不完全统计，1951 ~ 1990 年，我国平均每年洪涝灾害受灾面积 733.33 万 hm^2，其中成灾 466.67 万 hm^2，平均每年损失粮食 28 亿 kg，经济损失约 100 亿元人民币。1980 ~ 1989 年，全国虽然没有发生流域性洪水，但平均每年暴雨洪灾面积达 864.73 万 hm^2，受灾面积比 20 世纪 70 年代增加了 60%，成灾率上升了 21%。

除堤防建筑物外，为分洪、排涝、灌溉和供水等目的，在沿江、河、湖大堤上修建有很多的分洪闸、引水闸、泄水闸（退水闸）、灌排站、虹吸管以及其他管涵等建筑物。这些建筑物大多属于钢筋混凝土结构，而堤防填土是散粒体，两者从属于不同类型的物质且材料属性相差较大，其结合面质量的控制相对较难，导致二者之间的回填土密度和含水率等指标和堤防其他部位填土之间有较大差别，随着时间的推移，建筑物与填土之间出现一些老化病害现象，很容易出现安全隐患。

黄河下游现有引黄渠首水闸 94 座，加上分洪、分凌闸等，存在大量土石结合部位，从 1998 年长江大水的实战来看，每处堤防的土石结合部都是一个较大的隐患，易发生重大险情。在堤防的土石结合部，由于材质、沉降速率、沉降比尺的不同，极易发生沿缝渗漏，进而形成过水通道，引发渗水、管涌等险情，甚至导致大堤决口。1996 年 8 月 14 日安徽省东至县的杨墩抽水站，由于穿堤涵洞处漏沙，致使长江大堤塌陷，造成 1996 年长江最大的决口事故。目前，黄河上已经发现部分水闸存在侧壁渗水、底板脱空、洞身裂缝等问题，所以堤防土石结合部也是黄河防洪防守抢险的重点和难点。长期以来，国内的大部分土石结合部的隐患排查工作都是靠人工探视的方法，很容易出现漏查、漏报的情况。如何借助先进的科学探测技术，快速有效地探查到隐患部位，有的放矢地进行除险加固处理是一项十分重要的工作；同时，利用先进监测技术预测预报土石结合部的隐患发生发展变化，提前发现险情而采取预先防守，也具有重要的现实意义。

第二节　常用探测监测技术

在堤防涵闸土石结合部病险探测方面，其探测方法也有多种，包括高密度电法、探地雷达法和声学方法等。高密度电法是常用的隐患探测方法之一，但在电法勘探中，普遍存在的一个突出的问题，就是电流在地下的集中分布，即主要集中于地表和浅部，随着深度的增加，电流密度剧烈衰减，这一现象严重制约了电法获取深部异常信息的能力。同时，目前在探地雷达数据处理和解释方面，还存在较大的技术提升空间。探地雷达数据处理软件均为有偿使用，结合实际探测情况开发出实用的数据处理软件具有重要的应用价值。声学探测方法也有很多，如声折射波法、声反射波法、瑞利面波法等。声学探测方法都面临着一个难题，即如何在提高声波穿透深度的同时提高探测精度。针对土介质的强衰减特性，如何解决声波探测深度与探测精度之间的矛盾，可采用阵列激发的办法（相控阵技术），提高发射信号功率，接收换能器能够接收较强聚焦点的反射信号，努力提高声波信号的信噪比和图像分辨率。目前，相控阵技术在医学超声领域应用较为广泛，在岩土工程隐患探测方面还未见先例。

在堤防涵闸土石结合部病险监测方面，位移、应力、渗流等一般采用常规的监测方法，目前分布式光纤技术在我国大坝安全监测中逐步得到应用，它与常规的监测技术原理不同，具有分布式、长距离、实时性、精度高和耐久性长等特点，能做到对大型基础工程设施的每一个部位像人的神经系统一样进行感知和远程监测、监控，这一技术已成为一些发达国家如日本、加拿大、瑞士、法国和美国等竞相研发的课题。针对分布式光纤监测系统的原理、主要特点及性能，把该项技术引入堤防病险监测中来，可为堤防病险监测提供高效服务。

第二章　土石结合部病害主要类型及特征

土石结合部主要是指建筑物与填土的结合部位(例如:闸底板与地基土、闸墩与侧向填土、翼墙与侧向填土等),建筑物多属于混凝土结构,刚性较大,而填土多是散粒体,刚性较小,两者属性相差较大,其接合面质量的控制相对较难,随着时间推移,建筑物与土体之间会出现一些病害现象,危害建筑物与土体安全。因此,土石结合部工程质量对于建筑物及其附近土体、堤防的安全来说非常重要。为防患于未然,分析总结病害产生的原因、发生机制,对其进行归类总结,并针对不同的病害类型采取相应的措施。

通过查阅全国几大主要流域典型堤防情况、水闸结构形式以及土石结合部现状,以土石结合部相关文献为基础,重点分析黄河流域出险实际工程,结合水闸检测资料归纳总结堤防土石结合部的病害分类和特征,分析病害出现的原因,并实地调研黄河下游山东境内数十座引水闸,对成果进行补充和完善。

第一节　不同流域土石结合部病险情况

通过查阅黄河流域、长江流域、珠江流域、淮河流域和松花江流域的堤防情况资料,总结五大流域的水闸结构形式,分析各个流域堤防土石结合部存在的问题,归纳总结其普遍性,分析得到造成土石结合部位破坏的原因主要有四种:①砂基渗透和穿堤建筑物接触冲刷;②接触流土;③不同类型裂缝;④冻融、水推及砂岸等。

一、黄河流域

黄河流域堤防主要集中在黄河下游,两岸堤防总长 1 451.68 km,左岸由四部分组成,长 811.68 km;右岸由三部分组成,长 640 km。堤防目前的设防标准,艾山以上按 22 000 m^3/s 流量的洪水设防,艾山以下按 11 000 m^3/s 流量的洪水设防。

黄河下游标准化堤防工程是对原堤身进行加高加固帮宽,即在原有堤防基础上加高培厚,在其两侧进行大量的放淤固堤,因此其土壤分布较为复杂,且由于黄河下游淤积土源、沉积环境等因素决定了其堤身土具有黏粒含量低、粉粒含量高、筑堤土料不容易满足规程规范要求的特点。黄河下游两岸堤防上分布着众多的穿堤涵闸,以涵洞式引水闸为主,考虑地震设防烈度、水闸结构形式、结构材料耐久性三个方面影响因素,水闸原设计竣工资料的完整性及前期开展的水闸安全评价工作,基于统计学考虑一般和突出典型原则,统计分析黄河中下游河南段和山东段 42 座水闸闸基土质类别、土性参数。根据地质统计资料可知,堤身土质主要是浅黄色壤土、砂壤土、粉砂土,并有少量细砂和黏土,堤基土壤土质变化较大,地表 10 m 以内多为砂壤土、粉砂、细砂及黏土互层,还有一些堤基表层或距地表很近的范围内存在较厚的粉砂和细砂层,即黄河下游水闸闸基及回填土类别以软土为主,且闸基土持力层亦以软黏土成分为主。由此,造成建筑物与堤防土体的接触部位土体黏粒含量较少,不利于接触面防渗,穿堤涵闸地基处理不当易出现不均匀沉降引起的裂缝等病害,如山东段码头闸和河南段禅房闸,在较大水位差作用下,可使堤基土体产生渗透变形、渗透破坏或绕渗等病险。

埋藏于堤身及堤基内的动物洞穴、腐朽树洞等,因未填充或填充不密实都构成了隐患,在大洪水时易形成渗漏通道。从整理的渗水及渗透变形资料可看出,自1949年以来,黄河下游临黄堤防在历史上大洪水期发生严重渗水及渗透变形的地段较多,堤基发生渗水的堤段共有290处,其中左岸175处,右岸115处;河南省52处,山东省238处;属严重渗水的有112处,发生过渗透堤段有114处;109处堤段的堤基分布有老口门,占全部渗水堤段的37%,问题相当严重。

二、长江流域

1954年长江发生洪水后,国家制定了"蓄洪兼筹,以泄为主"的防洪方针,在此方针的指导下,全面安排防洪体系建设,堤防工程逐步新建和加固。目前,长江中下游堤防长达30 000 km,其中干流堤防长约3 900 km。

长江中下游堤防挡水高度多在3~5 m,高者可达10 m多,且挡水时间长。部分堤基分布有较厚的淤泥质土或淤泥,部分城市堤段存在杂填土和垃圾土,其强度低、压缩性高,存在沉降变形与稳定性问题,尤其是穿堤建筑物处更为突出;堤身亦存在生物洞穴、堤身土与堤基或穿堤建筑物接触不良、人工杂填土等引起渗漏现象。

与黄河流域堤防穿堤建筑物形式不同,长江中下游以开敞式水闸为主,据不完全统计,流量在100~500 m^3/s的有187余座,流量在500~1 000 m^3/s的有50余座,流量大于1 000 m^3/s的有23座,但结合长江流域特点,造成堤防土石结合部大多土体处于饱和状态。另外,涵闸的地质条件一般较差,除个别为风化基岩外,多数为黏土、粉质黏土、壤土、淤泥质土、粉细砂等,具有抗剪强度低、压缩性高、透水性强等特点,在汛期高水位作用下,易发生渗透变形、"流土"或"管涌"破坏,也可发展成接触冲刷破坏。目前,堤防土石结合部位主要出现的病害有堤基沉降、渗流及管涌等形式,如洞庭湖丹洲垸西子口电灌站穿堤管由于基础均匀沉陷造成的伸缩缝断裂、洞庭湖民主阳城垸蒿子港交通闸因两侧墙及底板未设防渗墙而产生管涌等。

三、珠江流域

按照上、中、下游统筹兼顾的原则,珠江流域防洪规划采取"堤库结合,以泄为主,泄蓄兼施"的方针,重点防护部分区域的防洪安全。规划的防洪措施,首先立足于提高堤防的防洪能力,同时在上、中、下游兴建控制性枢纽工程,逐步形成堤库结合的防洪体系。因此,许多围堤前身是历史老堤,后逐步加高培厚再联围而成,有"银包金"现象(内为砂、外围为土),存在堤身填筑土体组成复杂、碾压密实度不均、透水性变化较大等缺点,少数堤围有白蚁巢、鼠洞等内部隐患。在20世纪80年代后期开始的河道大范围、大规模的无序采砂,使部分砂质河床下切,最大下切深度达10 m,其后果是大堤的险段岸坡连年坍塌,甚至大堤外坡滑塌。

珠江三角洲为河网区,有较多大型防洪(潮)水闸和众多交通闸、涵洞等穿堤建筑物,较多穿堤建筑物修筑年代已久,存在变形、渗漏等隐患:1982 年洪水清西围决堤即是由交通闸冲决引发,1994 年樵桑联围决口亦由荷西水闸冲毁引起。珠江流域不同堤段存在的工程问题基本一致,主要有渗漏和渗透稳定问题、沉降变形和稳定问题及堤坡和堤脚稳定问题。

(1) 堤基渗漏和渗透变形。由于没有黏土盖层,或盖层较薄,或黏土盖层已遭破坏,汛期造成堤基大量渗漏,并在部分地段产生集中渗流甚至出现管涌口,带出大量细中砂,使地基架空。

(2) 岸坡不稳定。岸坡遭受冲刷,出现裂缝、外坡临河挡土墙向外倒塌现象。

(3) 部分水闸、涵闸闸后有渗漏、砂沸等现象,部分涵闸修建时代久远,结构强度和稳定条件降低。

四、淮河流域

淮河流域地处我国东部,介于黄河和长江之间,流域北部是广阔的平原,西部、南部、东北部为山区和丘陵,整个河系呈扇形不对称分布。

淮河流域现有各类堤防 5 万多 km,其中主要堤防 1.5 万 km。由于平原地区主要为冲—湖(淤)积形成的地层,具有明显的韵律,形成“千层饼”状结构,有可能对堤防渗透变形产生影响,多发生清水明流的渗透现象。

淮河流域的水闸各式各样,共有大中型水闸 600 多座,大多建于 20 世纪六七十年代,经过长时间的运行,随着河床演变,部分建筑物下游消力设施不能适应现状河床,导致消力池消力不力,产生水流冲刷,引起海漫及防冲槽破损,甚至危及河床下切;经过多年运行,建筑物表面碳化及裂纹、裂缝严重,甚至产生露筋现象;启闭设备、钢丝绳和电气设备老化,闸门锈蚀严重,缺乏防护装置,甚至出现卡阻现象,存在极大的安全隐患,尤其在汛期给工程度汛带来极大压力。上述问题只是表观现象,用肉眼可直接观察,但结合淮河流域地质条件,水闸不易观察到的部位也会受到不同程度的影响,使得水闸的危险性加大。

五、松花江流域

松花江流域包括嫩江、第二松花江和松花江干流等水系,其防洪工程主要为堤防和水库,工程措施主要是兴建大型水利枢纽工程(多为穿堤建筑物)和修建、加固堤防,控制洪水、消减洪峰,防止洪水泛滥;整修河道、清障疏浚、加大泄量等。

堤防现状存在的主要问题是防洪能力低,堤顶偏低,堤身断面小,且多是在民堤基础上加高培厚而成,未达到防渗标准。另外,堤身土质差、险工多,尤其砂堤段和土砂混合堤段,质量较差,主要问题有:①砂基和双层结构地基的渗透稳定性差;②劣质筑堤土料较多;③由于处于季节冻土区,建筑物地基冻胀问题是现有工程消险加固和工程设计上一个主要的问题。

第二节　工程实例

通过对黄河流域和长江流域的部分堤防或水闸出险工程及黄河流域的水闸检测资料

进行分析，整理得到堤防和水闸出现的病害，对病害进行归类分析。

一、工程出险实例

（一）黄河流域

1. 闫滩引黄水闸病害

1）工程病害概述

闫滩引黄水闸位于黄河右岸菏泽市东明县境内，相应大堤桩号162+070，改建于1982年，为6孔桩基开敞式结构。在2009年安全鉴定工作中发现：洞身段存在94条裂缝，其中83条为贯穿裂缝，最大裂缝宽度为0.87 mm。底板内部混凝土结构存在缺陷，有空洞、贯穿裂缝，且有水渗出，部分部位已产生渗流通道。闫滩引黄水闸正面照及闸前照如图2-1和图2-2所示。

图2-1　闫滩引黄水闸正面照

图2-2　闫滩引黄水闸闸前照

2）病害原因分析

由于涵洞洞身分节长度大，且涵洞地基条件差，所以不均匀沉降大，致使洞身产生裂缝。裂缝渗水已产生渗漏通道，造成洞身周围接触冲刷，进一步加剧了不均匀沉降。

2. 潘庄引黄闸病害

1）工程病害概述

潘庄引黄闸位于山东齐河黄河河务局潘庄险工，闸轴线相应左岸临黄大堤桩号63+120，属于Ⅰ级建筑物。该工程于1971年10月动工修建，1972年6月竣工引水。后因黄河河床淤积、防洪水位抬高及堤顶加高，于1979年10月改建，至1980年8月竣工。潘庄引黄闸为钢筋混凝土箱式涵闸，每3孔为一联，共3联9孔。

潘庄引黄闸介绍石碑、正面照、闸后照及闸前照分别如图2-3～图2-6所示。

（1）1976年大复堤后，洞身清淤检查发现有92条裂缝；1979年3月裂缝达123条；1988年10月为124条（3条漏检，实际为127条，后于1994年6月检查到）；2003年6月增加到129条。

（2）现场调研发现，该闸闸后一侧有严重的渗水现象，水量很大，且浑浊（见图2-7、图2-8）。

图 2-3　潘庄引黄闸介绍石碑

图 2-4　潘庄引黄闸正面照

图 2-5　潘庄引黄闸闸后照

图 2-6　潘庄引黄闸闸前照

图 2-7　潘庄引黄闸闸后渗水

图 2-8　潘庄引黄闸闸后渗水细部

2）病害原因分析

由于洞身分节较长，发生不均匀沉降。1976 年大堤加高，导致洞身不均匀沉降加剧，裂缝增多。

3. 打渔张引黄水闸病害

1）工程病害概述

打渔张引黄闸位于滨州市博兴县境内，相应临黄大堤右岸桩号 183 + 750 处。该闸始建于 1956 年，为桩基开敞式闸，共 12 孔，每孔净宽 4 m，设计流量 120 m^3/s，为中型水闸。

由于黄河河床的不断淤积抬高，老闸设计标准已不能满足防洪需要，于 1981 年修建新闸。新闸位于老闸下游 44 m 处，为六孔桩基开敞式水闸，建筑物等级 I 级。

打渔张引黄闸介绍石碑、老闸、闸前照及闸后照分别如图 2-9 ~ 图 2-12 所示。

图 2-9　打渔张引黄闸介绍石碑

图 2-10　打渔张引黄闸老闸

图 2-11　打渔张引黄闸闸前照

图 2-12　打渔张引黄闸闸后照

下游翼墙在不同年份分别出现渗水险情，具体如下：

1996 年 8 月 8 日洪水期间，闸后消力池两侧浆砌扭曲面翼墙石缝间发生对称渗水，由翼墙上游向下游降低，随着闸前水位的升高，渗水出逸点亦升高。翼墙渗水开始时为清水渗流，随着时间的延长，渗水量逐渐增大且出现浑水。

1997 年汛前对打渔张引黄闸闸前后翼墙进行灌浆处理。1998 年汛期水位超过 16.6 m 时又发生渗水，说明灌浆处理未达到预期效果。

2006 年以来，汛期水位超过 16.3 m 时又发生不同程度的渗水，并且出现逐年加重的趋势，2008 年造成紧急险情。

2）病害原因分析

不均匀沉降变形过大超过规范值（见图 2-13），止水破坏严重，致使闸室前后防渗系统失效形成渗流通道。

4. 刘庄引黄闸病害

1）工程病害概述

刘庄引黄闸位于山东省菏泽市黄河右岸牡丹区境内，相应大堤桩号 221 + 080，修建于 1979 年，为三孔桩基开敞式闸，两岸各有钢筋混凝土岸箱和引桥一孔。2000 年 10 月汛后发现闸后左右岸护坡有渗水现象，且有明显水流，并带少量粗砂，渗水部位高程在 55.45 ~

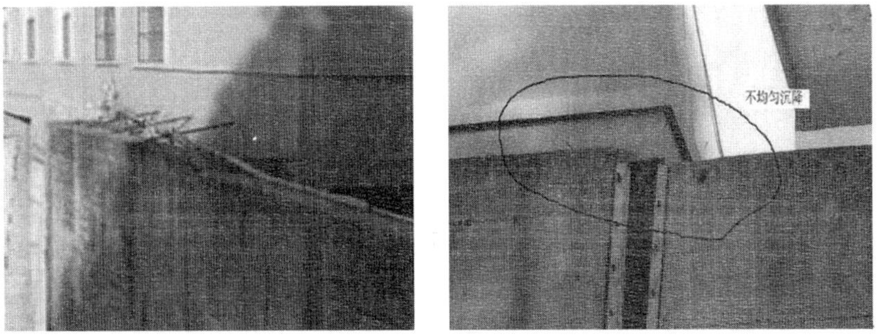

图 2-13　打渔张引黄闸不均匀沉降图

58.0 m，长度 45 m，渗水面积较大，内有 4 个较大的渗水孔洞，其中每 10 min 渗出浑水 1 L，渗水中夹带油星和铁红。

刘庄引黄闸介绍石碑、正面照、闸前照及闸后照分别如图 2-14～2-17 所示。

图 2-14　刘庄引黄闸介绍石碑

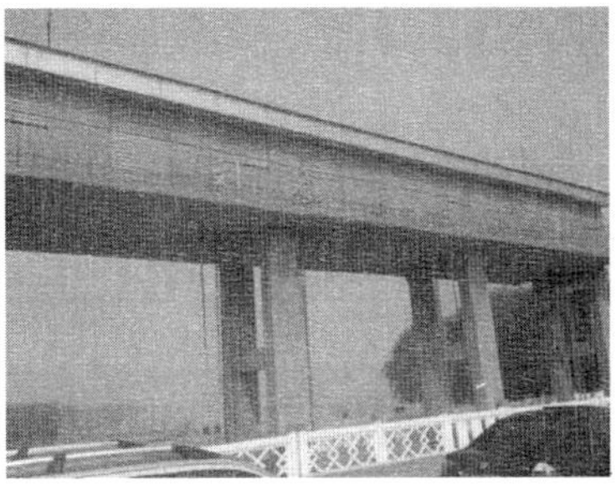

图 2-15　刘庄引黄闸正面照

图 2-16　刘庄引黄闸闸前照

图 2-17　刘庄引黄闸闸后照

2）病害原因分析

该闸 2008 年沉降观测值显示，刺墙与岸箱的沉降差太大，闸前右岸刺墙与岸箱相差 168 mm，左岸刺墙与岸箱相差 164 mm，均大大超过水闸规范允许值（相邻部位的最大沉降差不宜超过 50 mm），造成刺墙与岸箱之间沉降缝宽达 5～10 cm。岸箱与防渗黏土之间的沥青麻布止水可能已老化、拉坏失效，失去防渗作用。

渗水里夹带出三层四油沥青麻布止水损坏产物、沥青油铁锈颗粒，说明三层四油沥青麻布止水可能已损坏。经复核计算闸上游防渗系统在有效、失效情况下，渗压水头在 3.47 m 时，闸后边坡出逸比降均小于允许值，绕渗稳定未遭到破坏，说明“2000 险情”可能不是绕渗稳定遭到破坏而造成的，而是三层四油沥青麻布止水失效在地基与岸箱的接触界面发生“接触冲刷”破坏造成的。

(二)长江流域

1. 洞庭湖丹洲垸西子口电灌站穿堤管伸缩缝断裂

1) 工程出险概述

1996 年 7 月 21 日 0 时，外河水位达 41.74 m 时，发现涵管出口流清水。21 日 1 时左右突然出现浑水，且流量加大到 0.3 m^3/s，进管检查发现距进口 27.5 m(约迎水堤肩1 m)处伸缩缝断裂，缝宽 4 ~ 5 cm，渗水沿管外壁从裂缝中射入管内并挟带泥沙。丹洲垸西子口电灌站险工示意图见图 2-18。

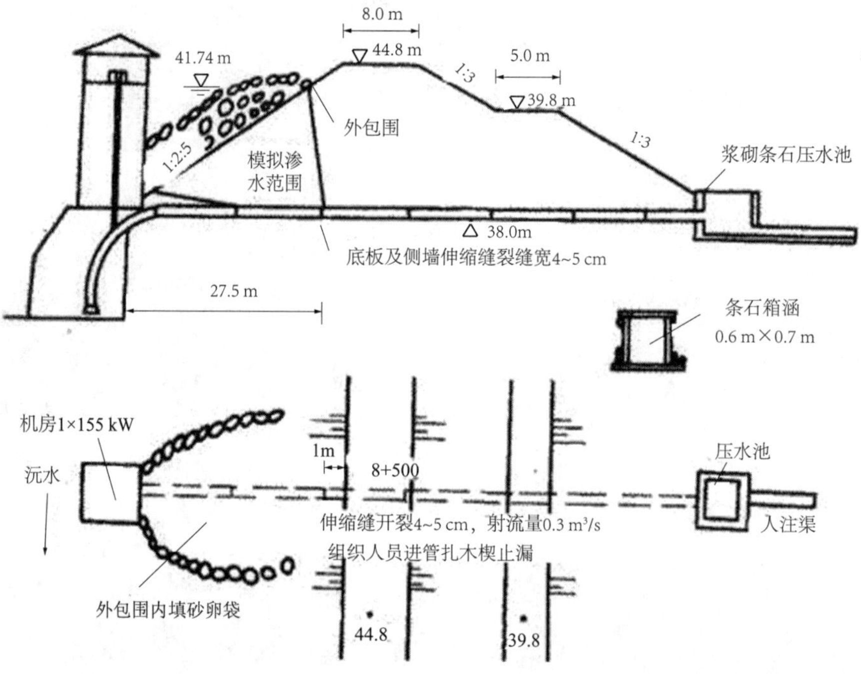

图 2-18　丹洲垸西子口电灌站险工示意图

2) 出险原因分析

出险原因主要是：基础产生不均匀沉陷，造成涵管伸缩缝断裂，渗透水沿管外壁进入管内，形成通道。

2. 洞庭湖沙田垸柳江进水管裂缝涌水冒沙

1) 工程出险概述

1998 年 8 月 20 日 2 时，发现涵管出水口涌水带沙，同时离管身 5 ~ 20 m 范围内的两侧堤身浸水较大。铸铁拍门止水不严，冒清水。进口起 6 ~ 7 节、7 ~ 8 节涵管接头裂缝宽 0.5 ~ 1 cm，冒水不带沙，但第 8 节管身距 8 ~ 9 节接头 0.2 m 处有一环向裂缝，裂缝宽 1 ~ 2 cm，涌水冒沙，且管内集沙最深达 0.1 m，涵管出口涌水量达 25 L/s。堤身背水坡平台至 32.0 m 高程之间发浸严重，坡面松软，用竹竿插入有浸水集中冒出。

2）出险原因分析

涵管持力层天然地基承载力不足，且土质不均，施工中管基未作任何处理，涵管裂缝位置正处于堤身外肩之下，而梯形断面的堤身下涵管应力分布是中间大、两端小，由于地基的不均匀沉陷，造成管身环向折断。

3. 洞庭湖民主阳城垸蒿子港交通闸管涌

1）工程出险概述

1998 年 7 月 23 日 0 时许，外河水位 38.60 m，两侧墙闸首部有几处渗流；3 时许，水位达 38.90 m，两侧墙和底板共有 22 处鼓水涌沙，直径 0.5 ~ 1.5 cm，涌水柱 0.7 m 以上，挟带堤身泥土。渗水总流量在 0.5 m^3/s 以上，随着水位的增长，流量也逐渐加大。

2）出险原因分析

该闸两侧墙及底板未设防渗墙，虽经两次培修加固，闸体也相应加修，但工程质量较差，培埋不实，使墙身与土体结合不好，形成薄弱环节。1995 年、1996 年两次高水位造成的损伤未做及时彻底处理，在 1998 年遭遇更高水位时使险情进一步扩大。

4. 洞庭湖三合垸龙井闸闸底板管涌

1）工程出险概述

7 月 4 日晚 21 时，外湖水位 34.4 m、内湖水位 29.2 m 时，距进口 5 m 处出现管涌，直径 18 cm，流量 3 L/s，并严重挟沙出流。对该点压渗后，管涌范围扩大，约 21 m^2，出逸点增到 4 处。

从 8 月 26 日开始，外湖水位 35.7 m，第一次出现的管涌点位置再次出现管涌，直径约 15cm，挟沙程度一般。

2）出险原因分析

(1)出口消力池彻底破坏，将出口冲成深坑，坑深达 4 m，高程约 27 m，面积 30 m^2，在闸室出口形成陡坎。由于冲坑底板高程低于外河河滩沙洲高程，将透水性强的沙层裸露出来，在闸底板形成了强透水通道，使闸室底板渗径大为缩短。

(2)进口底板没有设带反滤层的浆砌石(或混凝土)底板，在扬压力作用下，闸基础进口处土层破坏，形成管涌。忽略沙基水力坡降的损失，则水力坡降高达 1.73，极易使土体失稳。

(3)该闸靠近河床位置，下部沙基础高程较高，土壤保护层较薄，渗流网分布不均，主要由进出口土层控制渗流，一旦土层破坏，则易发生管涌。

5. 洞庭湖安保垸大鲸港交通闸底板翻沙鼓水

1）工程出险概述

1998 年 7 月 22 日下午，外河水位达到 40.10 m 时，内扩散段与闸墙结合处底部翻沙鼓水。随着洪水位的持续升高及渗水时间的延长，涌水量逐渐增大。此后，扩散段与底板结合处又连续发生了 3 处涌水点，涌水孔径 0.12 m，水柱高由原来的 0.2 m 增加到 0.8 m。

2）出险原因分析

该堤段是由内向外移筑的临洪大堤，基础是坑塘，处理不够彻底，闸体石墙培箱不够密实，培箱与主体结合部被淘空而形成管涌。

6. 洞庭湖育乐垸北岭闸管壁外集中渗水

1）工程出险概述

1998 年 7 月 27 日 6 时 30 分，外河水位达到 37.50 m，内引水渠与管道出口一字墙的结合部位突然鼓浑冒泡，在 5 ~ 6 min 内，明显出现浑水并很快形成高约 1.5 m 的水柱，在不到 30 min 内，水柱增高，达到近 2 m，出水量约为 8 英寸水泵的水量。水下探摸发现，该闸北面的淤塞土方出现裂缝，宽约 0.05 m，导墙底板沉陷，水从管道外渗入。

2）出险原因分析

柏油杉板老化损坏，在水压作用下外侧填土沿伸缩缝冒出，管壁外围形成空洞；水位高，渗透压力大，土体随渗水沿管壁流动。

二、工程出险特征分析

工程出险特征分析见表 2-1。

表 2-1　工程出险特征分析表

病险类型	实例名称	病险描述	病险原因
裂缝	洞庭湖丹洲垸西子口电灌站穿堤管伸缩缝断裂	缝宽 4 ~ 5 cm	基础产生不均匀沉陷，造成涵管伸缩缝断裂，渗透水沿管外壁进入管内，形成通道
	洞庭湖沙田垸柳江进水管裂缝涌水冒沙	2 条裂缝：第 1 条缝宽 0.5 ~ 1 cm，在进口起 6 ~ 7 节、7 ~ 8 节涵管接头；第 2 条缝宽 1 ~ 2 cm，在第 8 节管身距 8 ~ 9 节接头 0.2 m 处	涵管持力层天然地基承载力不足，且土质不均，施工中管基未作任何处理，由于地基的不均匀沉陷，造成管身环向折断，而涵管的裂缝位置正处于堤身外肩之下
	闫滩引黄闸病害	裂缝有 94 条，其中 83 条为贯穿裂缝，最大裂缝宽度为 0.87 mm。洞身段底板内部存在空洞、贯穿裂缝缺陷，产生渗流通道	涵洞洞身分节长度大，且涵洞地基条件差，所以不均匀沉降大，致使洞身产生裂缝。裂缝渗水已形成渗漏通道，造成洞身周围接触冲刷，进一步加剧不均匀沉降
	潘庄引黄闸病害	1976 年大复堤后，洞身清淤检查发现有 92 条裂缝；1979 年 3 月裂缝达 123 条；1988 年 10 月为 124 条(3 条漏检，实际为 127 条，后于 1994 年 6 月检查到)；2003 年 6 月增加到 129 条。后期调查发现闸后一侧有严重的渗水现象，水量较大且浑浊	洞身分节较长，发生不均匀沉降。1976 年大堤加高，致使导致洞身不均匀沉降加剧，裂缝增多
	打渔张引黄闸病害	1996 年 8 月 8 日洪水期间，闸后消力池两侧浆砌扭曲面翼墙石缝间发生对称渗水。2006 年以来，汛期水位超过 16.3 m 时，发生不同程度的渗水，并且出现逐年加重的趋势，2008 年造成紧急险情	沉陷变形严重超过规范值，导致止水破坏严重；不均匀沉陷，致使闸室前后防渗系统失效，形成渗流通道
	总结原因：主要原因是地基较差，承载力不足导致不均匀沉陷		

续表 2-1

病险类型	实例名称	病险描述	病险原因
空洞和不密实	黄河东平湖围堤反滤	—	断面不足;堤身土质不均,夹杂有黏性土,渗流不畅,抬高浸润线;堤基有透水性很强的古河道砂层,以致堤基渗水压力大,在堤基薄弱点逸出
	汉江干堤东岳庙穿堤漏洞	3个洞口喷水,最大直径为0.6 m,并挟带小土粒向外喷,水柱高达5~6 cm	修建该堤时,堤防施工管理不规范,大量冻土上堤且冻土块体未打碎,积雪未清除。特别是施工交接处,碾压不实,造成堤身内部空洞
	洞庭湖民主阳城垸蒿子港交通闸管涌	两侧墙和底板管涌22处,直径介于0.5~1.5 cm,涌水柱0.7 m以上	工程质量差,培埋不实;旧病害处理不彻底;遭遇异常高水位
	洞庭湖三合垸龙井闸闸底板管涌	管涌1处,范围约21 m^2,距进口5 m	出口消力池彻底破坏,将出口冲成深坑,冲坑底板高程低于外河河滩沙洲高程,将透水性强的沙层裸露出来,在闸底板形成了强透水通道,使闸室底板渗径大为缩短;进口底板未设带反滤层的浆砌石(或混凝土)底板,致使进口闸基础处土层破坏;土质状况差,渗径短
	洞庭湖安保垸大鲸港交通闸底板翻沙鼓水	管涌3处,孔径0.12 m,高达0.8 m	该堤段是由内向外移筑的临洪大堤,基础是坑塘,处理不够彻底,闸体石墙培箱不够密实,培箱与主体结合部被淘空而形成管涌
	洞庭湖育乐垸北岭闸管壁外集中渗水	裂缝1条,宽约0.05 m,位于闸北面的淤塞土方处	柏油杉板老化损坏,在水压作用下外侧填土沿伸缩缝冒出,管壁外围形成空洞;水位高,渗透压力大,土体随渗水沿管壁流动
	刘庄引黄水闸病害	闸后左右岸护坡有渗水现象,存在明显水流,并带少量粗砂,渗水面积较大,内有4个较大的渗水孔洞,其中一个每10 min渗浑水1 L,渗水中夹带油星和铁红	三层四油沥青麻布止水失效,在地基与岸箱的接触界面发生"接触冲刷"破坏
	总结原因:施工控制不严,回填土质量不佳,回填不密实,存在施工空洞;临背水面水位相差大,渗水压力大		

续表 2-1

病险类型	实例名称	病险描述	病险原因
生物洞穴	黄河济南市老徐庄堤段险情	背河戗顶与坡首结合处直径约 0.1 m 的浑水漏洞 1 个；临河堤坡上水深 1.0 m 处进水洞口 1 个	堤身有裂缝、地羊洞、大树根洞等隐患；土料回填压实不够且多为砂土；水位较高，水压大，渗水流速快，经浸润与隐患连通，产生漏洞
	洞庭湖白泥湖杨家山段漏洞	漏洞直径达 10 cm，流量大且冒沙，夹有大量泥球，泥球最大直径 2.5 cm	多次培修，土质不均、夯压不实，堤内留有原公路路基的砖渣石块及树根杂物，高水位时形成漏洞
	总结原因：蚁洞、兽洞、树根洞		

三、水闸工程实例

(一)刘楼引黄闸

1. 工程概况

刘楼引黄闸位于濮阳市台前县，大堤桩号为 147 + 040 处，为单孔涵洞式水闸，共 8 节，每节长 10 m；闸底板形式为整体式，闸基采用 70 cm 桩径的旋喷桩 78 根加固，按Ⅰ级建筑物设计，抗震设防烈度 8 度。该闸建成于 1984 年，设计引水位 46.26 m，设计引水流量 15 m^3/s，设计灌溉面积 7 万亩①，由河南黄河河务局规划设计院设计，河南黄河工程局承建。该闸纵剖面图和平面布置图见图 2-19、图 2-20。

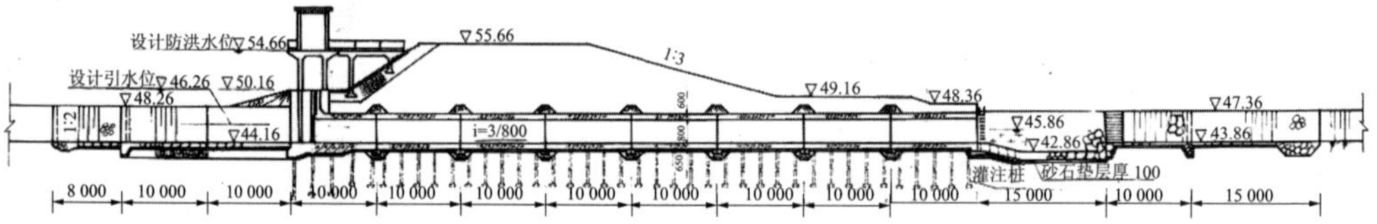

图 2-19　刘楼引黄闸纵剖面图

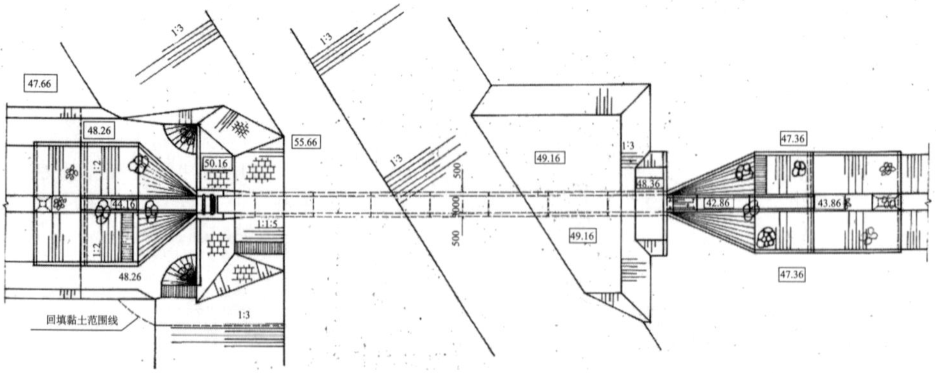

图 2-20　刘楼引黄闸平面布置图

①1 亩 = 1/15 hm^2 ≈666.67 m^2。

2. 土石结合部病害

在 2009 年的安全鉴定中发现该闸土石结合部存在如下主要问题：

(1)上游两岸护坡。上游两岸护坡为浆砌石结构，两岸各有一条裂缝(见图 2-21)：左岸护坡裂缝位于进口与护坡交接处，向上游延伸共长 4.1 m，距闸底 2.0 m，最大缝宽 5.0 mm；右岸护坡裂缝位于进门与护坡交接处，向上游延伸，共长 5.2 m，距闸底 2.5 m，最大缝宽 3.0 mm。上游两岸护坡裂缝示意图如图 2-22 所示。

(2)下游两岸护坡。下游两岸护坡为浆砌石结构，两岸护坡各有 1 处裂缝(见图 2-23)：左岸护坡裂缝距出口 1.5 m，沿 45°角向下延伸至底部，最大缝宽 3.0 mm；右岸护坡裂缝距出口 2.8 m，长 1.7 m，距护坡底部 1.4 m，最大缝宽 2.0 mm。

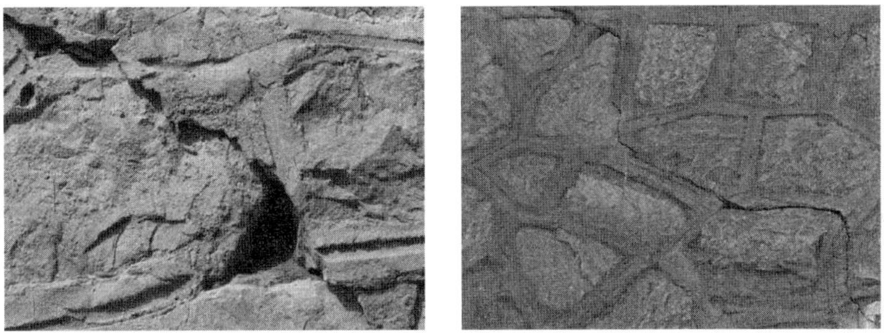

图 2-21　上游左右岸护坡裂缝

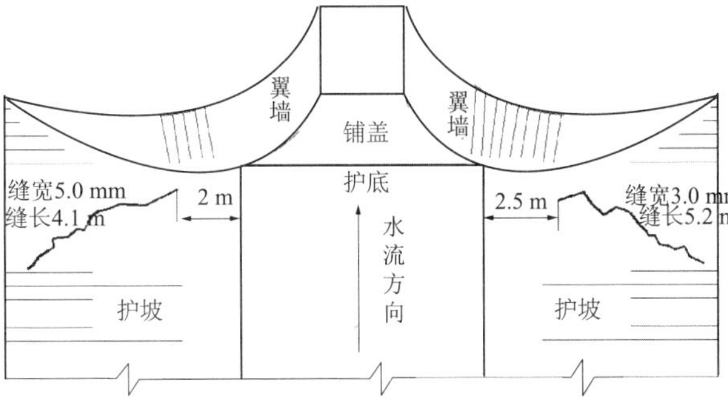

图 2-22　上游护坡裂缝

3. 土石结合部相关施工方法

(1)土方回填。护坡施工采用填土与砌石同步施工的施工工艺，边砌石边填土。土石结合部分除人工夯实外，还进行开沟灌水浇实；新老部位进行了开蹬，人工夯实或用水灌实；回填土与洞身结合部位，先在洞身上刷一层黏土浆，然后回填土，随刷随填，使填土与洞身结合密实。黏土回填，特别是在黏土环的施工过程中，因黏土与一般土互相影响，所以采取了穿插进行的工序：先在洞顶以上准备足够多的黏土，在一般土回填的同时，边填边采用人工夯实，经现场取样和室内试验干容重基本达到 1.6 t/m^3 以上。

(2)砌石工程。由于施工队经验技术不足，导致砌石施工的连续返工，造成一定的工程质量隐患。

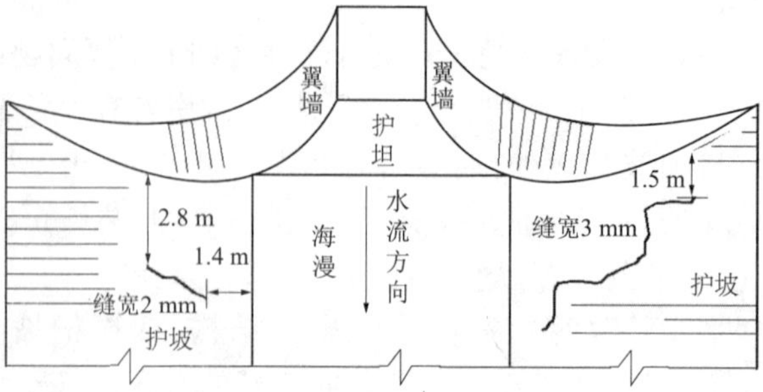

图 2-23　下游护坡裂缝

(二)石头庄引黄闸

1. 工程概况

石头庄引黄闸位于临黄堤桩号 20 +403 处，于 1967 年 1 月开工修建，1967 年 9 月竣工，为 I 级建筑物，地震设防烈度为 7 度。

该闸为 3 孔钢筋混凝土箱式涵洞式水闸，孔口宽 2.0 m，高 2.2 m，纵剖面图及平面布置图见图 2-24、图 2-25。该闸进口位于天然文岩渠右渠堤上，翻水段(倒虹吸)穿过天然文岩渠渠底，出口设于临黄大堤背河堤脚，在临黄大堤上设有防洪闸。进口闸门为木质闸门，15 t 手动螺杆式启闭机，启闭机房为砌体结构；防洪闸门为钢筋混凝土平板直升闸门，启闭机为 30 t 手电两用螺杆式启闭机。

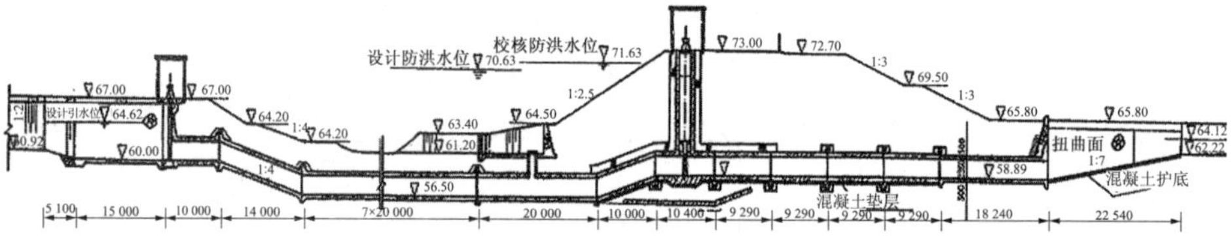

图 2-24　石头庄引黄闸纵剖面图

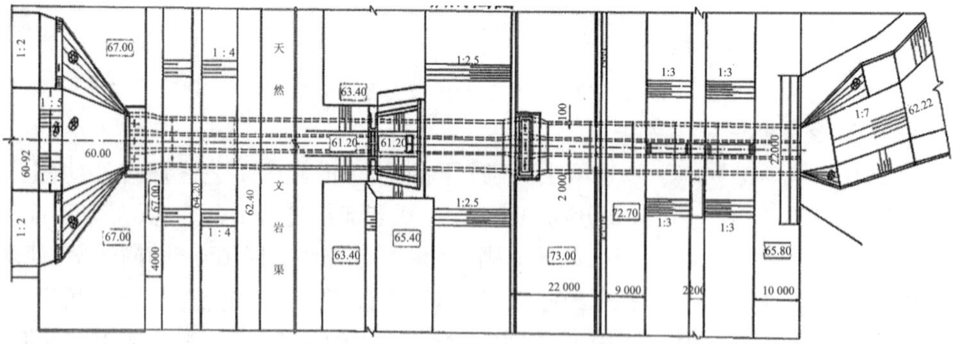

图 2-25　石头庄引黄闸平面布置图

随着黄河河床淤积，设防水位抬高，原工程设防标准低，再加上工程出现严重问题，该闸于 1991 年 10 月改建。改建后建筑物总长 302. 44 m，闸室与涵洞共长 260 m，临黄大堤下的改建闸部分长 58. 13 m，共分 6 节，1 节斜坡涵洞 1 × 10 m，1 节天井涵洞 1 × 10. 4 m，

4 节平洞 4 × 9.29 m，宽度 7.6 m。上游铺盖长度 15 m，下游浆砌海漫厚 500 mm，长 22.54 m。工程设计流量 20 m^3/s，加大流量 25 m^3/s。改建后整个水闸第 1 节为闸室段，第 2 节至第 11 节为翻水涵洞段，第 12 节为天井涵洞段，第 13 节至第 17 节为引水涵洞段。

本工程设计灌溉面积 19.786 万亩，旱作物灌溉面积 13.388 万亩。该水闸是长垣河务局引水量最大、水费收入最高的一个闸门，主要向长垣县的孟岗、满村、方里、丁栾、佘家、城关六乡镇供水，全年一般运行 8 ~ 10 个月，年引水量在 4 000 万 m^3 左右，灌溉面积为 12 万亩，补源 10 万亩。

2. 土石结合部病害

在 2005 年的安全检测中发现该闸土石结合部存在如下主要问题：

(1) 上下游护坡。上下游护坡均有裂缝，如图 2-26 所示。上游左岸护坡顶部与涵洞顶板交界处、下游左岸护坡顶部与涵洞顶板交界处存在有较大面积的混凝土脱落区。

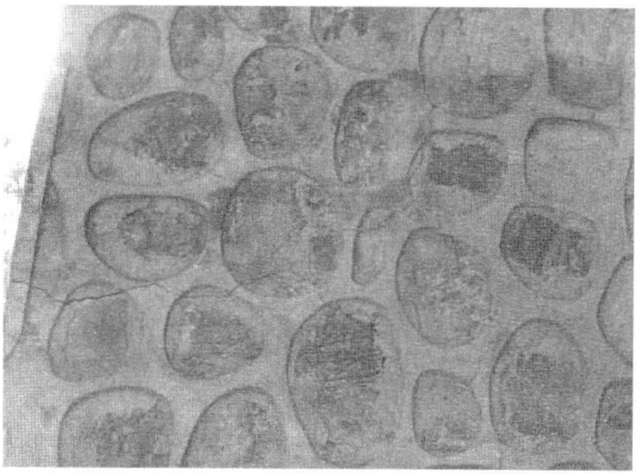
图 2-26 护坡裂缝

(2) 翻水涵洞。翻水涵洞段共计 70 条裂缝，其中左侧墙共计有 27 条裂缝，右侧墙有 22 条裂缝，顶板有 21 条裂缝，底板没有可见裂缝。上述裂缝在左侧墙，顶板右侧墙对应位置连贯成"Π"形的裂缝共有 17 对、51 条，占全部裂缝数量的 4/5 多。渗漏部位共计 68 处，而对应于上述裂缝产生渗漏的部位的共计 46 处。

(3) 引水涵洞。引水涵洞的主要问题是第 5 节存在较大的外观质量问题，有 6 条裂缝和 6 处渗水部位，其中在左侧墙、顶板和右侧墙对应位置连贯形成"Π"形的裂缝共计 2 对，占裂缝数量的 100%。

3. 土石结合部相关施工情况

1968 年石头庄引黄闸竣工验收时发现，混凝土工程存在严重问题。由于施工中模板接缝不严密，支撑不牢固，混凝土振捣不够，时间短，间距大，插入深度不够和无人下仓，铺筑不均，浇筑层过厚，下料分离等造成混凝土蜂窝麻面和空洞，空洞深度最大达 14 cm，一般 4 ~ 8 cm，漏浆面积大者达 400 cm × 80 cm，渗水 771 处，其中比较严重的有 38 处，底板上有 1 处冒浑水，并且带出一部分泥沙。渗漏部位绝大部分集中在洞内两侧墙高 1.2 m 以下的范围内，又多集中在墙与底板接合处的八字角，约占八字墙角总面积的 70%，顶板与沉陷缝也有不少漏水处。工作缝未处理好，经处理后仍有漏水与渗水 25 处(两侧墙与底板)。第 4 节到第 8 节涵洞，质量差且有严重的漏水问题，经过处理后个别部位仍有渗漏。

1989 年 2 月的清淤检查发现，位于临黄堤以下的第 10 节、第 11 节(每节长 20 m)和第 13 节(长 18 m)涵洞中部有明显的环向裂缝，一般缝宽 1 ~ 8 mm，最大缝宽 15 mm，并伴有严重的漏水现象。

该闸于 1991 年改建，改建措施为：对于处于天然文岩渠以下部位，因对防洪安全无影响,仅做补漏处理;对处于临黄大堤以下的涵洞,即第 11 节至第 15 节涵洞,考虑到加高堤防及原工程结构强度不够等因素,在进一步做工作基础上予以加固或拆除重建。竣工后,洞身与洞接头处仍然存在渗漏问题。

(三)花园口引黄闸

1. 工程概况

花园口引黄闸位于郑州市郊区,黄河南岸花园口险工 117 和 118 坝之间,大坝公里桩号 10 +915 处,始建于 1955 年,为黄河下游引黄 Ⅰ 级水工建筑物。该闸为 3 孔箱式涵洞式水闸,闸室长 6.4 m,后接两节涵洞,每节长 11.25 m,每孔宽 1.6 m、高 1.8 m,设钢木平板闸门,7 t 手摇电动两用螺杆式启闭机,地基为沙壤土和粉沙混合土,由黄委会设计院设计,河南省水利厅施工,河南黄河河务局管理使用。设计引水流量 20 m^3/s,加大流量为 35 m^3/s,设计放淤面积为 0.276 万 hm^2,灌溉面积 2 万 hm^2,并担负郑州市工业和生活用水。

花园口引黄闸自建成以来,对改变花园口地区的农业面貌起了很大作用,同时对郑州市的工农业生产用水以及淤背固堤发挥了重大的工程效益。由于地处险工地段及黄河河床逐年淤积,洪水位相应升高,闸的渗径不足,闸上堤身单薄,涵洞结构强度偏低,遂于 1980 年 10 月进行改建,改建内容为:按原涵洞断面沿旧洞出口向下游接长洞身 52.5 m,老洞末节接长 1.0 m,其余分 6 节,其中 1 节长 11.5 m,另 5 节每节长 8.0 m;竣工堤顶高程为原高程,不再覆土;原闸门改为平板钢闸门,启闭机更换为 20 t 手摇电动两用螺杆式启闭机。设计防洪水位为 96.4 m,校核防洪水位为 97.4 m,改建后建筑物总长 118.2 m,其中闸室和洞身段共长 81.4 m。

初步调查发现,洞身段上部土的高度及其顺水流方向分布的宽度发生了较大变化,以闸墩顶部为基准点,并以原来高程为基准高程,测得引水涵洞段上部土的现状剖面图见图 2-27。

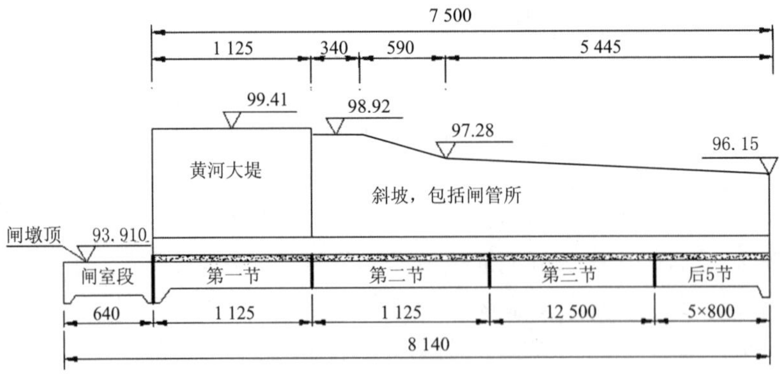

图 2-27　花园口闸引水涵洞段上部覆盖土的相对高程　(单位:高程,m;长度,cm)

2. 土石结合部病害

在 2006 年 10 月的安全检测中发现该闸土石结合部存在如下主要问题:

洞身第一节、第二节侧墙均有数条裂缝(见图 2-28),裂缝走向基本上为竖向,上宽下窄。最大裂缝为 0.3 m,最小裂缝为 0.05 m,均已贯穿。

3. 土石结合部相关施工(改建工程)情况

(1)主要施工方法。

基坑排水采用井点排水和明排水相结合;拆除工程采取人工辅以松动爆破施工,拆除下部结构及开挖土方时,安装井点排水,土方开挖采用人力挖装,架子车或机械运输。

图 2-28　侧墙典型裂缝

涵洞混凝土基本采取机械施工,因后期气温过低,按冬季施工要求,采取相应措施。

涵洞接头黏土料应及早备料,严格控制质量,回填土方采用铲运机、自卸汽车施工,也考虑人力挖装运输。

土方开挖和回填土是间断进行,回填土压实采取人力夯实和机械夯实相结合。

(2)施工中的问题。

新涵洞垫层比设计高程偏低 11 ~ 14 cm,一次纠偏采取加厚底板钢筋保护层的方法,但是没有达到要求,经过采取了通过加厚涵洞顶板保护层的二次纠偏,使得顶板高程达到设计要求。

第 2、4 节洞身由于底板底部超挖,底板下层钢筋部位下降,致使洞身钢筋整体下移,为了保证洞顶高程符合设计要求,顶板上部保护层加厚。

大堤回填土料含水率较大,碾压时出现局部“橡皮土”,干容重达不到 1.55 kg/m^3,土料掺杂有少许黏土。后期回填土施工方法有了改进,质量有所提高。

(四)马口排灌闸

1. 工程概况

马口排灌闸位于山东省东平县洲城镇孟庄村,建在大清河进入东平湖(老湖)入口处,所在围坝桩号 79 +300,于 1966 年设计并建成。该闸原设计防洪水位 43.29 m,校核防洪水位 44.79 m。涵闸设计引水位 38.29 m,设计引水流量 4 m^3/s,为穿堤闸,钢筋混凝土单孔箱式结构,混凝土设计标号 150#(约相当于 C13 强度等级)。工程总长 107.7 m,其中进口段长 24.5 m,闸室及洞身段、竖井段长 54.2 m,出口段长 29.0 m。闸室总宽度 3.6 m,闸室底板高程 36.79 m,胸墙顶部高程 42.44 m,启闭机台顶部高程 46.29 m,机房为简易砌砖房,采用长 10.5 m、宽 2.0 m 的便桥与围坝连接,机房内布置一台 5 t 的手摇螺杆启闭机,闸门为钢筋混凝土结构,设计标号 150#;涵洞洞身为方形断面,净宽 2.0 m,净高 2.0 m。洞身沉陷缝止水结构为内侧采用橡胶明止水,外侧采用两层三油沥青麻布包裹,缝内填沥青杉板,缝周围设黏土防渗环。涵洞出口处高程 36.69 m;出口竖井顶部高程为 42.79 m。竖井内布置一台 5 t 的手摇螺杆式启闭机,该启闭机及闸门是后期因排涝要求修建泵站而设置在涵洞泄水侧的。

排涝站位于涵闸出口左侧,修建于 1989 年 5 月,设计排涝水位 37.29 m/37.79 m(因安装高程不同),设计排涝流量 10 m^3/s。泵房长 27 m,宽 7.5 m,布置 7 台 28ZLB-70 型水泵,水泵扬程 7.83 m,进水池底部高程 34.99 m/35.49 m。泵房底板高程 40.49 m,水泵出水管直径 800 mm,出水口处高程 39.49 m/38.79 m/38.19 m。距泵房后面 7.3 m 有一断面为 2.5 m×2.5 m 的钢筋混凝土压力涵洞与水泵出水口相交,并与闸涵洞垂直相交于出口竖井处。该涵洞沉陷缝止水形式与闸涵洞身沉陷缝止水形式相同。

涵闸及泵站除闸室、涵洞、泵房采用混凝土结构外，其余部位如进出口翼墙、护坡、底板等防渗、防冲设施均采用浆砌石结构。

原闸 1966 年设计并建成，当时未考虑地震因素（本地区基本地震烈度为 7 度）。

2. 土石结合部病害

在 2004 年安全检测中发现该闸土石结合部位存在如下主要问题：

（1）上游砌石翼墙。

进口前缘左侧翼墙距闸口 7.1 m 处有一条从上斜至下的贯穿缝，最大缝宽 45 mm，长 1.7 m（见图 2-29）。进口前缘右侧翼墙距闸口 7.8 m 处有一条从上斜至下的贯穿缝，最大缝宽 38 mm。与进口段和闸口在同一直线上的右侧浆砌石挡土墙出现了宽 50 mm、长 1.8 m 的裂缝，个别块石脱落，脱落的最大块石尺寸为 24 cm × 13 cm（见图 2-30）。分析其成因应为挡土墙不均匀沉降。上游裂缝示意图如图 2-31 所示。

图 2-29　进口前缘翼墙裂缝

图 2-30　进口段右侧砌石挡墙裂缝

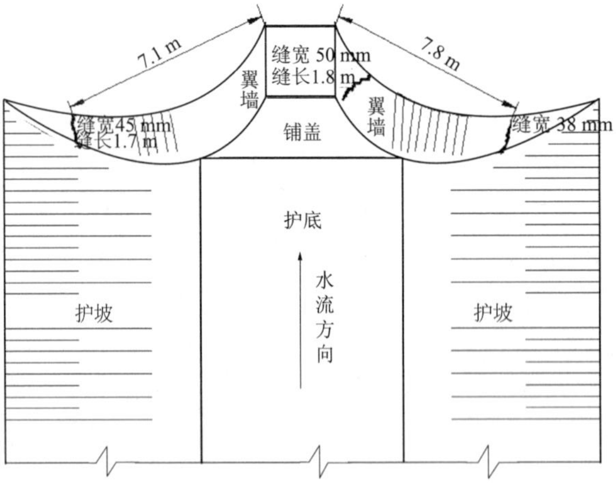

图 2-31　上游裂缝示意图

（2）下游砌石翼墙。

两侧翼墙均为浆砌块石结构，砌石块体大小不规则，结构基本完好，无开裂、风化等现象，勾缝砂浆外观较好，其外观总体好于进水口两侧翼墙。

出口闸后左边翼墙上有一条宽 5 mm、长 1.5 m 的裂缝（见图 2-32），根据裂缝形态和走势判断，应为裂缝两边不均匀沉降较大，使得拉应力超过浆砌石的砂浆抗拉强度所致。钢闸门顶部浆砌石在东平湖水位较高时，在翼墙与闸墩开裂部位漏水严重（见图 2-33），说明该裂缝已经贯通且缝隙较大。出口段砌石护底在闸前高水位时出现喷水现象（见图 2-34）。究其原因应是砌石下面的反滤层已被破坏，在上下游之间形成了较大的漏水通道。

图 2-32　出口闸后左翼墙裂缝

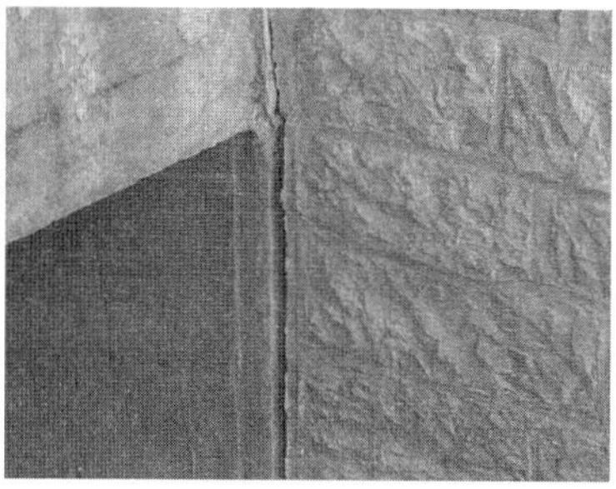

图 2-33　出口闸翼墙与闸墩开裂、漏水部位

（五）赵口引黄闸

1. 工程概况

图 2-34　出口闸后护底喷水部位

赵口引黄闸位于中牟县境内，黄河南岸大堤公里桩号 42 +675 处，始建于 1970 年，为黄河下游引黄Ⅰ级水工建筑物，为 16 孔箱涵式水闸，分三联，边联各 5 孔，中联 6 孔，每孔宽 3.0 m，高 2.5 m。该闸基土主要为重壤土并有粉质沙壤土夹层，由开封地区水利局设计、施工，赵口闸管理处管理运用。设计引水流量 210 m^3/s，设计灌溉面积 14.67 万 hm^2。

由于黄河河床逐年淤积，洪水位相应升高，闸的渗径不足，闸上堤身单薄，涵洞结构强度偏低，遂于 1981 年 10 月进行改建。改建内容为：旧洞加固补强，按原涵洞断面自旧洞出口向下游接长洞身 30.57 m；闸门更换为钢筋混凝土平板闸门，启闭机更换为 30 t 手摇电动两用螺杆启闭机；重建工作桥、交通便桥和启闭机房。

改建后设计流量不变，灌溉引水位 86.8 m，防洪水位 92.5 m，校核防洪水位 93.5 m。改建后建筑物总长 144.1 m，其中闸室和洞身段共长 68.57 m，闸身宽度为 55.0 m。西边分出三孔入三刘寨灌溉区，供中牟的万滩、大孟两乡灌溉用水；东边一孔供中牟的东漳、狼城岗两乡用水；中 12 孔供开封灌溉放淤、改土用水。赵口闸纵剖面如图 2-35 所示。

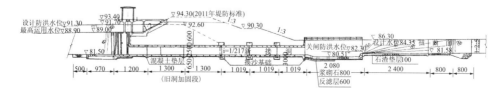

图 2-35　赵口闸纵剖面图

2. 土石结合部病害

在2009年安全检测中发现该闸土石结合部位存在如下主要问题：

(1)上游铺盖。

赵口闸上游采用的是混凝土铺盖，在孔6和孔11的正前方各有一条沉陷缝，沉陷缝中止水失效、冒水严重，沉陷缝位置示意图如图2-36所示。

(2)下游护坡。

下游护坡为浆砌石结构，下游右岸护坡外观质量良好，没有发现裂缝、块石风化和块石脱落处；孔16出口处浆砌石翼墙存在多处渗漏的现象(见图2-37)。

(3)消力池。

消力池为浆砌石结构，消力池出口段为斜坡段，坡度为1∶4，长20.8 m，浆砌石厚度为0.8 m，前段(长10.0 m)下设反滤层，后段(长10.8 m)下设沙石垫层。海漫为浆砌石结构，浆砌石厚度0.5 m，下设沙石垫层。

右岸三孔目前已封堵，左岸第16孔出口段外观良好，第4～15孔消力池和消力坎上发现大量裂缝，且冒水严重(见图2-38～图2-40)。

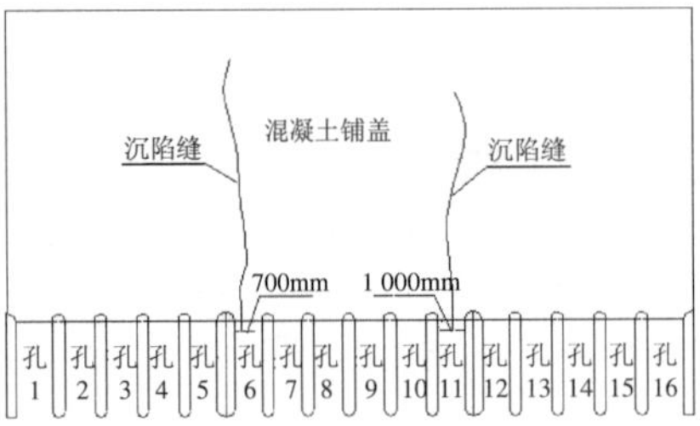

图2-36　沉陷缝示意图

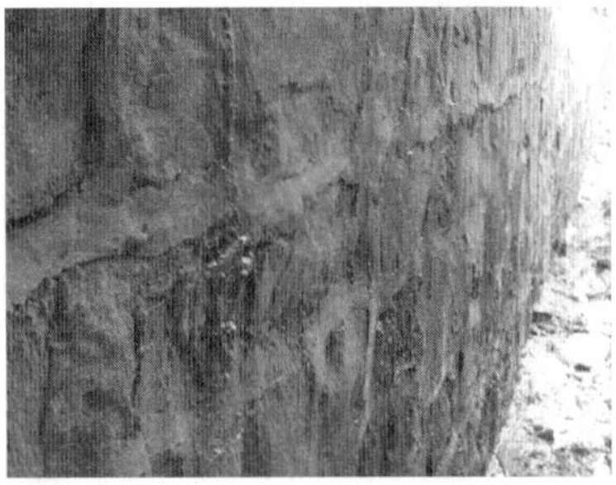

图2-37　孔16出口翼墙渗漏情况

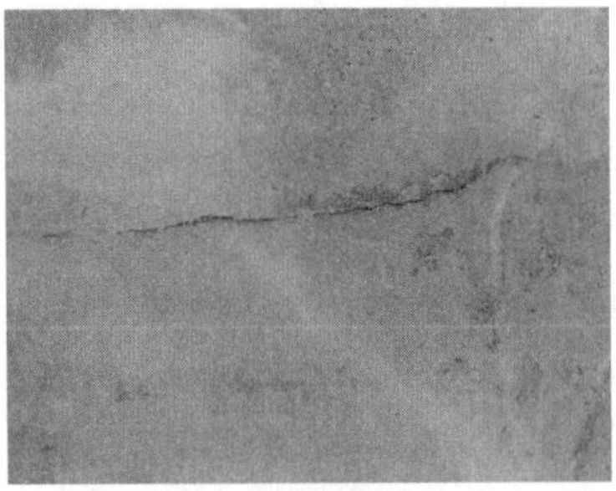

图2-38　消力池典型裂缝图(1)

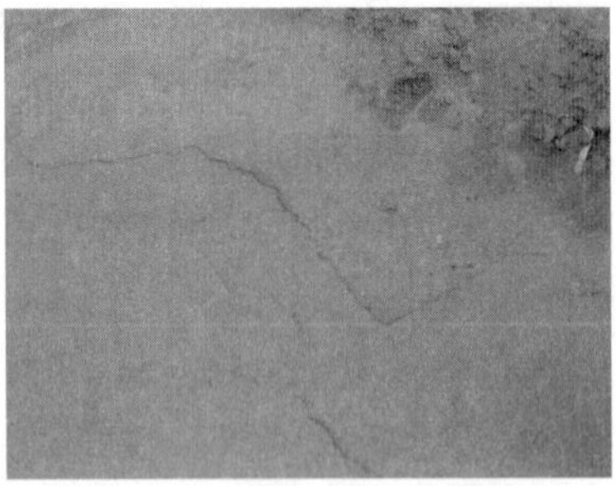

图2-39　消力池典型裂缝图(2)

(六)郭口引黄闸

1. 工程概况

郭口引黄闸位于山东省东阿县境内，黄河左岸大堤桩号37+365处，3孔钢筋混凝土箱式涵闸。该工程建成于1984年8月，设计灌溉面积37万亩，担负着大桥、姚寨、杨柳、高集、陈集等乡镇的供水任务。该闸按Ⅰ级建筑物设计，设计引水位闸上37.40 m(本例中为大沽高程)，相应大河流量340 m^3/s。闸下37.15 m，设计流量25 m^3/s，加大流量

50 m³/s。最高运用水位 44.71 m，设计防洪水位 47.81 m，校核防洪水位 48.81 m，地震设计烈度为 7 度。

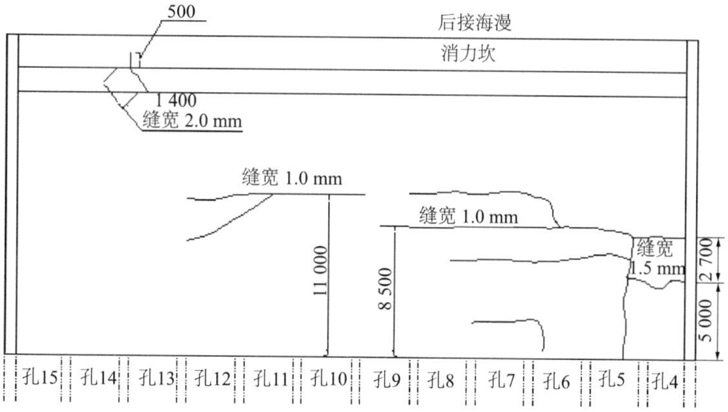

图 2-40　消力池裂缝位置示意图　（单位：mm）

该闸洞身断面为矩形（2.6 m×2.8 m），洞身（包含闸室）长 80 m，共分 8 节。闸室段底板高程 35.30 m，底板厚 1.55 m，边墩厚 0.75 m，中墩厚 1.05 m；涵洞段顶板、底板厚均为 0.7 m，中墙厚 0.45 m，边墙厚 0.67 m。设计堤顶高程 48.91 m。

上游设黏土铺盖，长 15.0 m。下游设消力池、海漫及防冲槽，消力池长 22.7 m、深 1.4 m；浆砌石海漫长 15.0 m、厚 0.4 m，干砌石海漫长 15.0 m、厚 0.5 m；浆砌石防冲槽长 8.0 m、厚 1.5 m。郭口引黄闸大堤断面及纵剖面见图 2-41。

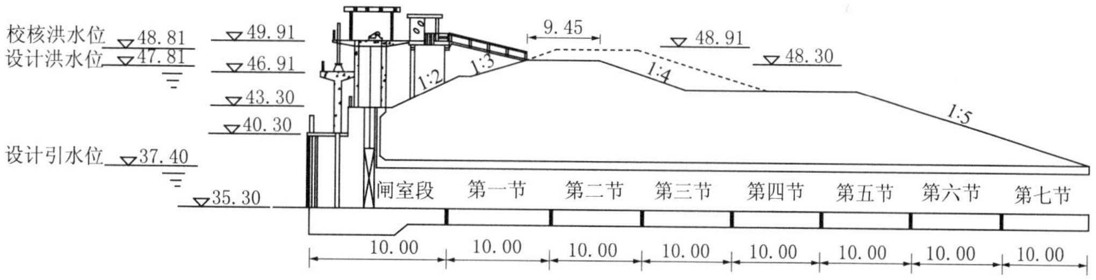

图 2-41　郭口引黄闸大堤断面及该闸纵剖面图　（单位：m）

2. 土石结合部病害

在 2011 年安全检测中发现该闸土石结合部位存在如下主要问题：

存在问题的部位为两岸连接段，上游连接段包括上游两岸翼墙及上游铺盖，下游连接段包括下游两岸翼墙及消力池、海漫等。检测结果如下：

上、下游两岸翼墙局部砌筑砂浆存在勾缝砂浆脱落现象；左孔、中孔及右孔出口斜坡段各有 1 条裂缝（见图 2-42 ~ 图 2-44），根据在中孔裂缝处骑缝钻芯情况，裂缝已贯通（见图 2-45）。各裂缝示意图如图 2-46 所示。

3. 土石结合部施工情况

（1）施工方法。

基槽排水采用井点排水为主，辅以明排；土方开挖和回填以人力推胶轮车运输为主，压实以拖拉机碾压为主，辅以石夯、木夯。

（2）施工中的问题。

部分洞身止水橡皮安装质量较差。右孔第一道止水在安装完毕时有渗水现象；下游干砌石护底的施工质量差。

图 2-42　左孔出口斜坡段裂缝

图 2-43　中孔出口斜坡段裂缝

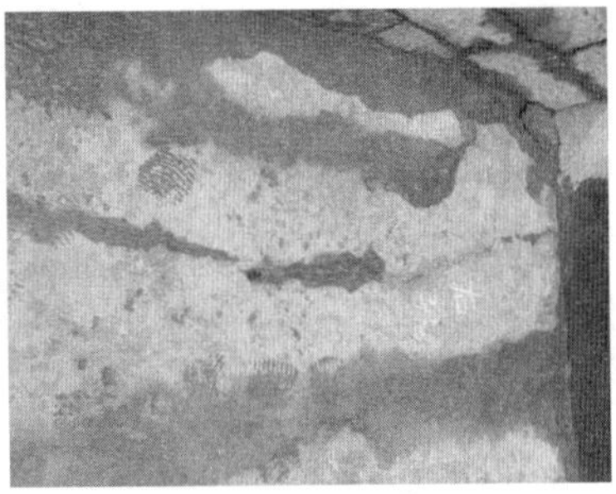

图 2-44　右孔出口斜坡段裂缝

图 2-45　中孔出口斜坡段裂缝骑缝钻芯

（七）赵升白闸

1. 工程概况

赵升白闸位于阳谷县寿张镇赵升白村南，北金堤桩号 92 + 012 处，原属刘楼、王集引黄闸二、三干渠的控制闸，1960 年 5 月动工，1960 年 8 月竣工。该闸系拱式浆砌石箱式涵洞，共 4 孔，每孔净宽 2.0 m、净高 2.9 m，洞身总长 25.0 m，闸身总宽 11.0 m，浆砌料石中墩厚 1.0m，高 2.5 m，浆砌砖拱厚 0.4 m，净矢高 1.0 m。上游段长 15.0 m，浆砌乱石护底，厚 0.5 m，护坡直段长 4.0 m，顶高程 42.89 m，扭曲段长 11.0 m，顶高程为43.49 ~ 45.29 m。下游段长 30 m，其中直立浆砌石翼墙长 7.0 m，顶高程为 43.13 ~ 45.64 m，扭曲面护坡长 13.0 m，顶高程 43.13 m，下游护底为浆砌乱石，长 20.0 m、厚 0.5 m，没有消

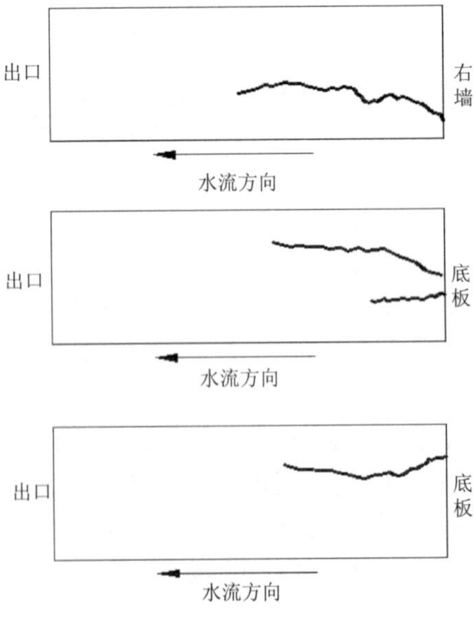

图 2-46　各裂缝示意图

力池和消力坎，三合土海漫长 10.0 m，护坡为灰土。洞顶下游浆砌块石挡土墙顶高程 46.84 m，顶宽 0.45 m。设计防洪水位 45.44 m，设计上游水位 42.15 m，下游水位 42.05 m，设计流量 22.53 m^3/s，加大流量 26.84 m^3/s，设计灌溉面积 5 万亩。

该闸临河堤脚处垂直方向高程在 33.72～39.02 m 为粉质壤土，高程在 39.02～42.14 m 为黏土；堤顶位置垂直方向高程 39.54～40.54 m 为粉质壤土，高程在 40.54～42.54 m 为沙质壤土，高程在 42.54～50.39 m 为壤土；背河堤脚处垂直方向高程 33.22～38.02 m 为粉质壤土，高程在 38.02～42.04 m 为黏土。该闸施工时基槽开挖边坡很陡，土方回填质量差，接头处理不好，在 1987 年 4 月对该闸土石结合部进行压力灌浆。

2. 土石结合部病害

在 2009 年的安全检测中发现该闸土石结合部位存在如下主要问题。

(1)闸墩及底板。

赵升白闸共 5 个闸墩，右 1 孔两闸墩在离出口 13.8 m 处均有 1 条裂缝(见图 2-47)，最大缝宽 1.6 mm；右 2 孔右墙距出口处 1.0 m 块石侵蚀(见图 2-48)，右 2 孔左墙离出口 13.8 m 从下向上 1.9 m 处有 1 条裂缝，宽 2.5 mm，右 2 孔右墙离出口 13.8 m 从下 1 m 向上 2.3 m 处有 1 条裂缝；左边孔距出口 13.8 m 处有 1 条 3 面环形裂缝，左边墙裂缝缝长为从底部到顶部，右边墙从闸底向上长 1.8 m，闸底板为通缝(见图 2-49)。各裂缝示意图如图 2-50 所示。

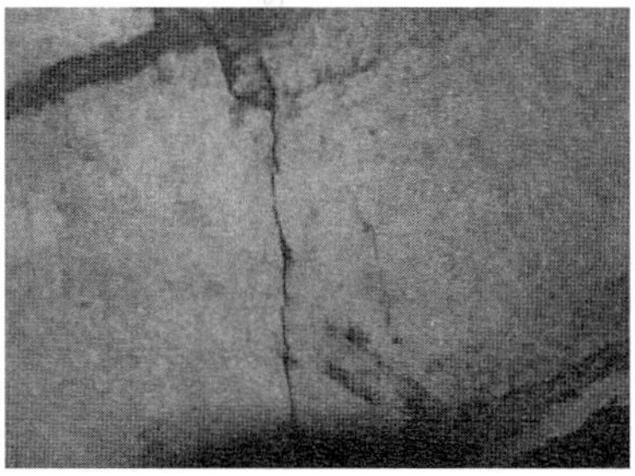
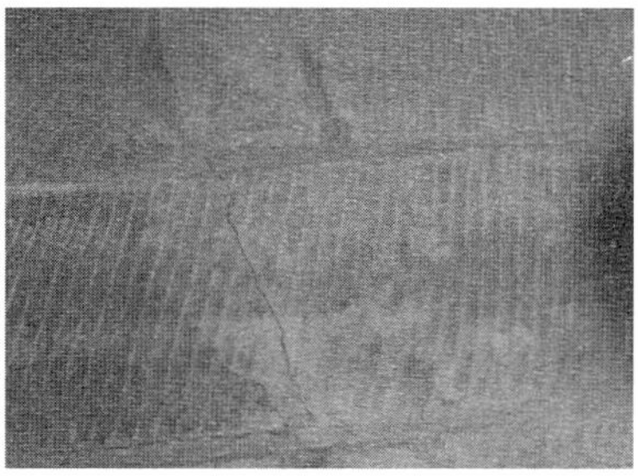

图 2-47　闸墩裂缝情况

图 2-48　右 2 孔右墙距出口处 1 m 块石侵蚀

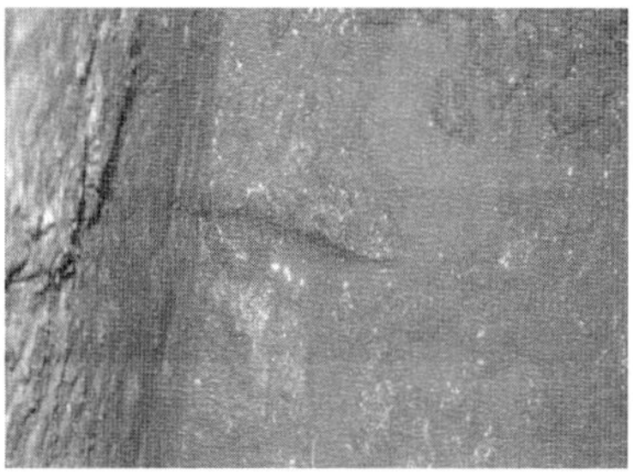

图 2-49　闸底板裂缝情况

(2)上游连接段。

上游左岸护坡距墩 1.5 m 处有 1 条裂缝自护坡上部挡土墙上顶部到底部全通，宽 8 mm(见图 2-51)；上游右岸护坡距闸墩 8 m 处有 1 条通缝，宽 20 mm(见图 2-52)；上游左岸护坡距闸墩 10 m 处有 1 条裂缝，宽 5 mm，长度为从护坡顶向下 60 cm；上游左岸挡土墙距南端 1 m 处有一条裂缝，宽 5 mm，自护坡顶向下 60 cm，上游右岸护坡距闸墩 2 m 处有一裂缝，距上端 2. 2 m 斜向下长 5 m、宽 20 mm，各病害示意如图 2-53 所示。

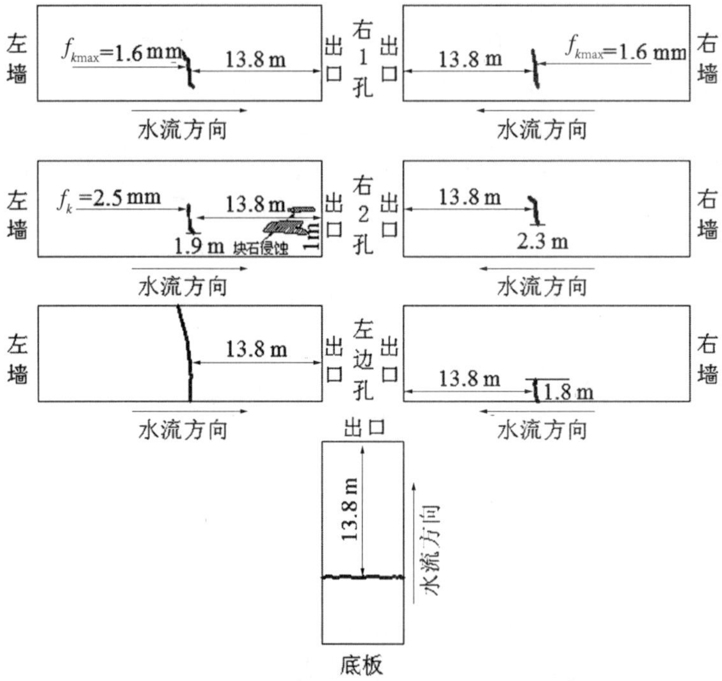

图 2-50　各裂缝示意图

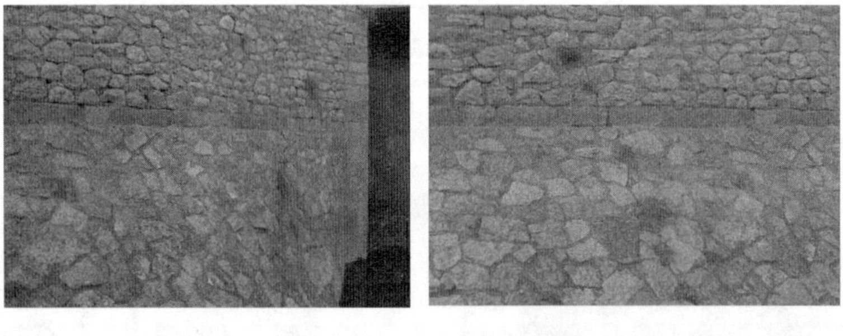

图 2-51　上游左岸护坡及护坡上部挡土墙裂缝

图 2-52　上游右岸护坡及护坡上部挡土墙裂缝

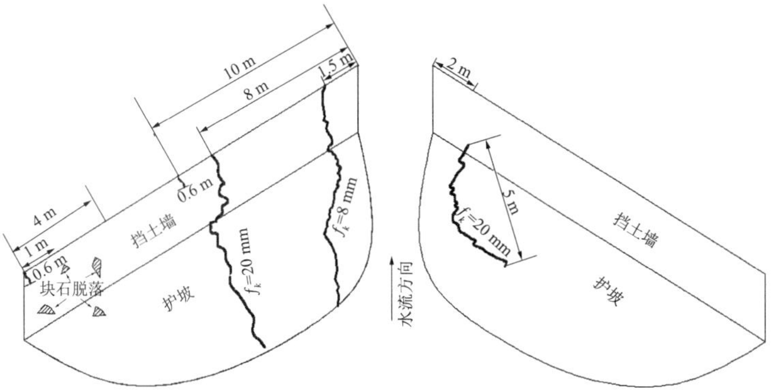

图 2-53　各病害示意图

(3)下游连接段。

下游左岸翼墙与护坡连接处 1 m 后护坡底部全部冲毁，且尾部上端面块石脱落(见图 2-54、图 2-55)。

图 2-54　下游左岸护坡底部冲毁(一)

图 2-55　下游左岸护坡底部冲毁(二)

(八)杨小寨引黄闸

1. 工程概况

杨小寨闸位于长垣县境内，临黄堤公里桩号 31 +550 处，修建于 1978 年，结构形式为单孔箱型涵洞结构，孔口尺寸 2.5 m×3.0 m，闸身分 5 节(含闸室段 1 节)，共长 60.0 m，每节 12.0 m，建筑物总长 102.0 m，设 30 t 手电两用启闭机。防洪水位 69.3 m(本例中为大沽高程)，校核水位 70.3 m，最高运用水位 65.5 m，设计流量 10.0 m^3/s，加大流量 15.0 m^3/s，灌溉面积 10 万亩。供长垣的赵堤、佘家及方里三乡镇的农业灌溉用水，为该区的经济发展和防洪安全都做出了巨大贡献。

2. 土石结合部病害

在 2009 年的安全检测中发现该闸土石结合部位存在如下主要问题：

(1)洞身段顶板。

该闸建成后大堤经过两次加高，造成涵洞段第二节中部底板和侧墙开裂，检测发现涵洞第 2 节底板和侧墙开裂处顶板有一贯通裂缝，初步分析为大堤加高后，闸身沉降一直未稳定引起，且洞身沉降缝外部混凝土开裂、脱落。

(2)上游两岸护坡。

上游两岸护坡为浆砌石结构，两岸各有 1 条裂缝且对称分布，位于闸前 4.5 m 处，左岸裂缝从护坡上部 1.2 m 处向下到 4.5 m 处，缝长 3.3 m，最大缝宽 1.0 mm，右岸裂缝从护坡上部 1.0 m 处向下到 3.4 m 处，缝长 2.4 m，最大缝宽 2.0 mm；左岸护坡上部砖墙有 1 条自上而下通缝，最大缝宽 10 mm；左岸护坡距边缘 5 m，上部向下 1.4 m 处有 1 条横向裂缝，缝长 4 m，最大缝宽 2.0 mm；右岸护坡闸前 8 m 处有 1 条横向裂缝，长 3 m，最大缝宽 6 mm（见图 2-56）；右岸护坡距闸前 11 m 处有 1 条裂缝从上部 1 m 处向下到 2 m 处，最大缝宽 5 mm。

3. 土石结合部相关施工情况

（1）施工方法。

土方开挖回填全部为人工，混凝土浇筑采用机械拌和及振捣，砌石完全用人工。对于整个工程采取两期施工，第一期完成大堤部分和闸前连接段砌筑（闸室 2、3 节洞身），第二期完成小铁路路基部分（第 4、5 节洞身）和闸后连接段砌筑。

图 2-56　右岸护坡裂缝

回填：分黏土和一般土回填。回填均是层土层硪，除按照设计要求回填黏土部分外，闸室两侧和闸前扭曲面均用黏土回填。为了提高回填质量，解决软硬结合不实的问题，指派专人逐坯逐层在混凝土垟上刷黏土浆，并在混凝土墙处用手硪，逐层硪实，洒水，再硪实。闸室后大堤迎水面均用黏土回填，回填宽 4 ~ 6 m。堤身回填土土质大多数是黏土和两合土，有一小部分是沙土。

（2）施工中出现的问题。

垫梁下部黏土布改为素混凝土布：洞身底板挖出后，又对第三节洞接头的垫梁和黏土布进行开挖，挖深 1.0 m，开挖石底下出水比较明显，土质含水量较大，回填黏土击实扰动了原状土和四周土，形成了牛肚，对此需要对软地基进行处理。处理方法是将软基完全挖除，回填 2 ~ 4 m 碎石和粗砂，捣实后在碎石上浇筑素混凝土代替黏土布。素混凝土上浇筑垫梁，四周仍用素混凝土代替黏土布与洞底平。其他各节垫层均改为素混凝土布，并按照上述方法施工。

洞身漏振和渗水：漏振部位是第三节洞右墙距底板高 0.8 ~ 1.6 m 有三处，漏振面积一般是长 0.9 ~ 2.5 m，宽 0.2 ~ 0.5 m，无渗水现象；左墙距底板 0.8 ~ 1.5 m 有四处漏振，一般长 0.6 ~ 2.3 m，宽 0.2 ~ 0.6 m，无渗水现象。第五节洞左墙距底板 0.9 ~ 1.4 m，有四处漏振，一般长 0.6 ~ 2.0 m，宽 0.15 ~ 0.2 m，无渗水现象。中间有一处漏振，有渗水现象。第四节与第五节接头塑料止水缝漏水，经用高强度混凝土进行逐层回填处理后，无渗水现象。第三、四节洞墙，漏振部位不论有无渗水现象，均进行钻心补填处理，遏止了渗水。

不均匀沉陷缝：第 3 节与 4 节洞接头处底板裂缝宽 10 ~ 20 mm，两侧边墙裂缝从下往上由宽变窄，缝宽 2 ~ 10 mm；第 1、2 节洞接头处，顶板裂缝宽 10 ~ 15 mm，两侧边墙裂缝则从上往下由宽变窄，缝宽 2 ~ 10 mm。

消力池底板中间裂缝：消力池底板中间有一条与水流平行的裂缝，缝宽 2 mm 左右，造成裂缝的原因是：两翼墙扭曲面与底板之间无分纵向沉陷缝，闸前扭曲面翼墙比闸后又高又宽，底板无出险裂缝现象，是因为闸前沿翼墙底板交界处做了纵向沉陷缝。当时考虑消力池底板裂缝不宽，底板下又做有反滤层，所以对裂缝未加处理。

(3)质量鉴定意见。

砌石工程石料块体嫌小，外形欠规则，浆砌体部分尚未勾缝。干砌石部分块石咬缝不牢，较为薄弱。已有蛰陷脱坡现象，为安全起见进行了补修；高水位防渗部位范围不够，边墩及胸墙上部缺少封闭沥青麻布，回填黏土未与上游扭曲面面后黏土连通一体，不符合使用要求，应予补做；涵洞明止水系防渗止水不可缺少的重要组成部分，但因施工中未预留安装位置未能安设。消力池下部反滤料未包裹上层反滤料，易于淤塞失效。

(九)大车引黄闸

1. 工程概况

黄河下游大车引黄闸位于新乡市长垣县境内，黄河大堤公里桩号 1 +410 处，为单孔钢筋混凝土涵洞式水闸。该工程建于 1984 年 10 月，于 1985 年 9 月竣工，设计灌溉面积 0.795 万 hm^2。

该闸孔口宽 2.50 m，高 2.70 m；闸室段及涵洞段共长 90.00 m，闸室段长 10.00 m，涵洞段共分 8 节，各节均长 10.00 m。闸底板进口高程 63.20 m(本例中为大沽高程)，出口高程 62.75 m；闸墩及胸墙顶高程为 68.20 m，边墩厚 0.90 m；顶板厚 0.60 m，边墙厚 0.50 m；启闭机平台高程 74.30 m。设钢筋混凝土平板闸门及一台 30 t 手摇电动两用螺杆式启闭机。

闸上游铺盖长 20.00 m(上层为厚 0.15 m 混凝土，下层为厚 0.30 m 浆砌石)；下游设消力池、海漫及防冲槽，消力池长 15.60 m、深 0.50 m；海漫长 10.00 m；浆砌石防冲槽长 5.00 m。

该闸设计引水位上游 65.20 m，下游 64.30 m，设计流量 10 m^3/s，加大流量 20 m^3/s；最高运用水位 67.70 m，设计防洪水位 73.87 m，校核水位 74.87 m；设计堤顶高程 76.88 m，工程竣工时回填至 75.29 m，现实际堤顶高程 76.05 m。

2. 土石结合部病害

在 2012 年的安全检测中发现该闸土石结合部位存在如下主要问题：

进口八字翼墙左侧有 3 条竖向裂缝，与左侧闸墩的距离分别为 5.9 m、3.9 m、2.5 m，3 条裂缝自翼墙顶部向下长度分别为 1.75 m、0.50 m、0.60 m，典型裂缝见图 2-57；出口八字翼墙右侧有 1 条竖向裂缝，与闸墩的距离为 5.5 m，该裂缝自翼墙顶部向下长 0.4 m，见图 2-58；涵洞出口顶部右侧有一条竖向裂缝，见图 2-59。

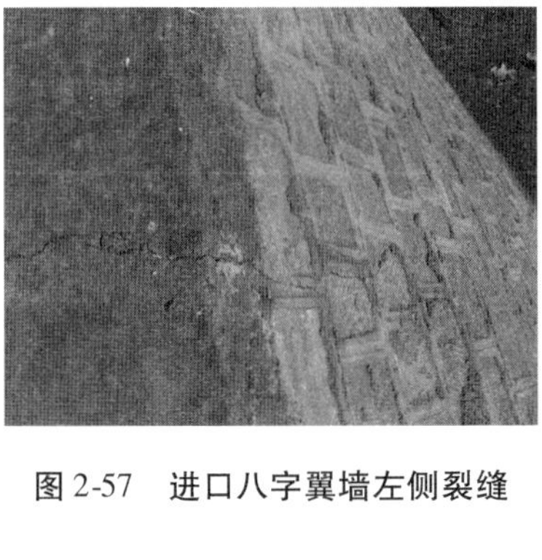

图 2-57　进口八字翼墙左侧裂缝

图 2-58　出口八字翼墙右侧裂缝

3. 土石结合部施工情况

砌石工程由东阿县石工队承担,施工过程中有专人负责质量,严格控制了砂浆配合比和坐浆砌筑,并且注意养护。干砌石个别部位不密实并且有蛰陷现象,总体质量合格。浆砌石坐浆饱满,扣石平整,质量良好。

土方回填时,由于基坑内地下水较多,并且有施工丢弃的废物,采取抽水、打捞废物与回填同步进行的方法,抢时间人工推土回填至地下水位以上。在洞顶回填厚1 m后,采用铲运机回填,洞顶以下采用人工夯实,洞顶以上采用拖拉机碾压。

图2-59 涵洞出口顶部右侧竖向裂缝

(十)高村引黄闸

1. 工程概况

高村引黄闸位于山东省东明县境内,黄河右岸大堤公里桩号207+337处,为双孔钢筋混凝土涵洞式水闸,为1级水工建筑物。建于1988年,于1989年竣工,设计灌溉面积14.8万亩,担负着东明县东部和北部乡镇的灌溉任务。

该闸共2孔,孔净高2.2 m,净宽2.2 m。闸室段长10.5 m,涵洞段长59.5 m,共分7节,各节均长8.5 m。闸底板高程58.35 m(本例中为大沽高程);墩顶高程为67.35 m;闸室段底板厚1.2 m,中墩厚1.0 m,边墩厚0.75 m,胸墙厚0.45 m;涵洞顶板、底板厚均为0.5 m,中墙厚0.45 m,边墙厚0.5 m。工作闸门采用钢筋混凝土平板闸门,配置两台1×63 t单吊点卷扬式启闭机;防沙闸门为叠梁钢闸门,配置两台1×15 t单吊点螺杆式启闭机,防沙闸门兼作检修闸门用。

闸上游设黏土铺盖,长6.0 m,厚1.0 m,铺盖上设厚0.2 m壤土垫层及0.4 m厚浆砌石护底,浆砌石护底长10 m;其前为长5 m干砌石护底,干砌石厚0.4 m,下设厚石渣垫层;防冲抛石槽长5 m、厚1.5 m。下游设消力池、海漫及防冲槽,消力池长14.2 m、深0.8 m、厚0.6 m;海漫长20 m:浆砌石海漫长10 m、厚0.4 m,干砌石海漫长10 m、厚0.4 m;浆砌石抛石槽长5.0 m、厚1.5 m;海漫及抛石槽底宽均为9.0 m。

堤顶设计高程70.90 m,该闸设计引水位60.60 m,相应大河流量300 m^3/s,设计流量15 m^3/s;设计防洪水位67.90 m,校核水位68.90 m,最高运用水位65.98 m,相应2019年大河流量5 000 m^3/s,地震设计烈度为7度。

2. 土石结合部病害

在高村闸2012年的安全检测中发现该闸土石结合部相关部位存在如下主要问题:

上下游连接段两侧闸墩与进口八字翼墙结合处底部有渗水现象(见图2-60);进口八字翼墙底部浆砌石有多处轻微渗水现象(见图2-61);进口八字翼墙左侧有一条斜向裂缝,距闸墩4.0 m,自翼墙顶部向下长1.5 m(见图2-62);进口八字翼墙右侧有2条斜向裂缝,距右边墩分别为4.4 m、7.0 m,自翼墙顶部向下长分别为2.3 m、2.6 m(见图2-63)。进口翼墙病害示意图如图2-64所示。

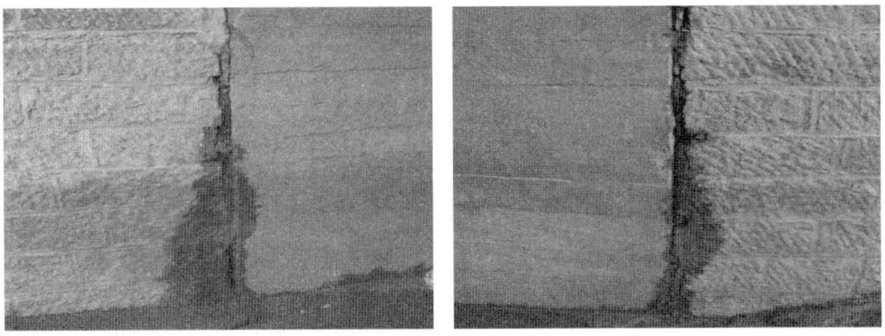

图 2-60　闸墩与进口八字翼墙底部渗水

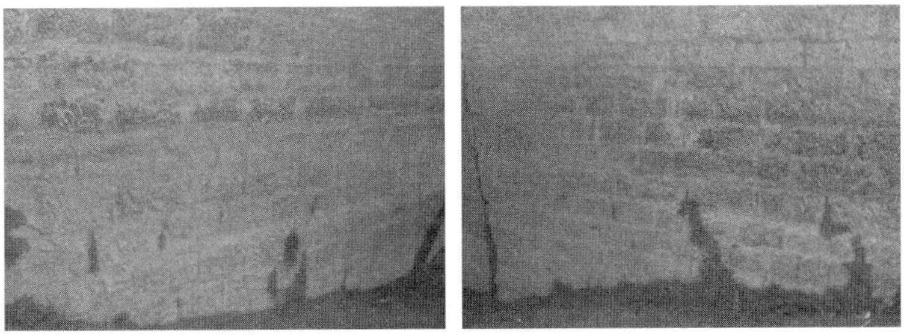

图 2-61　进口八字翼墙底部轻微渗水

图 2-62　进口左侧翼墙裂缝

图 2-63　进口右侧翼墙裂缝

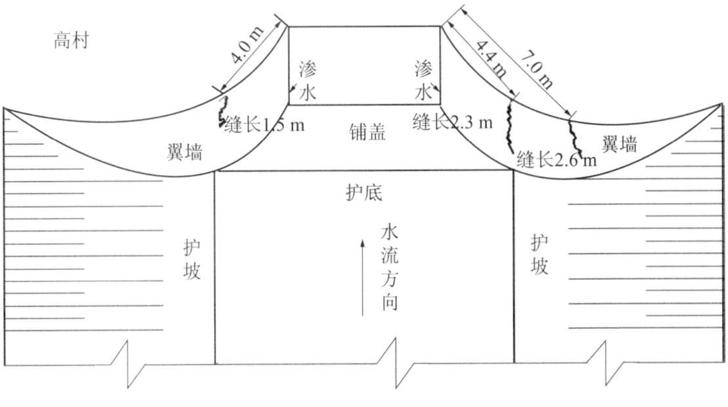

图 2-64　进口翼墙病害示意图

(十一)卫河马厂闸

1. 工程概况

马厂闸坐落在卫河流域上,1971 年 11 月 6 日开始兴建,1972 年 5 月 13 日竣工。马厂闸设计流量为 280 m^3/s,水闸原设计闸室段、底板顺水流方向长 26 m,闸门为木栅门,共 6 孔,闸门净跨 3 m,铺盖长 6 m,没有消力池,设有 10 m 长海漫;1979 年在水闸的左侧扩展 2 孔,每孔宽 3 m,现状闸孔共 8 孔,水闸总宽度 26.4 m,将原来的木闸门改建为钢筋混凝土弧形闸门,桥面高程 80.55 m,桥面厚度 0.4 m,设计底高 75.59 m。

马厂闸闸墩为浆砌石结构,右岸第 1 孔有一简易闸房,其他 7 孔无闸房,闸门为钢筋混凝土微拱闸门,启闭机梁为预制钢筋混凝土结构,排架为砖结构,上下游翼墙为浆砌石结构。

2. 土石结合部病害

在 2009 年 4 月的安全检测中发现该闸土石结合部存在如下主要问题:

(1)底板。

闸底板有冲沟,存在于右岸第 4 孔和第 7 孔,宽 60 ~ 70 cm,深 20 ~ 30 cm。在闸门处有明显的水花泛出,闸底板结构破坏严重。

(2)上游翼墙、下游护坡。

水闸上游翼墙浆砌石坍塌严重,下游浆砌石护坡浆砌石大块坍塌,典型缺陷如图2-65和图 2-66 所示。

图 2-65 上游左岸护坡情况

图 2-66 下游右岸护坡情况

(十二)李坟节制闸

1. 工程概况

沈丘县泉河李坟节制闸位于李坟截湾段上,是泉河上一座大型节制工程(见图 2-67),控制流域面积为 3 590.0 km^2,下游距安徽省界 13.0 km,设计 5 年一遇除涝能力为 956.0 m^3/s,设计 20 年一遇排洪能力为 1 780.0 m^3/s,该闸建成相应蓄水量 2 500 万 m^3,设计灌溉面积 30.0 万亩。

该水闸于 1974 年冬动工,1975 年 7 竣工投入运用,为开敞式结构,共 14 孔,每孔净跨 6.0 m,闸墩宽 1.4 m,闸身总宽 99.6 m,闸身长 16.0 m、高 11.0 m;安装钢筋混凝土双曲薄壳闸门,闸门采用钢筋混凝土双曲薄壳弧形闸门,宽 10.0 m、高 6.5 m;每孔闸门配备 2 ×40 t 双吊点卷扬式启闭机,闸门启闭机共 14 台。闸室段长 16.0 m,下游段消力池长 28.5 m,海漫及防冲槽长 80.0 m,交通桥标准为汽 -10 级,桥宽 6.5 m,桥面高程 40.05 m。

李坟节制闸剖面与立视图见图 2-68。

该闸建成后，由于经过“75·8”洪水的原因该闸没有经过验收，就直接由泉河大闸管理所负责管理。

图 2-67　泉河李坟节制闸

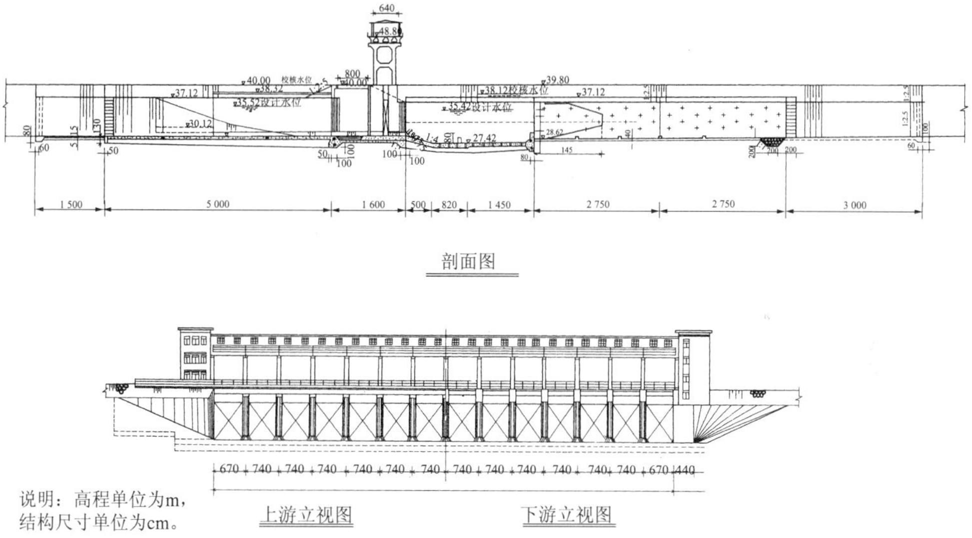

图 2-68　泉河李坟节制闸剖面与立视图

2. 土石结合部病害

在 2009 年安全检测中发现该闸土石结合部位存在如下主要问题：

(1) 上游连接段。

左岸八字墙有 1 条横向裂缝（见图 2-69），是由基础沉陷引起的，最大缝宽 90 mm；左岸翼墙有 3 条自上而下贯穿裂缝，最大缝宽 2.4 mm（见图 2-70）；右岸翼墙有 1 条裂缝，沿翼墙整个高度分布，最大缝宽 2.0 mm（见图 2-71）；左岸护坡多条裂缝纵横交错，混凝土脱落，护坡塌陷（见图 2-72）；右岸护坡横向裂缝 1 条，纵向裂缝 3 条，混凝土脱落（见图 2-73）。

图 2-69　上游八字墙裂缝情况

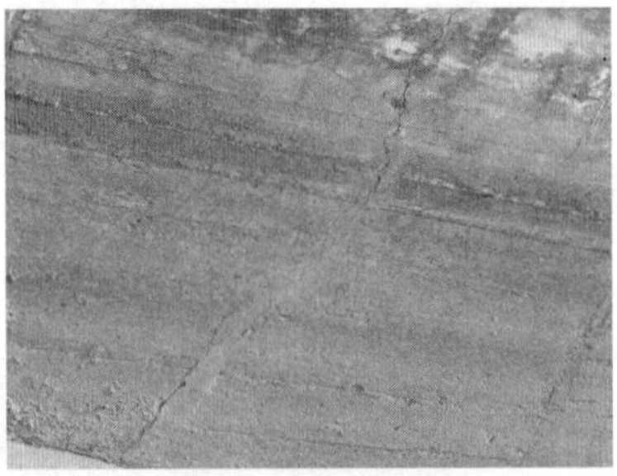

图 2-70　左岸翼墙通缝

图 2-71　右岸翼墙通缝

图 2-72　上游左岸护坡裂缝情况

(2)下游连接段。

下游两岸八字墙为浆砌石,两岸翼墙上部为浆砌石,下部为混凝土结构;两岸护坡为混凝土护坡和块石护坡两种形式结构。

右岸护坡块石脱落,接长护坡未砌筑到位(见图 2-74);右岸八字墙开裂,是由基础沉陷引起的,裂缝走向为自下斜向上,最大缝宽 60 mm(见图 2-75);两岸块石护坡均有勾缝砂浆脱落情况(见图 2-76);右岸护坡有多处水平裂缝,裂缝自翼墙到阶梯处,垂直水流方向裂缝有 3 条。

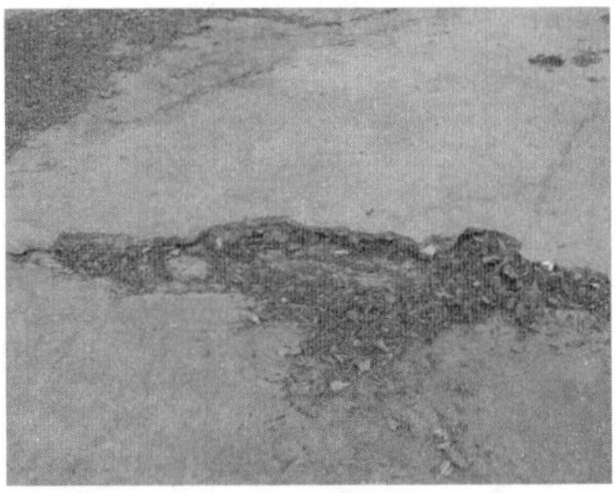

图 2-73　上游右岸护坡裂缝、混凝土脱落情况

图 2-74　下游右岸护坡接长部位未砌筑到位

图 2-75　下游右岸八字墙裂缝情况

四、小结

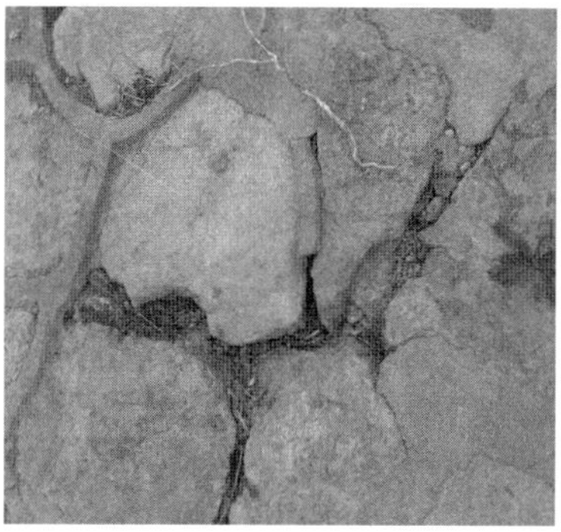
图 2-76　下游护坡勾缝砂浆脱落情况

从黄河流域和长江流域两大流域某些工程实例出发，分析土石结合部分典型缺陷，将其出险原因、类型进行归纳总结，并对重点对黄河流域典型土石结合类型——涵洞式水闸进行工程实例分析，其出险部位多位于上下游连接段的翼墙和护坡，典型缺陷主要有不同走向裂缝，底部冲刷、淘空；原因多为回填碾压施工控制不严、经验不足，且上下游连接段一般为次要建筑物等级，长期被水冲刷或遭遇高水位水流，形成渗漏通道和坍塌损坏；亦有工程出现闸底板和地基土接触冲刷破坏，产生空洞和不密实区域；有些为外部荷载发生变化，造成原结构构件承载能力不足，产生顺水流方向的裂缝等；有些工程为止水失效、老化，造成建筑物渗径缩短，如遭遇高水位，将对建筑物的整体稳定性造成较大影响。

第三节　土石结合部主要病害

根据病害的表现形式，土石结合部病害主要分为裂缝、空洞和不密实、生物洞穴三大类。

一、裂缝

（一）成因

由表 2-1 可知，土石结合部的四类病害中，裂缝是最常见的病害之一。不同的裂缝，其位置、走向、长度、宽度、深度各有不同，其中纵向裂缝最为普遍。同时，不同类型的裂缝对穿堤建筑物的影响各有不同，形成的原因也各种各样，主要可以分为以下几种：

（1）土质黏粒含量较多，土壤含水量较高，失水后产生了干缩裂缝。

（2）不均匀沉降。造成不均匀沉降的因素较多，譬如在加固维修工程中，新老部位结合不好造成的不均匀沉降；堤基承载力大小相差较大，造成堤身的不均匀沉降；洞身顶部受力不均匀造成的不均匀沉降等。

（3）严寒天气，表层土料含水的迅速冻结，产生一些冰冻裂缝。

（4）在经受强烈震动或烈度较大的地震以后产生的裂缝，称为震动裂缝。

（二）分类与特征

裂缝是任何构筑物中的常见病害，由于构筑物所处环境的差异，裂缝出现的形态、位置及发展情况各不相同。根据出险工程和黄河流域堤防险情实例，纵向裂缝是最常见的裂缝形式，另有少数的圆弧形裂缝和其他不规则裂缝，裂缝出现的位置、条数、深度和长度各不相同。

1. 按裂缝的位置分类

1）表面裂缝

表面裂缝主要出现在堤防土石结合部表面，缝口宽度和深度变化不一。例如：长江四邑公堤花口堤段堤顶出险工程中纵向裂缝出现两条，全长 45 m，缝宽 0.5 ~ 1.0 cm，缝深 0.8 m；山东黄河常旗屯堤段裂缝抢险工程中共有 6 段裂缝，总长 7.67 km，缝宽 1.0 ~ 20.0 cm，缝深 1.0 ~ 3.5 m。

2）内部裂缝

内部裂缝主要隐藏在堤防中，事先不易被发现，危害性很大。内部裂缝很难用肉眼判断出，事后经过分析有些内部裂缝是贯穿上下游的，容易形成集中渗漏通道。

2. 按裂缝的走向分类

1）垂直裂缝

垂直裂缝走向与堤轴线垂直，一般出现在堤顶部位，典型示意图见图 2-77。此类裂缝主要是由不均匀沉陷和地震造成的，极易发展为穿过堤身的渗流通道，若不及时修复，可使堤防在很短的时间内被冲毁。

2）水平裂缝

裂缝走向与堤轴线平行或接近平行，有的是堤身或堤基的不均匀沉陷，有的是滑坡引起的，典型示意见图 2-78。多出现在堤顶及堤坡上部，也有的出现在铺盖上，一般较横缝长。

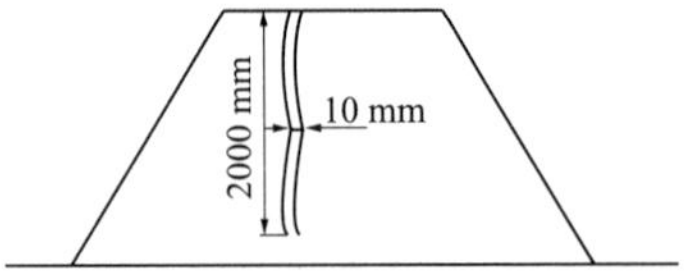

图 2-77　垂直裂缝示意图

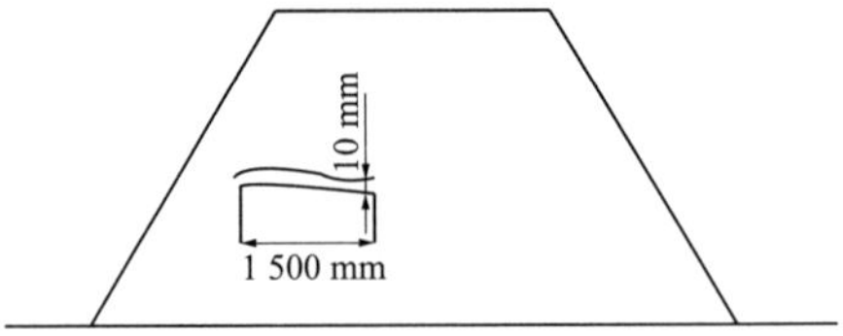

图 2-78　水平裂缝示意图

3）斜裂缝

裂缝与堤轴线斜交，典型示意图见图 2-79，回填料的干缩、不均匀沉陷及震动均可引起此类裂缝。

3. 按裂缝的形成条件分类

1）沉陷裂缝

不均匀沉陷引起的裂缝属贯穿性裂缝。其走向与沉陷情况有关，有的在上部，有的在下部，一般与地面垂直或呈 30° ~ 45°角方向发展，典型示意图见图 2-80。较大的不均匀沉陷裂缝，往往上下或左右有一定的差距，裂缝宽度与不均匀沉降值成比例。

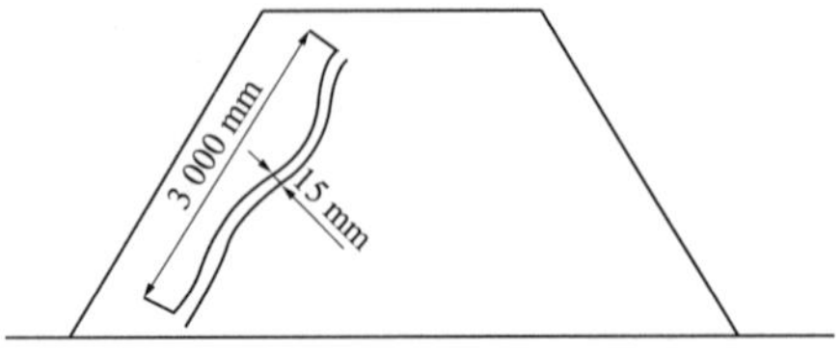

图 2-79　斜裂缝示意图

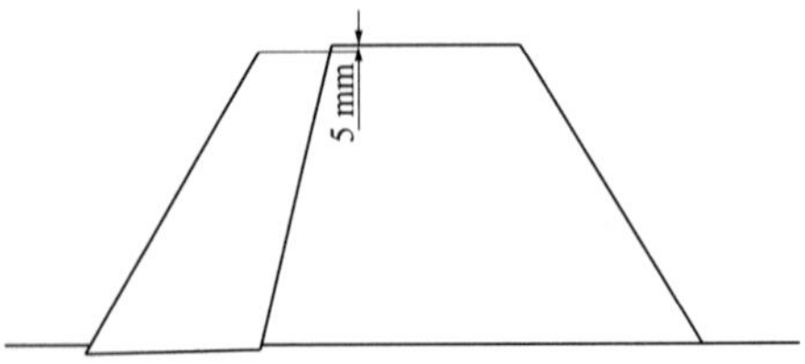

图 2-80　不均匀沉降示意图

2）冰冻裂缝

由于回填土含黏土率和含水率较大（大于最优含水率），施工期间工序衔接不好，护坡不能及时跟上黏土表面及可能出现水位下降而出露的上游防渗铺盖等部位，遇到严寒天气，表层土料含水率迅速冻结，产生冰冻裂缝。这种裂缝分布较广，裂缝的方向没有规律，纵横交错，缝的间距比较均匀，多是龟裂状。这种裂缝一般是与表面垂直的，上宽下窄，呈楔形。裂缝宽度和深度随气温而异。裂缝宽度往往小于 10 mm，深度一般不超过 1 m。

3）震动裂缝

在经受强烈震动或烈度较大的地震以后发生纵横向裂缝的缝口，随时间延长，缝口逐渐变小或弥合，纵向裂缝缝口没有变化。

4）干缩裂缝

干缩裂缝的发生机制与冰冻裂缝相类似，多出现在表面，密集交错，无固定方向，分布均匀，有的呈龟裂纹形状，降雨后裂缝变窄或消失。有的也出现在防渗体内部，其形状呈薄透镜状。例如：沁河新右堤抢护工程中，由于堤防土质黏粒含量较大，施工时土壤含水率较高，自然失水后产生了干缩裂缝。

二、空洞和不密实

（一）成因

根据相关资料分析表 2-1 中空洞区出现的重要原因，主要有三大类：

（1）施工控制不严，回填土质量不佳，回填土不密实。除此之外，回填土料含沙量大，有机质多，导致大量的空洞出现。

（2）临背水面水位相差很大，渗水压力大，造成管涌。

（3）堤防施工管理不规范，冻土块体未打碎，待冻土融化后形成空洞。

（二）分类与特征

1. 施工过程中的空洞

在施工过程中，施工控制不严格，致使较大的土块堆积在一起，产生架空现象，当水位上升时，这些空洞就成为渗漏通道，典型示意图见图 2-81。

2. 土料回填不密实

回填土料含沙量大，有机质多，土块未打碎，碾压不实，导致土颗粒之间的空隙较大，形成细小空洞，水会沿着土颗粒之间的空隙慢慢渗漏，典型示意图见图 2-82。

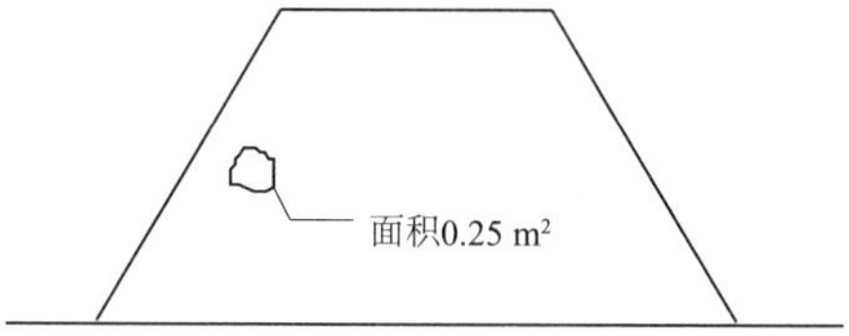

图 2-81　空洞示意图

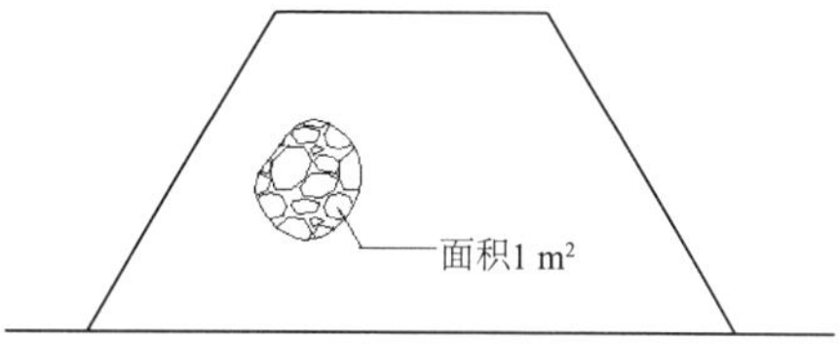

图 2-82　细小空洞示意图

三、生物洞穴

(一)成因

生物洞穴病害不易引起人们的重视,但它对工程的影响还是比较大的。在工程施工过程中,往往对基础及其附近存在的蚁穴、鼠洞及兽洞清理不彻底,同时由于填筑土料中含有杂草、树根等动物喜食杂物,或运营过程中没有很好地维护,都会导致害堤动物在堤防中挖洞造穴,形成生物洞穴隐患。

(二)分类与特征

1. 兽洞

由于捕食和生存的需要,兽洞较粗大,洞径一般为 0.1 ~0.5 m,洞道纵横分布,互相连通,有的甚至横穿堤身,导水性好,突水流量大,造成堤身隐患,以致汛期高水位时造成穿漏及塌坑,能在短时间内冲毁堤坡,典型示意图见图 2-83。

2. 蚁穴

土栖白蚁具有危害大、范围广、繁殖力强、隐蔽性好等特点,其群体一般在地下 1 m 左右深度的位置筑巢,蚁洞四通八达,经常贯穿坝体,危害大坝安全。在堤防维护实践中发现,此类病害治理难度大的原因在于其具有此消彼生、今消明生的特点。譬如,长江陆城垸江堤由于环境条件适宜,为白蚁的繁殖创造了有利条件,加之堤身水草丰富,气候温和,且大堤较大部分为沙性土质,背风向阳,适应黑翅土栖白蚁和黄翅大白蚁的生存环境,典型示意图见图 2-84。

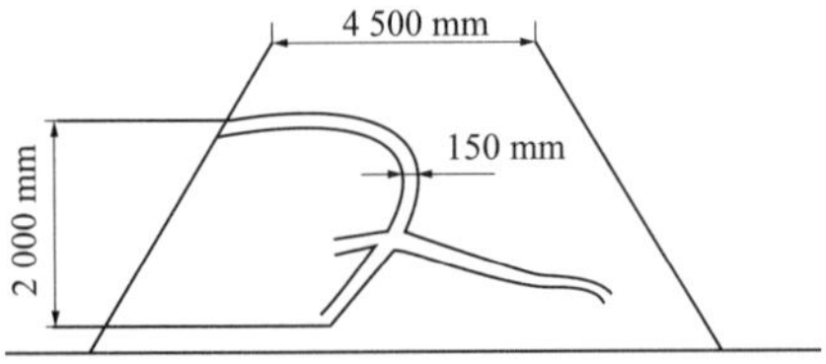

图 2-83　兽洞示意图

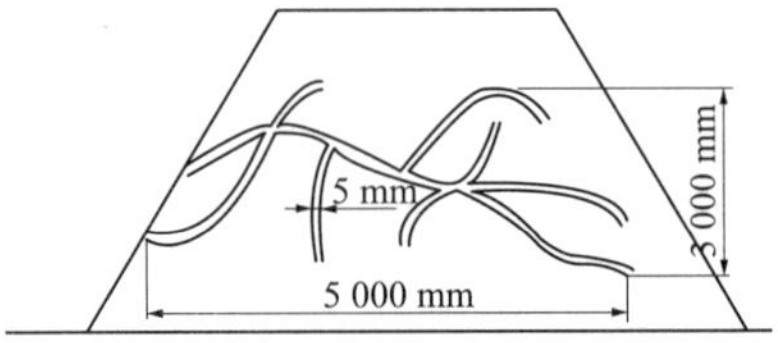

图 2-84　蚁穴示意图

3. 树根洞

筑堤时,清基不彻底,或者回填料筛选不严格,包含有树根的土料上堤,随着树根的腐朽,便形成了树根洞。树根洞具有较大开口及盘根错节的树根所形成的细小通道,当有水渗入之后,水便顺着树根的通道渗向坝体深处,典型示意图见图 2-85。

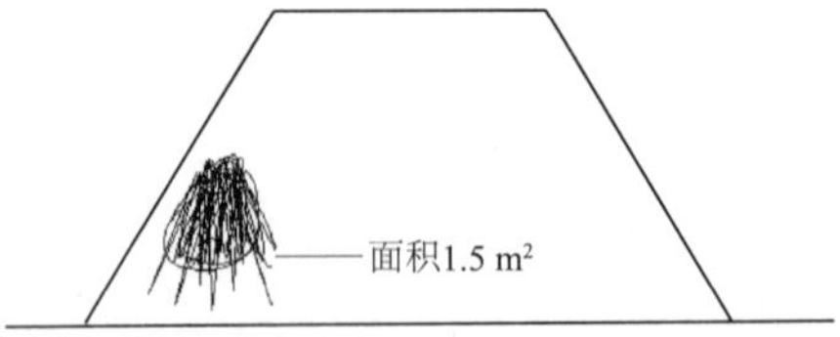

图 2-85　树根洞示意图

第四节　土石结合部位的土体特性

黄河下游土石结合部以两岸堤防上分布的涵洞式穿堤涵闸为主,涵闸的刚性结构和堤防填土的散粒体结构,二者之间结合面质量的控制相对较难,加上黄河流域淤积土源、沉积环境等因素决定了土的黏粒含量低、粉粒含量高的特点。2014 年对黄河下游石头庄引黄闸进行了除险加固,本节以其为例对土石结合部土体特性进行分析。

一、回填土的特性

黄河下游石头庄引黄闸为Ⅰ级水工建筑物,由闸室段、翻水(倒虹吸)段、天井涵洞段及引水涵洞段等几部分组成,从涵闸结构形式来讲具有一定的代表性。该闸始建于1967年,1991年曾进行过改建,2005年进行安全鉴定时发现引水涵洞段第5节(1991年未改建部分)存在较大的外观质量问题:靠近新老涵洞结合处有6条裂缝,且在侧墙和对应顶板位置连贯形成"Π"形裂缝,均有渗水现象发生。裂缝的形成原因较多,但分析该闸的现状形势,主要为引水涵洞段第5节涵洞相对较长,长度为18.24 m,且改建时新老涵洞地基处理不同步、结合部位处理不好,造成地基沉降变形的不均匀,导致"Π"形裂缝的产生,最终导致渗水发生,安全鉴定建议对未改建的进口闸室段及涵洞段进行加固处理。

2014年对该闸进行除险加固,主要措施为:将第5节涵洞改建为2节,每节长9.12 m,仍为平底涵洞。堤坡回填土料应满足1级堤防对土质的要求,尽量选用亚黏土,不得含有植物根茎、砖瓦垃圾等杂质;碾压含水率为最优含水率±3%,分层填筑厚度0.25 m,压实度不得小于0.95。

为了解该闸除险加固前后土石结合部位土体特性指标,分别在未拆除涵洞最末节洞身右侧(顺水流)取原状土和改建涵洞洞身左右侧取散状土体;原状土取土部位考虑土体上下分层、远离土石结合部位土性变化规律及现场取样安全性,顺水流向取样3组、间隔0.5 m,垂直向深度取样5组、间隔0.5 m,如图2-86所示;因实际进行洞身回填时具有较大的随意性,分层较厚或基本未分层,土料含水率为自然含水率,压实度未按要求进行控制,碾压不均匀,土料中含有植物根茎、砖瓦、塑料管袋等垃圾,不具备取原状样的现场条件,故取样高度和位置未进行必要的设定,但施工的粗放性给工程造成一定的隐患,导致后期土体沉降量较大,与建筑物的沉降不同步。

图2-86中,第一高程为现场环刀取样(环刀体积约200 cm^3),室内进行密度和含水率试验,其他高程均为现场采用铁皮筒取原状样,实验室内进行密度、含水率、直剪及其他试验,具体参数分别见表2-2～表2-4。

由表2-2可以看出,靠近顶层土体含水率差别不大,受原状样不均匀性影响,其干密度分布无明显规律,主要原因是受外界因素影响:取样地点虽未作为施工通道,但施工人员常常以此作为便道通行,对土体造成一定程度的扰动,土体含水率和干密度相对较均匀,与表2-3中其他高程土体特性参数相比,含水率无明显减低,干密度稍微有些增大。由表2-3可知,取样部位土体含水率较高,同一部位不同取样深度、与建筑物间隔不同距离,其土体含水率、干密度、黏粒含量和液性指数均无明显增大或减小趋势,即无明显变化规律,内摩擦角和黏聚力亦具有随机性。

石头庄引黄闸1991年进行改建,到2014年已有23年,即涵洞洞侧及上部土体已沉降固结23年之久,已达到相对密实状态;而该闸上游正常引水位64.62 m,相应下游水位64.12 m,引水涵洞段闸底板高程58.89 m,洞身净高2.2 m,顶板厚0.5 m,负责向长垣县的孟岗、满村、方里、丁栾、佘家、城关六乡镇供水,全年一般运行8～10个月,灌溉面积12万亩,补源10万亩。由此可见,洞侧及其上部部分回填土处于地下水位以下,长期浸润基本接近饱和状态。现场取样时间为 2014 年 11 月中旬，此时现场除险加固工作已进行一段时间，结合施工要求，井管降水措施一直在运行，故土体含水率有一定程度的下降，由表 2-3 可以看出，有些取样点土体含水率仍接近饱和含水率，消除现场取样时的扰动情况、试验误差和人为因素影响，加上设计时对回填土黏粒含量要求，可以认为经过长时间的沉降固结、地下水浸润影响，均匀土体及土与石结合部分土体的力学特性指标已无较大差别。

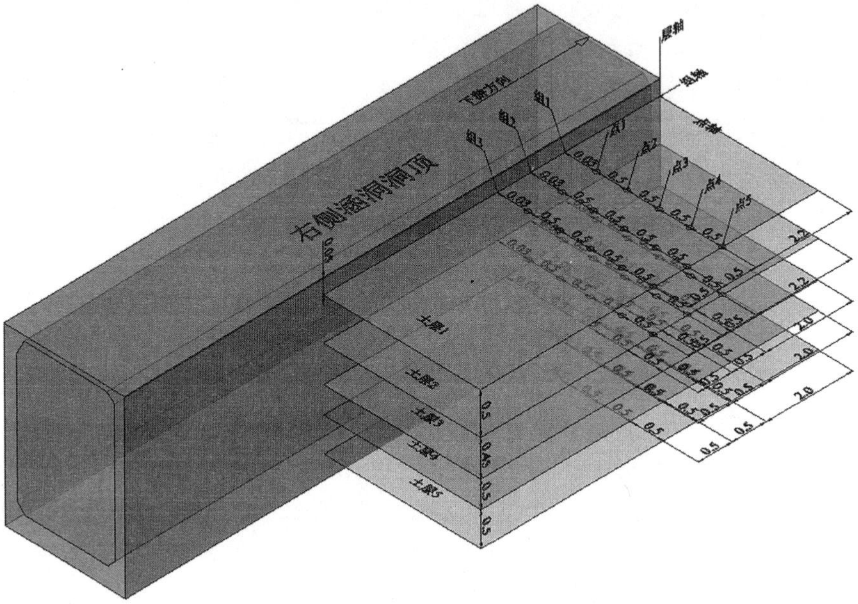

图 2-86　石头庄引黄闸现场原状土取样　（单位：m）

表 2-2　石头庄引黄闸引水涵洞末节洞侧土体物性参数（第一高程）

靠近新老涵洞接缝 2.2 m			靠近新老涵洞接缝 2.7 m			靠近新老涵洞接缝 3.2 m		
测点编号	含水率（%）	干密度（g/cm^3）	测点编号	含水率（%）	干密度（g/cm^3）	测点编号	含水率（%）	干密度（g/cm^3）
1	21.7	1.63	1	22.5	1.59	1	21.6	1.57
2	22.6	1.61	2	23.1	1.55	2	22.0	1.58
3	22.8	1.56	3	22.3	1.62	3	20.8	1.64
4	22.9	1.56	4	21.9	1.57	4	21.4	1.59
5	22.7	1.57	5	21.2	1.59	5	21.5	1.59
6	22.8	1.54	6	21.8	1.59	6	20.9	1.60

由表 2-4 可知，除险加固涵洞洞身填筑土体由低液限粉土和低液限黏土组成，总体来讲粉粒含量相对较多，但基本满足黏粒含量宜为 10% ~35% 的要求；对比左右侧土体力学参数，回填土相对较均匀，各参数无明显差别，除无法测定的含水率和干密度外，其余和未加固涵洞洞侧土体力学参数区别不大。

表 2-3　石头庄引黄闸引水涵洞末节洞侧土体物性参数(第二～第五高程)

编号	原状土参数				抗剪强度指标		塑性指标			颗粒组成					
										砂粒(mm)			粉粒(mm)		黏粒(mm)
	湿密度 (g/cm^3)	干密度 (g/cm^3)	含水率 (%)	饱和含水率(%)	内摩擦角 φ(°)	黏聚力 c(kPa)	液限 (%)	塑限 (%)	塑性指数 I_P	2～0.5	0.5～0.25	0.25～0.075	0.075～0.05	0.05～0.005	<0.005
筒 1	1.85	1.51	22.7	29.2	29.6	16.7	23.7	17.5	6.2	0.1	0.4	8.7	18.7	58.2	13.9
筒 2	1.90	1.54	23.4	27.9	31.6	7.4	24.5	13.9	10.6	0.4	0.7	10.8	17.5	59.3	11.3
筒 3	1.89	1.54	22.9	28.1	30.1	20.4	25.5	14.0	10.8	0.5	0.5	7.7	15.8	60.1	15.5
筒 4	1.89	1.52	24.4	28.8	31.0	10.2	26.6	17.4	9.3	0.3	0.6	9.7	15.8	62.4	11.3
筒 5	1.91	1.54	23.9	28.0	31.2	8.3	26.4	16.9	9.5	0.7	0.9	11.4	14.7	57.2	15.0
筒 6	1.89	1.54	22.9	28.1	31.0	7.4	26.2	15.8	10.4	0.1	0.3	4.7	17.6	63.0	14.2
筒 7	1.88	1.54	22.4	28.3	26.5	27.8	26.0	15.0	10.8	0.5	0.8	7.7	14.5	65.0	11.5
筒 8	1.90	1.52	24.3	28.5	31.2	12.0	—	—	—	—	—	—	—	—	—
筒 9	1.90	1.54	23.7	28.2	—	—	27.0	16.1	10.8	0.1	0.2	6.2	20.2	56.0	17.4
筒 10	1.91	1.53	24.7	28.4	28.9	21.3	28.2	16.4	11.8	0.4	0.8	11.9	14.7	57.1	15.0
筒 11	1.90	1.54	23.1	27.9	30.2	13.0	24.5	18.1	6.4	0.1	0.1	4.3	17.4	58.7	19.3
筒 12	1.88	1.51	24.4	29.3	31.4	3.7	27.2	16.4	10.8	0.2	6.8	7.8	14.4	54.3	16.4
筒 13	1.91	1.55	23.2	27.6	32.5	7.4	28.0	15.4	12.6	0.3	0.7	7.9	16.6	54.6	19.9
筒 14	1.90	1.52	25.2	29.0	30.6	7.4	25.7	14.8	10.9	0.1	0.3	6.9	17.5	56.4	18.7
筒 15	1.88	1.51	24.6	29.4	30.8	14.3	27.1	17.9	9.2	0.1	0.3	6.6	12.7	62.4	17.9
筒 16	1.88	1.51	24.2	29.2	30.6	14.8	19.2	7.9	13.3	0	0.3	6.3	23.5	55.9	14.0
筒 17	1.91	1.56	22.7	27.3	32.9	1.4	26.3	15.9	10.4	0	0.1	6.1	12.8	61.4	19.6
筒 18	1.89	1.54	23.0	28.2	—	—	27.4	15.2	12.2	0.1	0.7	12.3	19.0	53.2	14.7
筒 19	1.92	1.57	22.5	26.9	29.0	17.6	26.2	15.7	10.5	0.1	0.5	8.2	18.8	55.5	17.0
筒 20	1.94	1.57	23.3	26.5	32.0	4.6	29.7	12.9	16.8	0.1	0.1	7.3	19.9	63.9	8.7
筒 21	1.91	1.55	23.3	27.6	32.8	3.7	29.8	16.9	13.0	0.1	0.6	9.9	13.7	55.5	20.1
筒 22	1.88	1.54	22.0	28.0	31.8	0.9	25.1	16.9	8.2	0.3	0.6	9.2	9.0	54.5	26.5
筒 23	1.89	1.52	24.1	28.8	31.3	11.1	28.3	17.2	11.1	0.1	0.4	6.8	21.5	58.0	13.3
筒 24	1.91	1.56	22.7	27.3	27.6	25.9	27.5	13.8	13.7	0.1	0.2	4.4	17.7	63.3	14.3

续表 2-3

编号	原状土参数				抗剪强度指标		塑性指标			颗粒组成					
										砂粒(mm)			粉粒(mm)		黏粒(mm)
	湿密度(g/cm^3)	干密度(g/cm^3)	含水率(%)	饱和含水率(%)	内摩擦角φ(°)	黏聚力c(kPa)	液限(%)	塑限(%)	塑性指数I_P	2~0.5	0.5~0.25	0.25~0.075	0.075~0.05	0.05~0.005	<0.005
筒 25	1.91	1.55	23.4	27.7	—	—	25.8	17.1	8.7	0.3	0.8	10.7	12.0	51.6	24.5
筒 26	1.85	1.52	21.9	29.0	—	—	25.1	18.5	6.6	0.1	0.6	10.0	16.3	53.5	19.5
筒 27	1.88	1.52	23.9	29.0	—	—	27.5	12.7	14.8	0.2	0.7	7.4	16.1	56.7	18.8
筒 28	1.90	1.55	22.8	27.7	31.5	0.9	26.6	16.4	10.2	0.4	0.7	4.8	15.3	65.4	13.5
筒 29	1.90	1.56	22.1	27.4	—	—	25.7	14.8	10.9	0.2	0.8	10.7	18.2	50.8	19.3
筒 30	1.89	1.55	21.8	27.5	—	—	25.1	17.3	7.8	0.1	0.7	9.9	16.6	53.1	19.5
筒 31	1.91	1.55	23.1	27.5	25.7	25.9	26.5	15.4	11.1	0.1	0.6	3.7	13.7	63.6	18.4
筒 32	1.88	1.54	21.8	27.9	29.8	22.2	27.5	14.8	12.7	0.5	1.0	16.8	13.6	45.4	22.7
筒 33	1.90	1.51	25.1	28.9	29.3	22.2	26.5	15.6	10.9	0.2	0.3	8.7	14.5	51.1	25.3
筒 34	1.92	1.51	27.5	29.5	30.5	13.9	25.5	14.7	10.8	0.3	0.8	8.8	16.5	48.6	25.0
筒 35	1.91	1.53	24.6	28.3	31.6	4.6	27.0	17.8	9.2	0	0.2	6.7	18.5	58.8	15.8
筒 36	1.90	1.56	21.9	—	30.6	12.0	—	—	—	—	—	—	—	—	—
筒 37	1.86	1.51	23.4	29.4	30.6	4.6	28.7	14.5	14.2	0	0.3	6.5	17.0	58.9	17.3
筒 38	1.90	1.55	22.6	27.6	27.0	25.0	27.9	15.3	12.6	0.0	0.2	6.4	19.5	51.6	22.3
筒 39	1.90	1.50	26.5	29.7	31.8	9.3	26.5	16.4	10.1	0.1	0.5	7.1	17.5	56.2	18.7
筒 40	1. 90	1.54	23.3	28.0	31.8	6.5	29.2	16.3	12.9	0.2	0.3	7.3	16.8	54.6	20.8
筒 41	1.93	1.57	22.8	26.7	31.7	11.1	27.8	14.4	13.4	0.2	0.3	8.2	14.6	54.6	22.1
筒 42	1.87	1.52	22.9	28.8	32.3	1.9	27.2	15.9	11.3	0.2	0.6	9.2	16.4	56.8	16.7
筒 43	1.90	1.54	23.5	28.1	31.3	5.6	34.4	14.7	19.6	0.1	0.5	11.3	10.3	53.3	24.5
筒 44	1.89	1.53	23.8	28.6	31.3	6.5	25.8	15.9	9.9	0.1	0.8	9.9	15.4	58.7	15.1
筒 45	1.91	1.53	24.9	28.4	31.3	14.8	25.4	15.4	9.9	1.4	1.5	10.4	16.7	59.0	11.0
筒 46	1.92	1.56	23.2	27.3	31.2	13.9	26.2	14.5	11.7	0.3	0.5	6.6	17.8	52.7	22.1
筒 47	1.93	1.56	23.9	27.3	31.9	0.0	26.6	18.3	8.3	0.1	0.8	6.7	19.9	55.3	17.2
筒 48	1.97	1.58	24.5	26.3	26.7	26.8	25.1	16.9	8.2	0.4	0.6	7.6	16.1	56.2	19.1

续表 2-3

编号	原状土参数				抗剪强度指标		塑性指标			颗粒组成					
										砂粒(mm)			粉粒(mm)		黏粒(mm)
	湿密度(g/cm^3)	干密度(g/cm^3)	含水率(%)	饱和含水率(%)	内摩擦角 φ(°)	黏聚力 c(kPa)	液限(%)	塑限(%)	塑性指数 I_P	2~0.5	0.5~0.25	0.25~0.075	0.075~0.05	0.05~0.005	<0.005
筒 49	1.95	1.58	23.2	26.3	31.3	14.8	28.0	15.0	13.0	0.3	0.6	7.3	19.2	55.0	17.7
筒 50	1.94	1.57	23.8	26.9	32.7	0.0	25.5	15.3	10.1	0.4	0.9	6.9	18.9	55.8	17.0
筒 51	1.91	1.54	23.9	28.0	29.3	15.7	27.6	13.7	13.9	0.3	0.5	6.0	17.0	53.7	22.5
筒 52	1.93	1.54	25.6	28.2	33.0	1.8	28.0	15.5	12.5	0	0.5	8.0	18.8	58.7	14.0
筒 53	1.93	1.57	23.1	26.9	30.1	20.4	30.9	16.0	14.9	0.4	0.9	8.9	13.4	57.6	18.8
筒 54	1.94	1.58	23.5	—	30.0	20.4	—	—	—	—	—	—	—	—	—
筒 55	1.92	1.59	21.0	26.0	31.9	7.4	25.7	17.2	8.5	1.5	1.0	7.7	17.3	64.1	8.4

表 2-4 石头庄引黄闸新建涵洞洞侧回填土体基本参数

土体编号	塑性指标			抗剪强度指标		击实试验		颗粒组成					
								砂粒(mm)			粉粒(mm)		黏粒(mm)
	液限(%)	塑限(%)	塑性指数 I_P	黏聚力 c(kPa)	内摩擦角(°)	最大干密度(g/cm^3)	最优含水率(%)	2~0.5	0.5~0.25	0.25~0.075	0.075~0.05	0.05~0.005	<0.005
新建涵洞洞右侧上游部位	25.8	15.1	10.7	18.5	31.9	1.83	16.5	0.4	1.3	17.4	14.8	46.5	19.6
新建涵洞洞右侧中游部位	26.4	16.6	9.8	14.8	33.7	1.84	16.4	0.2	1.2	19.8	17.5	49.3	12.1
新建涵洞洞右侧下游部位	25.1	16.0	9.2	18.5	30.1	1.84	16.4	0.2	1.4	15.6	18.4	51.7	12.7
新建涵洞洞左侧上游部位	23.6	15.5	8.1	11.1	31.5	1.82	16.5	0.1	0.7	13.3	19.1	53.7	13.1
新建涵洞洞左侧中游部位	25.0	16.6	8.5	18.5	30.1	1.84	16.5	0.1	0.7	12.1	15.1	58.8	13.3
新建涵洞洞左侧下游部位	26.0	14.2	11.7	15.7	30.7	1.82	16.5	0.1	0.4	20.3	16.3	53.4	9.5

二、典型土体抗剪强度特性

由表 2-3 可知，土石结合部位土体基本由黏质粉土组成，黏粒含量有多有少、不均衡，虽设计时对回填土有一定要求，但由于黄河流域黏性土偏少，粉砂土体较多，一般工程施工时为节省成本大多就地取材，故不同堤段土石结合部位土体离散性较大。因此，考虑黏粒含量、含水率和干密度变化情况下，为了解堤防典型均匀土体、土与石接触面处土体抗剪强度的变化规律，需要进行室内试验：

（1）选取堤防典型土体（主要指黏粒含量由少到多依次增加，本次选取三种不同黏粒含量，记为第一种土、第二种土和第三种土）进行室内击实试验，得到其最大干密度和最优含水率。

（2）在最大干密度和最优含水率基础上考虑四种压实度和三种含水率，即最大干密度的 0.95、0.90、0.85、0.80 和最优含水率（15.5%）、稍小于最优的含水率（12.0%）、稍大于最优的含水率（18.0%），进行室内常规快剪试验，每次剪切速率不变。

（3）土体同上，采用透水石模拟实际工程中的混凝土或其他材料，进行土与石接触面处土体快剪试验，即在直径为 61.8 mm、高为 2 mm 的环刀内预先放入同直径、高度为 1 mm 的透水石，然后将预设质量的湿土压入环刀内，之后将装有试样和透水石的环刀徐徐推入剪切盒内，参照《土工试验规程》（SL 237—1999）进行快剪试验，具体见表 2-5。

上述试验结果反映土体抗剪强度指标随土体密度、含水率、黏粒含量和接触面变化的变化规律。

表 2-5 抗剪强度试验设计

试验类型	压实度（%）	制样含水率（%）	剪切速率（mm/min）	试验工况	备注
直剪试验	95 90	15.5 12.0 18.0	1.2	土与石接触面	每种压实度下 6 组次试验，每组试验需试样 4 个，共计需 24 组次试验、96 个试样
	85 80			均匀土体	

本次选取的 3 组堤防典型土体基本参数见表 2-6，由此可知，三种土体主要由低液限黏土（$I_P \geq 10$、$\omega_L < 50\%$）和粉土质砂（15% < 细粒含量 ≤ 50%，细粒为粉土）组成，土体的最大干密度依次降低，而最优含水率依次增大、黏粒含量逐渐增大，符合一般常规认识。

三种土体不同工况下其黏聚力和内摩擦角的变化情况见表 2-7，相同干密度不同含水率情况下均匀土体、土与石接触面处土体抗剪强度指标（黏聚力 c 和内摩擦角 φ）变化规律分别见图 2-87 ~ 图 2-92，相同含水率不同干密度情况下均匀土体和土与石接触面处抗剪强度指标（黏聚力 c 和内摩擦角 φ）变化规律分别见图 2-93 ~ 图 2-98。

第一种土到第三种土其粉粒、黏粒含量逐步增多，因此不同工况下的抗剪强度指标也有明显不同。

（1）第一种土。

相同含水率情况下，随制样干密度增大即相应压实度提高，均匀土体和土与石接触面

表 2-6　堤防典型土体基本参数

土体编号	塑性指标			击实试验		颗粒组成					
						砂粒(mm)			粉粒(mm)		黏粒(mm)
	液限(%)	塑限(%)	塑性指数 I_P	最大干密度(g/cm^3)	最优含水率(%)	2~0.5	0.5~0.25	0.25~0.075	0.075~0.05	0.05~0.005	<0.005
第一种土	23.5	14.0	9.5	1.91	13.5	22.1	7.9	15.3	9.4	38.7	6.6
第二种土	27.2	15.4	11.8	1.81	15.8	10.3	5.8	25.2	17.6	32.8	8.2
第三种土	30.6	13.9	16.7	1.78	16.1	8.5	8.3	16.7	20.6	33.7	11.2

表 2-7　不同工况下三种土体直剪试验结果

含水率(%)	第一种土					第二种土					第三种土				
	干密度(g/cm^3)	均匀土体		土与石接触面处		干密度(g/cm^3)	均匀土体		土与石接触面处		干密度(g/cm^3)	均匀土体		土与石接触面处	
		黏聚力 c(kPa)	内摩擦角(°)	黏聚力 c(kPa)	内摩擦角(°)		黏聚力 c(kPa)	内摩擦角(°)	黏聚力 c(kPa)	内摩擦角(°)		黏聚力 c(kPa)	内摩擦角(°)	黏聚力 c(kPa)	内摩擦角(°)
12.0	1.53	21.3	30.7	0.9	34.5	1.72	17.6	33.1	14.8	30.9	1.69	19.4	34.4	19.4	32.8
	1.63	16.2	30.5	4.3	30.6	1.63	5.6	34.8	5.6	34.8	1.60	16.8	31.5	6.5	35.3
	1.72	18.0	30.5	12.5	33.0	1.54	2.8	36.2	2.8	35.3	1.51	12.0	34.2	11.3	32.5
	1.82	27.8	29.2	12.0	32.1	1.45	8.3	35.9	2.8	36.3	1.42	8.9	24.0	8.9	32.1
15.5	1.53	14.8	30.8	4.6	34.0	1.72	16.7	32.7	0.9	34.5	1.69	31.5	31.1	9.3	33.7
	1.63	7.9	31.6	7.3	30.6	1.63	11.1	34.1	4.3	30.6	1.60	18.5	30.1	16.7	30.8
	1.72	20.8	30.5	6.5	34.0	1.54	14.8	33.4	12.5	33.0	1.51	21.3	31.2	22.2	29.0
	1.82	32.8	29.0	13.0	32.8	1.45	13.9	33.8	12.0	32.1	1.42	15.2	24.6	12.0	31.1
18.0	1.53	3.7	31.0	1.4	32.9	1.72	8.3	35.6	4.6	34.0	1.69	21.3	30.8	12.0	32.1
	1.63	11.1	31.1	2.8	34.1	1.63	13.0	32.7	7.3	30.6	1.60	23.1	30.9	19.4	29.6
	1.72	18.0	31.3	9.3	32.9	1.54	8.3	33.7	6.5	34.0	1.51	23.1	31.0	17.6	31.0
	1.82	15.0	34.3	12.0	32.1	1.45	10.2	34.5	13.0	32.8	1.42	9.3	30.4	7.8	28.6

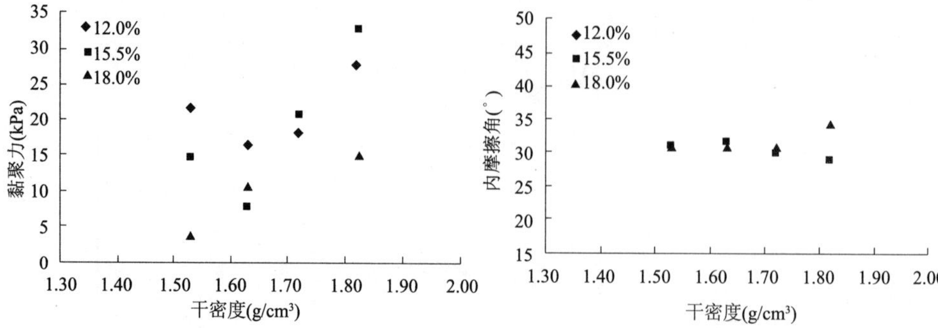

图 2-87　第一种土相同含水率不同干密度下均匀土抗剪强度指标变化

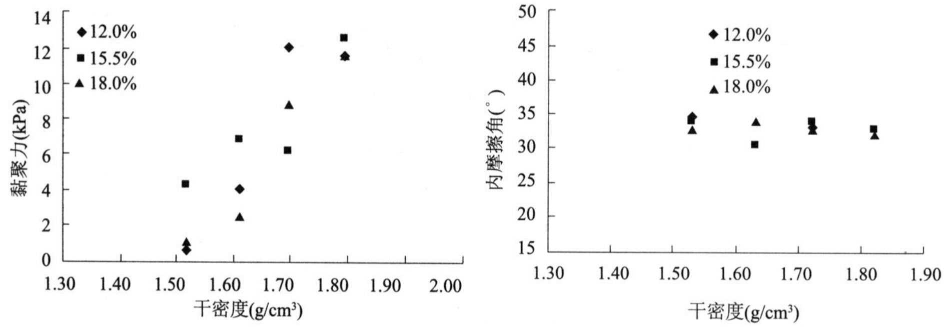

图 2-88　第一种土相同含水率不同干密度下土与石接触面处抗剪强度指标变化

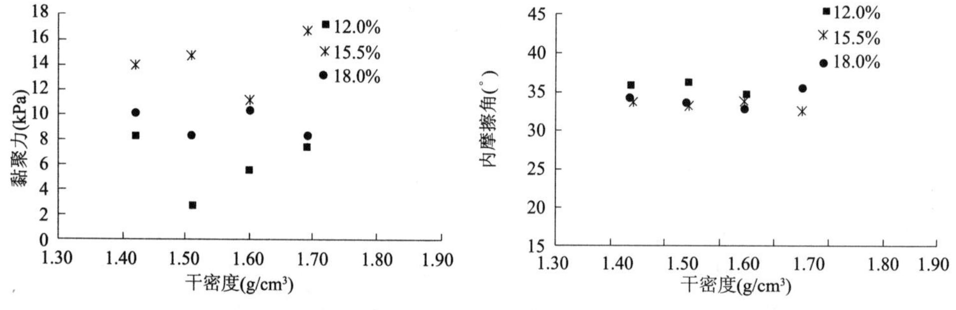

图 2-89　第二种土相同含水率不同干密度下均匀土抗剪强度指标变化

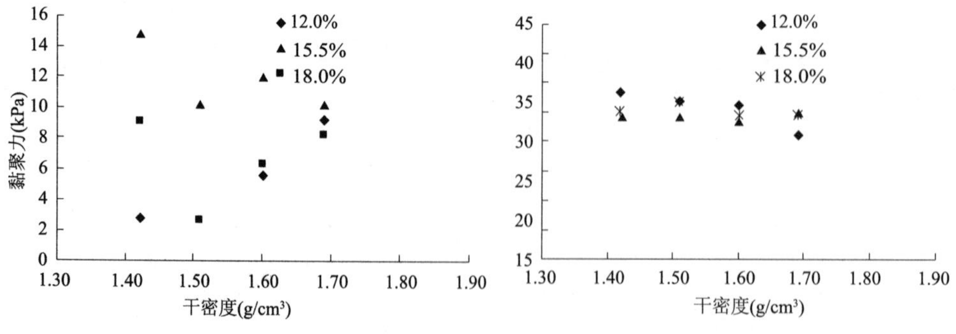

图 2-90　第二种土相同含水率不同干密度下土与石接触面处抗剪强度指标变化

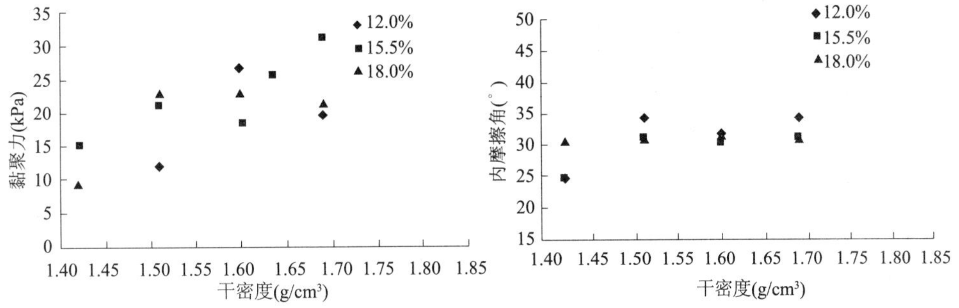

图 2-91　第三种土相同含水率不同干密度下均匀土抗剪强度指标变化

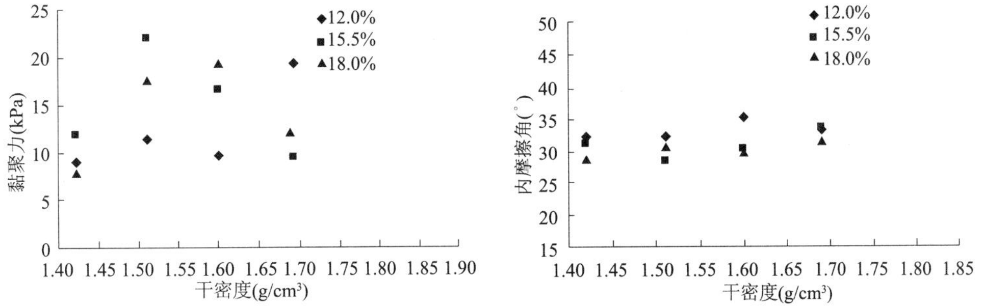

图 2-92　第三种土相同含水率不同干密度下土与石接触面处抗剪强度指标变化

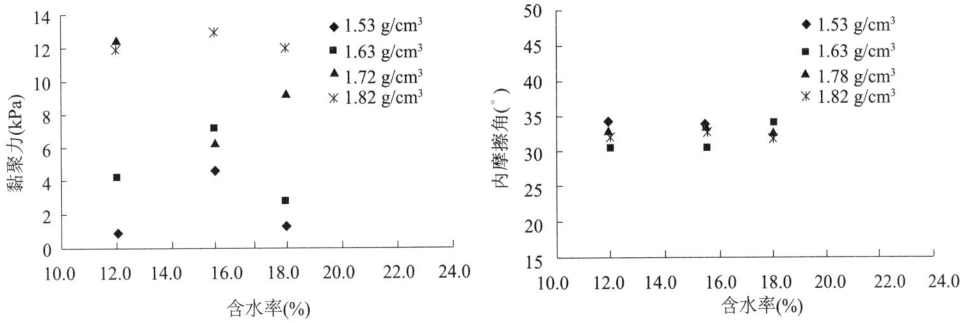

图 2-93　第一种土相同干密度不同含水率下均匀土抗剪强度指标变化

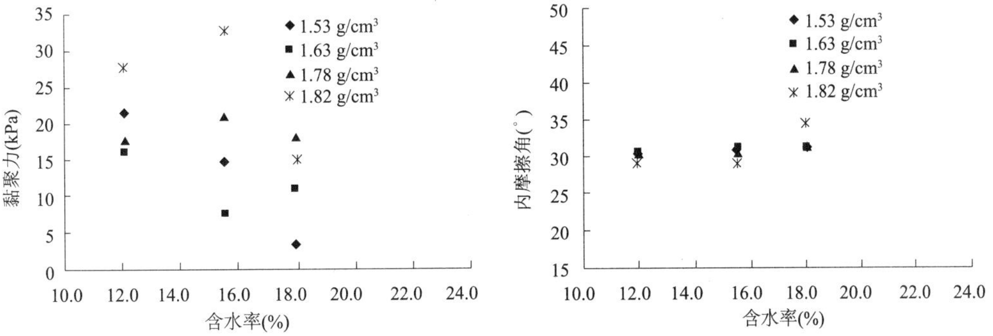

图 2-94　第一种土相同干密度不同含水率下土与石接触面处抗剪强度指标变化

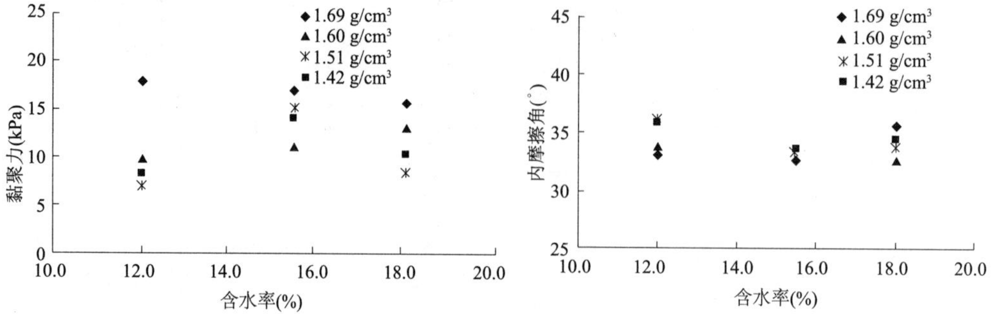

图 2-95　第二种土相同干密度不同含水率下均匀土抗剪强度指标变化

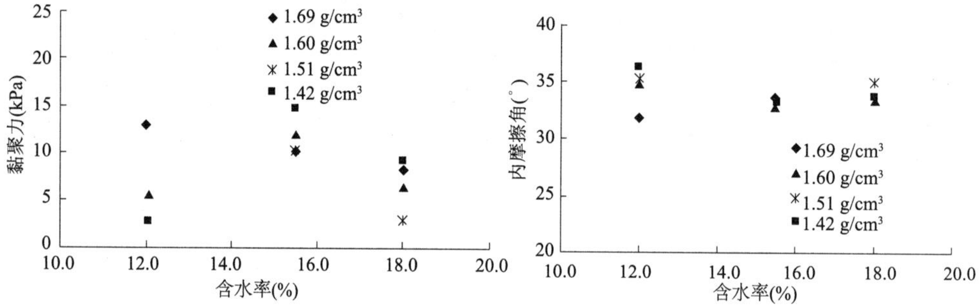

图 2-96　第二种土相同干密度不同含水率下土与石接触面处抗剪强度指标变化

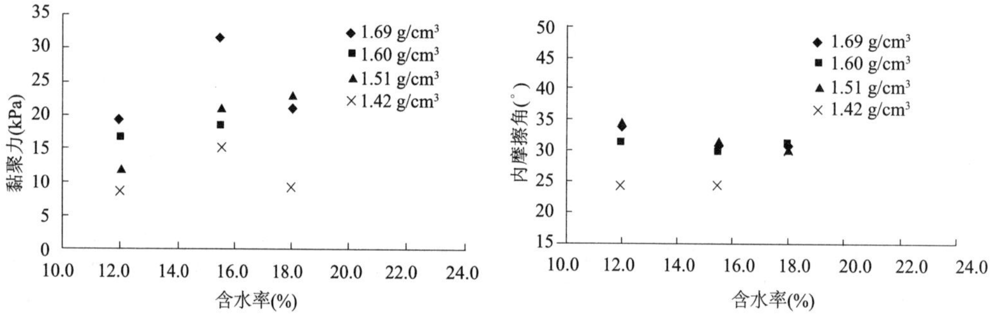

图 2-97　第三种土相同干密度不同含水率下均匀土抗剪强度指标变化

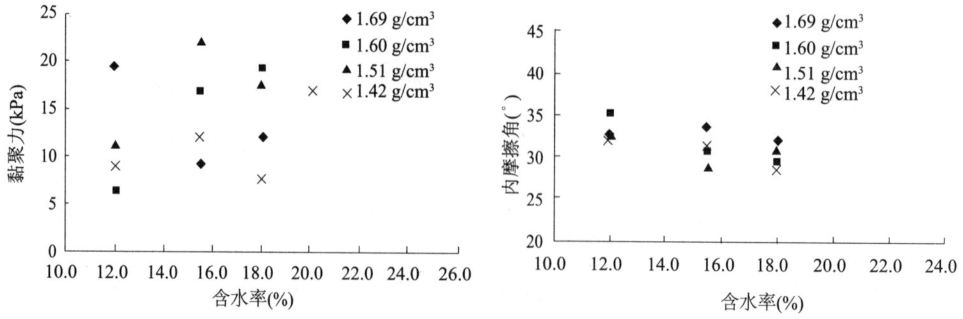

图 2-98　第三种土相同干密度不同含水率下土与石接触面处抗剪强度指标变化

处的黏聚力基本呈线性增大，且含水率为 18.0% 时其值最小，而较接近最优含水率的 12.0% 和 15.5% 其值较为接近，当干密度为 1.81 g/cm^3 时值最大，但在此过程中内摩擦角变化不大，说明在实际应用中土体碾压越密实对工程越有利。

相同制样干密度情况下，随含水率增大均匀土体和土与石接触面处的内摩擦角变化不大，但其黏聚力随含水率的增大呈现先增大后减小的趋势，最优含水率起着一定作用，在实际应用中要注意碾压含水率，太大或太小都不利于碾压密实。

(2)第二种土。

相同含水率、不同制样干密度(实际应用中指压实度)情况下，均匀土体的黏聚力在含水率为15.5%时其值最大，含水率18.0%时次之，含水率为12.0%其值最小，而土与石接触面处的黏聚力在含水率为15.5%时其值最大，但含水率为12.0%和18.0%时其值较为接近，受试验误差等因素影响有一定程度的波动、交替变化，在此过程中内摩擦角的变化均不大。

制样干密度较大即相应压实度较高时，随含水率的增大均匀土体和土与石接触面处的黏聚力值变化均不大，随制样干密度即相应压实度的逐步降低，在所做含水率范围内，黏聚力随含水率的增大先增大后减小，出现峰值(此点含水率接近最优含水率)，但相比较而言，均匀土体的黏聚力稍高于土与石接触面处的黏聚力值，在此过程中内摩擦角的变化均不大。

(3)第三种土。

相同含水率情况下，随制样干密度增大即相应压实度提高，均匀土体的黏聚力呈线性增大，土与石接触面处黏聚力在含水率为 15.5% 和 18.0% 时出现峰值点，即在某种压实度下土与石接触面处耦合较好，在此过程中内摩擦角均为大的变化。

相同制样干密度不同含水率情况下，均匀土体和土与石接触面处黏聚力基本呈线性增大，内摩擦角呈些微线性减小的趋势。

上述结果说明土体密度、含水率变化及与石结合对其内摩擦角影响不大，对其黏聚力有一定程度的影响，但在实际工程应用中土体内摩擦角和黏聚力相辅相成。因此，仍需控制好土体黏粒含量、碾压含水率、土体分层厚度、碾压遍数，并避免含有植物根茎、砖瓦、塑料管袋等垃圾。但实际工程中，回填土含水率一般为自然含水率，遭遇雨雪等恶劣天气时其含水率大于最优含水率，极易形成橡皮土，导致后期土体沉降量较大，给工程造成一定的隐患。

通过对土石结合部主要病害类型产生的原因、分类及其特征进行归纳总结，并以黄河流域中运用较多的穿堤建筑物——涵洞式水闸为例，分析堤防土体及土石结合部位土体在黏粒含量、含水率、碾压密度变化情况下其抗剪强度变化规律，进一步分析其病害影响因素、产生原因。

第五节 土石结合部病害评价指标

堤防土石结合部病害评价实质是根据土石结合部隐患成因和失事机制，深入研究各主要因素对土石结合部渗流安全的影响，归纳总结各因素的联系和制约作用，评价裂缝、空洞和不密实、生物洞穴等因素，按照基本完好、轻微、较严重和严重四种状态分别确定A、B、C、D 四个等级。然后按照其影响程度确定权重，应用多因素分析方法，加权平均，计算堤防病害程度分值，最后根据各类病害在堤防安全的重要性进行加权平均，得出堤防安全程度。

一、裂缝

裂缝是较为常见的土石结合部病害，不同的裂缝，其位置、走向、长度、宽度、深度各有不同，对堤防穿堤建筑物的影响也各不同。但无论什么性质的裂缝对穿堤建筑物和堤防的正常使用都有非常不利的影响。

对堤防病害评价时，根据裂缝的位置、走向、长度、宽度、深度、条数等参数指标，综合确定其影响等级，具体见表 2-8。

表 2-8　裂缝分级

级别	老化状态	特征描述	长度(m)	宽度(m)	深度(mm)
A	基本完好	没有裂缝，或仅有一些冻融、干缩龟裂，裂缝口较窄，深度较浅，对堤防安全不构成影响	<0.5	≤0.1	—
B	轻微损毁	不均匀沉降产生的水平、垂直、斜向或不规则裂缝，规模较小，对堤防的安全影响甚微	0.5～1.0	≤0.2	≤1
C	较严重损毁	有一定规模的水平、垂直、斜裂缝，以及规模较小的滑坡裂缝，对堤防安全构成一定威胁	1.0～5.0	≤0.3	≤5.0
D	严重损毁	所有渗透变形产生的裂缝，规模较大的滑坡裂缝，较大的纵缝和水平缝，跨越堤顶、堤坡的水平、斜缝，尤其已经有渗流出逸的裂缝，对堤防安全构成严重威胁	>5.0	>0.3	>5

二、空洞和不密实

空洞分级见表 2-9。

表 2-9　空洞分级

级别	危害程度	特征描述
A	完好	无空洞区域
B	轻微危害	区域规模较小，不会引起不均匀沉降、裂缝、渗漏或滑波
C	较严重危害	区域有一定规模，有可能引起不均匀沉降、裂缝、渗漏或滑波
D	严重危害	区域规模较大，已引起不均匀沉降、裂缝、渗漏或滑波

三、生物洞穴

生物洞穴分级见表 2-10。

表 2-10　生物洞穴分级

级别	类型	特征描述	分布形态
A	基本完好	无生物洞穴	—
B	轻微破坏（树根洞）	树根洞具有较大开口及盘根错节的树根所形成的细小通道，当有水渗入之后，水便顺着树根的通道渗向堤身深处	—
C	较严重破坏（兽洞）	常见的害堤动物有狐、獾、鼠及蛇等，这些害堤动物在堤身内营巢作穴，由于捕食和生存的需要其兽洞较大，洞径一般为 0.1～0.5 m，纵横分布、互相连通，有的甚至横穿堤身，导水性好、突水流量大，造成堤身隐患，以致汛期高水位时形成穿漏及塌坑，在短时间内冲毁堤防	—
D	严重破坏（蚁穴）	白蚁群体一般在地下 1 m 左右深度的位置筑巢，蚁洞四通八达，经常贯穿堤身，危害堤防安全；在竖向上，蚁穴从上到下可分为三层，即通道系统、菌圃和主巢；在投影平面上，蚁穴主巢多分布在靠背水坡一侧约 1/3 堤面宽度处；食道和水道则呈放射状向有食源和水源的地方扩展，并与地表、蚁路的泥被或泥线连接；主蚁路既可横穿堤身，也可沿堤向斜穿堤身并延伸至更远处。大型成年蚁穴，沿主蚁路两侧常有呈串珠状发育的、大小不等的卫星菌圃和空腔，不仅使蚁穴系统更复杂，而且使得其对土层的破坏范围增大了数十倍，大堤溃决的危险性也显著增加	背水坡多，迎水坡少；堤身中上部多，下部少；荒野地区的堤段多，人烟稠密的堤段少；黏性土、砂壤土堤段多，砂质堤段少；野草丛生的堤段多，无草的堤段少；堤身浸润线以上部位多，浸润线以下部位少

四、病害综合评价

病害综合评价的目的是根据不同的病害来判断实际状态能否满足工程工作的安全要求，确定是否需要维修加固。

量化评定堤防病害程度，采用记分加权平均的方法来定量分析。首先应区分堤防在各种不同条件下的运行状况，然后根据各种影响因素和对其评定的级别来对堤防综合记分，根据各堤防的实际得分，经过加权算术平均处理后可求得堤防的总得分。

具体步骤如下：

（1）分析裂缝、空洞和不密实、生物洞穴等因素对土石结合部的影响。

（2）根据前面提出的标准确定各影响因素的程度级别。

（3）对所定级别分别记分，A、B、C、D 分别记作 1、2、3、4 分。

（4）根据影响程度的不同对其加权，具体各影响因素在不同条件下的权重可参照表 2-11。

（5）根据式（2-1）求得最后得分。

$$N = \frac{\sum_i W_i X_i}{\sum_i W_i} \quad (i = 1,2,3,4) \tag{2-1}$$

式中　N—堤防综合得分；

X_i—各影响因素得分；

W_i—与 X_i 相应的权数。

（6）根据最后得分，参照表 2-12 得出堤防病害的定性结论，划分为基本完好、轻微病害、较严重病害和严重病害四个等级，对应等级分别为 A、B、C 和 D。

表 2-11　各影响因素权重标准表

因素	枯水位	正常水位	洪水位
裂缝	0.3	0.2	0.2
空洞	0.3	0.3	0.3
生物洞穴	0.1	0.2	0.1

表 2-12　堤防病害评价标准表

实际得分	$N<1.5$	$1.5 \leqslant N<2.5$	$2.5 \leqslant N<3.5$	$3.5 \leqslant N$
老化程度	基本完好	轻微病害	较严重病害	严重病害
等级评定	A	B	C	D

A，基本完好：主体及大部分附属结构未产生病害，堤防整体功能可正常发挥，只需正常维护，无需维修。

B，轻微病害：主体结构基本完好，部分附属结构损坏；堤防整体功能可基本发挥，需进行适当加固维修。

C，较严重病害：主体结构部分损坏（如存在明显的裂缝渗透变形等）；附属结构物损坏严重；堤防整体功能只能部分发挥，须进行加固维修。

D，严重病害：主体结构损坏严重（如存在严重的裂缝渗透变形等）；多数附属结构物损坏严重或报废；堤防整体功能只能部分发挥或基本丧失，必须进行加固或报废重建。

上述病害级别之间没有明显的分界点，评估时应注意整体与部分主体部位及附属部位损坏有无恶化发展的区别。

A 类和 B 类中主体结构评估为 A 级的为正常堤；B 类中主体结构评估为 B 级和 C 类中主体结构评估为 B 级的是病堤；C 类中主体结构评估为 C 级和 D 级的是危堤。

第六节　本章小结

根据五大流域堤防和穿堤建筑物资料的分析，大多数穿堤涵闸等建筑物均存在不同程度的土石结合部病害，如水闸不均沉降引起的结构连接部位开裂及同一结构断裂造成的裂缝、上下游翼墙与护坡部位的砌石与勾缝脱落、管理维护不到位导致的生物洞穴滋生及恶化等。在正常管理维护情况下，上述病害有些较易被检查到，但有些却不易被检查到，那些不易被检查到或被漏掉的病害持续发展则会造成较大的灾害。

通过全面深入的分析可知，土石结合部病害主要为裂缝、空洞和不密实区、生物洞穴三类。根据这三类病害的特征及病害恶化的发展规律将其划分为不同等级，根据病害等级对堤防土石结合部进行评价。堤防土石结合部病害评价是极为复杂的问题，影响堤防安全的诸病害因素，有些有严格的判别标准，可通过实测定量考核，有些只能通过表面现象作深入分析后确定其影响程度，不能精确测定。因此，对于堤防土石结合部的评价，应对整体运行状况、水闸与其周围区域进行全面到位的拉网式检查，以免遗漏病害及利于更好地评估病害的各种情况。

不同的病害对工程造成的危害也不同，进一步对工程出险实例进行总结分析可知，裂缝、空洞和不密实是造成工程出险的主要原因。因此，在病险探测方法、监测技术、室内病险模拟实验及病险发展机制等方面应以此为主。

第三章　土石结合部病险探测方法

第一节　引　言

长期以来,土石结合部隐患探测的方法主要有三种:钻探、人工探视和物探。近期把物探技术作为辅助手段列入规范。钻探具有成本极高、效率低、局限性、盲目性等缺点,并且钻探之后又会给工程留下新的隐患。而人工探视,主要靠长期工作经验,效率很低,无法找到隐蔽的隐患。因此,我国堤坝现状及现有的经济条件决定了工程地球物理勘探是快速、准确、无损伤探测堤坝隐患的首选方法。

探测洞穴、裂缝、松散体、砂层等隐患可以选用电剖面法、高密度电阻率法、瞬变电磁法、探地雷达法、浅层地震反射波法、瑞雷波法;探测集中渗流、管涌通道,确定渗漏进口位置及流向可以选用自然电场法、瞬变电磁法、伪随机流场法、温度场法、同位素示踪法;探测护坡或闸室底板脱空可以选用探地雷达法、浅层地震反射波法;测定堤防堤身和堤基介质的纵、横波速度,判定堤防填筑介质的密实度可以选用浅层地震折射波法;堤身或堤基加固效果评价可选用浅层地震反射波法、瑞雷波法。

第二节　土石结合部病险探测方法综述

一、探地雷达法

(一)基本理论和方法

1. 介质中的电磁波传播

电磁波是物体所固有的发射和反射在空间传播交变的电磁场的物理量,由同相振荡且互相垂直的电场与磁场在空间中以波的形式移动,其传播方向垂直于电场与磁场构成的平面,有效地传递能量和动量。工程介质中电磁波的传播遵循麦克斯韦方程,麦克斯韦电磁理论表明,磁场变化产生电场,而电场变化又伴随有磁场变化,电场和磁场随时间的变化向周围空间扩散。图 3-1 为电磁波平面波场的分布图。

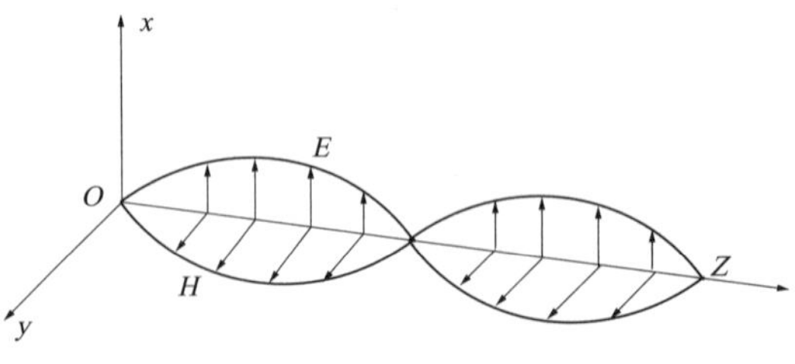

图 3-1　电磁波平面波场分布图

有源场区麦克斯韦方程组的微分形式是:

$$\nabla \cdot H = J + \frac{\partial D}{\partial t} \tag{3-1}$$

$$\nabla \cdot E = -\frac{\partial E}{\partial t} \tag{3-2}$$

$$\nabla \cdot B = 0 \tag{3-3}$$

$$\nabla \cdot D = \rho \tag{3-4}$$

式中　H——磁场强度,A/m;

J——自由电流密度,A/m^2;

D——电位移矢量,Q/m^2;

E——电场强度,V/m;

B——磁感应强度或磁通量密度,Wb/m^{2}或 T;

P——电荷密度,Q/m^2。

式(3-1)遵循安培电流环路定律,其物理意义表示传导电流与变化的电场是磁场的旋度源,可以产生磁场;式(3-2)遵循法拉第感应定律,其物理意义表示变化的磁场是电场的旋度源,变化的磁场可以产生电场(电场中有旋无散的部分);式(3-3)遵循磁荷不存在定律,其物理意义表示磁力线是无头无尾的,磁场是无散场;式(3-4)遵循电场高斯定律,其物理意义表示电荷是电场的散度源,即电荷可以产生电场(电场中有散无旋的部分)。

上述公式给出的是麦克斯韦方程的非限定形式,它并没有限定 D 和 E 及 B 和 H 之间的关系,因此适用于任何媒质。在实际中,通常引入媒质的本构关系辅助麦克斯韦方程来求解各常量。所谓本构关系,是指场量之间的关系,决定于电磁场所在介质的性质。对于线性各向同性均匀媒质,这组方程与媒质的结构方程及电荷守恒定律(也称连续性方程)联系起来,便构成了一组完整的电磁方程。媒质的结构方程可表示为:

$$D = \varepsilon E \tag{3-5}$$

$$B = \mu H \tag{3-6}$$

$$J = \sigma E \tag{3-7}$$

式中　ε——媒质的介电常数,F/m;

μ——媒质的磁导率,H/m;

σ——媒质的电导率,S/m。

电荷守恒定律可表示为:

$$\nabla J + \frac{\partial \rho_s}{\partial t} = 0 \tag{3-8}$$

上述表达式描述了电磁波的传播、发送、反射和衍射规律,并建立了电场、磁场、电荷和电流密度之间的相互关系。

2. 工程介质的电磁学特性

在工程地球物理研究中将各类岩石、土、混凝土、木材、玻璃、塑料、金属等材料通称为工程介质。雷达探测的基本原理是使用电磁波穿透工程介质,当存在电磁性质差异界面时,电磁波发生反射和散射,根据反射波的时程与动力学特征确定介质的结构。因而研究各类工程介质的电磁性质及差异,是了解电磁波在各类介质中传播、衰减、折射、反射、散射规律的基础。

1）电介质的极化

物体中存在着自由电荷与束缚电荷。自由电荷受到电场力作用时发生运动，而不受原子束缚；而束缚电荷在电场中除受电场力作用外，还受原子力的束缚，只能在一定的范围内运动。含自由电荷的物体称为导体或导电媒质，不含自由电荷的物体称为电介质。一般情况下，介质中的电荷数量相等，对外成中性。

在外电场作用下，电介质内部沿电场方向产生感应偶极矩，在电介质表面出现极化电荷的现象称为电介质的极化。电介质在外电场作用下可产生如下3种类型的极化：原子核外的电子云分布产生畸变，从而产生不等于零的电偶极矩，称为畸变极化；原来正、负电中心重合的分子，在外电场作用下正、负电中心彼此分离，称为位移极化；具有固有电偶极矩的分子原来的取向是混乱的，宏观上电偶极矩总和等于零，在外电场作用下，各个电偶极子趋向于一致的排列，从而宏观电偶极矩不等于零，称为转向极化。介质的极化作用对电磁波的传播起到阻碍作用，极化性质越明显，电磁波速越低。

2）介质的电导率

电导率指在介质中该量与电场强度之积等于传导电流密度，其对于电磁波的传播有重要影响。对于各向同性介质，电导率是标量；对于各向异性介质，电导率是张量。电导率是电阻率的倒数，是表示各种物质电阻特性的物理量，是表征介质导电能力的参数，其物理意义是表示物质导电的性能，电导率越大则导电性能越强，反之越小。常见工程介质的电导率特征见表3-1。

表3-1　常见工程介质的电导率特征

电导率值	电磁波衰减特征	特征描述	所属介质
$\sigma < 10^{-7}$S/m	衰减很小	$\sigma/\varepsilon\omega << 1$ 易于传播	空气，干燥花岗岩，干燥的灰岩，混凝土，沥青，橡胶，玻璃，陶瓷等
10^{-7}S/m $< \sigma < 10^{-2}$S/m	衰减较大	较难传播	淡水，淡水冰，雪，砂，淤泥，干黏土，含水玄武岩，湿花岗岩，土壤，冻土，砂岩，黏土岩，页岩等
$\sigma > 10^{-2}$S/m	衰减极大	$\sigma/\varepsilon\omega >> 1$ 难于传播	湿黏土，湿页岩，海水，海水冰，湿沃土，金属物等

注：ω—角频率，rad/s。

3）介质的磁导率

磁导率是一个无量纲的物理量，是表征磁介质磁性的物理量，等于磁介质中磁感应强度与磁场强度之比，表示介质在磁场作用下产生磁感应能力的强弱。绝大多数工程介质都是非铁磁性物质，磁导率都接近1，对电磁波传播特性无重要影响。纯铁、硅钢、坡莫合金、铁氧体等材料为铁磁性物质，其磁导率很高，达到$10^2 \sim 10^4$，电磁波在这些物质中传播时波速和衰减都受到重要影响。

4）介质的介电常数

介质在外加电场时会产生感应电荷而削弱电场，原外加电场（真空中）与最终介质中电场比值即为介电常数。介电常数是一个无量纲物理量，它表征一种物质在外加电场情

况下,储存极化电荷的能力。介电常数通常用相对介电常数 ε_r 来表示:

$$\varepsilon = \varepsilon_0 \varepsilon_r \tag{3-9}$$

式中　ε_0——真空中的介电常数。

自然界中物质的介电常数最大的物质是水,介电常数为 81,最小的是空气与金属,数值为 1。工程状态下的岩土介质,其介电常数的主要差异决定于其含水量的大小。介电常数不同的两种介质的界面,会引起电磁波的反射,反射波的强度与两种介质的介电常数及电导率的差异有关。常见工程介质的介电常数见表 3-2。

表 3-2　常见工程介质的介电常数

介质	相对介电常数	电磁波速度(mm/ns)	介质	相对介电常数	电磁波速度(mm/ns)
空气	1	300	黏土土壤(干)	3	173
水	81	33	沼泽	12	86
温带冰	3.2	167	土壤	16	75
淡水湖冰	4	150	花岗岩	5~8	106~120
海冰	2.5~8	78~157	石灰岩	7~9	100~113
永冻土	1~8	106~300	白云岩	6.8~8	106~115
沿岸砂(干)	10	95	玄武岩(湿)	8	106
砂(干)	3~6	120~170	泥岩(湿)	7	113
砂(湿)	25~30	55~60	砂岩(湿)	6	112
粉沙(湿)	10	95	混凝土	6~8	55~112
黏土(湿)	8~15	86~110	沥青	3~5	134~173

5)衰减系数

当电磁波进入岩石中时,由于涡流的热能损耗,将使电磁波的强度随进入距离的增加而衰减,这种现象又称为岩石对电磁波的吸收作用。吸收或衰减系数 β 的大小和电磁波角频率 ω、岩石电导率 σ、岩石磁导率 μ、岩石介电常数 ε、电磁波穿透深度 δ 有关:

$$\beta = \omega \sqrt{\frac{\mu\varepsilon}{2}\left(1 + \frac{\sigma^2}{\omega^2\delta^2}\right) - 1} \tag{3-10}$$

在导体中则简化为:

$$\beta = \sqrt{\frac{\omega\mu\sigma}{2}} \tag{3-11}$$

电磁波在常见工程介质中的衰减系数见表 3-3。

表 3-3　电磁波在常见工程介质中的衰减系数

介质	衰减系数(dB/m)	介质	衰减系数(dB/m)
空气	0	灰岩(湿)	0.4~1
海水	103	砂(干)	0.01
冰	0.01	砂(湿)	0.03~0.3
花岗岩(干)	0.01~1	黏土(湿)	1~300
花岗岩(湿)	0.01~1	页岩(湿)	1~100
灰岩(干)	0.4~1	土壤	20~30

3. 检测方法

探地雷达系统分为主机和天线两部分，主机包括计算机系统和控制单元，天线系统包括发射和接收两部分。工作过程中，发射机产生的高频脉冲波经天线辐射到三维空间中，电磁波在堤身传播过程中，一旦遇到堤防隐患便会产生散射效应，返回的散射信号经检波器接收后被视频放大，并经过滤波和信号压缩处理，进而馈送到微机中。在这一过程中，信号同步设备能够通过产生各种频率振荡，使所有信号的收发和传输均保持严格的时钟序列。以脉冲式雷达为例，其工作原理如图 3-2 所示。

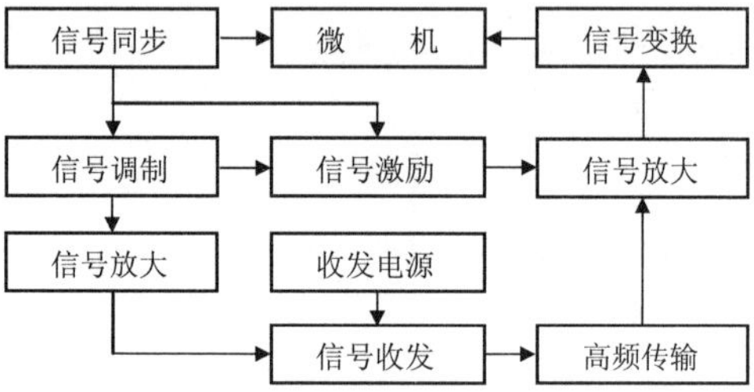

图 3-2　脉冲式雷达工作原理图

在检测过程中，雷达通过发射天线将高频电磁波以宽频带短脉冲形式定向送入堤防内部，电磁波在传播过程中遇到存在物理特性差异的目标体时，便会在边界两侧发生透射和散射，部分能量经散射返回地面，并被接收天线所接收。由于不同介质对电磁波具有不同的波阻抗，波的路径、电磁场强度和波形将随介质的电性特征及几何形态而发生变化，通过对时域波形的采集、处理和分析，可判定目标体的形态、分布和性状。

探地雷达的主要技术指标有触发方式、信号延迟步、采样点数、时窗大小、信噪比、脉冲覆盖次数等，这些指标是衡量设备检测能力和成果的重要依据。雷达波的穿透深度和分辨率主要取决于其中心频率和地下介质的电性，频率越低则穿透深度越大、分辨率也越低，电导率越低则穿透深度越大。结合堤防隐患的特点，检测时多采用中心频率为 10 ~ 2 000 MHz 的雷达波段，波长介于短波和厘米波之间。

测量过程中，测量方式可以选择同步法、透射法、共中点法、宽角法等模式。

(1) 同步法：发、收两天线以固定的天线距在被测物体同一面同时移动检测，按发、收天线相对位置不同又可分为平行天线、正交天线等多种组合。

(2) 透射法：一个天线固定在被测物的一个表面，另一个天线在另一面移动检测。这种测法主要用于对介质进行透射研究。

(3) 共中点法：两天线在被测物同一面从零天线距开始向测线两端等距离移动。

(4) 宽角法：一个天线固定不动，另一天线在被测物同一面沿测线移动。

信号记录时，多次记录用时间剖面图像来表示，图像横坐标记录了天线的移动位置，纵坐标表示散射波的双程旅行时间。每条扫描曲线是由一组数据点组成，数据点的多少称为采样点数，采样点数越多，扫描曲线越光滑，垂直分辨率越好。时间窗口表示探地雷达系统记录电磁波散射信号的长度，时间窗口与探地雷达信号的探测深度有直接关系，时间窗口越大则记录的电磁波时间序列越长，表示记录的散射信号对应的地层界面越深。

4. 主要技术参数

1) 分辨率

探地雷达的分辨率为雷达分辨最小异常物的能力，也即是雷达的探测精度。雷达的探测目标都是三度体，都具有长、宽、高，相对于地表来说，有横向延展度和垂向延展度。

因此,目标探测的分辨率有水平分辨率和垂直分辨率之分,两者既不同又相互关联。在垂直方向上能够为探地雷达所区分的两个反射界面的最小间距称为垂直分辨率,在水平方向上所能分辨的最小异常体的尺寸称为水平分辨率。

对于垂直分辨率,无论地层或具体目标,都有上下两个面,假设这两个面跟围岩或上、下地层有明显的电性差异,则在顶、底面上都能形成反射波。那么分辨率的概念就是分别从顶、底反射回来的两个脉冲不重叠,或重叠的不多。

将地下各个层面的反射系数按反射波到达时间编制成图,即为反射系数序列,如图3-3所示,一条雷达扫描数据能用反射系数序列与雷达信号脉冲的褶积方程来表达:

$$X(t)=R(t)\cdot e(t)+n(t) \qquad (3\text{-}12)$$

式中　$X(t)$——雷达扫描线;

$R(t)$——雷达脉冲;

$e(t)$——反射序列;

$n(t)$——噪声。

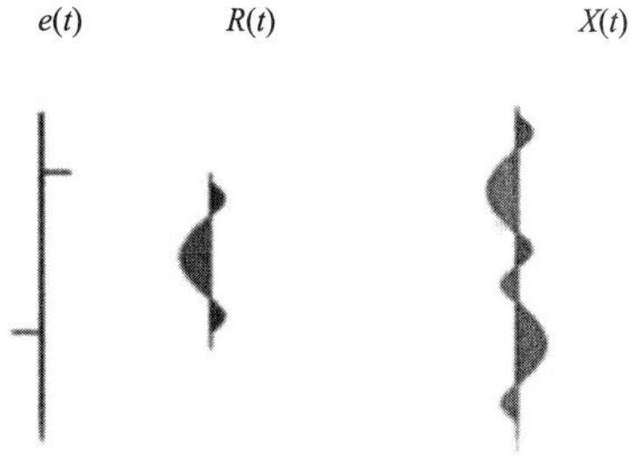

图3-3　雷达扫描线的表示

一般认为对离散的反射界面,根据瑞雷标准定义的分辨率的极限是 $\lambda/4$,其中 λ 是主频波波长,怀特定义分辨率极限则为 $\lambda/8$;对无限延展的平面层,极限分辨率为 $\lambda/30$。在探地雷达天线的设计中,一般选择天线的中心频率 f 等于天线的通频带 Δf,即 $f/(\Delta f)=1$。因此,雷达的分辨率近似于:

$$\frac{C}{2\Delta f\,\varepsilon_r^{\frac{1}{2}}}=\frac{\lambda}{2}$$

式中　C——空气中雷达波波速;

ε_r——地层介电常数。

如果把垂直分辨率理解为时间分辨率,则水平分辨率更多体现为空间分辨率的概念。射线理论认为,地下界面上的反射来自由斯奈尔几何定律描述的一个点,但实际上,雷达波的传播还有波动性的一面,由波动理论,当入射波前到达界面上形成反射波时,是以反射点为中心点的一个面上反射的综合,它们是以干涉形式形成能量累加或相减的带状分布的。将围绕反射点能量累加的这一圈反射干涉带称为菲涅尔带(见图3-4),其直径可按下式计算:

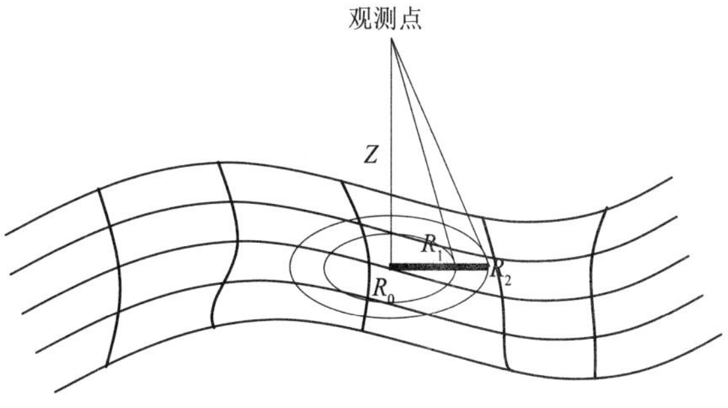

图3-4　菲涅尔带示意图

$$d_f=\sqrt{\frac{\lambda H}{2}}$$

雷达的水平分辨率要高于第一菲涅尔带直径的1/4,因此要区分两个水平的相邻物体所需最小水平距离需大于第一菲涅尔带直径。雷达在介质中的水平分辨率示例见表3-4。

表 3-4　雷达在介质中的水平分辨率示例　(单位:m)

天线频率		100 MHz	600 MHz	900 MHz
空气	波长	3.000	0.500	0.330
	深度(1 m)	1.900	0.790	0.640
	深度(2 m)	2.600	1.100	0.860
水	波长	0.330	0.050	0.036
	深度(1 m)	0.640	0.250	0.200
	深度(2 m)	0.860	0.350	0.280
混凝土	波长	1.200	0.280	0.130
	深度(1 m)	1.220	0.590	0.400
	深度(2 m)	1.600	0.670	0.540
砂岩	波长	0.950	0.160	0.110
	深度(1 m)	1.100	0.440	0.370
	深度(2 m)	1.460	0.600	0.490

2)探测深度

雷达的探测深度与天线的发射功率、使用的频率、介质的电导特性及仪器的动态范围有关。

脉冲雷达有调制频率和重复频率,电磁波的衰减效应与频率有明显关系,频率高时,传导电流损耗大,散射损失也大,因而频率越高,探测深度越小。

不同介质的电导率有明显差异,电导率高的,导电性好,电流热损耗大,衰减强,探测深度小。

介质的均匀程度也是影响探测深度的重要原因。电磁波在电磁特性差异大的复杂介质中传播时,发生强烈散射,前进方向的能流密度变弱,电磁波传播的深度减小。

不同仪器的探测深度差别较大。仪器的发射功率与探测深度是对数关系,发射功率越大,探测越深;仪器的采样位数与探测深度是线性关系,采样位数越高,探测越深。

此外,软件的功能对于探测深度有重要影响,通过软件处理来消除干扰、提高信噪比,能够识别更深的信号,客观上提高了探测深度。

如表 3-5 所示,以意大利 RIS 探地雷达为例,不同天线种类的雷达所对应的频率、尺寸、探测深度、应用领域有很大差异。

表 3-5　RIS 不同频率天线的探测深度和应用领域

天线种类	中心频率(MHz)	尺寸(cm)	探测深度(m)	应用领域
非屏蔽天线	10 20 40	200×30×15	30~70	地质勘测、考古、水文
屏蔽天线	80	71×45×30	10~35	深部探测、管线、地质
	100	71×45×30	6~25	
	200	43×37×20	4~10	工程地质、管线、建筑、路基
	400	43×37×20	2~6	

续表 3-5

天线种类	中心频率(MHz)	尺寸(cm)	探测深度(m)	应用领域
屏蔽天线	600	20×26×20	1.5~3	建筑、隧道、公路
	900	20×26×20	1~2	
	1 200	13×12×8	0.7	
	1 600	13×12×8	0.5	
	2 000	13×12×8	0.3	
井中天线	150	长 1.6 m	5~15	地质、工程勘察
	300	长 1 m	4~10	
天线阵系列	MF 天线阵 S 天线阵	71×45×20 多个单天线组合	4~6	管线、非开挖、路基
	Hiress 天线阵 (含四对 1 600 MHz 天线)	45×15×17	0.5	混凝土检测
	600~1 600 MHz 混凝土检测天线阵		2.0	
	公路天线阵	20×26×20	0.5~2	公路

3)雷达脉冲与子波

雷达工作时控制部分输出矩形触发波形,触发波形是矩形脉冲(见图 3-5),幅度约 150 V,脉冲宽度约等于天线主频的周期。100 MHz 天线的脉冲宽度为 10 ns,1 GHz 天线的脉冲宽度为 1 ns。脉冲的重复频率有多种可选,有 100 kHz、50 kHz、25 kHz 等。天线是由高速开关电路和极板组成的,高速开关电路是一个微分器,起到波形转换、功率放大和输出的作用,它将矩形触发脉冲转换成正负对称的正弦波,经功率放大后传输给天线极板,最高双峰值可达 1 100 V。天线本质上是一个电容器,两个极板为电容器的两个极,大地、天空、工程结构都是电容器中的填充介质,电流在天线两极板上震荡,电磁波在介质中传播。

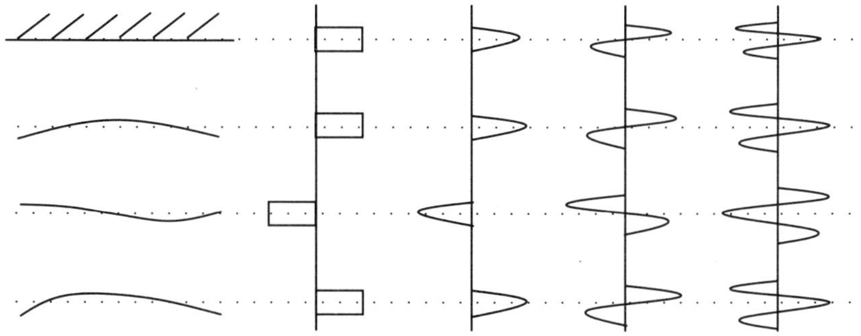

图 3-5　雷达脉冲与子波

4)天线频率与带宽

天线的类型以频率划分为低频、中频和高频,以结构特点又划分为非屏蔽、屏蔽天线,以电性参数分有偶极子天线、反射器偶极子天线、喇叭状天线。采用不同种天线结构是为了获得较高的发射效率。

频率在 80 MHz 以下的为低频天线，通常采用非屏蔽式半波偶极子杆状天线，无反射器，无屏蔽，天线每半极的长度为 λ/4，天线总长度为 λ/4，辐射场具有轴对称性，能量分散，能流密度小。由于低频天线的发射频率低，介质中衰减小，可用于较深目标的探测，在场地勘察中经常采用。

频率在 100 ~ 1 000 MHz 范围内的天线称为中频天线，采用屏蔽式半波偶极子天线。天线采用有反射器的半波偶极子天线，天线每半极的长度为 λ/4，天线总长度为雷达 λ/2。反射器将辐射到后方的能量集中到前方，在前方形成较大的能流密度。具有天线体积小、发射效率高的特点。在工程勘查与检测中常使用该类天线，包括 300 MHz、600 MHz、900 MHz、100 MHz 加强型天线也属于该类天线，它采用高功率发射技术，探测深度可达 20 m 左右，场地勘察、线路勘察和隧道超前预报中常使用该种天线。

频率高于 1 GHz 的称为高频天线。高频天线常采用喇叭形状，以提高辐射效率，该天线辐射能量集中，分辨率高，目前主要用于路面、机场跑道的质量检测。

以美国 GSSI 探地雷达为例，在不同发射频率下，其各项物理指标描述如表 3-6 所示。

表 3-6　GSSI 雷达在不同中心频率下的物理指标

中心频率（MHz）	脉冲宽度（ns）	阻抗（ohm）	输入电压（V）	天线双峰功率（W）	平均功率（mW）	发射峰值功率（W）	平均发射功率（mW）	重复频率（GHz）
80	12	240	100	41.7	25	14.6	8.75	50
100	10	240	70	20.4	10.2	5.1	2.55	50
120	8	240	100	41.7	16.7	10.4	4.18	50
300	3	240	70	20.4	3.1	5.1	0.78	50
500	3	240	100	41.7	4.2	8.3	0.84	50
900	1.1	240	50	10.4	0.57	2.1	0.11	50
1 000	1	240	50	10.4	0.5	2.1	0.1	50

频率与频带宽度是天线的重要技术指标，关系到天线的探测能力。对于一个触发脉冲，天线实际发射的是一个子波，也可称为一个小波。子波的波形并不像图 3-5 中那么简单，后边可能带有衰减震荡。子波越简单越有利于分析鉴别，各种雷达天线子波的形式可以现场实测。雷达子波时间长度随天线的不同而不同，当天线离地面高度超过 0.5 m 时，可采集到独立的直达子波和地面反射子波。通常子波的时间窗口为 1 ~ 2 个周期，这些独立的子波可用于小波分析和相关褶积处理，雷达脉冲子波时间长度影响着垂直分辨率。

5. 资料处理与解释

由于雷达波在土石结合部介质中的传播过程十分复杂，各种噪声和杂波的干扰非常严重，探地雷达接收到的信号里，除了有来自堤体内部目标体的反射信号，还有来自地表的干扰波、天线直达波、仪器系统内部噪声、堤身介质不均匀引起的杂波等。正确识别各种杂波与噪声、提取有用信息是探地雷达记录解释的重要环节，其关键技术在于对探地雷达记录进行各种数据处理。探地雷达数据处理技术主要有滤波、去噪声、速度分析、动静、叠加、插值、频谱、偏移、成像、反褶积、反滤波、振幅恢复、道内振幅均衡、道间振幅均衡等技术。除此以外,小波分析、分形技术、神经网络和遗传算法等近些年来新出现的处理方法也被引入进来,并取得了明显的处理效果。

一般说来,脉冲从天线发射到地下,再从目的体反射回来的过程中会出现失真,虽然影响接收信号的因素很多,但只要目的体的反射信号与其他干扰信号在时间间隔上分得足够开的话,从接收信号中分离有用反射信号还是很容易做到的。在实际工作中,一般根据工作需要适当选取其中部分方法来对采样数据进行处理,这里对几种常用的典型方法加以介绍:

(1)取平均值压低噪声。只要发射波形能稳定地重复出现,那么不管其波形如何,都可以获得一系列单个时间波形的平均值,n 次测量的等权平均值将使噪声频带宽度缩小到原来的 $1/n$。只要测量重复的次数足够多,就可以把随机干扰压缩到所要求的水平。这种处理方法有时也称为叠加,该方法能减少随机干扰,但对杂乱回波的压制没有作用。

(2)通过减去平均值压低杂乱回波。在相同介质中的不同位置进行多次测量,如果介质相对位置的变化可看成是随机的,而目的体的反射仅在一小部分测量位置可以看到,那么大量观测结果的平均值可以认为是系统杂乱回波的度量,从每个单独测量结果中减去平均波形,于是目的体的反射波形会显得很明显。

(3)时变增益。当介质的吸收已知时,为了补偿地下介质的吸收,可以应用指数加权放大器对走时波形进行补偿,该方法的缺点是将大时间段的系统噪声扩大了,从而使成果解释变得困难,为了减小噪声的影响,可以使用智能时变增益放大器,它是根据时间波形的性质设计的,对带有天线余振与地表不平引起的杂乱回波的短时延信号采用低增益放大,对带有有用信号的时间波形采用随时间指数增加的放大器,而对超出研究范围的信号采用增益不变的放大器。

(4)频率滤波。采用低通、高通及带通滤波器除去不想要的干扰信号,例如可以采用低通滤波器压制地表杂散波的影响,地表杂散回波响应是由地表不规则或浅部岩石电性突然变化引起的,这些杂散回波在土壤中的传播路径很短,与埋深目的体的回波不同,在高频段吸收较少,故杂散回波在高频段的能量要比目的体回波的能量大,于是可采用低通滤波器压制这类杂散波的干扰。

(5)除以上一些处理方法外,反褶积和偏移处理目前是探地雷达信号处理的两大热门技术。反褶积的目的是把雷达记录变成反射系数序列以达到消除大地干扰、分辨薄层的目的。而所谓的偏移处理则是把雷达记录中的每个反射点移到其本来位置,从而获得反映地下介质的真实图像。偏移处理对消除直立体的绕射、散射产生的相干干扰能起很大的作用。反褶积和偏移处理在地震勘探数据处理中得到了较好的效果,而在探地雷达中的应用中却总是不尽人意。这是因为,对褶积来讲雷达波的高衰减性和地下介质的频散现象,使得电磁脉冲子波在地下传播中要发生很大的变化,从而使得子波估计常常出现很大偏差。对偏移处理而言,在探地雷达勘探中,由于电性的变化,使波速在地下传播时变得相当复杂,这难以满足偏移处理的要求。

以某水利工程防渗面板的厚度检测为例,其数据处理的过程如图 3-6 所示。

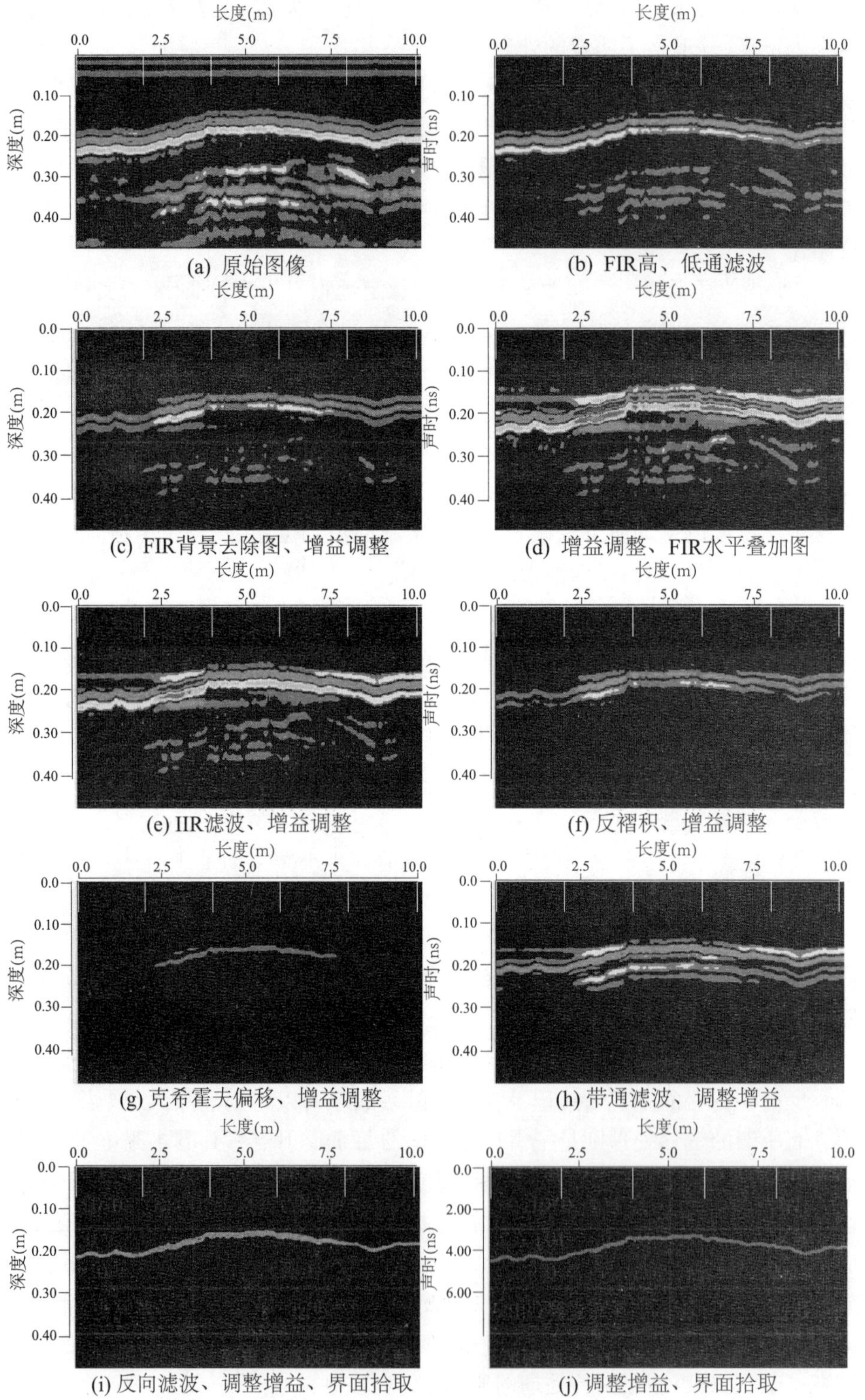

图 3-6　某水利工程防渗面板雷达检测数据的处理

检测结果统计如表3-7所示。

表3-7　大坝沥青面板厚度统计表(20%抽样)

测点 S_{can}	长度 X (m)	深度 H (m)	波速 V (m/ns)	声时 T (ns)	测点 S_{can}	长度 X (m)	深度 H (m)	波速 V (m/ns)	声时 T (ns)
0	0	0.234	0.13	3.594	225	5.221	0.173	0.13	2.656
5	0.116	0.231	0.13	3.555	230	5.337	0.173	0.13	2.656
10	0.232	0.229	0.13	3.516	235	5.453	0.173	0.13	2.656
15	0.348	0.223	0.13	3.438	240	5.569	0.173	0.13	2.656
20	0.464	0.223	0.13	3.438	245	5.685	0.17	0.13	2.617
25	0.58	0.226	0.13	3.477	250	5.801	0.173	0.13	2.656
30	0.696	0.229	0.13	3.516	255	5.917	0.175	0.13	2.695
35	0.812	0.229	0.13	3.516	260	6.033	0.18	0.13	2.773
40	0.928	0.229	0.13	3.516	265	6.149	0.178	0.13	2.734
45	1.044	0.223	0.13	3.438	270	6.265	0.178	0.13	2.734
50	1.16	0.221	0.13	3.398	275	6.381	0.18	0.13	2.773
55	1.276	0.221	0.13	3.398	280	6.497	0.183	0.13	2.813
60	1.392	0.226	0.13	3.477	285	6.613	0.183	0.13	2.813
65	1.508	0.229	0.13	3.516	290	6.729	0.185	0.13	2.852
70	1.624	0.229	0.13	3.516	295	6.845	0.185	0.13	2.852
75	1.74	0.229	0.13	3.516	300	6.961	0.188	0.13	2.891
80	1.856	0.229	0.13	3.516	305	7.077	0.19	0.13	2.93
85	1.972	0.226	0.13	3.477	310	7.193	0.193	0.13	2.969
90	2.088	0.223	0.13	3.438	315	7.309	0.19	0.13	2.93
95	2.204	0.218	0.13	3.359	320	7.425	0.19	0.13	2.93
100	2.32	0.216	0.13	3.32	325	7.541	0.19	0.13	2.93
105	2.436	0.213	0.13	3.281	330	7.657	0.193	0.13	2.969
110	2.552	0.213	0.13	3.281	335	7.773	0.196	0.13	3.008
115	2.668	0.208	0.13	3.203	340	7.889	0.196	0.13	3.008
120	2.784	0.206	0.13	3.164	345	8.005	0.198	0.13	3.047
125	2.9	0.208	0.13	3.203	350	8.121	0.198	0.13	3.047
130	3.016	0.206	0.13	3.164	355	8.237	0.201	0.13	3.086
135	3.132	0.201	0.13	3.086	360	8.353	0.201	0.13	3.086
140	3.248	0.196	0.13	3.008	365	8.469	0.206	0.13	3.164
145	3.364	0.193	0.13	2.969	370	8.585	0.211	0.13	3.242
150	3.48	0.19	0.13	2.93	375	8.701	0.213	0.13	3.281
155	3.596	0.19	0.13	2.93	380	8.817	0.216	0.13	3.32
165	3.829	0.18	0.13	2.773	385	8.933	0.213	0.13	3.281
170	3.945	0.175	0.13	2.695	390	9.049	0.211	0.13	3.242
175	4.061	0.178	0.13	2.734	395	9.165	0.208	0.13	3.203
180	4.177	0.175	0.13	2.695	400	9.281	0.206	0.13	3.164
185	4.293	0.178	0.13	2.734	405	9.397	0.201	0.13	3.086
190	4.409	0.175	0.13	2.695	410	9.513	0.198	0.13	3.047
195	4.525	0.178	0.13	2.734	415	9.629	0.198	0.13	3.047
200	4.641	0.175	0.13	2.695	420	9.745	0.201	0.13	3.086
205	4.757	0.175	0.13	2.695	425	9.861	0.198	0.13	3.047
210	4.873	0.178	0.13	2.734	430	9.977	0.198	0.13	3.047
215	4.989	0.175	0.13	2.695	435	10.093	0.198	0.13	3.047
220	5.105	0.173	0.13	2.656	440	10.209	0.201	0.13	3.086

(二)正演模拟

1. 基本方法

正演模拟技术是探地雷达理论分析的主要内容之一,也是分析的重点之一。无论是开发新的 GPR 数据处理方法,还是结合其他勘探方法进行雷达剖面的联合反演,都需要有相应的地质模型的正演结果来对比和检验方法的有效性。通过分析地电模拟的正演结果,可以加深对探地雷达散射剖面的认识,提高解释精度,并验证反演算法的正确性。

与复杂弹性结构时的地震波一样,对于复杂电性结构,雷达波传播没有解析解,因而需要通过数值模拟的方法获得复杂电性结构中的雷达波正演解。依据电磁传播理论,雷达波正演可分两类:一类是基于几何光学原理的射线追踪法;另一类是基于波动理论的数值模拟方法,主要包括时域有限差分法、有限元法和积分方程法等。其中,时域有限差分法直接对麦克斯韦方程作差分处理,来解决电磁脉冲在电磁介质中传播和反射问题,历经近半个世纪的发展,该算法已日趋成熟。因此,本节采用有限差分法对典型的堤防隐患模型的散射特征进行模拟。

作为一种电磁场的数值计算方法,时域有限差分法具有一些非常突出的特点,主要体现在以下几个方面:

(1)直接时域计算。时域有限差分法直接把含时间变量的麦克斯韦旋度方程在 Yee 氏网格空间中转换为差分方程。在这种差分格式中每个网格点上的电场(或磁场)分量仅与它相邻的磁场(或电场)分量及上一时间步该点的场值有关。在每一时间步计算网格空间各点的电场和磁场分量,随着时间步的推进,即能直接模拟电磁波的传播及其与物体的相互作用过程。时域有限差分法把各类问题都作为初值问题来处理,使电磁波的时域特性被直接反映出来。这一特点使它能直接给出非常丰富的电磁场问题的时域信息,给复杂的物理过程描绘出清晰的物理图像。

(2)广泛的适用性。由于时域有限差分法的直接出发点是概括电磁场普遍规律的麦克斯韦方程,这就预示着这一方法应具有最广泛的适用性。从具体的算法看,在时域有限差分法的格式中被模拟空间电磁性质的参数是按空间网格给出的,因此只需要设定相应空间以适当的参数,就可模拟各种复杂的电磁结构。媒质的非均匀性、各向异性、色散特性和非线性等均能很容易地进行精确模拟。

(3)节约存储空间和计算时间。在时域有限差分法中,每个网格电场和磁场的六个分量及其上一时间步的值是必须存储的,此外还有描述各网格电磁性质的参数以及吸收边界条件和连接条件的有关参量,它们一般是空间网格总数 N 数倍。所以时域有限差分法所需要的存储空间直接由所需的网格空间决定,与网格总数 N 成正比,在计算时,每个网格的电磁场都按同样的差分格式计算,故它所需的主要计算时间也是与网格总数 N 成正比的。相比之下,若离散单元也是 N,则矩量法所需的存储空间与 $(3N)^2$ 成正比,而所需的 CPU 时间则与 $(3N)^2$ 至 $(3N)^3$ 成正比。当 N 比较大时,两者的差别是很明显的。

(4)适合并行计算。当代电子计算机的发展方向是运用并行处理技术,以进一步提高计算速度。时域有限差分法的计算特点是,每一网格点上的电场值(或磁场)只与其周围相邻网格点处的磁场(或电场)及其上一时间步的场值有关,这使得它特别适合并行运算。

（5）计算程序的通用性。由于麦克斯韦方程是时域有限差分法计算任何问题的数学模型，因而它的基本差分方程对广泛的问题是不变的。因而一个基础的时域有限差分计算程序，对广泛的电磁场问题具有通用性，对不同的问题或不同的计算对象只需修改有关部分，而大部分是共同的。

（6）简单、直观、容易掌握。由于时域有限差分法直接从方程出发，不需要任何导出方程，这样避免了使用更多的数学工具，使得它成为所有电磁场的计算方法中最简单的一种。其次，它能直接在时域中模拟电磁波的传播及其与物体作用的物理过程，所以它又是非常直观的一种方法。这样，时域有限差法既简单又直观，很容易得到推广，并在很广泛的领域发挥作用。

2. 计算原理

1）基本方程

时域有限差分法计算域空间节点采用 Yee 元胞的方法，同时电场和磁场节点在空间与时间上都采用交错抽样；把整个计算域划分成包括散射体的总场区以及只有反射波的散射场区，这两个区域以连接边界相连接，最外边采用特殊的吸收边界，同时在这两个边界之间有个输出边界，用于近、远场转换；在连接边界上采用连接边界条件加入入射波，从而使得入射波限制在总场区域；在吸收边界上采用吸收边界条件，尽量消除反射波在吸收边界上的非物理性反射波。

在直角坐标系中，根据麦克斯韦方程组及其本构关系，可得两个旋度方程的分量形式：

$$
\begin{cases}
\dfrac{\partial E_x}{\partial t} = \dfrac{1}{\varepsilon}\left(\dfrac{\partial H_z}{\partial y} - \dfrac{\partial H_y}{\partial z} - \sigma_e E_x\right) \\
\dfrac{\partial E_y}{\partial t} = \dfrac{1}{\varepsilon}\left(\dfrac{\partial H_x}{\partial z} - \dfrac{\partial H_z}{\partial x} - \sigma_e E_y\right) \\
\dfrac{\partial E_z}{\partial t} = \dfrac{1}{\varepsilon}\left(\dfrac{\partial H_y}{\partial x} - \dfrac{\partial H_x}{\partial y} - \sigma_e E_z\right)
\end{cases}
$$

$$
\begin{cases}
\dfrac{\partial H_x}{\partial t} = \dfrac{1}{\mu}\left(\dfrac{\partial E_y}{\partial z} - \dfrac{\partial E_z}{\partial y} - \sigma_m H_x\right) \\
\dfrac{\partial H_y}{\partial t} = \dfrac{1}{\mu}\left(\dfrac{\partial E_z}{\partial x} - \dfrac{\partial E_x}{\partial z} - \sigma_m H_y\right) \\
\dfrac{\partial H_z}{\partial t} = \dfrac{1}{\mu}\left(\dfrac{\partial E_x}{\partial y} - \dfrac{\partial E_y}{\partial x} - \sigma_m H_z\right)
\end{cases}
$$

以上两组微分方程构成了电磁波与三维物体相互作用的数值算法基础。

对于二维问题，假设测线沿 x 轴方向布设，则二维的地下媒介中所有的电磁参数均与 y 坐标轴无关，只在 x 和 z 两个方向变化。此时，麦克斯韦方程组转化为独立的两组方程，分别对应 TE 和 TM 偏振的电磁波。

对于 TE 波，只包含E_x、E_y、H_z：

$$\begin{cases}\dfrac{\partial E_x}{\partial t}=\dfrac{1}{\varepsilon}\left(\dfrac{\partial H_z}{\partial y}-\sigma_e E_x\right)\\[2ex]\dfrac{\partial E_y}{\partial t}=\dfrac{1}{\varepsilon}\left(-\dfrac{\partial H_z}{\partial x}-\sigma_e E_y\right)\\[2ex]\dfrac{\partial H_z}{\partial t}=\dfrac{1}{\mu}\left(\dfrac{\partial E_x}{\partial y}-\dfrac{\partial E_y}{\partial x}-\sigma_m H_z\right)\end{cases}$$

对于 TM 波，只包含H_x、H_y、E_z：

$$\begin{cases}\dfrac{\partial H_x}{\partial t}=\dfrac{1}{\mu}\left(-\dfrac{\partial E_z}{\partial y}-\sigma_m H_x\right)\\[2ex]\dfrac{\partial H_y}{\partial t}=\dfrac{1}{\mu}\left(\dfrac{\partial E_z}{\partial x}-\sigma_m H_y\right)\\[2ex]\dfrac{\partial E_z}{\partial t}=\dfrac{1}{\varepsilon}\left(\dfrac{\partial H_y}{\partial x}-\dfrac{\partial H_x}{\partial y}-\sigma_e E_z\right)\end{cases}$$

为了将上面的微分方程转化为差分方程，采用 Yee 氏离散方法将电磁场在空间和时间进行离散化。

对于 TE 波，$H_x=H_y=E_z=0$，有：

$$(E_x)^{n+1}_{i+\frac{1}{2},j}=\frac{1-\dfrac{\Delta t\,\sigma_{i+\frac{1}{2},j}}{2\,\varepsilon_{i+\frac{1}{2},j}}}{1+\dfrac{\Delta t\,\sigma_{i+\frac{1}{2},j}}{2\,\varepsilon_{i+\frac{1}{2},j}}}(E_x)^{n}_{i+\frac{1}{2},j}+\frac{\dfrac{\Delta t}{\varepsilon_{i+\frac{1}{2},j}}}{1+\dfrac{\Delta t\,\sigma_{i+\frac{1}{2},j}}{2\,\varepsilon_{i+\frac{1}{2},j}}}\ \frac{(H_z)^{n+\frac{1}{2}}_{i+\frac{1}{2},j+\frac{1}{2}}-(H_z)^{n+\frac{1}{2}}_{i+\frac{1}{2},j-\frac{1}{2}}}{\Delta y}$$

$$(E_y)^{n+1}_{i,j+\frac{1}{2}}=\frac{1-\dfrac{\Delta t\,\sigma_{i,j+\frac{1}{2}}}{2\,\varepsilon_{i,j+\frac{1}{2}}}}{1+\dfrac{\Delta t\,\sigma_{i,j+\frac{1}{2}}}{2\,\varepsilon_{i,j+\frac{1}{2}}}}(E_x)^{n}_{i,j+\frac{1}{2}}-\frac{\dfrac{\Delta t}{\varepsilon_{i,j+\frac{1}{2}}}}{1+\dfrac{\Delta t\,\sigma_{i,j+\frac{1}{2}}}{2\,\varepsilon_{i,j+\frac{1}{2}}}}\ \frac{(H_z)^{n+\frac{1}{2}}_{i+\frac{1}{2},j+\frac{1}{2}}-(H_z)^{n+\frac{1}{2}}_{i-\frac{1}{2},j+\frac{1}{2}}}{\Delta x}$$

$$(H_z)^{n+\frac{1}{2}}_{i+\frac{1}{2},j+\frac{1}{2}}=\frac{1-\dfrac{\Delta t\,(\sigma_m)_{i+\frac{1}{2},j+\frac{1}{2}}}{2\,\mu_{i+\frac{1}{2},j+\frac{1}{2}}}}{1+\dfrac{\Delta t\,(\sigma_m)_{i+\frac{1}{2},j+\frac{1}{2}}}{2\,\mu_{i+\frac{1}{2},j+\frac{1}{2}}}}(H_z)^{n-\frac{1}{2}}_{i+\frac{1}{2},j+\frac{1}{2}}-$$

$$\frac{\dfrac{\Delta t}{\mu_{i+\frac{1}{2},j+\frac{1}{2}}}}{1+\dfrac{\Delta t\,(\sigma_m)_{i+\frac{1}{2},j+\frac{1}{2}}}{2\,\mu_{i+\frac{1}{2},j+\frac{1}{2}}}}\left[\frac{(E_y)^{n}_{i+1,j+\frac{1}{2}}-(E_y)^{n}_{i,j+\frac{1}{2}}}{\Delta x}-\frac{(E_x)^{n}_{i+\frac{1}{2},j+1}-(E_x)^{n}_{i+\frac{1}{2},j}}{\Delta y}\right]$$

对于 TM 波，$E_x=E_y=H_z=0$，有：

$$(H_x)^{n+\frac{1}{2}}_{i,j+\frac{1}{2}}=\frac{1-\dfrac{\Delta t\,(\sigma_m)_{i,j+\frac{1}{2}}}{2\,\mu_{i,j+\frac{1}{2}}}}{1+\dfrac{\Delta t\,(\sigma_m)_{i,j+\frac{1}{2}}}{2\,\mu_{i,j+\frac{1}{2}}}}(H_x)^{n-\frac{1}{2}}_{i,j+\frac{1}{2}}-\frac{\dfrac{\Delta t}{\mu_{i,j+\frac{1}{2}}}}{1+\dfrac{\Delta t\,(\sigma_m)_{i,j+\frac{1}{2}}}{2\,\mu_{i,j+\frac{1}{2}}}}\ \frac{(E_z)^{n}_{i,j+1}-(E_z)^{n}_{i,j}}{\Delta y}$$

$$(H_y)_{i+\frac{1}{2},j}^{n+\frac{1}{2}}=\frac{1-\dfrac{\Delta t\,(\sigma_m)_{i+\frac{1}{2},j}}{2\mu_{i+\frac{1}{2},j}}}{1+\dfrac{\Delta t\,(\sigma_m)_{i+\frac{1}{2},j}}{2\mu_{i+\frac{1}{2},j}}}(H_y)_{i+\frac{1}{2},j}^{n-\frac{1}{2}}+\frac{\dfrac{\Delta t}{\mu_{i+\frac{1}{2},j}}}{1+\dfrac{\Delta t\,(\sigma_m)_{i+\frac{1}{2},j}}{2\mu_{i+\frac{1}{2},j}}}\frac{(E_z)_{i+1,j}^{n}-(E_z)_{i,j}^{n}}{\Delta z}$$

$$(E_z)_{i,j}^{n+1}=\frac{1-\dfrac{\Delta t\,\sigma_{i,j}}{2\varepsilon_{i,j}}}{1+\dfrac{\Delta t\,\sigma_{i,j}}{2\varepsilon_{i,j}}}(E_z)_{i,j}^{n}-\frac{\dfrac{\Delta t}{\varepsilon_{i,j}}}{1+\dfrac{\Delta t\,\sigma_{i,j}}{2\varepsilon_{i,j}}}\left[\frac{(H_y)_{i+\frac{1}{2},j}^{n+\frac{1}{2}}-(H_y)_{i-\frac{1}{2},j}^{n+\frac{1}{2}}}{\Delta x}-\frac{(H_x)_{i,j+\frac{1}{2}}^{n+\frac{1}{2}}-(H_x)_{i,j-\frac{1}{2}}^{n+\frac{1}{2}}}{\Delta y}\right]$$

式中　Δx、Δy、Δz——空间网格的大小；

Δt——时间步长；

m——媒质的种类；

n——时间步数。

一旦得到了差分方程，二维 TE 波的电磁场计算可按如下步骤进行：①已知$t_1=t_0=n\Delta t$ 时刻空间各处的磁场分布及 $t_1-\Delta t/2$ 时刻空间各处电场值；②计算$t_2=t_1+\Delta t/2$ 时刻空间各处的电场值；③计算$t_1=t_2+\Delta t/2$ 时刻空间各处的磁场值。这样，通过②和③循环递推可以得到各个时刻空间各处的电场和磁场值。二维 TM 波的计算过程与之类似。

2）数值稳定条件

由于时域有限差分方法是用差分方程的解来代替原来电磁场偏微分方程组的解，离散后需要保证差分方程解的稳定性。稳定性是在离散间隔满足一定的条件下，差分方程的数值解与原方程的解之间的误差为有界。

考虑时谐场的情形：

$$f(x,y,z,t)=f_0\mathrm{e}^{j\omega t}$$

这一稳态解是一阶微分方程：

$$\frac{\partial f}{\partial t}=j\omega f$$

的解，用差分近似代替上式左端的一阶导数，上面方程变为：

$$\frac{f^{n+\frac{1}{2}}-f^{n-\frac{1}{2}}}{\Delta t}=j\omega f^{n}$$

式中：

$$f^{n}=f(x,y,z,n\Delta t)$$

当时间步长 Δt 足够小时，定义数值增长因子为：

$$q=\frac{f^{n+\frac{1}{2}}}{f^{n}}=\frac{f^{n}}{f^{n-\frac{1}{2}}}$$

则有：

$$q^2-j\omega\Delta tq-1=0$$

该方程的解为：

$$q=\frac{j\omega\Delta t}{2}\pm\sqrt{1-\left(\frac{\omega\Delta t}{2}\right)^2}$$

数值稳定性要求 $|q|\leqslant 1$，即

$$\frac{\omega \Delta t}{2} \leqslant 1$$

由于 $\omega = 2\pi / T$，T 为周期，所以有：

$$\Delta t \leqslant \frac{T}{\pi}$$

从麦克斯韦方程可导出电磁场任意直角分量均满足齐次波动方程：

$$\frac{\partial^2 f}{\partial x^2} + \frac{\partial^2 f}{\partial y^2} + \frac{\partial^2 f}{\partial z^2} + \frac{\omega^2}{c^2} f = 0$$

考虑平面波的解，即

$$f(x, y, z, t) = f_0 \mathrm{e}^{-j(k_x x + k_y y + k_z z - \omega t)}$$

采用有限差分近似：

$$\frac{\partial^2 f}{\partial x^2} \approx \frac{f(x + \Delta x, y, z, t) - 2f(x, y, z, t) + f(x - \Delta x, y, z, t)}{(\Delta x)^2}$$

$$= \frac{\mathrm{e}^{jkx\Delta x} - 2 + \mathrm{e}^{-jk_x \Delta x}}{(\Delta x)^2} f = -\frac{\sin^2\left(\frac{k_x \Delta x}{2}\right)}{\left(\frac{\Delta x}{2}\right)^2} f$$

其余两个二阶倒数的差分近似也有类似的形式。

因此，波动方程的离散形式为：

$$\frac{\sin^2\left(\frac{k_x \Delta x}{2}\right)}{\left(\frac{\Delta x}{2}\right)^2} + \frac{\sin^2\left(\frac{k_y \Delta y}{2}\right)}{\left(\frac{\Delta y}{2}\right)^2} + \frac{\sin^2\left(\frac{k_z \Delta z}{2}\right)}{\left(\frac{\Delta z}{2}\right)^2} - \frac{\omega^2}{c^2} = 0$$

即

$$\left(\frac{c\Delta t}{2}\right)^2 \left[\frac{\sin^2\left(\frac{k_x \Delta x}{2}\right)}{\left(\frac{\Delta x}{2}\right)^2} + \frac{\sin^2\left(\frac{k_y \Delta y}{2}\right)}{\left(\frac{\Delta y}{2}\right)^2} + \frac{\sin^2\left(\frac{k_z \Delta z}{2}\right)}{\left(\frac{\Delta z}{2}\right)^2}\right] = \left(\frac{\omega \Delta t}{2}\right)^2 \leqslant 1$$

该式成立的充分条件是：

$$(c\Delta t)^2 \left[\frac{1}{(\Delta x)^2} + \frac{1}{(\Delta y)^2} + \frac{1}{(\Delta z)^2}\right] \leqslant 1$$

即

$$c\Delta t \leqslant \frac{1}{\sqrt{\frac{1}{(\Delta x)^2} + \frac{1}{(\Delta y)^2} + \frac{1}{(\Delta z)^2}}}$$

该式给出了空间步长和时间步长之间应满足的关系，又称为 Courant 数值稳定性条件。

3）吸收边界条件

目前常用的吸收边界有 Mur 吸收边界条件、Berenger 完全匹配层和各向异性完全匹配层吸收边界条件。

以二维 TM 波为例，其 Mur 吸收边界条件的下的左边界处理为：

$$(E_z)_{i,j}^{n+1}=(E_z)_{i+1,j}^{n}+\frac{c\Delta t-\Delta x}{c\Delta t+\Delta x}[(E_z)_{i+1,j}^{n+1}-(E_z)_{i,j}^{n}]-\frac{c^2\mu\Delta t}{2(c\Delta t+\Delta x)}\cdot\left(\frac{\Delta x}{\Delta y}\right)\times$$
$$[(H_x)_{i,j+\frac{1}{2}}^{n+\frac{1}{2}}-(H_x)_{i,j-\frac{1}{2}}^{n+\frac{1}{2}}+(H_x)_{i+1,j+\frac{1}{2}}^{n+\frac{1}{2}}-(H_x)_{i+1,j-\frac{1}{2}}^{n+\frac{1}{2}}]$$

4）激励源

试验的激励源选择 ricker 波，其脉冲函数的时域表达式为：

$$I=-2\zeta\sqrt{e^{\frac{1}{2\zeta}}}e^{-\zeta(t-\chi)^2}(t-\chi)$$
$$\zeta=2\pi^2f^2$$
$$\chi=\frac{1}{f}$$

式中　I——电流；

t——时间；

f——中心频率。

天线中心频率的选择要兼顾雷达的分辨率和探测深度这一对矛盾值，要在满足测深的前提下尽量保持采样的分辨率，可以按照下面的公式来确定：

$$f=\frac{150}{x\sqrt{\varepsilon_r}}\quad(\text{MHz})$$

式中　x——要求的空间分辨率；

ε_r——介质的相对介电常数。

时窗是指用传播时间来表示的探测深度的范围，其选择主要取决于最大探测深度与介质的电磁波速度，可根据下式选取：

$$t_w=\frac{2.8\,h_{\max}}{v_m}$$

式中　t_w——选择的时窗；

$h_{\max}$——最大测深；

v_m——介质的电磁波速度。

3. 模型计算

根据土石结合部的特点，主要模拟空洞和脱空，根据实际情况和经验，设计几何模型，识别隐患响应特点。

模型计算过程中选取调幅脉冲源作为激励源，适当设置空间步长和时间步长，以及有损耗介质的吸收边界条件，对具有代表性的几个地电模型进行波场数值模拟，通过设置合适的网格尺寸和目标体电磁参数，模拟得到探地雷达剖面图。其计算和编程过程如图 3-7 所示。

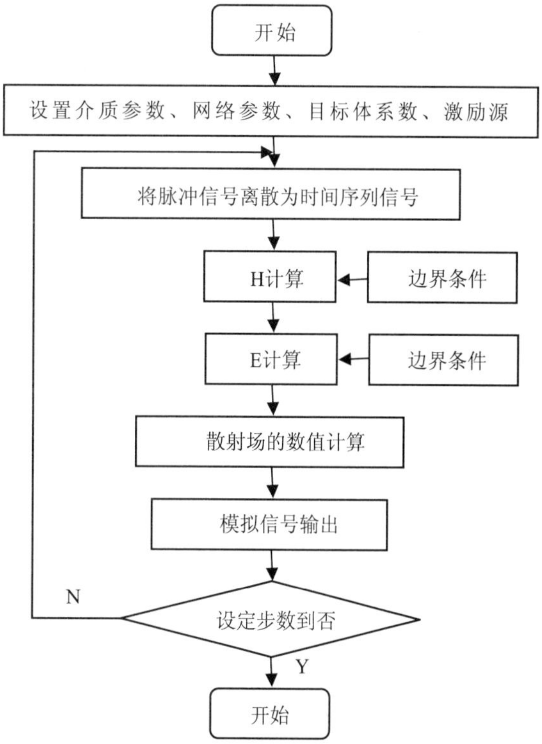

图 3-7　数值模拟程序流程图

图 3-8 所示物理模型的含义为:混凝土板的尺寸为 4 m×4 m×0.38 m,钢筋布置间距为 120 mm。空洞之间的间距为 50 cm,孔径大小分别为 200 mm、160 mm、110 mm、75 mm、50 mm,深度为 10 mm。混凝土板介电常数为 6.0,电导率为 0.005。土壤介电常数为 20,电导率为 0.1。空洞介电常数为 1,电导率为 0。

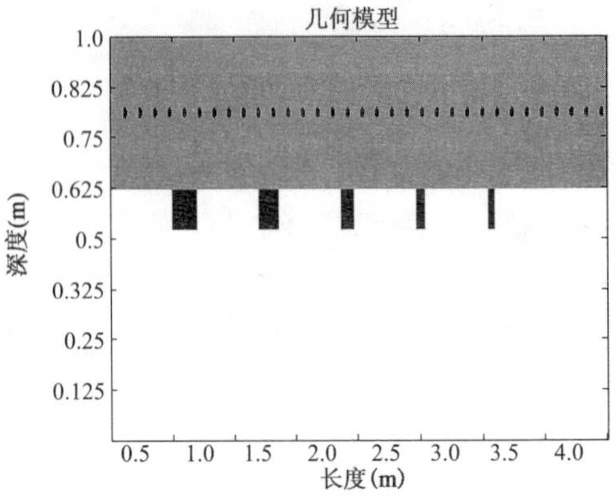

图 3-8　地电模型

设定天线工作时窗为 15 ns,中心频率为 900 MHz,天线采集道数为 100,发射天线的起始位置为水平 0.1 m,接收天线的起始位置为水平 3.9 m,发射与接收天线的移动步长均为 0.02 m。计算结果如图 3-9 所示。

计算结果表明,电磁波遇到钢筋发生绕射而形成的双曲线反应明显,相邻绕射波相互叠加,在钢筋两侧和钢筋下方形成很高的能量点。受到钢筋的影响,空洞响应并不强烈,但是可以分辨出。根据设计的几何模型和坐标,可以看出 20 cm 和 16 cm 的空洞形成的双曲线,11 cm 和 7.5 cm 处空洞信号反应微弱,5 cm 基本没有反应。混凝土和土壤分界面明显。

设定天线工作时窗为 15 ns,中心频率为 400 MHz,天线采集道数为 100,发射天线的起始位置为水平 0.1 m,接收天线的起始位置为水平 3.9 m,发射与接收天线的移动步长均为 0.02 m。计算结果如图 3-10 所示。

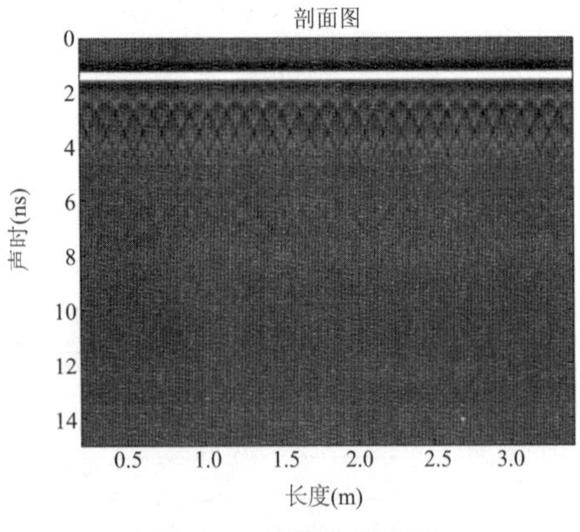

图 3-9　数值计算结果

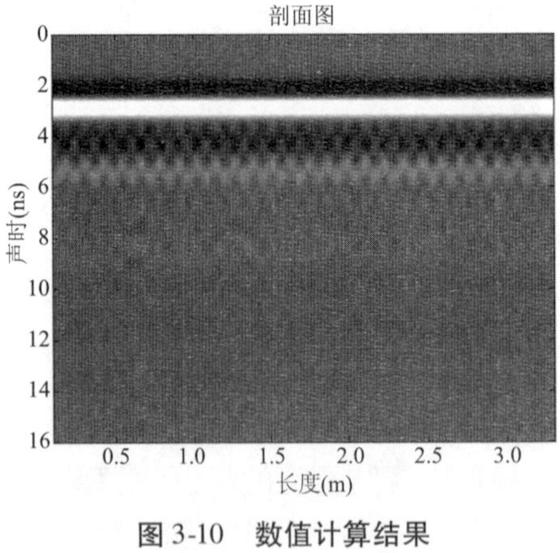

图 3-10　数值计算结果

计算结果表明,图中显示钢筋响应不明显,无法识别钢筋混凝土和土壤分界面,空洞只有 20 cm 和 16 cm 能分辨出来,11 cm 响应甚微。

如果将地电模型中的钢筋去掉,如图 3-11,混凝土和土壤的分界面很清晰,电磁波遇到空洞形成的双曲线也很明显。

图 3-12 所示物理模型的含义为:混凝土板的尺寸为 4 m×4 m×0.38 m,钢筋布置间距为 120 mm。空洞之间的间距为 50 cm,孔径大小分别为 200 mm、160 mm、110 mm、75 mm、50 mm,深度为 10 mm。混凝土板介电常数为 6.0,电导率为 0.005。土壤介电常数为 20,电导率 0.1。空洞介电常数为 1,电导率 0。

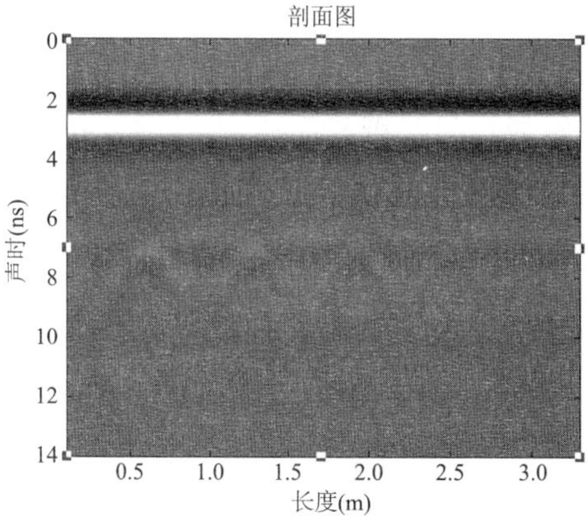

图 3-11　数值计算结果

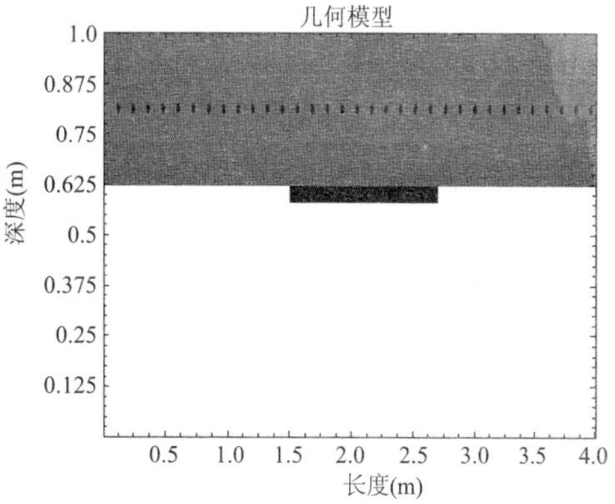

图 3-12　地电模型

图 3-13 为 900 MHz 正演剖面图,图中钢筋响应明显,脱空位置与无脱空位置有明显的差别,可以判别。图 3-14 为 400 MHz 正演剖面图,图中钢筋响应明显,脱空位置与无脱空位置有明显的差别,可以判别。与 900 MHz 相比较,反应更为清晰。

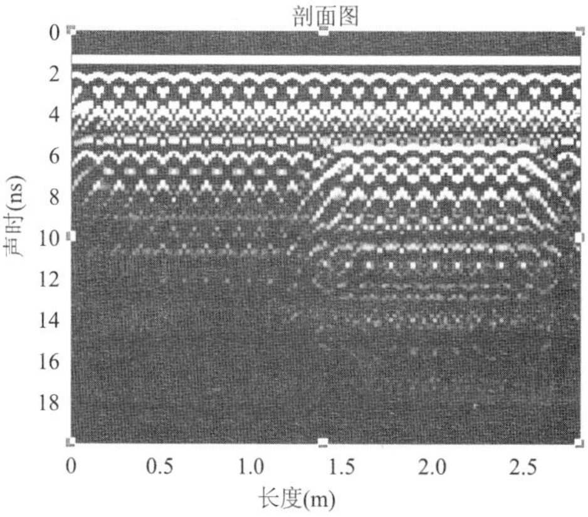

图 3-13　数值计算结果

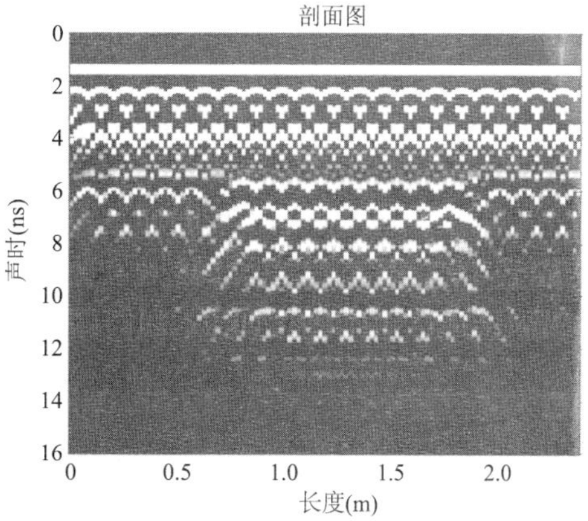

图 3-14　数值计算结果

若去掉钢筋,可见混凝土和空气分界面清晰,脱空底部的反射清晰可见,见图 3-15。

两种隐患模型的正演模拟分析表明,时域有限差分法在地质雷达正演模拟中是有效的方法。计算结果表明,空洞和钢筋的地质雷达正演合成图的响应特征为双曲线,两者的区别在以钢筋形成的抛物线两侧和下方有明显的能量点,脱空模型的地质雷达正演图异常区反射明显,同相轴为水平层状,受钢筋的影响,通过底部的多次反射,响应明显。通过时域有限差分法的对隐患进行地质雷达正演模拟,为后续地质雷达室外试验中的隐患模型剖面图形的辨识提供了有效依据和分析手段。

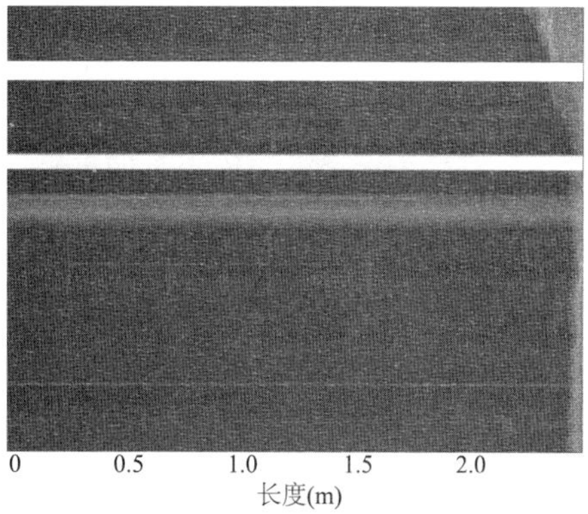

图 3-15　数值计算结果

(三)探测试验

电磁波在不同介质中的波形特征与介质的性质、结构和形态等密切相关,振幅大小受介质完整性和吸收系数影响较大。且偶极子源的辐射场是一种球面波,在接收器接受电磁波的过程中会受到不同程度干扰波以及高电导率介质的影响,致使电磁波曲线往往具有干扰多、衰减快、特征弱的特点,为雷达波的图像的处理和识别增加了难度。对于堤防土石结合部这样连续目标地质体来说,散射特征体现在观测范围内的多个局部散射效应的集合,而局部散射类型分为镜面反射、边缘散射、凸起散射、腔体散射等。针对检测目标中的病害或隐患发育特点,可将其具备的各种散射特征进行矢量叠加,从而简化其分析过程,得到病害部位较为完整的图像信息,进而准确推断堤防隐患的性质、位置、范围等。

通过理论分析和数值模拟可以分析地质雷达在堤防土石结合部隐患探测的适用性,获得隐患在地质雷达剖面的响应特征,但在工程实践过程中,受仪器参数设置、现场环境、操作方法等因素的影响,检测结果与理论计算常常存在较大误差,所以进行室外试验能够验证正演模拟结果,减少工程实践中的盲目性。

模型试验的目的主要有:①采集模拟堤防土石结合部隐患的典型地质雷达图像,探求不同大小的隐患在地质雷达图像中的反映;②分析钢筋在地质雷达接收信号中的反应,主要探求钢筋对隐患探测在地质雷达时间—深度剖面图中的反射信号影响情况;③通过把不同大小的隐患布置在相同的深度,分析地质雷达对缺陷的大小深度对地质雷达反射接收信号的响应特征。

1. 试验方案设计

根据试验目的和工程实际经验,建造如图 3-16 所示的试验模型。

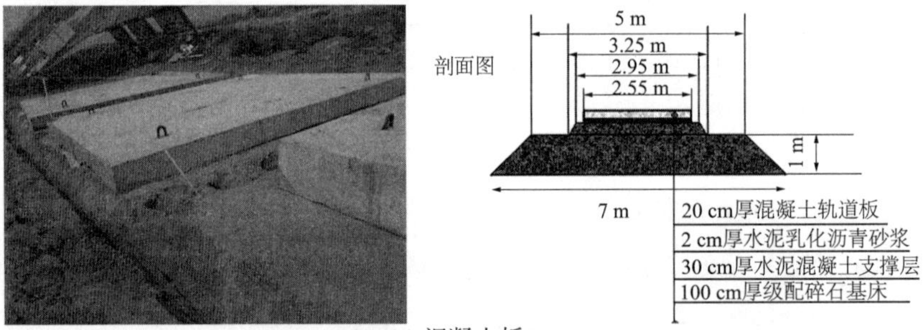

(a) 混凝土板1

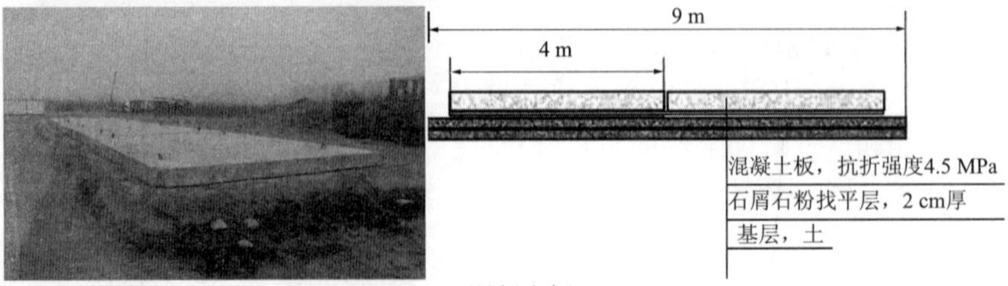

(b) 混凝土板2

图 3-16　试验模型

混凝土板 1 尺寸:轨道板,6 450 mm × 2 550 mm × 200 mm;支撑层板,6 450 mm(上底 2 950 mm,下底 3 250 mm) × 300 mm。

钢筋：均采用Ⅲ级钢Φ12。计算钢筋长度时扣除混凝土保护层厚度25 mm。轨道板：横向钢筋，间距120 mm，55根×2.5 m×2层=275 m；纵向钢筋，间距125 mm，21根×6.4 m×2层=268.8 m。支撑层板：横向钢筋，间距100 mm，65根×2.9 m×2层=325 m；纵向钢筋，间距100 mm，30根×6.4 m×2层=384 m。

混凝土板2尺寸：4 000 mm×4 000 mm×0.380 mm。

钢筋：采用Ⅲ级钢Φ14钢筋，纵横向均布，间距120 mm；横向钢筋，34根×3.95 m×2层=260.7 m；纵向钢筋，34根×3.95 m×2层=260.7 m。

在混凝土板1主要设置空洞、裂缝和疏松区（见图3-17），空洞（见图3-18）为圆柱形，深度和半径相同，使用PVC管制作；疏松区（见图3-19）用干树叶和土按照3∶1比例填充，深度和半径相同；裂缝（见图3-20）使用泡沫板填充。

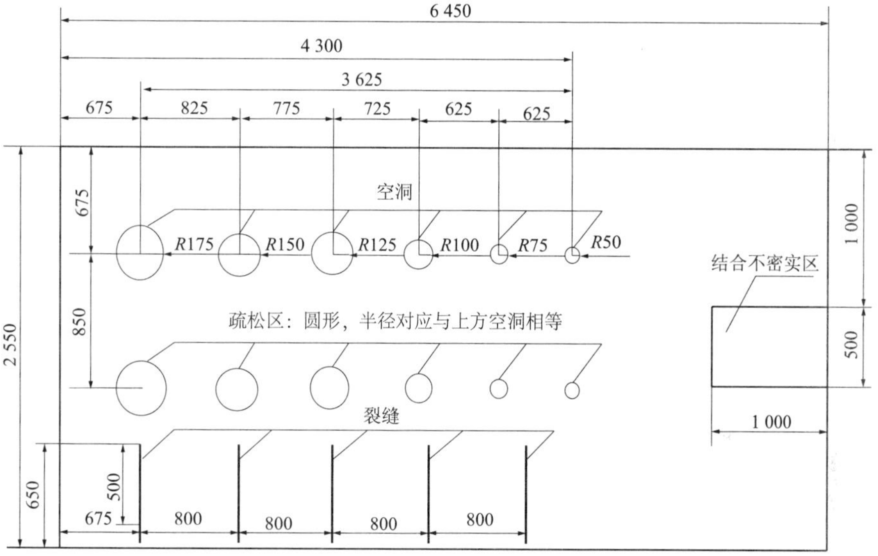

图3-17　隐患布置图

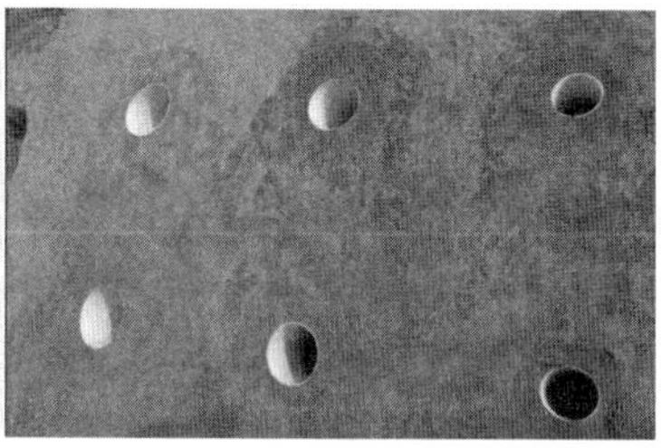

图3-18　空洞

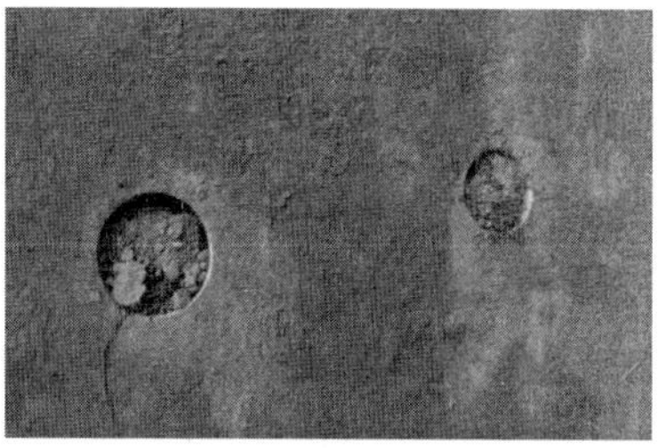

图3-19　疏松区

在混凝土板2主要设置脱空隐患（见图3-21），板子底部插入高聚物注浆管，利用高聚物发泡材料的膨胀效应，顶起板子底部，使板子与底部脱离，存在大面积脱空区域。

试验所用地质雷达仪器为劳雷公司生产的Terra SIRch SIR 3000。测线设置3条，分别沿着隐患进行探测。为保证雷达信号清晰，反射信号明显可辨及探测深度2 m之内的要求基础上，结合探测目的层的埋深、分辨率、介质特性以及天线尺寸是否符合场地需要等因素综合考虑，本试验采用中心天线频率为900 MHz(3101型)。

图 3-20　裂缝使用泡沫板填充

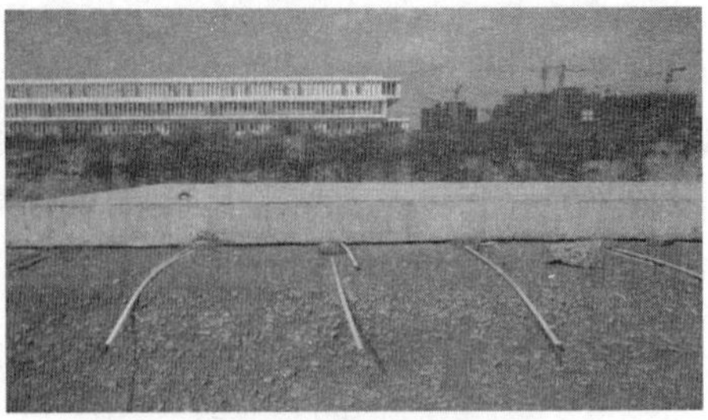

图 3-21　脱空模拟

2. 试验数据分析

对采集到的原始数据进行以下处理：数据信号的格式转换和延时矫正；抽道、背景去噪及水平叠加；衰减弥补和叠前偏移；带通滤波；道间均衡、滑动平均；降噪、多次滤波和反褶积处理；数据输出。选出具有典型特征的地质雷达剖面图进行说明。

图 3-22 脱空雷达剖面图的对应的试验模型为图 3-21，混凝土板厚度为38 cm。由剖面图可以看出钢筋反应，图中蓝框所指部分为脱空响应，反射强烈，同相轴发生错动，与数值模拟的正演结果吻合。由于雷达天线的移动是人为操作的，速度不是匀速，脱空反应不是成水平产状，而为断续反应，不过与设置的隐患深度吻合。

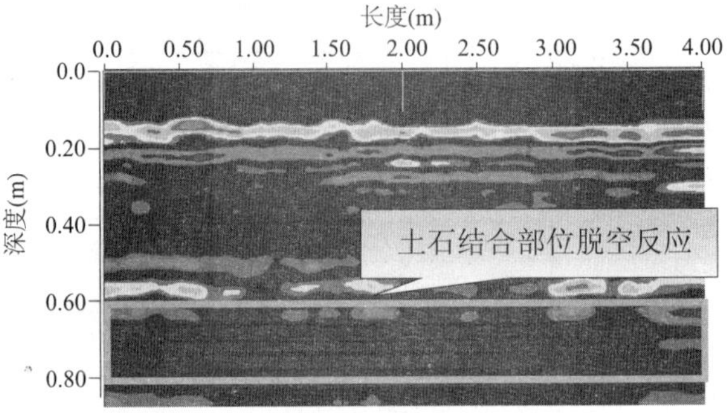

图 3-22　底板脱空地质雷达剖面图

图 3-23 ~ 图 3-27 为 20 cm 厚混凝土板下不同大小空洞的雷达图像，空洞直径分别为 200 mm、160 mm、110 mm、75 mm、50 mm，通过雷达图像分析，可以看出直径 200 ~ 75 mm 空洞反应明显，反射强烈，同相轴错动可以判定为空洞，这与数值模拟结果吻合，在 50 mm 空洞图中，无明显异常反应。

混凝土板厚度增加，在 160 mm 直径的空洞，空洞表现不明显，但是出现部分的低强度反射，见图 3-28、图 3-29。

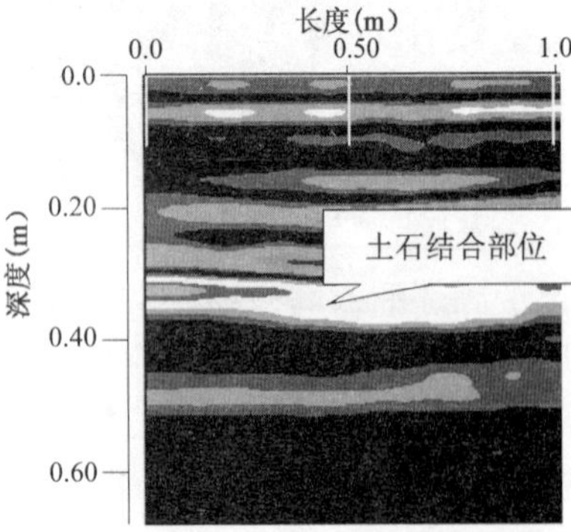

图 3-23　200 mm 空洞雷达图像

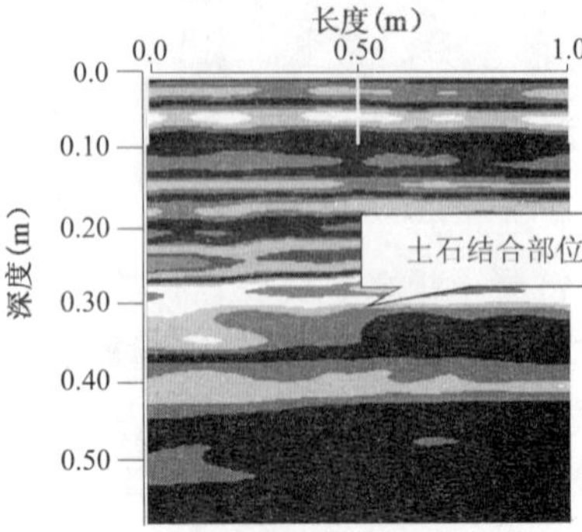

图 3-24　160 mm 空洞雷达图像

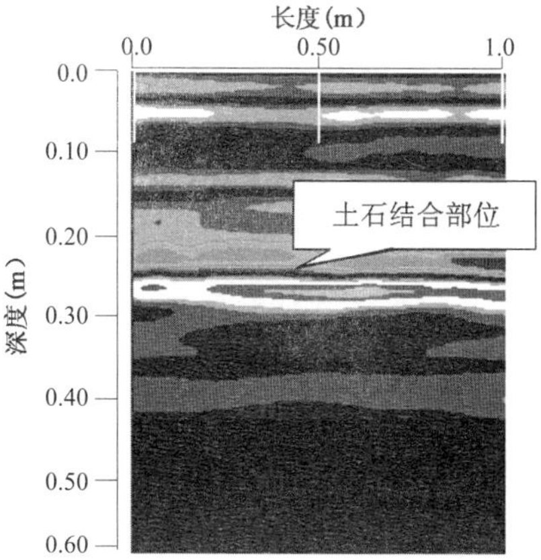

图 3-25　110 mm 空洞雷达图像

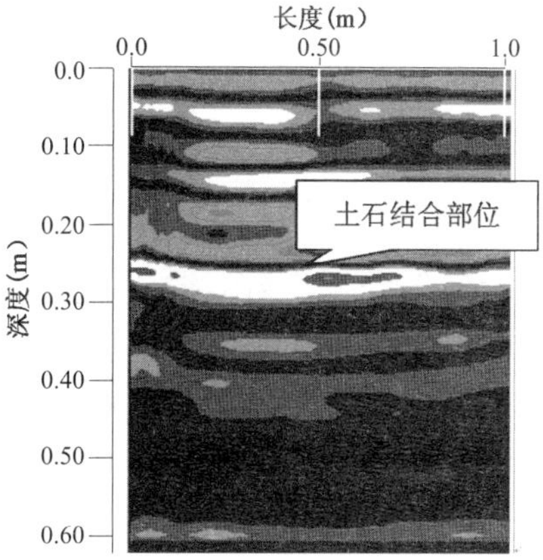

图 3-26　75 mm 空洞雷达图像

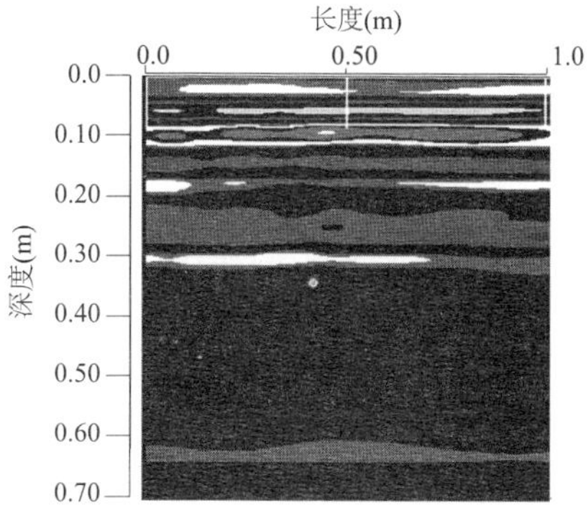

图 3-27　50 mm 空洞雷达图像

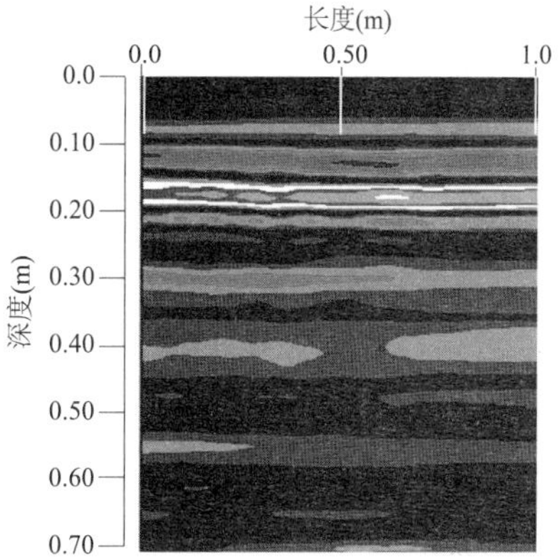

图 3-28　38 cm 混凝土板 160 mm 空洞雷达图像

(四)小结

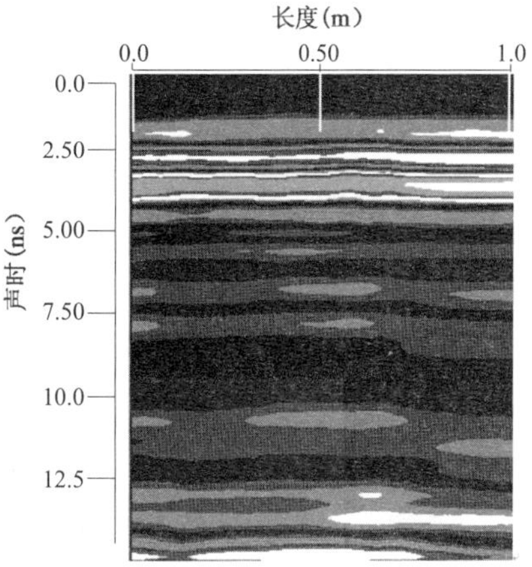

图 3-29　30 cm 混凝土板 160 mm 空洞雷达图像

地质雷达对于探测堤防土石结合部可能存在的如脱空、空洞、裂缝等隐患,必须满足以下条件:①为保证有充分的反射,隐患和混凝土、混凝土地基之间的介电常数存在一定幅度的差别;②发射的电磁波的能量能够穿过混凝土到达隐患部位,并且能够反射到地面被接收器识别;③外界的干扰因素不影响电磁波的反射;④埋藏物要大到能在规定的深度内探测到。

地质雷达的分辨率反映了探地雷达识别埋藏物的能力,通常是用来体现为区分来自三层介质中第二层介质顶部和底部反射的能力,它主要依赖于:①电磁波穿透性和埋藏物周围介质的电性;②发射电磁波的波长和振幅;③埋藏物的电阻抗的大小;④埋藏物的赋存;⑤地质条件的复杂程度;⑥外界条件的电磁波干扰能力等。对堤防土石结合部雷达探测理论和方法的分析是一项非常复杂的工作,其成果对于探地雷达的数据分析、信号处理和反演成像均具有重要的意义。

二、高密度电阻率法

(一)基本理论和方法

高密度电阻率法是以岩、土导电性的差异为基础,研究人工施加稳定电流场的作用下地中传导电流分布规律的一种电探方法。因此,它的理论基础与常规电阻率法相同,所不同的是方法技术。高密度电阻率法野外测量时只需将全部电极(几十至上百根)置于观测剖面的各测点上,然后利用程控电极转换装置和微机工程电测仪便可实现数据的快速和自动采集,当将测量结果送入微机后,还可对数据进行处理并给出关于地电断面分布的各种图示结果。显然,高密度电阻率勘探技术的运用与发展,使电法勘探的智能化程度大大向前迈进了一步。

由于高密度电阻率法的上述特点,相对于常规电阻率法而言,它具有以下特点:①电极布设是一次完成的,这不仅减少了因电极设置而引起的故障和干扰,而且为野外数据的快速和自动测量奠定了基础。②能有效地进行多种电极排列方式的扫描测量,因而可以获得较丰富的关于地电断面结构特征的地质信息。③野外数据采集实现了自动化或半自动化,不仅采集速度快(每一测点需 2 ~5 s),而且避免了由于手工操作所出现的错误。④可以对资料进行预处理并显示剖面曲线形态,脱机处理后还可自动绘制和打印各种成果图件。⑤与传统的电阻率法相比,成本低,效率高,信息丰富,解释方便。

1. 采集系统

早期的高密度电阻率法采集系统采用集中式电极转换方式,如图 3-30 所示。进行现场测量时,用多芯电缆将各个电极连接到程控式电极转换箱上。电极转换箱是一种由微片机控制的电极自动转换装置,它可以根据需要自动进行电极装置形式、极距及测点的转换。电极转换箱开关由电测仪控制,电信号由电极转换箱送入电测仪,并将测量结果依次存入存储器。

随着技术的发展,高密度电法仪日趋成熟。表现在:采用嵌入式工控机,大大提高系统的稳定性与可靠性;采用笔记本硬盘存储数据,可以满足野外长时间施工的工作需求;系统采用视窗化、嵌入式实时控制与处理软件,便于野外操作;可实现多种工作模式的转换,计算机与电测仪一体化,携带方便。新一代高密度电法仪多采用分布式设计。所谓分布式是相对于集中式而言的,是指将电极转换功能放在电极上。分布式智能电极器串联在多芯电缆上,地址随机分配,在任何位置都可以测量;实现滚动测量和多道、长剖面的连续测量。

系统可以做高密度电阻率测量,又可以同时做高密度极化率测量,应用范围宽。

2. 常用装置

高密度电阻率法在一条剖面上布置一系列电极时可组合出十多种装置。高密度电阻率法的电极排列原则上可采用二极方式,即当依次对某一电极供电时,同时利用其余全部电极依次进行电位测量,然后将测量结果按需要转换成相应的电极方式。但对于目前单通道电测仪来讲,这样测量所费时间较长。其次,当测量电极逐渐远离供电电极时,电位测量幅值变化较大,需要不断改变电源,不利于自动测量方式的实现。高密度电阻率法常用的装置见图 3-31,包括温纳装置(Wennerα、Wennerβ、Wennerγ)、偶极-偶极装置(Dipole-Dipole)、三极装置(Pole-Dipole、Dipole-Pole)、温纳－斯伦贝谢装置(Wenner-Schlumberger)等。

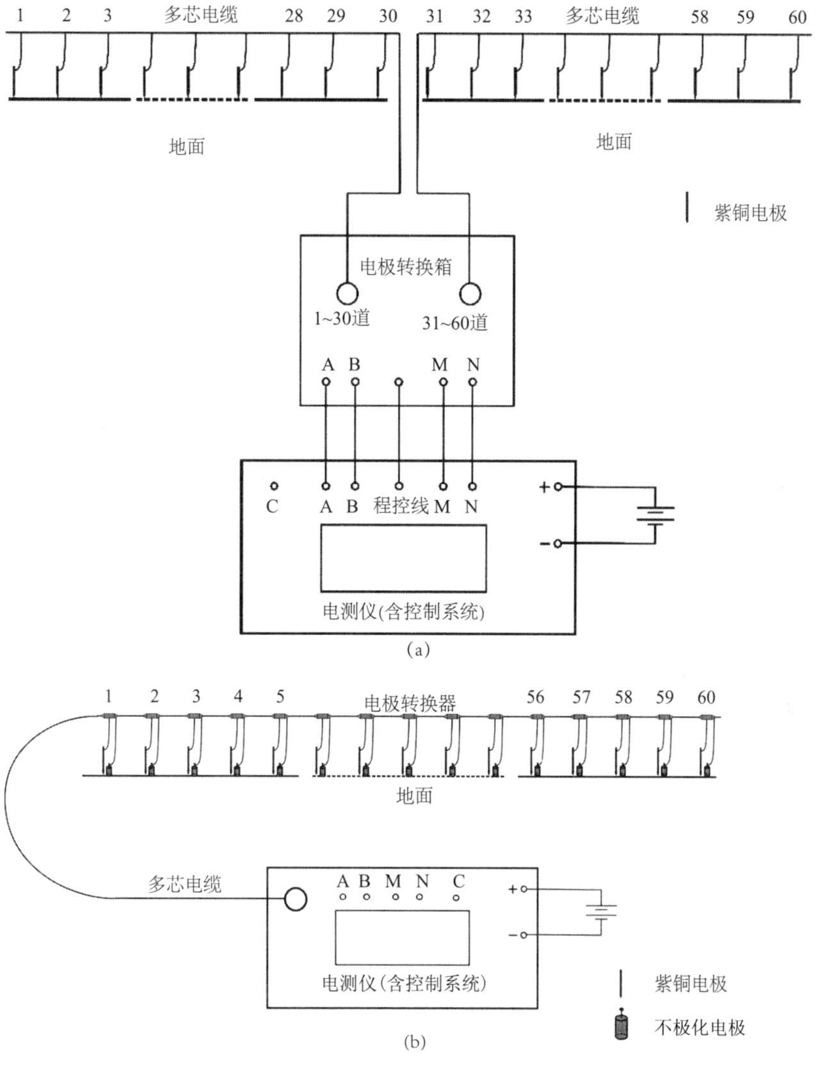

图 3-30　高密度电阻率法测量系统结构示意图分布方式

1)温纳装置

在高密度电阻率法中,由于温纳装置与异常对应关系好,是常用的装置之一。最早的高密度电阻率法一般使用三电位电极系。所谓三电位电极系,就是将温纳装置、偶极装置和微分装置按一定方式组合后构成的一种测量系统。这是由于电极转换需要时间,因此当连接好等距的 AMNB 四个电极后,可以作三次组合,依次构成温纳装置、偶极装置和微分装置,或称为温纳 α 装置、温纳 β 装置和温纳 γ 装置。这样在某一测点就可以获得三个电极排列的测量参数。

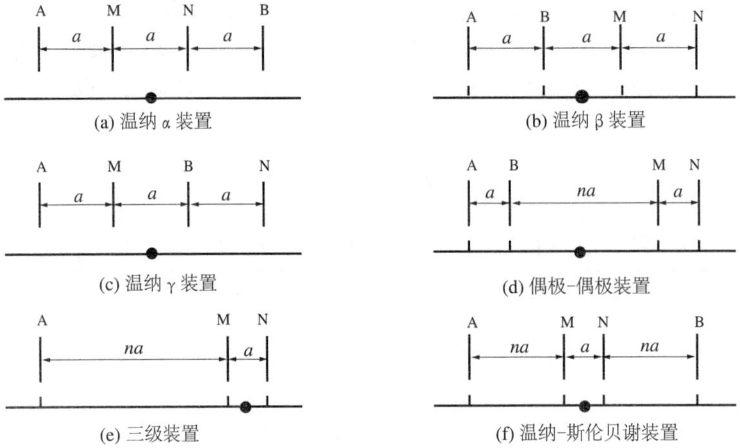

图 3-31　高密度电阻率法常用的装置图

温纳装置对电阻率的垂向变化比较敏感，一般用来探测水平目标体。温纳装置的装置系数是 $2\pi a$，相比于其他装置而言是最小的。因而一方面在同样情况下，可观测到较强的信号，可以在地质噪声较大的地方使用。另一方面，由于它的装置系数小，因此在同样电极布置情况下，它的探测深度也小。另外，温纳装置的边界损失较大。

温纳 α 装置、温纳 β 装置和温纳 γ 装置三种排列形式，视电阻率参数及计算公式为：

$$\rho_s^{\alpha} = k^{\alpha}\frac{\Delta U^{\alpha}}{I},\ k^{\alpha} = 2\pi a$$

$$\rho_s^{\beta} = k^{\beta}\frac{\Delta U^{\beta}}{I},\ k^{\beta} = 6\pi a$$

$$\rho_s^{\gamma} = k^{\gamma}\frac{\Delta U^{\gamma}}{I},\ k^{\gamma} = 2\pi a$$

根据三种电极排列的电场分布，三者之间的视电阻率关系：

$$\rho_s^{\alpha} = \frac{1}{3}\rho_s^{\beta} + \frac{2}{3}\rho_s^{\gamma}$$

对高密度电阻率法而言，由于一条剖面地表电极总数是固定的，因此当极距扩大时，反映不同勘探深度的测点数将依次减少。图 3-32 显示了温纳 α 装置测点分布。

由图 3-32 可见，剖面上的测点数随剖面号增加而减小，断面上测点呈倒梯形分布，任意剖面上测点数可由下式确定：

$$D_n = P_{sum} - (P_a - 1)n$$

式中　n——间隔系数；

D_n——剖面上测点数；

P_{sum}——实接电极数；

P_a——装置电极数，对三电位电极系而言，$P_a = 4$，对三极装置，$P_a = 3$。

如对温纳装置而言，设有 30 路电极，则 $D_n = 30 - 3n$。当 $n = 1$ 时，第一条剖面上的测点数 $D_1 = 57$。令 $D_n \geqslant 1$，可求出最大间隔系数为 $n_{max} = 9$。总测点数剖面数而言，总测点数 N 为：

$$N = \sum_{n=1}^{9}(30 - 3n)$$

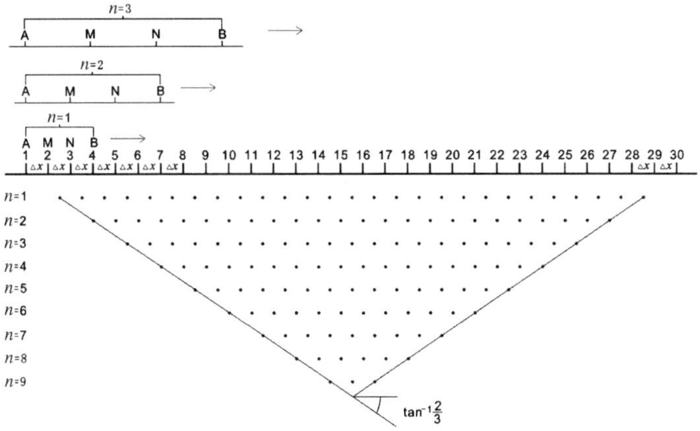

Δx:最小电极距;n:间隔系数

图 3-32　温纳 α 装置测点分布示意图

2)偶极 - 偶极装置

偶极 - 偶极装置高灵敏度区域出现在发射偶极和接收偶极下方,这意味着本装置对每对偶极下方电阻率变化的分辨能力是比较好的。同时,灵敏度等值线几乎垂直的,因此偶极 - 偶极装置水平分辨率比较好,一般用来探测向下有一定延伸的目标体。相对于温纳装置,偶极 - 偶极装置观测的信号要小一些。

$$\rho_s = k\frac{\Delta U_{MN}}{I},\ k = 2\pi n(n+1)(n+2)a$$

3)三极装置

三极装置有更高的灵敏度和分辨率。同时,三极装置的两个电位电极在网格内,因此受电噪声干扰也相对小一些。与偶极 - 偶极装置相比,三极装置所测信号要强一些。另外,三极装置可以进行“正向”(单极 - 偶极)和“反向”(偶极 - 单极)测量,因此边界损失小。

$$\rho_s = k\frac{\Delta U_{MN}}{I},\ k = 2\pi n(n+1)a$$

4)温纳 - 斯伦贝谢装置

温纳 - 斯伦贝谢装置的高灵敏度值出现在测量电极之间的正下方,有适当的水平和纵向分辨率,但探测深度小,在三维电法难以单一使用。

$$\rho_s = k\frac{\Delta U_{MN}}{I},\ k = \pi n(n+1)a$$

可以联合使用这些装置,有的程序可联合反演。

3. 资料处理与反演解释

1)统计处理

统计处理包括以下内容:

(1)利用滑动平均计算视电阻率的有效值,例如三点平均:

$$\rho_x(i)=[(\rho_s(i-1)+\rho_s(i)+\rho_s(i+1)]/3$$

式中　$i=1,2,3,\cdots,D_n$；

$\rho_x(i)$——i 点的视电阻率有效值。

(2)计算整个测区或某一断面的统计参数：

平均值　$$\bar{\rho}_x=\frac{1}{N}\cdot\sum_{i=1}^{N}\rho_x(i)$$

标准差　$$\sigma_A=\sqrt{[\sum_{i=1}^{N}\rho_s^2(i)-n\bar{\rho}_x^2]/n},\sigma_A=\sqrt{[\sum_{i=1}^{N}\rho_s(i)-\bar{\rho}_x]^2/n}$$

式中　N—— 某一测区或某一断面上的测点数。

(3) 计算电极调整系数：

$$K(L)=\bar{\rho}_x(i)/\bar{\rho}_s(L)$$

式中　$\bar{\rho}_s(L)$—— 电极距为 L 时全部视电阻率观测数据平均值。

(4) 计算相对电阻率：

$$\rho_y(i)=K(L)\cdot\rho_x(i)=\bar{\rho}_x\cdot\bar{\rho}_x(i)/\bar{\rho}_s(L)$$

通过计算相对电阻率,可以在一定程度上消除地点断面由上到下水平地层的相对变化。因此,相对电阻率断面图要反映地电体沿剖面的横向变化。

(5)对视参数分级。

为了对视参数进行分级,首先必须按平均值和标准差关系确定视参数的分级间隔。间隔太小,等级过密,间隔太大,等级过稀,都不利于反映地电体的分布。一般情况下,以采用五级制为宜,即根据平均值和标准差的关系划分四个界限：

$$D_1=\bar{\rho}_x-\rho_A；D_2=\bar{\rho}_x-\rho_A/3；D_3=\bar{\rho}_x+\rho_A/3；D_4=\bar{\rho}_x+\rho_A$$

利用上述视参数的分级间隔,可将断面上各点的 $\rho_s(i)$ 或 $\rho_y(i)$ 划分成不同的等级,用不同的符号或灰阶(灰度)表示,便得到视参数异常灰度图,如：

$\rho_s(i)<D_1$,低阻

$\rho_s(i)=D_1\sim D_2$,较低阻

$\rho_s(i)=D_2\sim D_3$,中等

$\rho_s(i)=D_3\sim D_4$,较高阻

$\rho_s(i)>D_4$,高阻

视参数的等级断面图在一定条件下能比较直观和形象反映地点面的分布特征。

统计处理原则上适应于三电位电极系中各种电极排列的测量结果,只是在考虑视电阻率参数图示时,由于偶极和微分两种排列的异常和地电体之间具有复杂的对应关系,因此一般只对温纳 α 装置的测量结果进行统计处理。当然,随着现代高密度电法仪装置的增加,温纳－斯伦贝谢装置的测量结果也可进行统计处理。

2)比值参数

高密度电阻率法的野外观测结果除可以绘制相应装置的视参数断面图外,根据需要还可绘制两种比值参数图。考虑到三电位电极系中三种视参数异常的分布规律,选择了温纳 β 装置和温纳 γ 装置两种装置的测量结果为基础的一类比值参数。该比值参数的计算公式为：

$$T(i)=\rho_s^{\beta}(i)/\rho_s^{\gamma}(i)$$

由于温纳 β 和温纳 γ 这两种装置在同一地电体上所获得的视参数总是具有相反的变化规律,因此用该参数绘制的比值断面图,在反映地电结构的分布形态方面,远比相应装置的视电阻率断面图清晰和明确得多。

地下石林模型的正演模拟结果表明,其中温纳 α 装置的 ρ_s^{α} 拟断面图几乎没有反映,而 T 比值断面图则清楚地反映了上述模型的电性分布。

另一类比值参数是利用联合三极装置的测量结果为基础组合而成的,其表达式为:

$$\lambda(i,i+1)=\frac{\rho_s^A(i)/\rho_s^B(i)}{\rho_s^A(i+1)/\rho_s^B(i+1)}$$

式中,$\rho_s(i)$ 和 $\rho_s(i+1)$ 分别表示剖面上相邻两点视电阻率值,计算结果示于 i 和 $i+1$ 点之间。比值参数 λ 反映了联合三极装置歧离带曲线沿剖面水二乘向的变化率。表征比值参数 λ 在反映地电结构能力方面所作的模拟试验,视电阻率 ρ_s^{α} 断面图只反映了基底的起伏变化,而 λ 比值断面图却同时反映了基底起伏中的低阻构造。

3)高密度电阻率法二维地形边界元数值解法

高密度电阻率法是常规电法的一个变种,就其原理而言,与常规电法完全相同。它仍然以岩、矿石的电性差异为基础,通过观测和研究人工建立的地中稳定电流分布规律,解决水文、环境与工程地质问题。高密度电阻率法的正演问题就是传导类电法的正演问题,也就是求解稳恒点电源电流场的边值问题。

对二维地形,设起伏地面下均匀各向同性介质的电阻率为 ρ_1,具有电流强度为 I 的稳恒点电流源位于地面任一点 $A(x,0,z)$。域 Ω 的边界由 Γ_1 和 Γ_2 组成(见图3-33)。

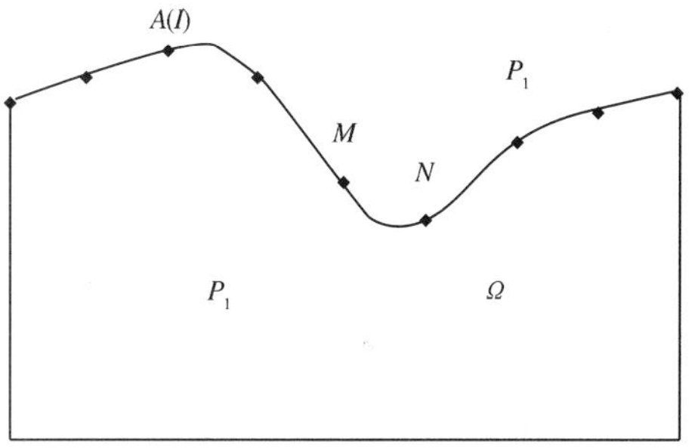

图 3-33　位场问题的定义域与边界

根据位场理论可知,在有源域内及其边界任意一点 $M(x,y,z)$ 处的电位 $U(x,0,z)$ 满足:

控制微分方程　$$\nabla^2 U(x,y,z)=F \quad M\in\Omega \tag{3-13}$$

自然边界条件　$$Q(x,y,z)=\frac{\partial U}{\partial n}=\overline{Q}(x,y,z) \quad M\in\Gamma_1 \tag{3-14}$$

本质边界条件　$$U(x,y,z)=\overline{U}(x,y,z) \quad M\in\Gamma_2 \tag{3-15}$$

式中,$F=-2I\rho_1\delta(M-A)$,$\overline{Q}$ 和 $\overline{U}$ 分别是边界 Γ_1 和 Γ_2 上已知边值函数,这里,$\overline{Q}=0$,$\overline{U}=\frac{I\rho_1}{2\pi}\cdot\frac{1}{r_{Ai}}$,$r_{Ai}$ 为源点 A 到场点"i"间的距离。

可以看到,地形是二维的,即沿 y 轴无变化,而电位 U 是 y 偶函数,所以我们也把上边值问题称为2.5维问题。对式(3-13)、式(3-14)、式(3-15)进行余弦傅立叶变换可得:

控制微分方程　$$\nabla^2 u(x,\lambda,z)-\lambda^2 u(x,\lambda,z)=f \quad M\in\Omega \tag{3-16}$$

自然边界条件　$$q(x,\lambda,z)=\overline{q}(x,\lambda,z) \quad M\in\Gamma_1 \tag{3-17}$$

边界条件　$$u(x,\lambda,z)=\overline{u}(x,\lambda,z) \quad M\in\Gamma_2 \tag{3-18}$$

式中，$f=-I\rho_1\delta(x-x_A,z-z_A)$，$\bar{q}=0$，$\bar{u}=\dfrac{I\rho_1}{2\pi}K_0(\lambda r_A)$，$K_0(\lambda r_A)$为第二类零阶修正贝塞尔函数，$\lambda$ 是余弦傅立叶变换量或波数。

这样，便将三维偏微分方程(3-13)变成了二维偏微分方程(3-16)，即将三维空间的电位 $U(x,y,z)$变换为二维空间的变换电位 $u(x,\lambda,z)$。为求得 u，可采用边界元法求解 u 所满足的亥姆霍兹方程式(3-16)，借助格林公式及二维介质亥姆霍兹方程的基本解，即可把 u 满足的亥姆霍兹方程及边界条件等价地归化为如下的边界积分方程：

$$\frac{\omega_i}{2\pi}u_i-\frac{I\rho_1}{4\pi}K_0(\lambda r_A)+\int_{\Gamma_1}uq^*\,\mathrm{d}\Gamma=\int_{\Gamma_1}qu^*\,\mathrm{d}\Gamma \tag{3-19}$$

$$q^*=\frac{\partial u^*}{\partial n}=-\frac{k}{2\pi}K_1(kr)\cos(\vec{n},\ \vec{r})$$

式中 ω_i—— 边界点"i"对区域 Ω 的张角；

u^*—— 亥姆霍兹方程的基本解，$u^*=\dfrac{1}{2\pi}K_0(\lambda r)$；

k—— 波数；

$\vec{r}$—— 点(x_i,z_i)到点(x,z)的矢径；

$\vec{n}$—— 边界的外法线方法；

$K_1(kr)$—— 第二类一阶修正贝塞尔函数。

采用边界元离散技术，将域 Ω 的边界 Γ_1 进行剖分，分成 N_1 个单元。根据积分的可加性，式(3-19)中对边界 Γ_1 的积分可化为对每个单元 Γ_j 上的积分之和：

$$c_iu_i-B_i+\sum_{j=1}^{N_1}\int_{\Gamma_j}uq^*\,\mathrm{d}\Gamma=\sum_{j=1}^{N_1}\int_{\Gamma_j}qu^*\,\mathrm{d}\Gamma \tag{3-20}$$

式中
$$c_i=\frac{\omega_i}{2\pi},B_i=\frac{I\rho_1}{4\pi}K_0(\lambda r_{A_i})$$

方程组式(3-20)仅是含有 N_1 未知量的线性方程组，解此方程组即可求得变换电位值 $u(x,\lambda,z)$，然后按下式：

$$U(x,y,z)=\frac{2}{\pi}\int_0^{\infty}u(x,\lambda,z)\cos(\lambda y)\,\mathrm{d}\lambda$$

进行傅氏逆变换，即可求得电位值 $U(x,y,z)$。

根据所采用的高密度电阻率法装置类型，逐点计算出某记录点处的纯地形异常视电阻率值 ρ_s^D，然后用"比较法"进行地形改正。地形改正公式如下：

$$\rho_s^G=\rho_s/(\rho_s^D/\rho_1)$$

式中 ρ_s^G—— 地形改正后的视电阻率值；

ρ_s—— 该记录点实测的视电阻率值；

ρ_s^D—— 纯地形影响值，它是一个无量纲的标量；

ρ_1—— 参考电阻，一般取 1Ω · m。

利用边界单元法计算高密度电阻率法地形边界位场问题是很有效的。但是在算法引入时，必须针对高密度电阻率法的特点，作一些技术处理。高密度电阻率法电极排列密集，并且采用了差分装置，所有这些特点都要求计算精度高，运算速度快。另外，所形成的矩阵也因测量电极到供电电极的距离变化很大呈带状分布，并且当波数较大时，矩阵中的系数几乎都接近于零，造成解的不稳定。为了解决这一问题，采用了增广矩阵法求解方程组 $HU=B$ 的效果较为满意。

为了保证精度，同时又减少运算次数，除采用九波数傅氏反变换外，还采用了不等分单元剖分方案。具体做法是，在测线外，越远则单元剖分长度越大，且为最小电极距的整数倍；在测线段，则以最小电极距长度划分边界单元。为了避免 r 等于零时贝塞尔函数无穷大的问题，剖分结点应不与电极点位置重合，最好选取相邻电极的中点为结点。

（二）探测试验

在探测工作中根据具体情况选择装置形式，一般选用四极、三极或偶极装置。探测仪器的电极单元总数不宜少于30个。高密度电阻率法结合了电剖面法和电测深法的优点，成果信息丰富，能够绘制二维视电阻率剖面图，成果直观，而且通过反演软件处理，能够得到地下真实电阻率分布情况。该方法自动化程度较高，电极一次布设后能够进行自动测量，可以根据现场情况选择多种装置形式。该方法缺点在于现场条件复杂、电极数量多，反演成果存在多解性。

结合正演模拟的模型，针对隐患模型开展现场试验。每个病害进行一组试验，每组试验采用 Dipole-Dipole、Bipole-Bipole2 种装置进行测试，测线沿土石结合部周边布设，以减小边界对测试的影响。

每条测线采用27根电极，电极距0.5 m，电极采用截面0.25 mm^2 的实心铜导线制作。探测设备采用美国AGI公司的Super Sting R8分布式高密度电法仪，其主要技术指标如下：

测量电压分辨率：30 nV　　输出电流：1 mA ~ 2 A

增益范围：自动增益　　噪声压制：100 dB，$f>20$ Hz

测量循环时间：0.5 s，1 s，2 s，4 s，8 s　　输出功率：200 W

测量电压范围：±10 V　　输入通道：8 通道

内存容量：30 000 测量数据点　　数据存储：自动存储

数据传输：RS-232　　显示：LCD

外电源：12 V 或 2×12 V DC

Dipole-Dipole 装置和反演结果见图3-34。

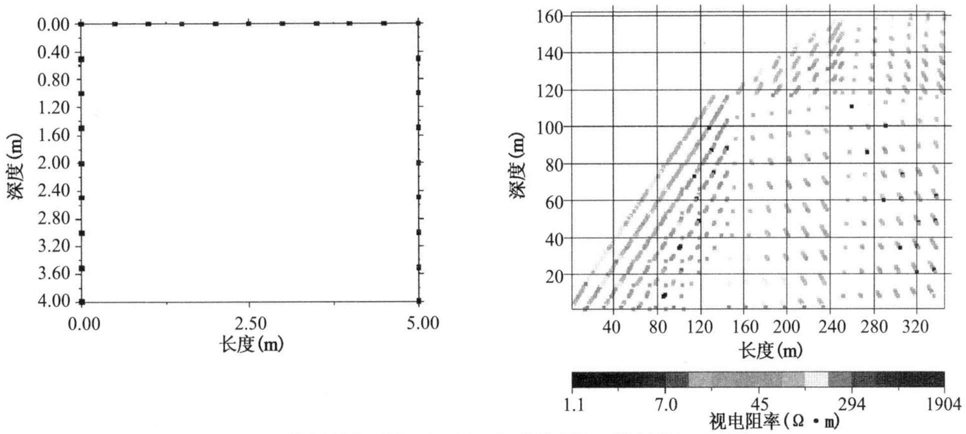

图3-34　Dipole-Dipole 装置和反演结果

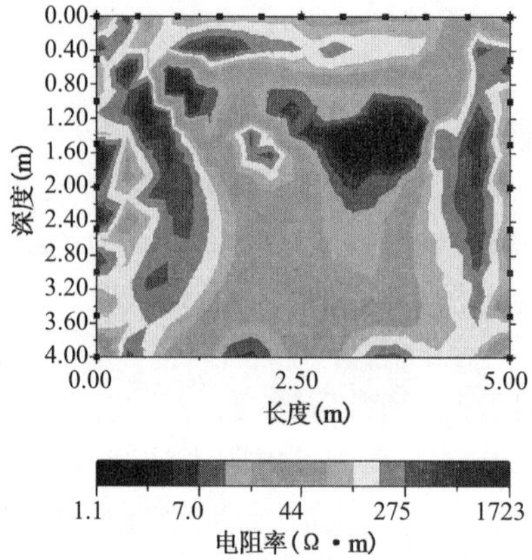

续图 3-34

Bipole-Bipole 装置和反演结果见图 3-35。

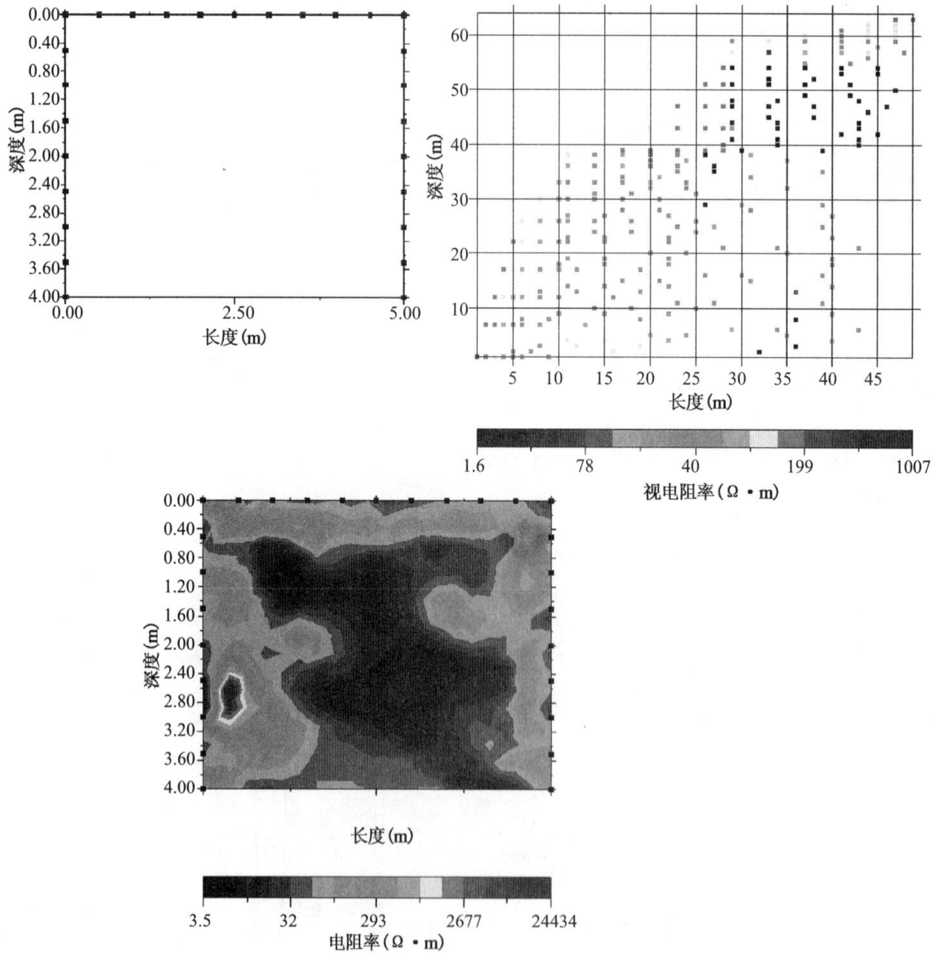

图 3-35　Bipole-Bipole 装置装置和反演结果

三、脉冲回波法

(一)基本理论和方法

脉冲响应法,也叫脉冲回波法,是通过机械冲击在物体表面施加一短周期应力脉冲,产生应力波。当应力波在传播过程中遇到波阻抗突变的缺陷或边界时,应力波在这些界面发生往返反射,且差异愈大,反射愈强。接收这种反射回波并进行频谱分析,读取主频,根据峰值的变化判断波阻抗突变的缺陷或边界。

(二)探测试验

模拟涵闸底板的土石结合部存在脱空的情况,首先在土体里设置直径为 200 mm、160 mm 的孔洞,孔洞用 PVC 管支护(见图 3-36(a)),然后盖上混凝土板(见图 3-36(b))。将探测区域分为 3 个区域(见图 3-36(c))。试验混凝土板厚 25 cm。

(a) 缺陷设置

(b) 混凝土板

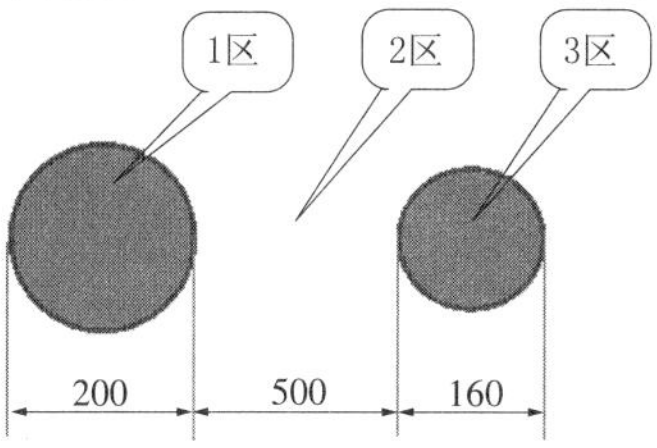

(c) 缺陷几何位置　　(单位: mm)

图 3-36　涵闸底部存在脱空的模型

试验结果见图 3-37,可见 1 区和 3 区的接收信号频率出现了较高的峰值,2 区的接收信号频率比较平稳,由于混凝土板底部存在脱空,接收信号频率出现较大的峰值。

1 号板厚度为 25 cm,缺陷位置和测线分布见图 3-38,测试结果见图 3-39,可见在存在脱空的区域,频率曲线均出现大小不同的峰值。因此,存在缺陷的区域,会导致测试信号频率增大。

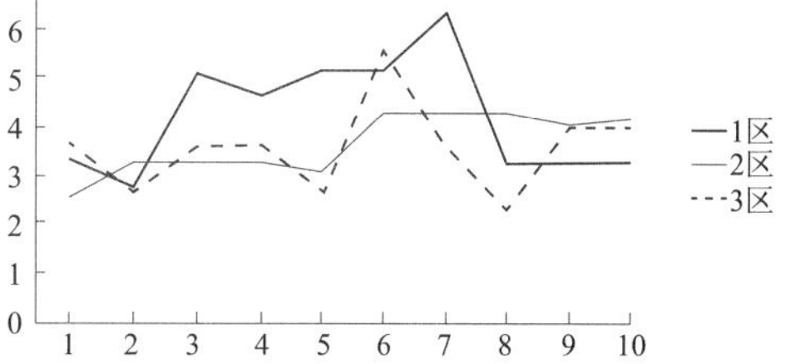

图 3-37　接收信号频率

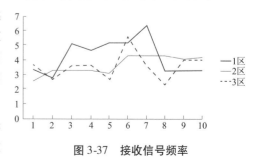

各条测线除用脉冲相应法检测外,还采用声波反射法的检测,利用高频探头进行发

射和接收,频率为 500 kHz,混凝土板波速为 4 000 m/s。经过测试,未发现明显的反射波信号,接收信号信噪比较低,难以用反射法判断底部是否存在脱空。由于混凝土中存在大量石子颗粒,对声波有较强的反射作用,导致回拨信号较弱,难以分辨。

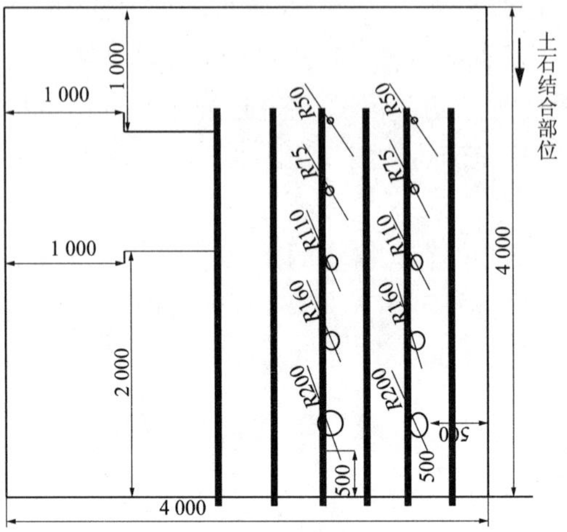

图 3-38　缺陷设置和测线

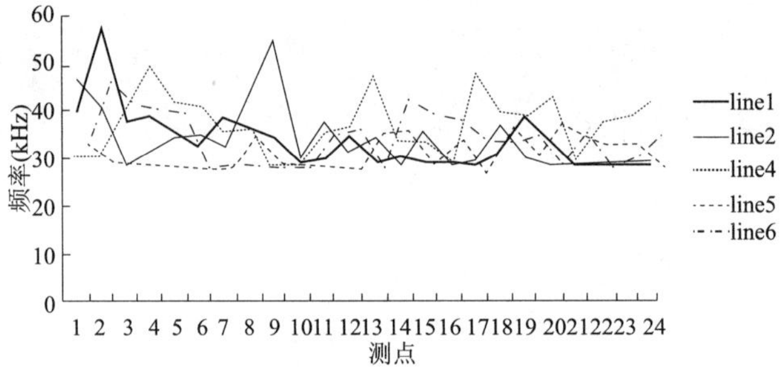

图 3-39　频率分布曲线

(三)对比试验

脱空板的工况:底部无脱空的混凝土板大小为 5 m×6 m,厚度为 38 cm,钢筋混凝土结构,边缘部分地区有缝隙,缝隙的高度为 1 cm,板整体和地面接触良好。底部有脱空的混凝土板大小 4 m×8 m,厚度为 31 cm,钢筋混凝土结构,板子底部插入高聚物注浆管,利用高聚物发泡材料的膨胀效应,顶起板子底部,使板子与底部脱离,存在大面积脱空区域,见图 3-40。

无脱空板测试的最高主频为 11.72 kHz 和 9.76 kHz,次级频率峰值为 4.88 kHz 和 17.58 kHz,能量为主级能量的 59.9%。脱空板测试的最高主频为 4.88 kHz,次级频率峰值为 11.72 kHz 和 13.67 kHz,信号大部分能量在 2.93~13.67 kHz,此外,其他信号能量在 20.51 kHz、28.32 kHz、39.06 kHz 范围内,能量为主级能量的 86.67%。对比无脱空和脱空板的接收信号,脱空板的接收信号能量相对较大,能量为无脱空接收信号的 1.33 倍。

(a)底部无脱空

(b)底部存在脱空

(c)试验图

图 3-40　现场照片

四、合成孔径成像法

根据被检涵闸底板截面的大小，建立图像矩阵 $I(m,n)$，(m,n) 表示第 m 行、第 n 列的网格，用 $I_i(m,n)$ 表示第 i 个测点对应的图像矩阵，$I(m,n)$ 与 $I_i(m,n)$ 的关系为：

$$I_{\text{sum}}(m,n) = \sum_{i=1}^{N} I_i(m,n) \tag{3-21}$$

考虑反射波 $R_i(t)$ 的 SAFT 成像，其数据采样长度为 N_1，采用成像的空间网格步长为 Δl，设采样时间间隔为 Δt。

若空间网格点 (m,n) 满足

$$[(m\Delta l - y_i)^2 + (n\Delta l - x_i)^2]^{1/2} = k \cdot \frac{\Delta t}{2} \cdot \nu_p \tag{3-22}$$

k 为整数，且 $1 \leqslant k \leqslant N_1$，$\nu_p$ 为混凝土纵波速度，则

$$I_i(m,n) = R_{\text{i}}\left(k \cdot \frac{\Delta t}{2}\right) \tag{3-23}$$

对每个测点的反射信号进 $R_i(t)$ 行式(3-21)、式(3-22)的运算得到 $I_i(m,n)$，最后由式(3-21)可得总的图像矩阵 $I_{\text{sum}}(m,n)$。则所有测点的反射信号峰值都将在缺陷对应的

网格(m_{aim},n_{aim})叠加,结果是(m_{aim},n_{aim})处幅值较大,而无缺陷网格处振幅较小。所有图像网格的幅度以不同的色谱成像,将缺陷以亮带区域显示出来。测试结果见图 3-41。

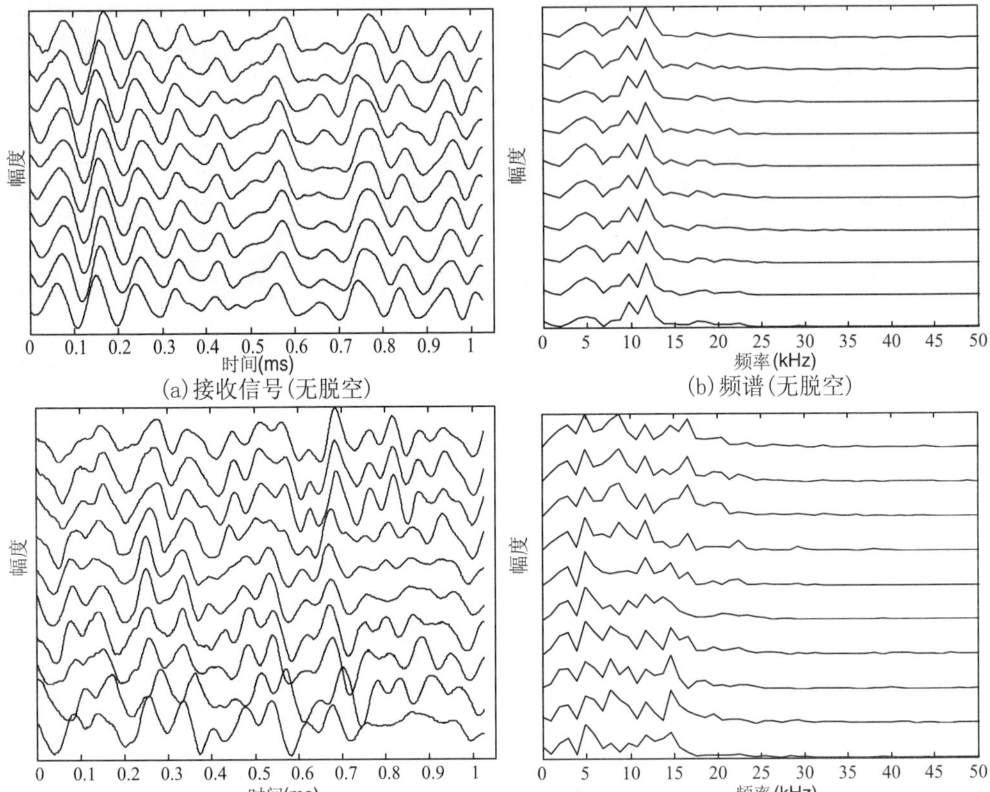

(a)接收信号(无脱空) (b)频谱(无脱空)

(c)接收信号(有脱空) (d)频谱(有脱空)

图 3-41 测试结果

(一)含脱空的数值模拟

图 3-42 为涵闸底板脱空模型,为 2 层介质,上层为混凝土底板,厚度为 32 cm,纵波速度、横波速度和密度分别为 3 000 m/s、1 600 m/s 和 1 800 kg/m^3。下部垫层厚度为48 cm,纵波速度、横波速度和密度分别为 2 000 m/s、1 200 m/s和 1 300 kg/m^3。底板与垫层接触部位有一脱空处,设置脱空为半圆形脱空,脱空半径为 10 cm。

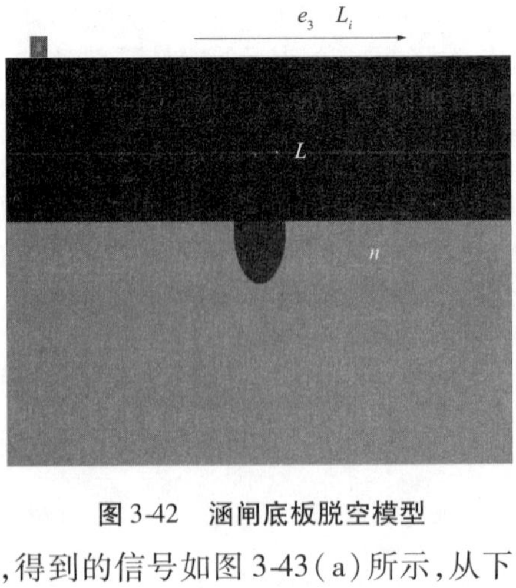

图 3-42 涵闸底板脱空模型

采用自发自收的采集方式,换能器在闸底板上部安装,发射脉冲采用主频为 200 kHz 的脉冲信号。第 1 个测点距离模型边缘 2. 4 cm,测点间距 10 cm,一共采集 17 个测点。经过计算,得到的信号如图 3-43(a)所示,从下至上分别列出 17 个测点的信号。消除了首波后,可看到 A 区信号为闸底板和垫层交界面的反射信号,信号的幅度较大。B 区信号为脱空区的反射信号,B 区信号后面为来自脱空区的杂波,杂波和交界面的反射横波信号互相交织,增加了信号震动的持续时间。

如图 3-43(b)所示,闸底板和垫层的交界面的反射纵波幅度较大,成像后形成一条振幅较大的区域,图中虚线标识出闸底板和垫层的交界面。此外,脱空区也被反射信号成像出来。因为来自脱空区的反射信号幅度较低,所以脱空区成像后不如闸底板的成像界面明显,但从成像结果上可分辨出来脱空区的具体位置。

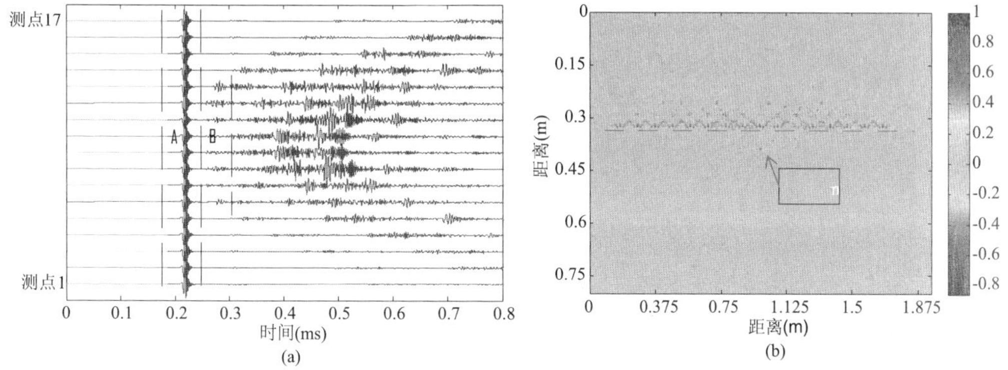

图 3-43　闸底板和垫层的交界面的反射纵波

(二)钢筋的影响

图 3-44 为涵闸底板含钢筋的模型,闸底板厚度为 0.34 m,宽 0.525 m,闸底板内含有两层钢筋,上层钢筋距离 4 cm,钢筋的直径为 1 cm,横向钢筋间距为 10 cm,上下两层钢筋间距为 0.3 m。介质参数如表 3-8 所示。

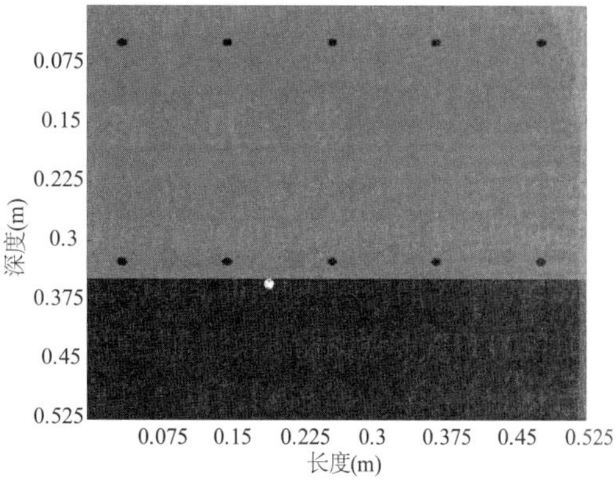

图 3-44　含钢筋的闸底板模型

模拟 1 个点源的激发方式,震源在距离模型左侧边缘 0.22 m 处,采用自发自收方式。图 3-45(a)为计算得到的不同时间的波场快照,在 42 μs 和 84 μs 时,波前遇到第一层钢筋,产生了不同程度的散射,在 126 μs 时,波前遇到第二层钢筋,图中可看到多个散射波的存在,在 168 μs 时,波前遇到闸底板和垫层的交界面,发生了反射。可见当混凝土内含钢筋时,震源激发后,波前遇到钢筋,会发生多次散射,产生新的散射波,增加了波场成分的多样性。

表 3-8　介质参数

物理参数	横波速度(m/s)	纵波速度(m/s)	密度(kg/m^3)
闸底板	1 600	3 000	1 800
钢筋	3 230	5 900	7 700
垫层	1 100	2 000	1 250

图 3-45(b)为接收信号,在首波和底界面反射波之间,收到的多个来自顶层和底层钢

筋的散射信号,信号幅度较小。底界面的反射波幅度比钢筋散射波幅度大,是顶层钢筋散射信号幅度的 1.5 ~ 3 倍,同时也是底层钢筋散射信号幅度的 8 ~ 10 倍。在底层反射信号之后,杂波较多且持续时间较长,杂波的产生是波前遇到钢筋发生的多次散射造成的。

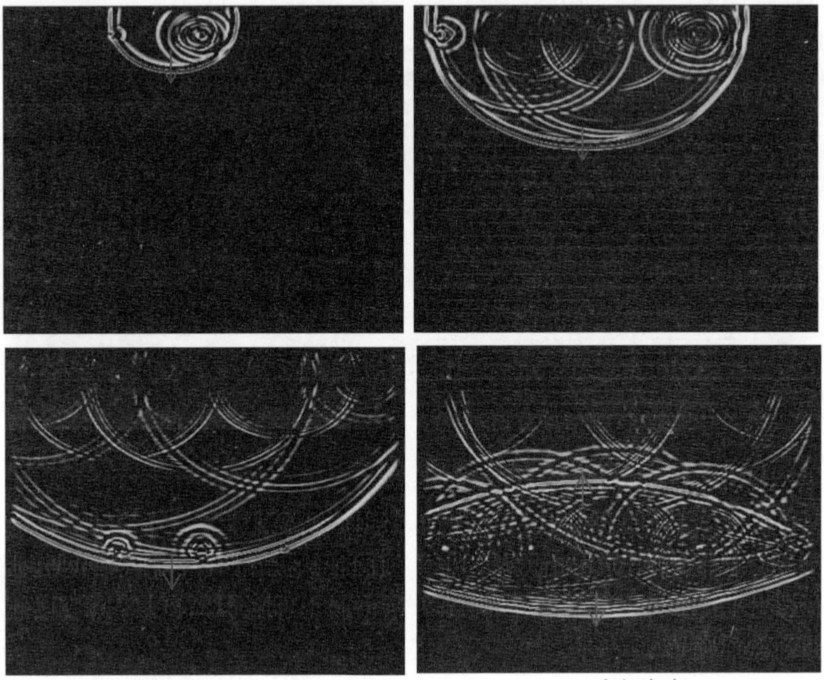

底部无脱　　底部存在

(a) 波场快照

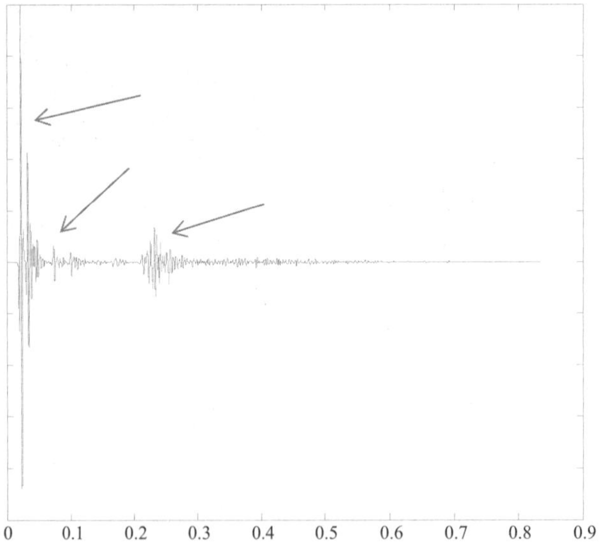

(b)信号(有脱)

图 3-45

（三）模型试验

为了验证SAFT方法检测土石结合部脱空的可行性，制作了混凝土模型作为涵闸底板模型，在混凝土块底部设置脱空区进行模型试验。如图3-46所示，混凝土试块长50 cm、宽20 cm、高20 cm，脱空部位于混凝土底部中间位置，脱空周围的介质为土。

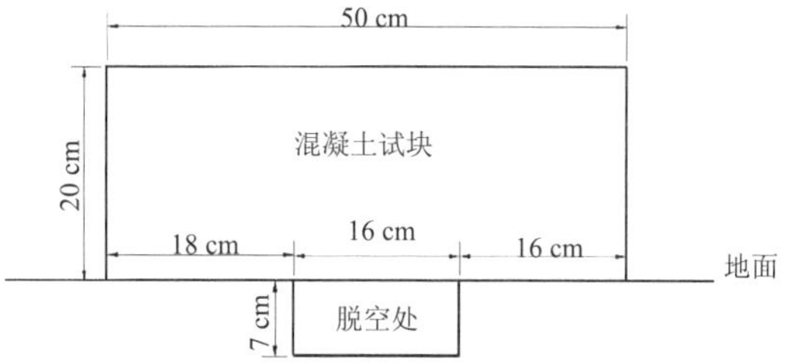

图3-46　涵闸底板脱空示意图

在顶部中间位置布置测线，收发换能器间距1 cm，第一个测点距离试块左侧边缘1 cm，依次向右同步移动收发换能器，相邻测点距离2 cm，两种激励方式均为24个测点。根据试块和脱空部位大小，将试块划分为横向625个、垂直方向400个的网格。试块纵波波速经实验测试为4 000 m/s。换能器直径为3 cm，中心频率f_0为500 kHz。接收换能器与发射换能器参数相同。信号发生器激励发射换能器为尖脉冲信号，接收信号经过功率放大器由示波器（MS07032A，Agilent）采集并存储到移动硬盘。

接收信号如图3-47（a）所示，虚线表示底板脱空的反射波位置。各测点所测数据变化较小，个别测点数据振幅出现不均匀波动，其原因为测试时涵闸底板表面的不平整。合成孔径成像见图3-47（b），椭圆所在区域标识出闸底板脱空位置。其他测点反射波信号不明显，表示底板与土体结合较为紧密。

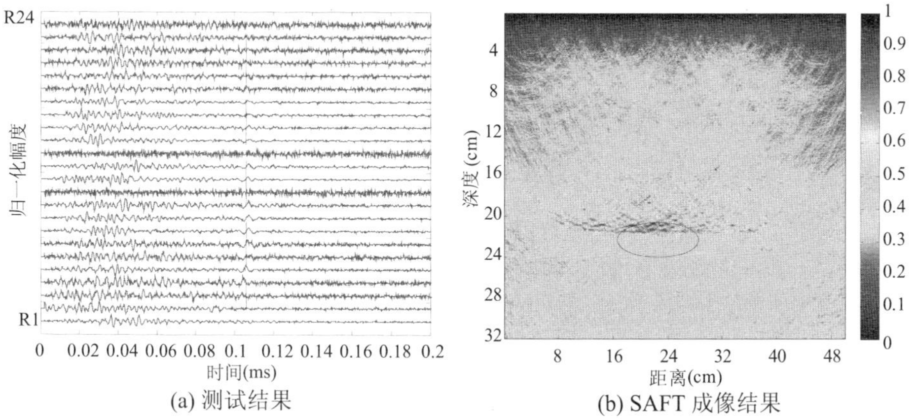

图3-47　接收信号和成像结果

（四）小结

计算闸底板土石结合部存在脱空的波场，从接收信号可发现，除闸底板和垫层的交界面的反射信号外，由于脱空区的存在产生了新的反射信号，同时产生了持续时间较长的杂波，杂波信号幅度较低。合成孔径成像后，脱空区能够明显地识别出来。模拟了含钢筋的闸底板的波场特征，发现由于钢筋的存在，产生了较多的散射波，增加了信号的复杂性。钢筋的散射信号幅度小于来自闸底板的信号幅度，可根据信号幅度较容易判别闸底板的深度位置。同时，钢筋的存在产生了持续时间较长的杂波。

利用500 kHz的超声压电换能器进行检测，经过闸底板脱空模型的探测试验，可发现涵闸底板脱空引起的反射信号。利用合成孔径成像方法能够得到脱空的具体位置，但对脱空的具体形状、大小的识别还有一定的难度。试验发现，当混凝土厚度较大（大于30 cm）时，500 kHz的换能器难以得到反射波信号，原因为混凝土的衰减。试验发现，当混凝土的石子含量较大时，会急剧降低发射信号的信噪比，不利于混凝土底部缺陷的识别。利用不同直径的钢球作为震源时可以提高发射信号能量，进行更多的闸底板探测工作。

第三节　聚束电法探测系统

常规直流电阻率法在工程地质勘探中应用十分广泛，是一种较为方便、快捷的探测方法。但“体积特性”这一固有缺陷，使得电法勘探的尺寸效应比较明显，影响了对深部地质体的探测效果。同时，地电剖面的横向和纵向分辨率较低，对复杂地质体勘探效果不够理想等也是困扰常规直流电法的技术难题。以上缺点使得原有的各种电法观测系统在进行根石探测时无法取得令人满意的效果。

在电法勘探中，普遍存在的一个突出问题是电流在地下的集中分布，即主要集中于地表和浅部，随着深度的增加，电流密度剧烈衰减，这一现象严重制约了电法获取深部异常信息的能力。理论和试验结果均表明，增加目标地质体范围的电流密度与地面电流密度的比值，可以有效地提高探测深度。利用辅助电极可以在一定程度上将电流束相对集中到目标地质体上面，我们将这种方法形象地称为聚束直流电阻率法，为达到精细化探测土石结合部隐患探测的目的，可采用屏蔽电极聚束的方法。

一、直流电阻率法

直流电阻率法探测土石结合部隐患的物理基础是土石之间存在明显的电性差异，其基本方法有电剖面法及电测深法。电剖面法主要反映地下某一深度范围内根石横向变化情况；电测探法用来研究地下垂向电阻率的变化情况，该方法曾在黄河马渡险工37号坝及85号坝坝前无水部位进行了试验。从试验结果来看，用直流电阻率法探测土体覆盖下的根石变化虽有所反映，但结果不明显。

国内最早开展堤防隐患探测技术研究的单位是山东省水利科学研究所。该所1974年利用电法勘探评估堤防灌浆效果，1985年研究出探测仪器及5种探测方法，形成了一套综合探测堤防隐患的技术系统。该成果1986年曾获原水利部科技进步二等奖。1990年，九江市水利科学研究所邓习珠等研制出TTY-1型便携式智能堤坝探测仪，采用电测深法探测蚁穴洞穴取得了一定的效果。随着我国政府对堤防工程的日益重视，研究堤防隐患探测技术的单位和个人也随之增多：1989年，方文藻等利用边界方法计算了堤坝边界条件下的电测深理论曲线，以对实测曲线进行矫正；1990年，徐广富提出利用自然电场法探测堤防渗漏入口的设想，但未付诸实施；1991年，王理芬等研究了荆江大堤堤基管涌破坏机制；1993年，刘康和应用K剖面法探测堤坝隐患；葛建国等采用浅层地震反射波法探测堤坝隐患;1994 年,陈绍求提出用双频激电法探测堤坝隐患;1997 年,吴相安等对利用探地雷达探测堤坝隐患的有效性进行了研究,并取得了一定的效果,他们自制了 300 MHz 和 500 MHz 等几种雷达天线,并运用于工程实践;1996 年,底青云、王妙月等将高密度直流电阻率法用于珠海堤防隐患探测;山东黄河河务局研制出 ZDT-Ⅰ型智能堤坝隐患探测仪,1998 年用于九江堤防隐患汛期探测并取得了一定的效果,得到两地防汛抗旱指挥部的肯定和赞许。“八五”期间,水利部曾列专项委托黄委开展堤坝隐患探测技术的系统研究。攻关历时 3 年,先后采用了多种地球物理方法,包括浅层地震反射法、探地雷达、电测深、电剖面、高密度直流电阻率法、瞬变电磁法、天然电磁场选频法、瞬态瑞利面波法等进行试验研究,在“洞、松、缝”等隐患探测方面取得突破性成果。这一工作被国内有关专家誉为具有国际先进水平。近几年不少业内人士指出,电法勘探的“体积特性”,决定了探测的尺寸效应比较明显;何继善院士经过理论研究及模型试验后指出,用该类方法探测堤防隐患,洞径埋深比达到 1∶10 是不可能的。1998 年洪水后,水利部制定了“988”科技计划,将“堤防隐患和险情探测仪器开发”立为水利部重大科技攻关项目,并把其中的高密度直流电阻率法堤防隐患探测仪项目(国科 99-01),委托黄委开发,黄委于 2000 年 11 月研制出 HGH-Ⅲ堤防隐患探测系统。项目于 2001 年 3 月通过水利部验收和专家鉴定,鉴定结论为该仪器在堤防隐患探测中技术指标和功能总体上达到国际先进水平,其中分布式电极转换开关和专用抗干扰电缆达到国际领先水平。

从国内堤防隐患探测的研究现状,可以看出其主要精力与主要成果大都集中在电法和电磁法方面。不管是电法,还是电磁法,都属于体积勘探,地下异常体在地面引起的最大异常幅度大致与其“埋深洞径比”立方成反比。这类方法对于浅部缺陷比较敏感,但随着深度的增加,其分辨率急剧降低,不能完全满足实际需要。

二、聚束直流电阻率法的设计原理

(一)聚束电极系设计目的和方法

电阻率法采用人工场源,其异常幅度,除决定于目标体与周围介质的物性差异、规模及埋深等条件外,还决定于流经目标体的电流密度的大小。一个地质体的激励电流密度为 0 时,就不可能产生异常。从视电阻率的微分表达式:

$$\rho_s = (j_{MN}/j_0) \cdot \rho_0 \tag{3-24}$$

来看,ρ_s 与 j_{MN}/j_0 成正比,令

$$j_{MN} = j_0 + j_h' \tag{3-25}$$

电阻率的相对异常为:

$$\Delta\rho_s/\Delta\rho_0 = j_h'/j_0 \tag{3-26}$$

式中 ρ_s——视电阻率;

ρ_0——介质电阻率;

j_{MN}——测量电极间的电流密度;

j_0——均匀介质中的电流密度;

j_n——地下 H 深处地质体受电流密度 j_h 激发在地表产生的电流密度异常部分，$j'_h = f(j_k)$。

在电法勘探中，增大目标体探测的异常幅度或提高勘探深度，可归结为增大 j'_h/j_0 的比值问题。为达到增大相对异常幅度，可采用减小 j_0 的方法，即建立一个与基本电流方向相反的电流补偿装置，使地表及其浅部电流密度减小，而使目标体所在范围的电流密度相对增加，以提高 j'_h/j_0 的比值。

如图 3-48 所示，共 5 个电极。A_0 为供电电极，A_1、A_2 为屏蔽电极，M、N 为测量电极，所有电极呈一条直线。探测时 3 个供电电极同时供电，并记录供电电流 I_1、I_0、I_2，通过测量电极 M、N 记录 M、N 的电位差 U_{MN}。各电极之间的距离根据所需探测深度和现场地质而定，设电极 M、N 的中心为 O 点，一般 A_0O 的距离是待测最大勘探深度 h 的 2 倍。

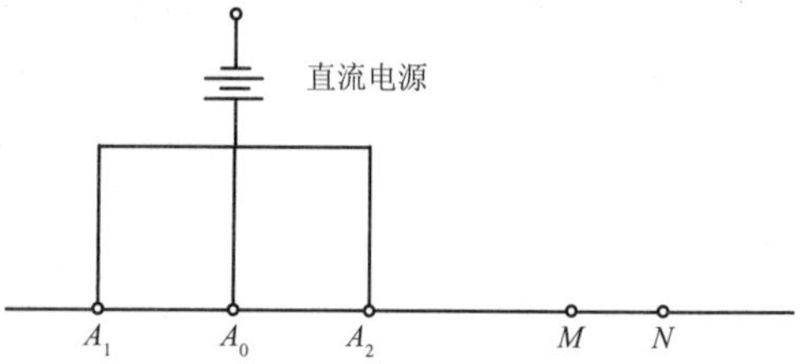

图 3-48 电极排列图

探测时保持电极 A_1、A_0、A_2 的相对位置不变，M、N 的相对位置也保持不变，A_0O 的中心位置根据勘探深度随极距增大而增加的原理，通过大量的现场试验，最终确定了两个屏蔽电极的移动步距的范围为 0.2～0.3 m，固定屏蔽极距后，调节电流使电场聚束，然后测量视电阻率。

（二）电场分析

半无限空间中点电源电场分析：

如图 3-49(a)所示，1 个点电极供电的（水平）空间的电流密度 $j_h = \frac{1}{\pi r^2}\cos\alpha$，垂向电为 $j_v = \frac{1}{\pi r^2}\sin\alpha$。3 个供电电极同时供电时则为 3 个电极在地下产生的电流密度的横向分量或纵向分量的叠加，如图 3-49(b)所示。

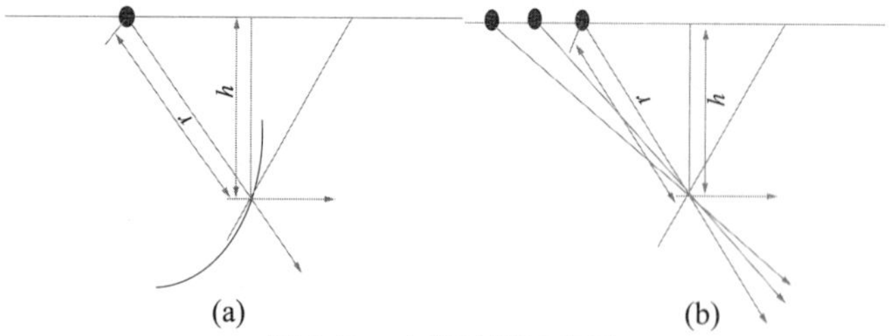

图 3-49 电场计算示意图

图 3-50(a)、(b)分别为单点源和 3 个点源供电的电场分布图。从图 3-50 中可见，单点源供电时以点源为圆心的圆环区域电流密度均匀分布，当 3 个点源供电时，在 3 个点源下方产生电流密度分布较大的区域，因为大的电流密度区域的形状呈花瓣型的束状，向下方延伸，称为“聚束”。

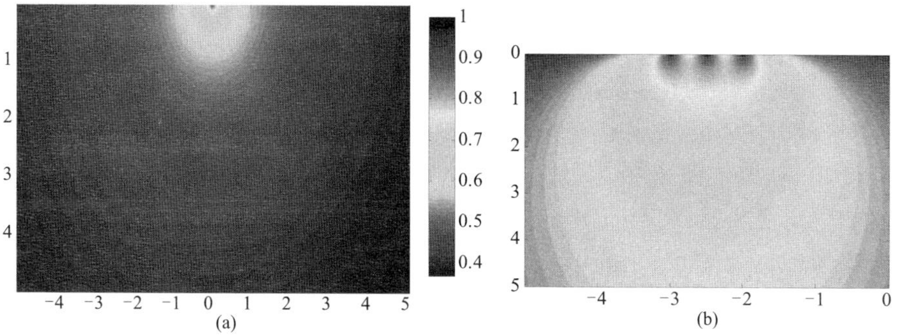

图 3-50　电流密度分布(纵向)

单点源和 3 个点源供电时在水平方向的电流密度大小见图 3-51,在深度为 1 m 时,距离小于 1 m 时单点源的电流密度大于 3 个点源供电的电流密度,在水平距离大于 1 m 时,3 个点源供电的电流密度大于 1 个点源的电流密度, 在水平距离接近 1 m 的时候,电流密

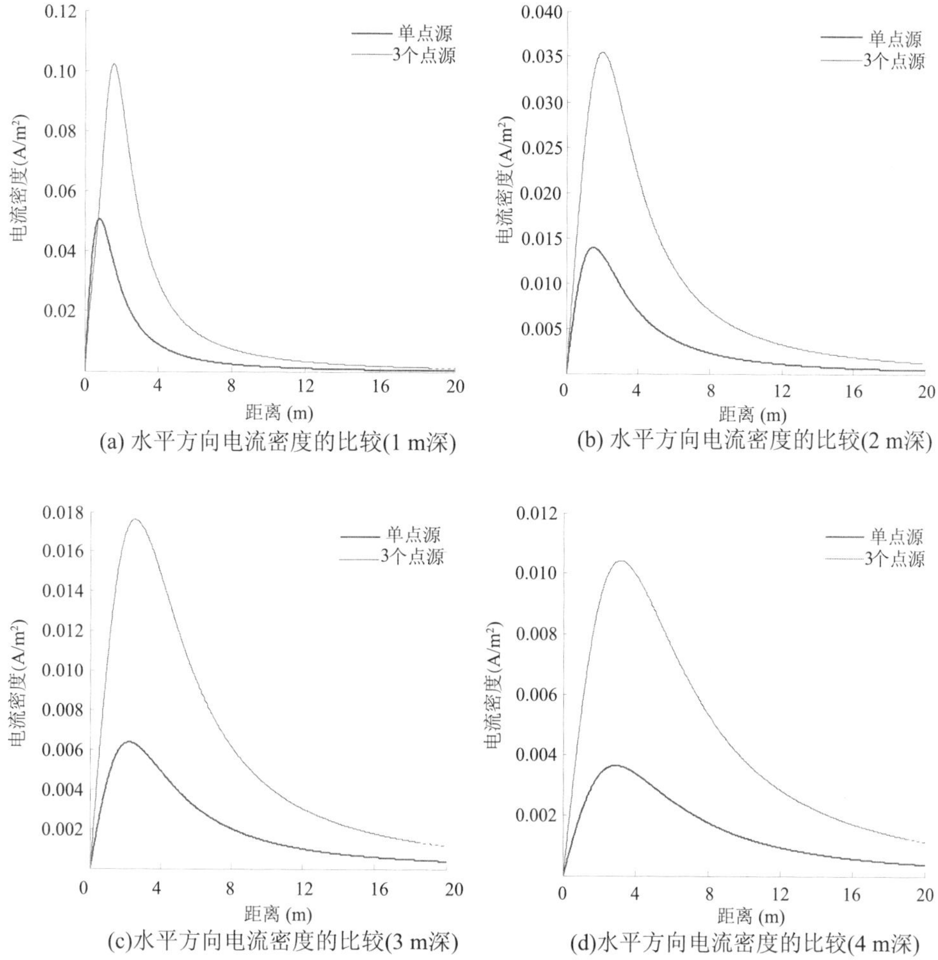

(a) 水平方向电流密度的比较(1 m深)

(b) 水平方向电流密度的比较(2 m深)

(c)水平方向电流密度的比较(3 m深)

(d)水平方向电流密度的比较(4 m深)

图 3-51　水平方向电流密度的比较

度均达到最大,然后随着水平距离的增加,电流密度逐渐减小,但 3 个点源供电的电流密度大于单个点源供电的电流密度。在深度为 2 m、3 m 和 4 m 时,3 个点源的电流密度在水平方向的对应距离均大于单个点源供电的电流密度。由以上分析可知,3 个点源供电时,增加了地下不同深度的电流密度,提高了电流的穿透距离,有利于探测到深部介质的电性参数。

由图 3-52 可见,当测量电极 M、N 与供电电极 A 的距离增加时,在不同深度的电流密度与地表的电流密度比值逐渐增大。说明随着极距的增大,深部的电流密度与地表的电流密度的比值相应增加,说明我们的电极设计方案具有测深的功能。

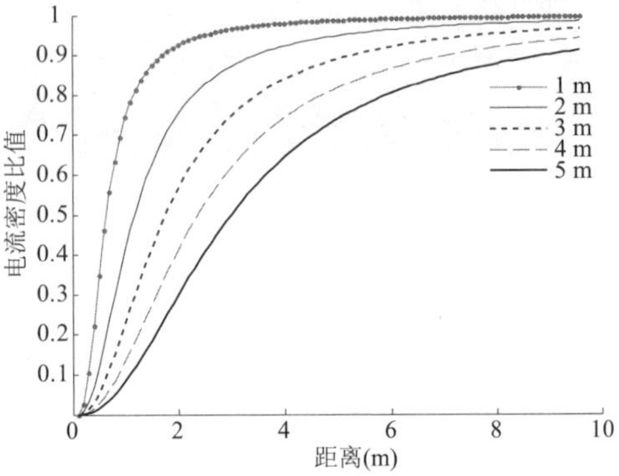

图 3-52　地表电阻率的比值在不同深度的比较

(三)两层介质的探测结果

计算两层介质的情况下,计算 3 个点源与单个点源的探测结果,用来对比检测方案的有效性。

两层介质的地表电流密度的计算公式为

$$u_1 = \frac{\rho_1 I}{2\pi}\left[\frac{1}{r} + 2\sum_{n=1}^{\infty}\frac{K_{12}^n}{\sqrt{r^2 + (2nh_1)^2}}\right] \tag{3-27}$$

$$K_{12} = \frac{\rho_2 - \rho_1}{\rho_2 + \rho_1}$$

式中　ρ_1、ρ_2—— 第 1 层和第 2 层介质的电阻率;

r—— 距离;

h_1—— 第 1 层介质的厚度;

I—— 电流密度。

模型参数:ρ_1 为 100 Ω · m,ρ_2 为 200 Ω · m,I 为 1A,h_1 为 10 m。两层介质探测示意图见图 3-53。

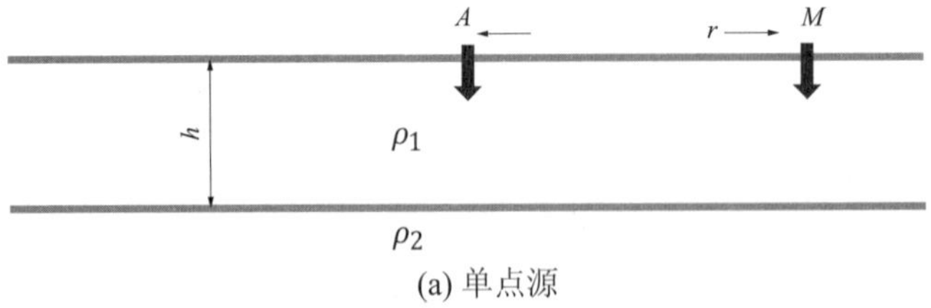

(a) 单点源

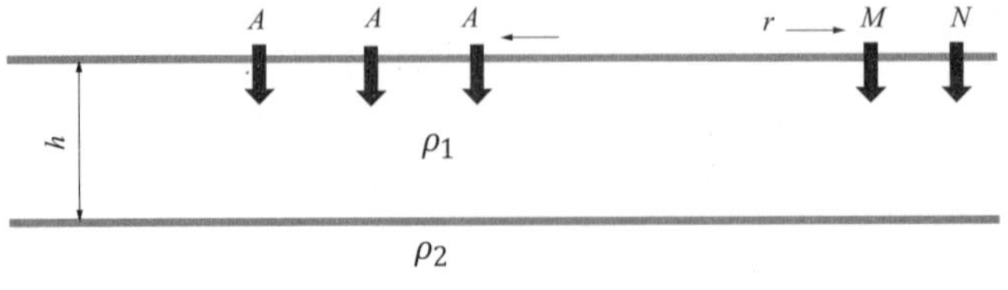

(b) 3个点源

图 3-53　两层介质探测示意图

存在基底介质时,3 个点源在地表产生的电压差异大于单个点源的电压差异,说明在 3 个点源供电情况下,更容易测量到由于基底介质的变化产生的电压差异,提高了基底介质的识别能力,见图 3-54。

两层介质情况下,在 *AM* 与 *AN* 中心点位置,所对应的视电阻率曲线见图 3-55,初始测得的视电阻率为 100 Ω·m,对应第一层介质的电阻率值,当距离增大到 10 m 时,电阻率达到 125.4 Ω·m,随着距离的增大,电阻率也逐渐增大,并且趋近于 200 Ω·m。单点源供电测得的视电阻率与 3 个点源的视电阻率基本重合。

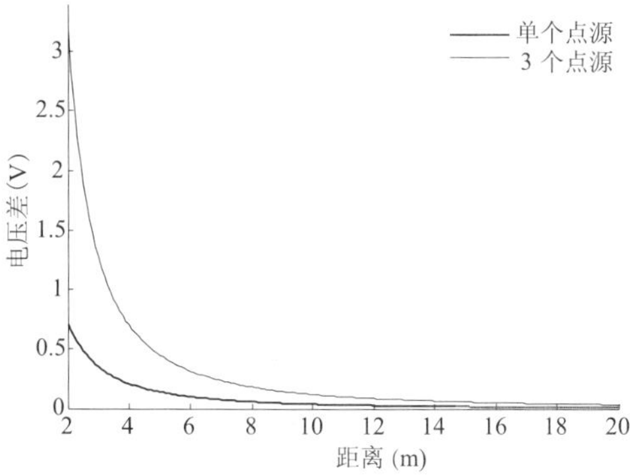

图 3-54　不同极距的电压差

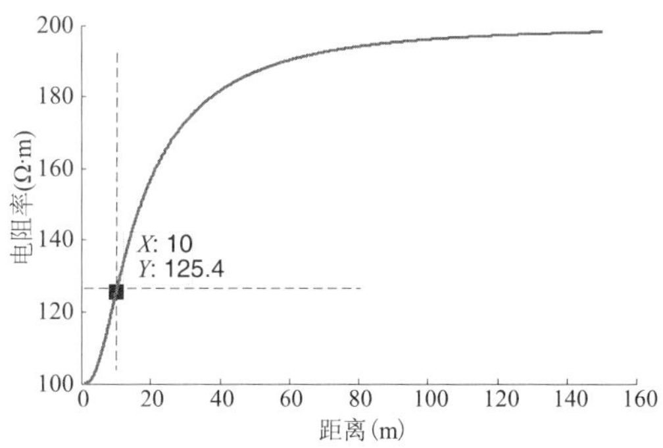

图 3-55　电阻率探测结果

根据模型计算结果,可见 3 个点源供电时增大了地表测量电极的压差,说明在地下存在异常体,3 个点源供电的电压差异大于单个点源的电压差异,我们采用的探测方案有利于探测地下是否存在异常体。综合图 3-54 和图 3-55,说明采用的探测方案是可行的,具备探测深部异常体的有效性和可行性。

(四) 屏蔽电极聚束电法探测仪

屏蔽电极聚束电法探测仪(见图 3-56),仪器采用微机和大规模集成电路,可实现高速采集、快速处理、实时显示,并能将仪器所测数据通过 RS232 接口传输给计算机。

屏蔽电极聚束电法探测仪由微计算机、两组接收通道、三组供电电路、调平衡电路、平衡指示电路、滤波电路、24 位 A/D 转换电路及数据处理软件等组成,其工作原理如图3-57所示。

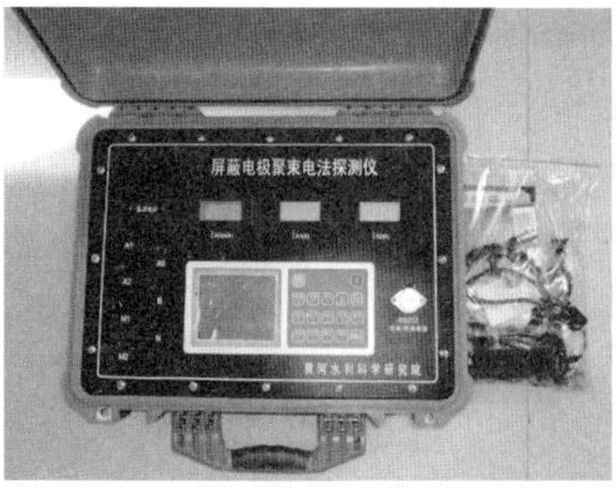

图 3-56　屏蔽电极聚束电法探测仪

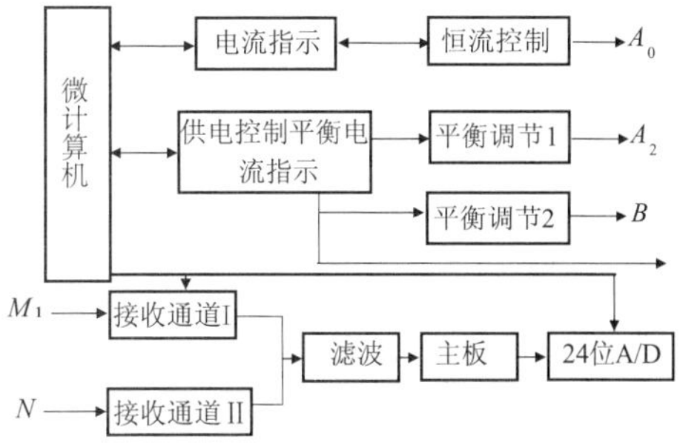

图 3-57　仪器工作原理框图

微计算机部分由 51 系列单片及 ROM、RAM 等构成微计算机，从键盘接收控制命令。由点阵式液晶显示各种状态及测量结果。控制接口发出供电、恒流、前放、滤波等需要的命令，并从 A/D 获得所需数据。通信口是用在测量结束后将仪器内的数据送到外部计算机；两组接收通道用来接收 M、N 接收电极的电压信号，在调平衡阶段两组电压信号进行比较，平衡后 M、N 电压信号作为接收数据被记录；滤波电路用来消除交流电的工频干扰和其他高频信号的干扰；24 位 A/D 转换电路用来将 M、N 接收电极的模拟电压信号转换成数字信号进行储存或记录；数据处理软件将 A/D 转换的数据进行分析、处理和计算，得出对应的视电阻率等参数并可实时显示。

屏蔽电极聚束电法探测仪是以聚束直流电阻率法为主，除此之外，该仪器还可以进行四极测深、联合电测深、四极动源剖面、联合剖面、偶极—偶极、地井电法、五极纵轴电测深等常规电法勘探。使之成为一台多功能的电法勘探仪器，可用于堤防隐患探测、水利工程地质勘探等工作。

综合考虑，屏蔽电极聚束电法探测仪功能主要优点如下：

（1）多功能。该仪器既可用于聚焦测量，以可用于常规直流电法测量。

（2）高可靠性、全密封、防水、防尘野外仪器设计。该仪器采用美国进口野外仪器专用密封箱体，箱体由超高冲击结构的聚丙烯异分子协聚合物材料制成，密封垫圈材料为闭合细胞海绵体的 250 聚氯丁橡胶，带有单向自动排气阀，具有防水防潮、坚固耐磨、工艺考究的特点，在国内同行业中处于领先水平。其内部工艺结构采用金属框架固定方式，防震效果较好。额定使用环境温度范围：－25 ℃ ~ ＋80 ℃。

（3）高精度。该仪器采用 24 位 A/D，测量数据精度极高。

（4）点阵式液晶。该仪器采用点阵式液晶，既可数字显示测量结果，又可显示曲线。这样，现场可直接进行早期解释分析。

主要技术指标：

电压通道：最小采样信号 1 mV，最大采样信号 6 000 mV，误差 1%，分辨率 1 μV；

主电流通道：最小采样信号 1 mA，最大采样信号 30 mA，误差 1%，分辨率 1μA；

屏蔽电流通道：最小采样信号 1 mA，最大采样信号 2 000 mA，误差 1%，分辨率 1 mA；

输入阻抗：≥30 MΩ；

自电补范围：1 000 mV；

50 Hz 工频压制：≥60 dB；

最大供电电压：600 V；

最大供电电流：4 000 mA；

RS－232 接口；

内置 12 V 可充电源，整机电流 80 mA，整机功耗 1 W；

工作温度：－10 ℃ ~ ＋50 ℃；

储存温度：－20 ℃ ~ ＋60 ℃；

整机质量：10 kg；

体积：490 mm × 380 mm × 200 mm。

仪器的稳定性和测量效果经过大量野外探测试验验证，其功能和技术指标完全满足坝垛根石探测和堤防质量检测工作的要求。

三、聚束直流电阻率法的优势

禅房引黄渠首闸(以下简称禅房闸)位于封丘县黄河禅房控岛工程 32 ~ 33 坝间,对应大堤(贯孟堤)桩号 206 +000。该工程经多年使用,在运行中出现了部分问题,包括临水侧砌石护岸脱空、背水侧漏水等情况,其中背水侧左岸砌石翼墙中下部漏水较为严重(见图 3-58),在河水水位较高时,有明显的渗水、冒水现象,对翼墙结构稳定造成一定的威胁。采用聚束直流电阻率法和对称四极法进行对比探测。

探测结果见图 3-59,随着深度的增加,对称四极和聚束电阻率法探测的视电阻率均减小,对称四极法测得的电阻率从 250 Ω · m 减小至 150 Ω · m,聚束直流电阻率法测得的电阻率从 270 Ω · m 减小至 40 Ω · m。漏水点在深度 3.0 m 以下,浸润线在深度 5.0 m 位置,浸润线以下的视电阻率一般在 100 Ω · m 以下。视电阻率的对比结果表明,聚束直流电阻率法能够较好地反映土石结合部的地电属性,对称四极电阻率法需要通过进一步反演计算才能反映土石结合部的地层性质。

图 3-58 左岸砌石翼墙漏水点

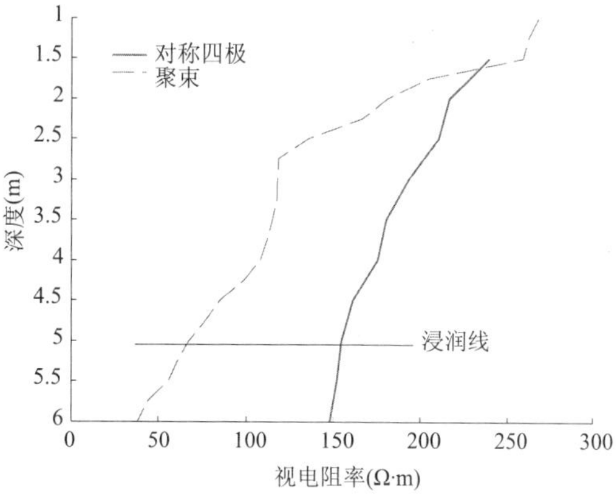

图 3-59 探测结果对比

四、小结

通过分析不同探测对象时的主电场与聚束电场之间的相互关系,确定直流电场的最佳聚束方案,明确电极的布设方式、聚束电流和电压等参数的选择,聚束电法探测具有以下特点:

(1)实现地下电场可控。聚束电法探测系统的特点,在于通过布设聚束电极,人为改变电流分布形态,迫使主电流在一定范围内呈束状流向地层深处并能穿透高阻体。与常规直流电阻率法相比,测量到的电性参数中携带更多地层深处和高阻体的信息。在工程应用中,可以通过调控电场分布,准确获取陆地根石、高低阻薄层地质体等复杂探测对象的有效信息,具有重要的学术价值和现实意义。

(2)探测分辨率高。野外大量试验结果表明,聚束电阻率法对地下土石结合部隐患探测深度明显高于常规电阻率法,且分辨率较高。

(3)探测系统的功能丰富。该仪器具有四极测深、联合电测深、联合剖面、偶极—偶极、地井电法、五极纵轴电测深等功能,可用于堤防隐患探测、工程地质勘探等工作。

(4) 仪器工艺先进,软件功能强。仪器工艺考究,防震效果好,稳定性和野外适用性强。软件界面友好、操作方便、运行稳定,可实现大规模测量数据的实时处理,保证测量数据的有效性。

第四节　探地雷达信号分析处理系统

探地雷达数据的解释分析是要把地下目标的电性分布转化为地质体的分布,结合探地雷达数据、地质、钻孔以及其他资料,通过正演模拟以及反演计算达到探地雷达解释的目的。探地雷达数据分析解释的前提是由数据处理提供清晰可辨的雷达图像,直接解释或者借助数学或物理的理论和方法对探地雷达数据本身进行深入分析,找出特性参数从而为数据分析解释提供依据。现在探地雷达正反演正在发展,其反演技术尚未成熟。

水利工程隐患探地雷达检测的结果,除与检测经验和检测工程的了解有关外,检测信号的处理效果起重要作用。利用计算机信号处理和图像识别技术进行 GPR 图像分析和隐患识别,可以提高水利工程隐患的 GPR 检测分析效率,为此,可利用 MATLAB 软件的优势,构建探地雷达信号分析处理系统框架,结合水利工程探地雷达检测信号的特点,开发信号预处理模块、时频分析及滤波模块、分辨率处理模块,并通过实际工程应用,验证各模块的实际处理效果。

本程序基于 MATLAB 进行开发,针对现在较为流行的几种探地雷达数据格式,进行数据的读取、显示、处理以及分析。

MATLAB 是由美国 MathWorks 公司发布的主要面对科学计算、可视化以及交互式程序设计的高科技计算环境。它将数值分析、矩阵计算、科学数据可视化以及非线性动态系统的建模和仿真等诸多强大功能集成在一个易于使用的视窗环境中,为科学研究、工程设计以及必须进行有效数值计算的众多科学领域提供了一种全面的解决方案,并在很大程度上摆脱了传统非交互式程序设计语言(如 C、Fortran)的编辑模式,代表了当今国际科学计算软件的先进水平。

MATLAB 特别适用于研究、解决工程和数学问题,典型应用包括一般的数值计算、算法原型以及通过矩阵公式解决一些特殊问题,极大地促进了自动控制理论、数理统计、数字信号处理等学科的发展。探地雷达数据处理在理论上属于数字信号处理的范畴,所以应用 MATLAB 进行软件开发可以充分发挥出其强大的数值分析及矩阵计算等功能。

一、探地雷达信号分析处理系统构架

(一)系统的结构设计

探地雷达检测信号分析处理系统主要结构和功能如图 3-60 所示,系统的结构主要包括预处理模块、时频分析模块、滤波模块和分辨率处理模块。在各模块中用户可以选择相应的处理方法,对探地雷达的采集信号进行处理,直至得出最后的成果推断图,并且输出处理后的探地雷达信号文件。

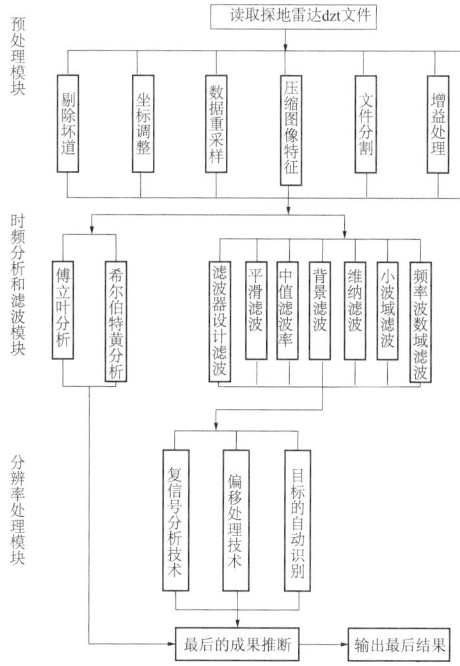

图 3-60　探地雷达检测信号分析处理系统功能结构图

(二)系统的信号处理流程

在实际应用中,对探地雷达检测图像处理的常用方式为:首先调整底板顶面信号,然后选择合适的材料介电常数计算深度信息,在薄弱信号处可采取增益处理增强信号;可以根据实际情况选取合适的滤波、偏移、目标的自动识别等处理方式。为此,开发的信号分析处理系统的工作流程如下,在实际处理中应用本处理系统可以参考。

(1)登录系统主界面,读取探地雷达检测采集到的文件(dzt 格式),视采集文件的具体情况,采用剔除坏道、数据重采样等预处理功能进行初步处理。

(2)根据实际的检测情况和波形特征,重新设置信号的起始位置,尽量使起始信号为介质的表面反射信号,根据现场条件设置介电常数,进行坐标转换,获得目标的大致深度信息。

(3)如果深度信号较弱,不易分辨,可以通过增益处理增强底部弱信号。

(4)视雷达文件的实际噪声情况,采用滤波技术进行滤波处理。例如在土石结合部探测渗漏、孔洞、脱空等隐患目标时,可以首先采用背景滤波对图像中的水平干扰进行抑制,然后进行低通滤波,突出隐患目标的图像特征。

(5)经过滤波处理后,可以视具体情况进行分辨率处理,提高图像的分辨率,帮助对水利工程结构和隐患进行解释判别。复信号分析技术包括“瞬时振幅”、“瞬时相位”和“瞬时频率”的提取,三种参数相互验证对图像进行解释;偏移处理将钢筋、管道等在雷达图像上的双曲线目标特征进行归位处理,使双曲线特征聚焦为一点,提高图像的分辨率。

(6)根据最后的信号处理结果,对水利工程中隐患目标进行自动识别。

(7)结合现场实际情况、已知的设计和勘测资料等,对水利工程中的地下结构或者隐患目标等进行综合推断,结合目标的自动识别结果对隐患做出最后的推论。

二、系统的功能模块

系统的功能模块主要包括预处理、时频分析、滤波和分辨率处理四大模块,可实现从探地雷达文件读入、中间处理过程和结果输出的全部功能。

(一)预处理模块

预处理模块包括数据读入、图像显示模式、颜色板设置、剔除坏道、坐标调整、文件头编辑、数据重采样、坐标编辑、压缩图像特征及增益处理等命令,该模块为雷达软件的预处理,是进行探地雷达数据分析处理和探地雷达图谱解译的前提与基础,预处理模块功能界面如图 3-61 所示。因为实际应用中,颜色板选择和图像操作命令可能需要经常用到,所以将预处理模块中的颜色板和图像操作命令放在了主界面之中,方便用户直接调用。

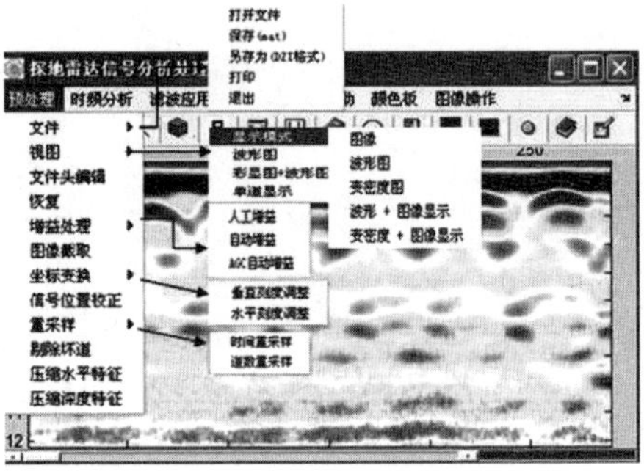

图 3-61　预处理模块功能结构图

1. 探地雷达文件格式及读入

探地雷达数据通常是以 dzt 格式存储的文件。dzt 文件首先是文件头,文件头之后便是每道扫描数。每个 dzt 文件中至少要有一个文件头,在文件头之后,紧跟着是通道Ⅰ的数据 1,然后是通道Ⅰ的数据 2……;如果仪器在采集时所采用的通道大于 1,则在通道Ⅰ的数据以后,便是通道Ⅱ的数据 1,然后是通道Ⅱ的数据 2,依次为各通道的扫描数据。一个数据记录可以有四个通道数据,也可以只有一个通道,其中文件头为一个在 C 语言中称为 DztHeaderstruct 结构体的数据结构,一般数据为 unsigned char 和 unsigned short 型,若数据为 unsigned char 的话,则每个记录的第一个数据无一例外都为 255,所有数据范围都在 0 ~ 255;若数据为 unsigned short 型的话,则每个记录的第一个数据无一例外都为 65535,所有数据范围在 0 ~ 65535,头文件结构图如图 3-62 所示。

在编写读取探地雷达数据的程序过程中,应根据自身雷达系统的特点和参数来定义程序中的变量,如果用户使用的为 GSSI 公司的探地雷达系统,它的每个采样值的字长是 8 位或 16 位,程序中头文件的其他参数,也要视具体情况而定。在程序编写过程中,还要特别注意头文件中几个变量,如 range gain 和 processing history 等的读取处理。本系统根据美国劳雷公司的 SIR-3000 探地雷达系统采集数据的特点,开发了相应的读取代码,并设计了参数显示界面,用户可以查看探地雷达的文件参数信息,通过界面也可改变参数设置。对某一雷达文件的实际读取界面如图 3-63 所示,与 SIR-3000 探地雷达系统自带的处理系统读取的文件头信息(见图 3-64)进行对比,可以发现,本系统文件头编辑命令中对文件头信息的读取是全面和准确的。

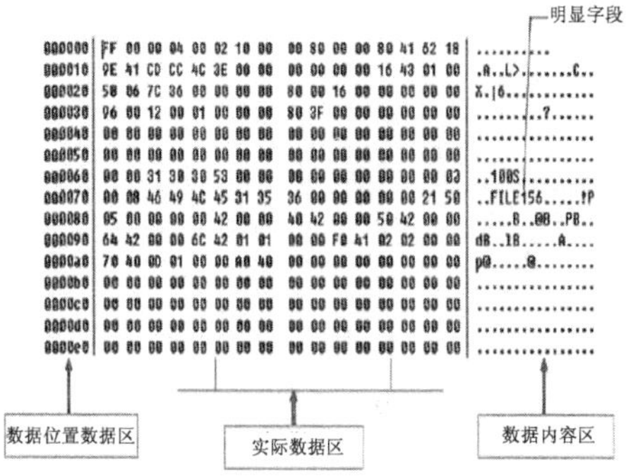

图 3-62　头文件十六进制结构

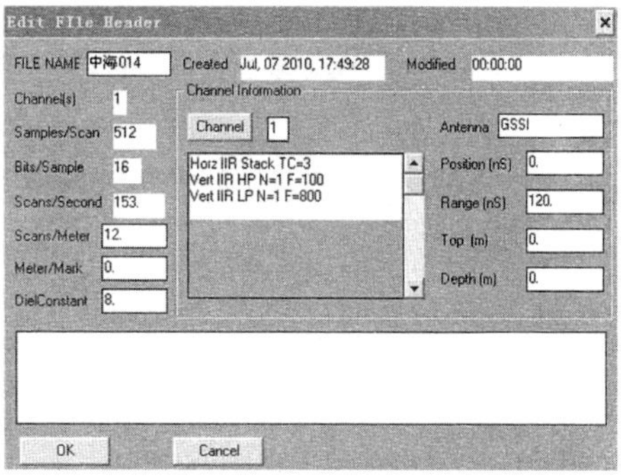

图 3-63　雷达文件头读取界面

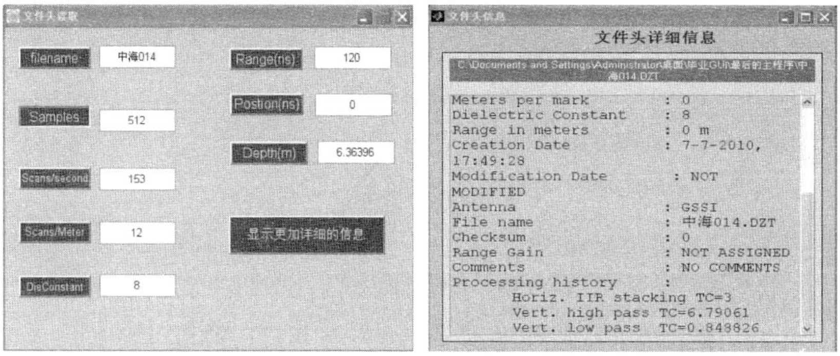

(a)主要参数读取　　(b)详细信息读取

图 3-64　本系统的文件头读取

2. 文件显示模式设置

探地雷达数据显示方式通常有三种,即图像、波形和变面积显示。探地雷达采集文件的总道数和样点数,决定了图像显示的总像素,本系统中的文件显示模式可以采用图形显示、波形显示、变面积显示、波形加图像显示或者变面积加图像显示,各种显示模式的显示效果如图 3-65 所示,默认采用图像显示模式。

3. 图像显示颜色选择

MATLAB 提供了强大的颜色板功能,利用颜色板函数可以为探地雷达图像进行多种颜色的设置。颜色板函数 colormap 用于设置和获取当前图形的颜色板,颜色板是一个 $m\times3$的矩阵,m 值在 0.0 到 1.0 之间,分别表示红、绿、蓝三种颜色,颜色板的每一行定义了一种颜色。MATLAB 软件提供了很多的颜色板供用户选择。本系统采用的颜色板调用命令主要有以下几种:

bone:具有较高的蓝色成分的灰度色图。该色图用于对灰度图添加电子的视图。

gray:产生线性灰度色图。

hot:从黑色平滑过度到红色、橙色和黄色的背景色,然后到白色。

Hsv:从红色,变化到黄色、绿色、青绿色、品红色,返回到红色。

Jet:从蓝色到红色,中间经过青绿色、黄色和橙色。

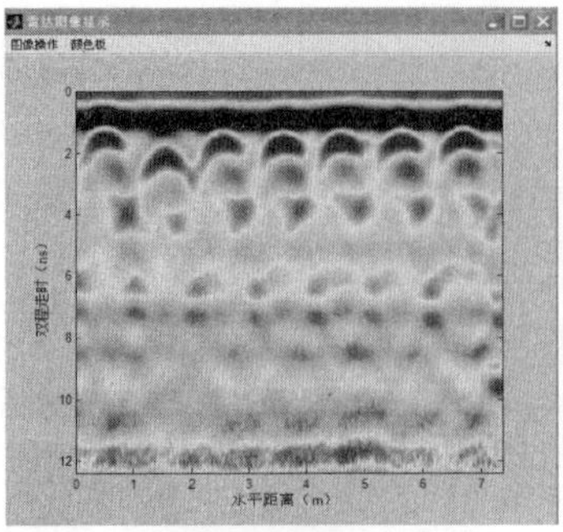

(a)图像显示

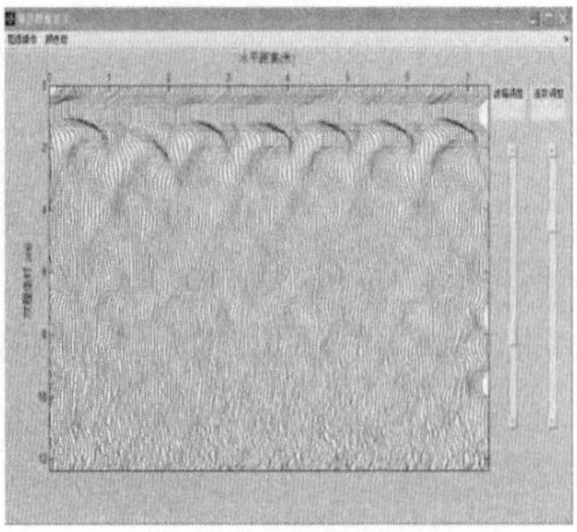

(b) 波形显示

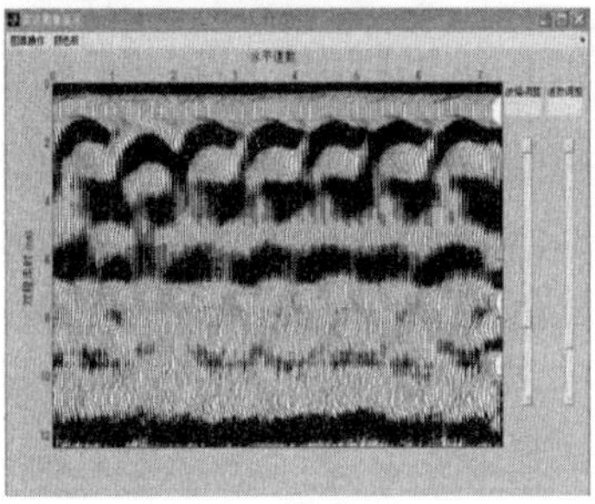

(c)变面积图

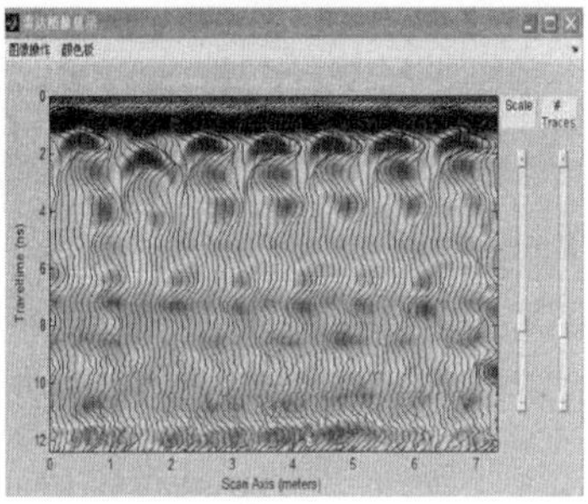

(d)波形加图像显示

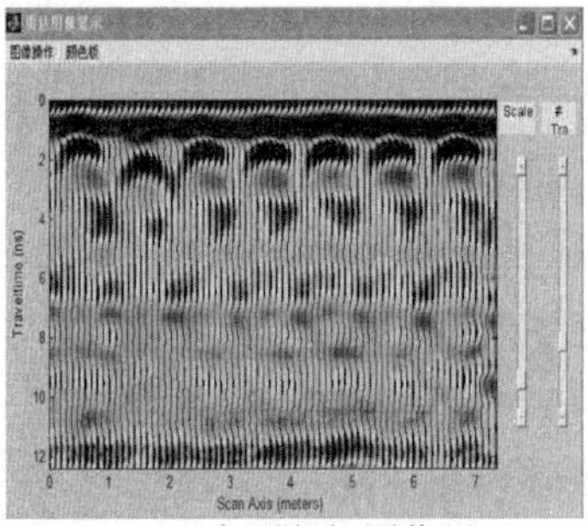

(e)变面积加图像显示

图 3-65　文件显示模式示意图

通过“颜色板”菜单下的“Colour Saturation”命令，用户还可以调节图像的对比度，操作界面如图 3-66 所示。除了在颜色板中可以设置探地雷达图像的显示颜色，还可通过调用“Edit Colour map”命令编辑现有颜色板，选择需要的颜色显示，编辑界面如图 3-67 所示，由图 3-68 可以看出经过编辑颜色板后的显示效果。

4. 文件预处理

本系统对数据文件的预处理主要包括文件分割、数据重采样、剔除坏道、图像特征压缩、坐标变换、增益处理等，预处理的作用主要是提高探地雷达信号的质量，提取用户感兴趣的区域，去除不需要的信号信息，为信号的分析处理工作做好准备。图像特征压缩主要是提取图像的特征，并且在水平和垂直两个方面进行压缩。剔除坏道是将采集数据失真的道去掉，尽可能地提高信号的采集质量。下面介绍文件分割、数据重采样和增益处理命令功能。

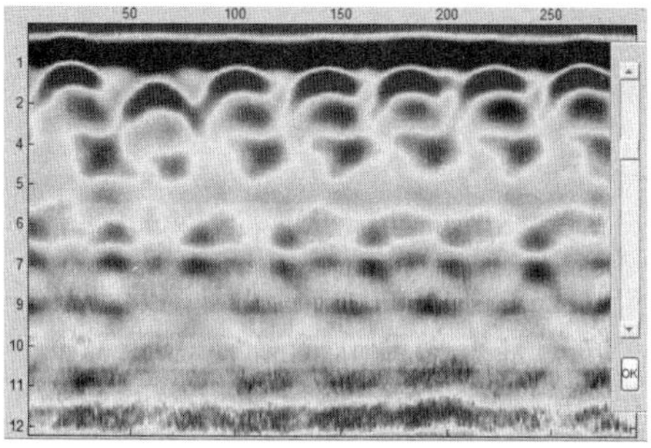

图 3-66　颜色对比度调整界面

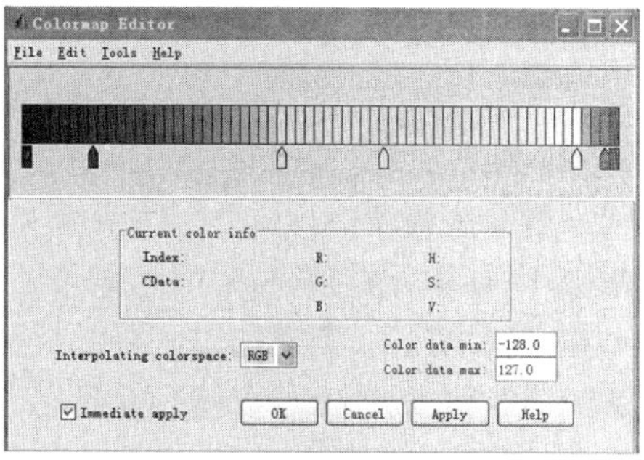

图 3-67　编辑颜色板界面图

雷达文件分割实现简单，只需用户用鼠标在原始的雷达图像上选择起止道数即可完成，如果用户只对某些范围的雷达图像感兴趣，便可以提取这些道单独进行分析，文件分割效果如图 3-69 所示。

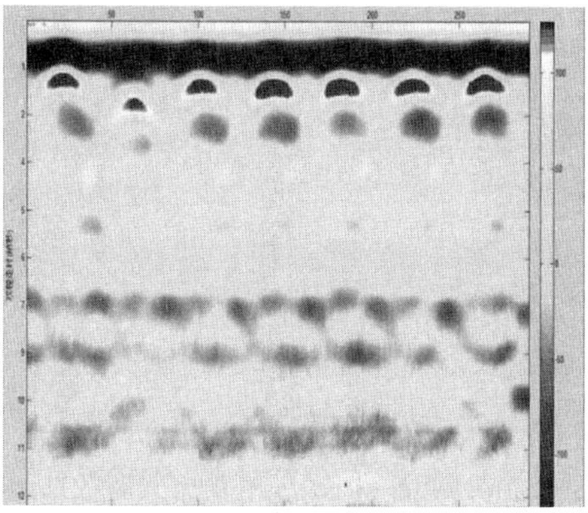

图 3-68　编辑颜色板效果图

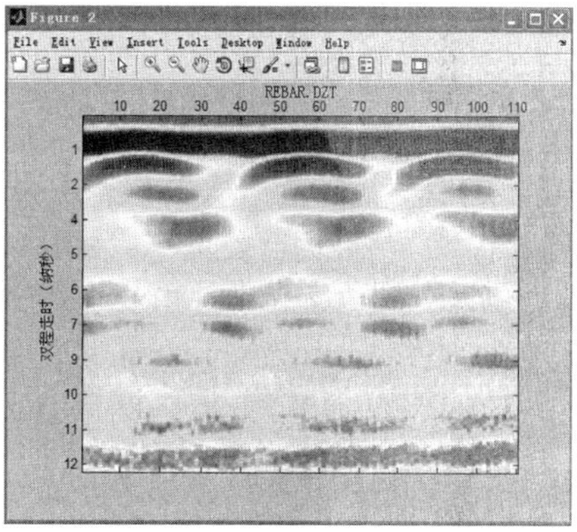

图 3-69　图像分割效果图

数据重采样分为时间重采样和道数重采样，时间重采样可以减少或者增加每道的采样点数，道数重采样可以减少或者增加道数，模块使用样条插值法增加或减小采样点数和采集道数。图 3-65(a)所示原始雷达图像采样点数为 512，图 3-70 和图 3-71 分别是采用

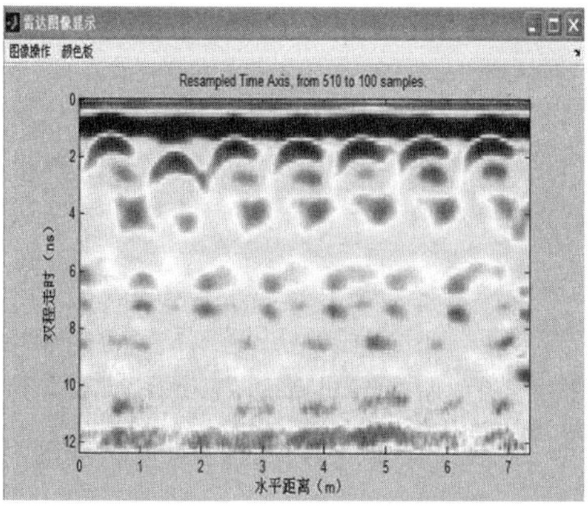

图 3-70　低采样率效果图

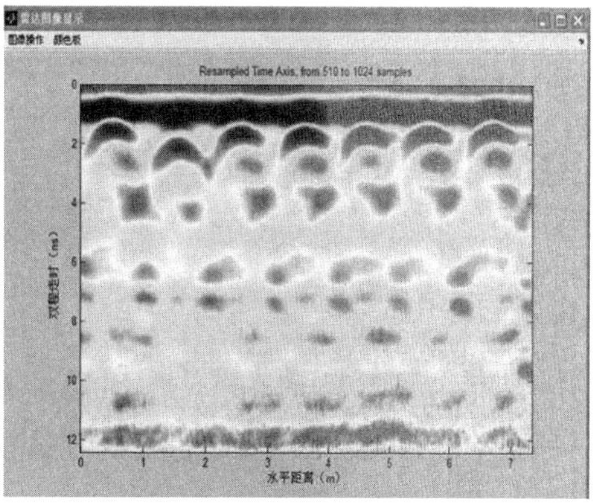

图 3-71　高采样率效果图

低(110)、高(1024)采样率进行重采样得到的不同结果。在保证图像不失真的情况下,可以利用重采样减小数据量,从而减小运算量,提高程序运行效率。

地面接收天线记录到的反射波振幅由于波前扩散和介质对电磁波的吸收而减小,为了使反射波振幅度仅与反射层特点有关,需要进行振幅恢复。振幅恢复的有关参数有介电常数、电导率,而频谱和时间间隔为已知参数不需要用户输入。

在某些情况下,需要加以区分的目标体与周围介质的电性差异不大,或者底层不均一引起的回波幅度较大,目标体和非目标体的回波幅度差异减小,这时候就需要采用增益命令增强目标体的信息。为此,本系统设计了增益处理命令,主要包括人工增益、标准自动增益、AGC 自动增益三种算法。人工增益算法主要是对每道数据在时间采样点上,分时间段指定增益倍数。标准自动增益是在指定的分段时窗内求取等效平均振幅,实现对各道进行归一化增益,主要是对深部信号起到放大作用,而 AGC 自动增益在进行完上面标准自动增益的步骤后,还要根据估算的噪声水平对信号进行滤波,去掉水平或者近似水平的数据,以达到去除直达波的目的,因为直达波的能量一般都比较强,常常掩盖了深层目标的回波信息。不同增益的处理效果如图 3-72 ~ 图3-74所示。由不同增益处理后的图像可以看出,深部的弱反射信号得到了加强,深部的图像特征更加易于分辨,在实际应用中可视具体情况加以选择。

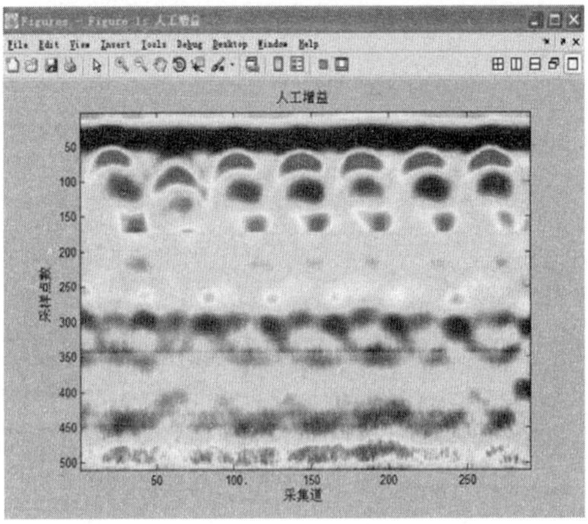

图 3-72　人工增益

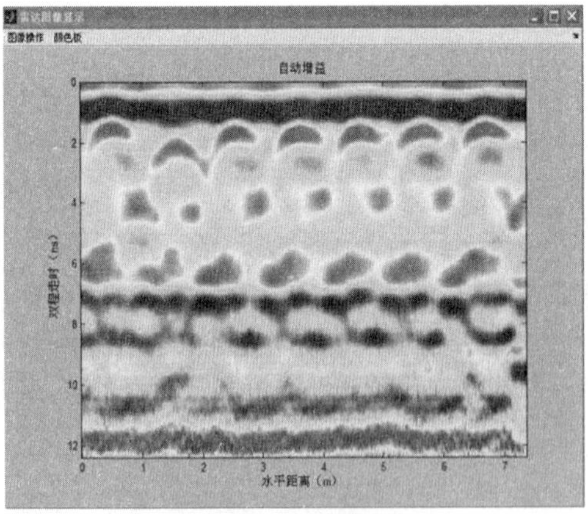

图 3-73　自动增益

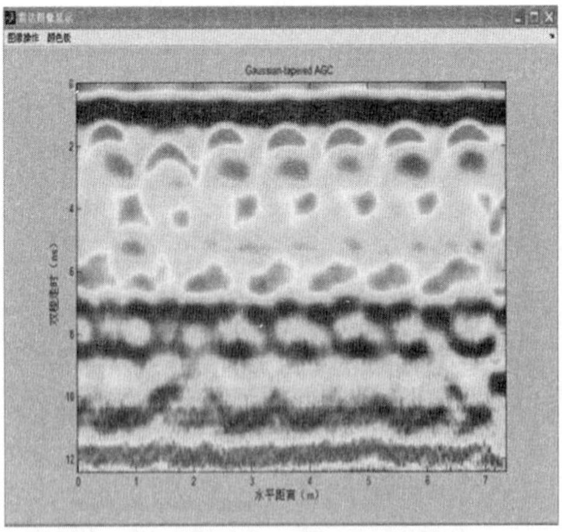

图 3-74　AGC 自动增益

(二)时频分析及滤波模块

探地雷达高频天线一般都是屏蔽天线,抗干扰能力较强,但是实际探测中仍然难以避免地受到干扰影响,尤其是低频天线通常是非屏蔽天线,较易受到电线、汽车等地面物体的电磁干扰。探测时探地雷达所接收到的电磁信号包括地表反射波、收发天线间直达波、目标反射波、外部干扰波等,这使得探地雷达数据出现低频漂移、水平道间干扰、杂波信号干扰等,需要滤除或压制这些干扰信号以提取出有用信号,提高资料解释的准确性。

时频分析模块包括频率振幅谱分析和希尔伯特黄边际谱分析,频率振幅谱是基于傅立叶变换得到的,考虑到傅立叶变换对处理非平稳信号的不足,采用希尔伯特黄边际谱做为频率振幅谱的补充,为信号的时频分析提供更加有力的支撑,时频分析模块功能结构图如图 3-75 所示。滤波模块包括滤波器设计滤波、平滑滤波、中值滤波、背景滤波、逆滤波、维纳滤波、K－L 滤波、F－K 滤波和提出的基于新阈值的小波去噪方法。滤波器设计滤波可以在系统界面中设置滤波的各种参数,可以根据需求选择不同的滤波器设计。其他的各种滤波方法为常用的滤波方法,根据特点选择不同的方法,可达到最优的去噪效果,滤波模块功能结构图如图 3-76 所示。

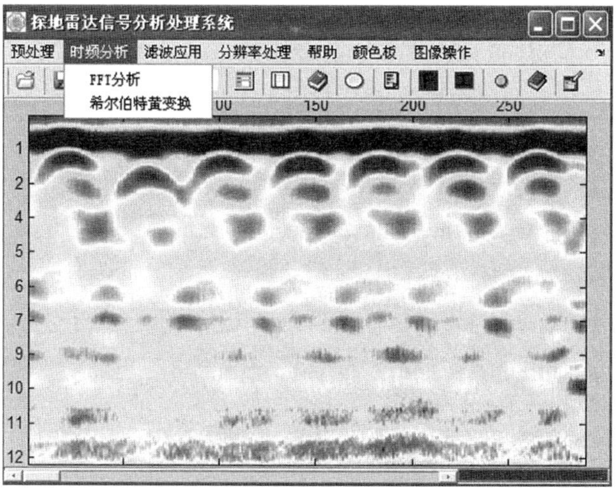

图 3-75　时频分析模块功能结构图

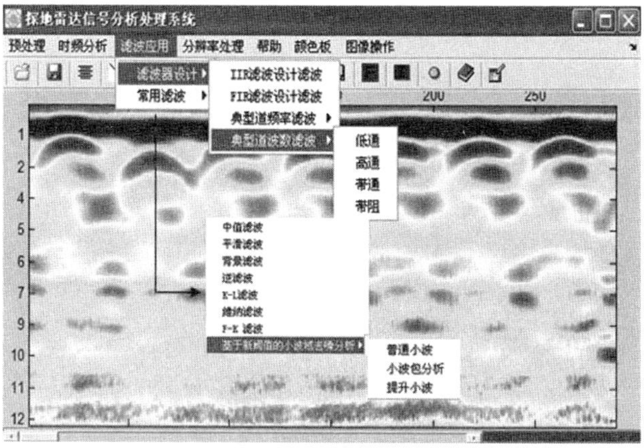

图 3-76　滤波模块功能结构图

1. 时频分析

傅立叶变换(Fourier transform)是1807年法国科学家Joseph Fourier在研究热力学问题时所提出来的一种全新的数学方法,在工程技术领域的得到了广泛应用,并成为分析数学的一个分支——傅立叶分析。

傅立叶变换是将一个在时间域当中的信号所包含的所有频率分量转换为它的频谱,也就是从以时间为自变量转换为以角频率为自变量。在数字信号处理中,信号往往并不是连续可积的信号,对于有限长信号序列,采用离散傅立叶变化计算频谱。根据其时间连续性和周期性,离散傅立叶变换可分为以下几种形式:①非周期连续时间信号的傅立叶变换;②周期连续时间信号的傅立叶变换;③非周期离散时间信号的傅立叶变换;④周期离散时间信号的傅立叶变换。

Fourier变换可将时空域中的信号映射到频率域来研究,更符合人类感觉特征,也可以利用信号在频率域中的冗余进行数据压缩。Fourier变换所得的频率信号,在频率域上有最大分辨率,但其本身并不包含时空定位信息。Fourier分析界面如图3-77所示,在此分析界面下可以选择任意道进行傅立叶变换,同时可以选择坐标的表现形式和频率坐标的显示范围。

实际工程中探地雷达信号经常表现出非稳定的特征,传统的傅立叶频谱很难揭示它的时变特性。根据探地雷达信号的特点,将希尔伯特黄变换(Hilbert-Huang Transform)理论引入探地雷达的信号时频分析中,通过经验模态分解将信号分解成有限多个内在模分量和一个表征信号趋势变化的残余信号,并且对得到的各个内在模分量运用希尔伯特黄变换进行时频分析,可以得到探地雷达信号的希尔伯特黄边际谱特征,实际应用效果图如图3-78所示。通过对探地雷达信号的傅立叶频率谱和希尔伯特黄变换的边际谱对比分析,可以发现两者对信号分析的优势频率是一致的,但是频率带的具体分布略有不同,可以用两种方法相互验证,避免信号假频的出现,结合目标的具体环境因素,可以更好地分析探地雷达信号的频率分布特征,为滤波提供正确的频率谱,也为探测介质的属性推断提供一定的参考。

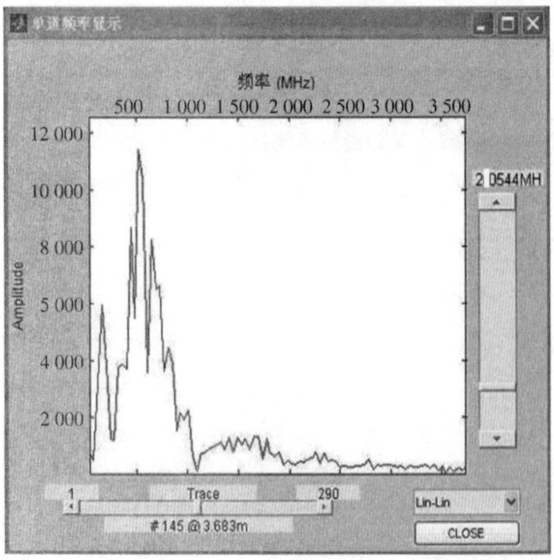

图3-77　傅立叶频率谱

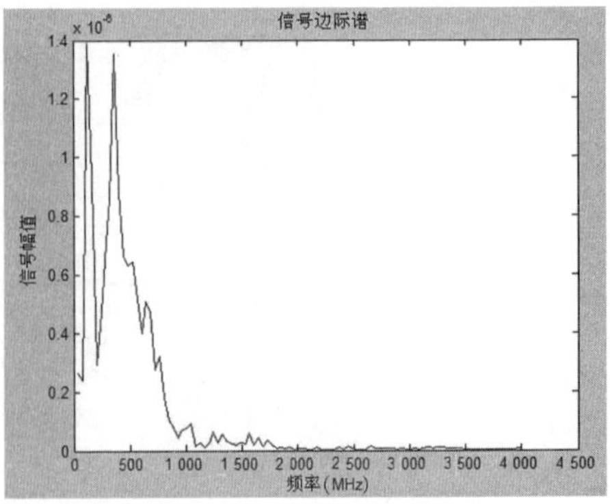

图3-78　信号边际谱

2. 滤波器设计滤波

随着信息时代和数字世界的到来,数字信号处理已成为当今一门极其重要的学科和技术领域,数字信号处理在通信、语音、图像、自动控制、雷达、军事、航空航天、医疗和家用电器等众多领域得到了广泛的应用。在数字信号处理中,数字滤波器占有极其重要的地位。现代数字滤波器可以用软件或设计专用的数字处理硬件两种方式来实现,用软件来实现数字滤波器优点是随着滤波器参数的改变,很容易改变滤波器的性能。根据数字滤波器单脉冲响应的时域特性,可将数字滤波器分为两种,即IIR(Infinite Impulse Response)无限长脉冲响应数字滤波器和FIR(Finite Impulse Response)有限长脉冲响应数字滤波器。FIR滤波器是一个将有限长度函数(矩形函数、三角形函数)应用到数据中的一个数字信号处理函数。通过用对应的滤波值去乘每个数据值,然后与原数据加在一起,实现数字滤波,相应地滤波器没有相移。IIR滤波器是一个能仿真某一模拟滤波函数的数字信号处理函数,滤波器有一些相移,会造成时间上的轻微偏移。从功能上分类, 可分为低通、高通、带通、带阻滤波器。

本系统设计的滤波设计模块包括IIR滤波设计滤波、FIR滤波设计滤波、典型道频率滤波和典型道波数滤波四种算法,其中前两种算法是利用界面输入设计滤波器的各种参数,后两种算法是首先选择滤波方式,然后在典型的频率带和波数带上直接选择滤波范围进行滤波。这些滤波器可以滤除高频噪声、低频噪声,水平噪声(ring-down 振铃现象)。水平噪声是天线和地面耦合不好造成的,或者地表面的物质电导率太高(high surface permittivity/ conductivity)引起,适当地选择背景滤波可以消除这些水平干扰。IIR设计滤波和FIR设计滤波的界面设计如图3-79和图3-80所示。

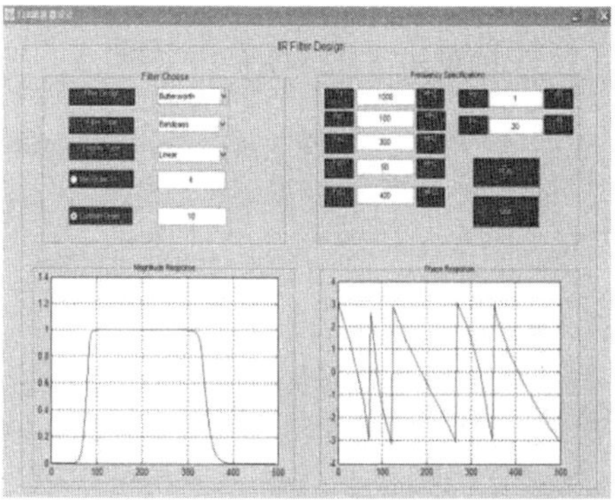

图3-79　IIR 滤波界面设计

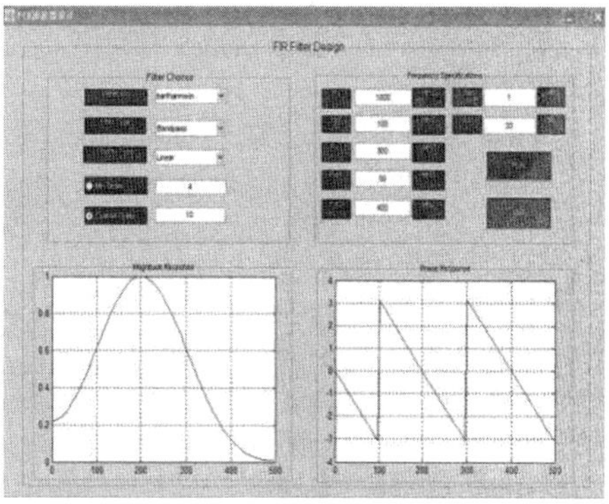

图3-80　FIR 滤波界面设计

图3-81为某地下5条过水管道(已知)的实际雷达探测图像。由于管道内水流和管道底部的相互干扰,在管道的双曲线图像特征下面产生了较多的多次回波双曲线特征,很容易误导产生虚假目标的判断。为了消除多次波和噪声等的影响,采用滤波器设计界面设计相应的滤波器,对雷达信号进行滤波处理,滤波效果图分别如图3-82和图3-83所示。从去噪效果可以看出,经过界面参数设计的滤波器处理后,噪声得到了有效的去除,管道底部的多次波得到了有效压制,突出了5个地下过水管道的目标信号,为地下目标的判别提供了准确、分辨率高的雷达图像。

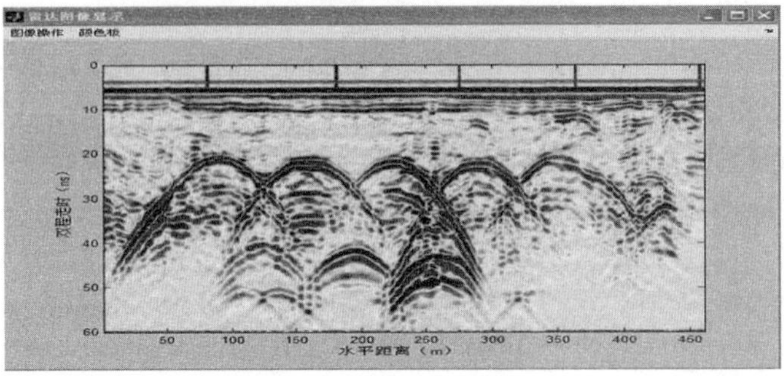

图 3-81　原始雷达图像

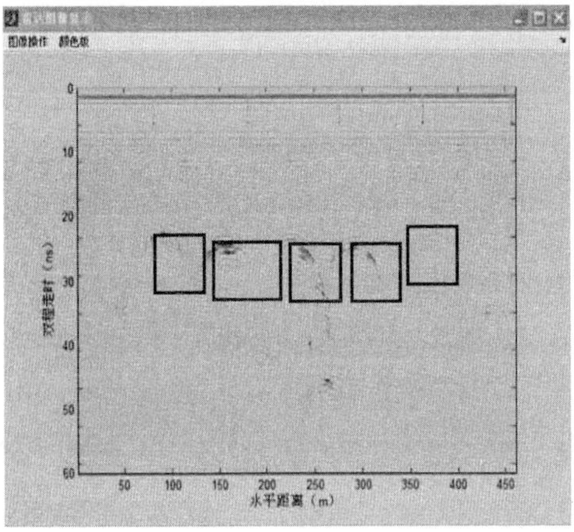

图 3-82　IIR 滤波器滤波效果

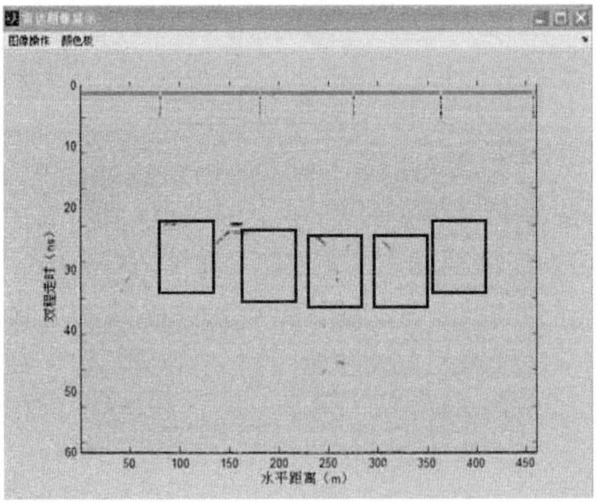

图 3-83　FIR 滤波器滤波效果

3. 其他常用滤波

其他常用滤波包括中值滤波、平滑滤波、背景滤波、K－L 变换滤波、维纳滤波和频率波数域滤波。下面分析以上各种滤波方法的特点和在 GPR 图像处理中的适用性，以对某管线探测雷达图像处理为例进行说明，原始探测图像如图 3-84 所示，图中两处类似双曲线的区域为混凝土中排水管的反射特征。

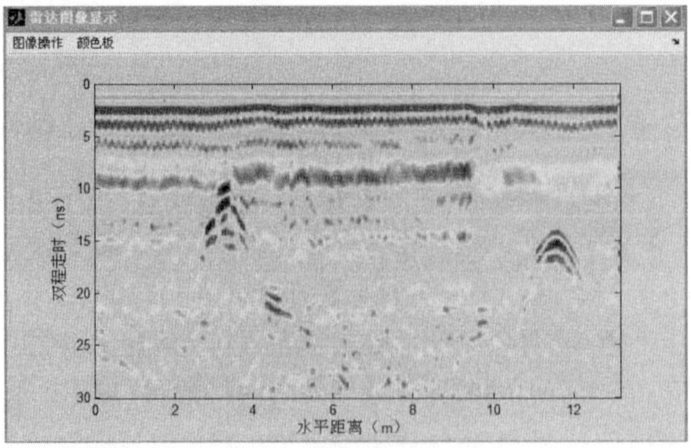

图 3-84　原始雷达图像

1）中值滤波

中值滤波算法是对滤波窗内所有的数据按照幅值大小进行排序，取排序后序列的中间值作为原窗口中心数据的幅值。对于探地雷达的二维扫描数据，选取一个有效的滤波窗口宽度，经中值滤波后可消除序列中的异常部分，抑制随机射频干扰，并能较好地保留原始回波信息，中值滤波尤其适用于脉冲干扰的抑制。

如果数据没有明显的飞刺现象，一般没有必要使用中值滤波；如果存在飞刺现象，先试用长度为5的窗口对其进行处理，若无明显的信号损失，再把窗口延伸到10，这样就可达到较好的噪声滤除效果，又不过分地损害信号的细节。对雷达数据进行中值滤波，可在水平方向和垂直方向上进行，或者两者同时进行，中值滤波效果如图3-85所示。

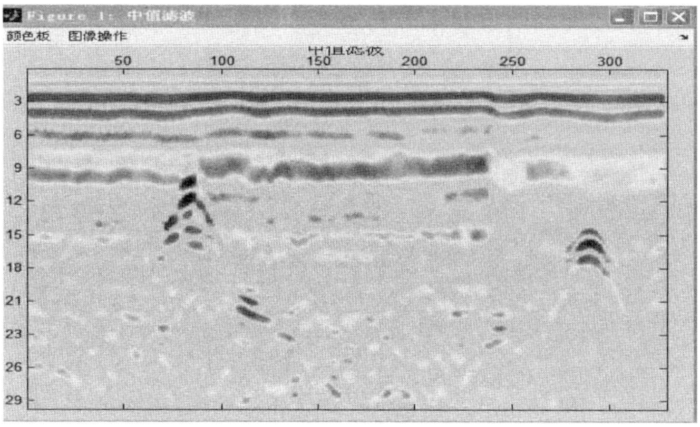

图3-85　**中值滤波**

2）平滑滤波

利用汉宁窗函数对数据进行水平和垂直方向的平滑，对于窗口中间道取权值为1，对于窗口两端的道取权值为0。水平平滑可以加强水平界面特征，消除叉状干扰，垂直平滑可以消除水平干扰，平滑滤波效果如图3-86所示。

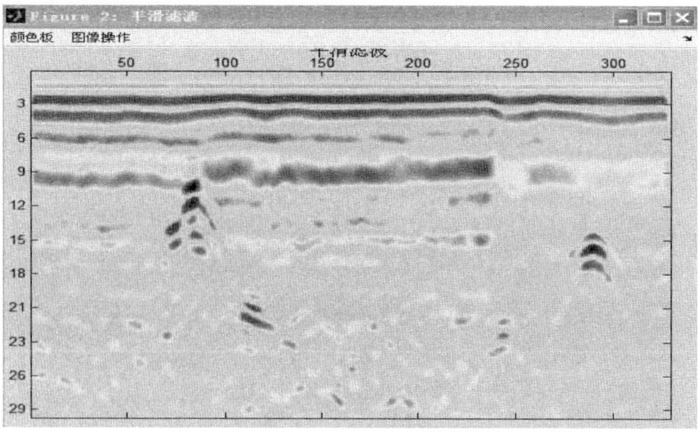

图3-86　**平滑滤波**

3）背景滤波

背景滤波利用多道求和取得平均值，认为此值即为背景场，然后用原始数据减去平均值，如式(3-28)～式(3-30)所示。其作用主要是压制水平信号，即耦合波和直达波，背景滤波效果如图 3-87 所示。

$$f(t,x_i) = d(t,x_i) + r(t,x_i) \tag{3-28}$$

$$\bar{f}(t) = \frac{1}{N}\sum_{1}^{N}(d(t,x_i) + r(t,x_i)) \cong d(t,x_i) \tag{3-29}$$

$$f(t,x_i) - \bar{f}(t) \cong r(t,x_i) \tag{3-30}$$

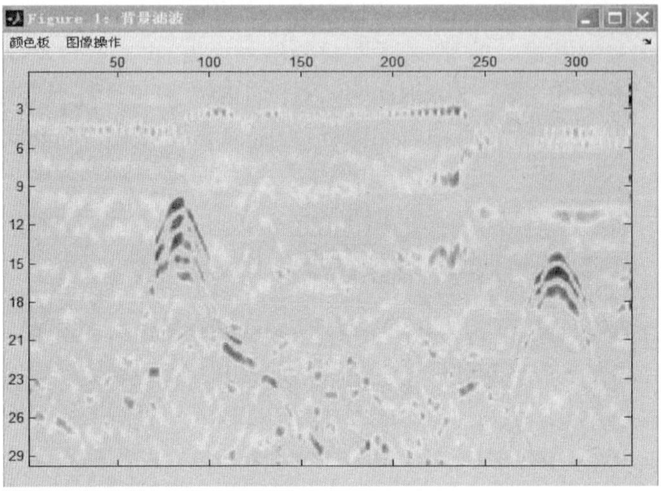

图 3-87　背景滤波

4）K－L 变换滤波

K－L 变换（Karhunen-Loeve Transform）也称为特征向量变换，K－L 变换主要应用于聚类分析、模式识别、特征优化、信号去噪等方面。在地震信号去噪方面主要是针对随机噪声，通过 K－L 变换和对特征值的选择对信号重构，把相关性好的信号保存下来，从而滤除随机信号。K－L 变换并非都针对随机信号，利用 K－L 变换，针对不同类型的干扰波及其时差特点，如初至波、折射波、多次波等线性干扰，也可采用 K－L 变换进行去噪。实际处理结果表明，K－L 变换可以有效去除线性干扰，从而保留更多的浅层有效信息，K－L 变换滤波效果如图 3-88 所示。

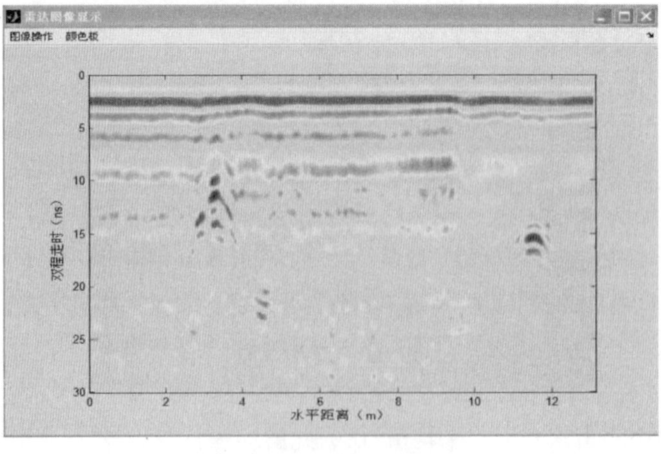

图 3-88　K－L 变换滤波

5）维纳滤波

从噪声中提取信号波形的各种估计方法中，维纳（Wiener）滤波是一种基本的方法，适用于需要从噪声中分离出的有用信号是整个信号（波形），而不只是它的几个参量。维纳滤波器的优点是适应面较广，无论是连续的还是离散的信号都可应用，维纳滤波效果如图3-89所示。

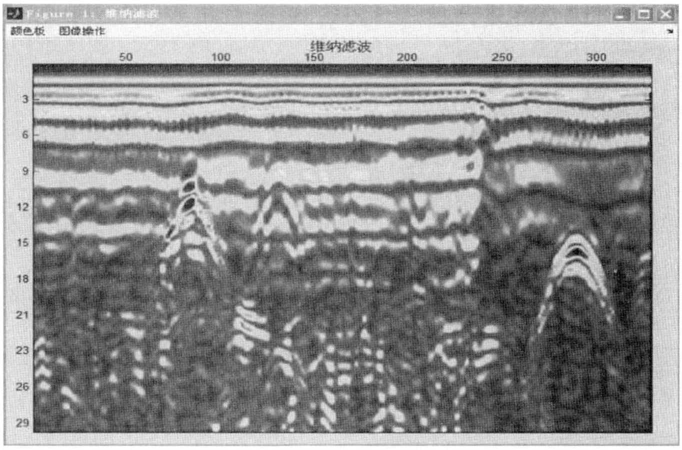

图3-89　维纳滤波

6）频率波数域滤波

对一定类型的波和一种特定的介质来说，速度是常数（如果不考虑电磁波色散性质）。因此，频率不同的简谐波，其相应的简谐波剖面的波数（单位距简谐波的个数）也是不同的。一个雷达波信号是由许多不同频率成分的波组成的，而任何一个波剖面可以用无数个波数不同的简谐波之和来表示。一个雷达脉冲波经频率滤波后，组成这个脉冲波的简谐波成分发生了变化，使整个雷达波剖面的形状发生变化。另外，经波数滤波可能引起有效波的有用频谱被压制。因此，单独的频率滤波和单独的滤波都存在不足之处，只有根据二者的内在联系，组成频率－波数域空间二波，才能做到在希望的频率间隔内，使视速度为某一范围的有效波得到加强，同时对这个频带内视速度为另一范围的干扰波进行压制。视速度、频率和波数具有如下内在关系：

$$k_x = \frac{f}{v^*} \tag{3-31}$$

可见，波数 k_x 的变化既包含了频率 f，又包含了视速度 v^* 的变化。

在频率域中实现二维滤波运算的步骤为：先将探地雷达采集到的时间－空间域信号 $f(t,x)$ 转换为频率波数域二维谱平面 $G(\omega,k_x)$；设置通过视速度区域 $H(\omega,k_x)$；在二维谱平面中，将需要压制视速度区域信号进行处理，保留通过视速度区域信号，即进行式（3-32）的运算：

$$Y(\omega,k_x) = H(\omega,k_x)G(\omega,k_x) \tag{3-32}$$

将运算结果进行反变换，反变换结果就是经过二维滤波器的滤波结果。

基于上述原理，本模块设计了频率波数（F－K）滤波命令，包括多边形带通、多边形带阻、速度范围带通、速度范围带阻 4 种滤波方式，选择多边形带通或带阻滤波方式后，用户可以在二维频谱图上设计任意形状的多边形滤波器。在二维频谱图中，越靠近频谱中心其速度越高。以多边形滤波器为例说明滤波效果，对管线探测雷达图像进行处理。滤波选取多边形带阻方式，在二维频谱图上设计多边形滤波器，操作界面如图 3-90 所示，选取波数范围为 $-8.0423 \sim 8.0533/m$、频率范围为 $764.26 \sim 4950.65$ MHz 的多边形带阻滤波器，最终的滤波效果如图 3-91 所示，可以发现直耦波信号得到了很好的抑制，噪声干扰也得到了一定去除，图像中的目标信号特征更加明显，目标信号已在图中方框中标出。

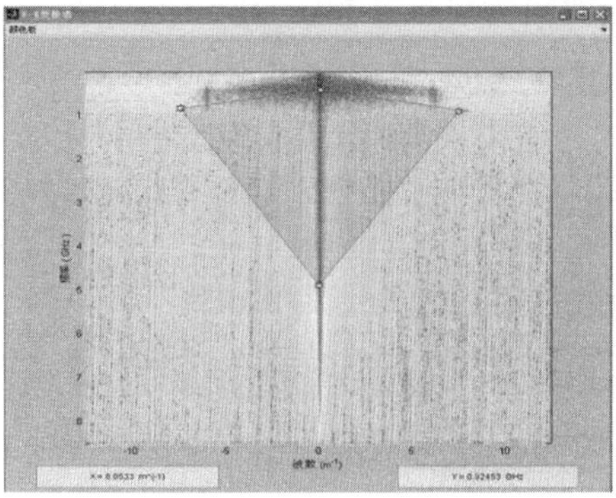

图 3-90　频率波数带阻设计界面

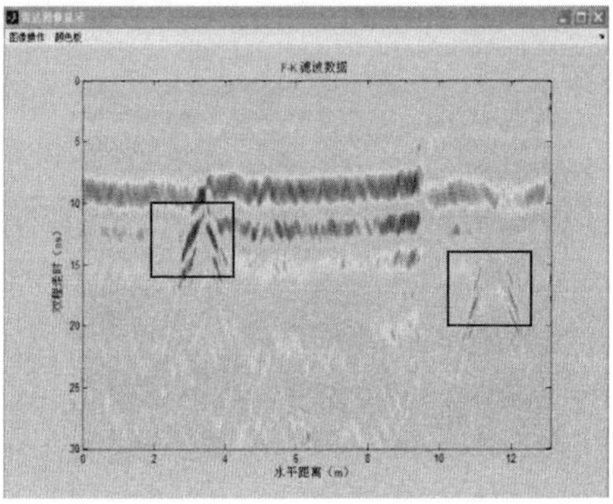

图 3-91　滤波效果图

（三）分辨率处理模块

提高分辨率处理模块包括瞬时振幅、瞬时相位和瞬时频率的复信号分析技术和偏移技术，偏移技术采用 F－K 偏移算法，分辨率处理模块功能结构图如图 3-92 所示。

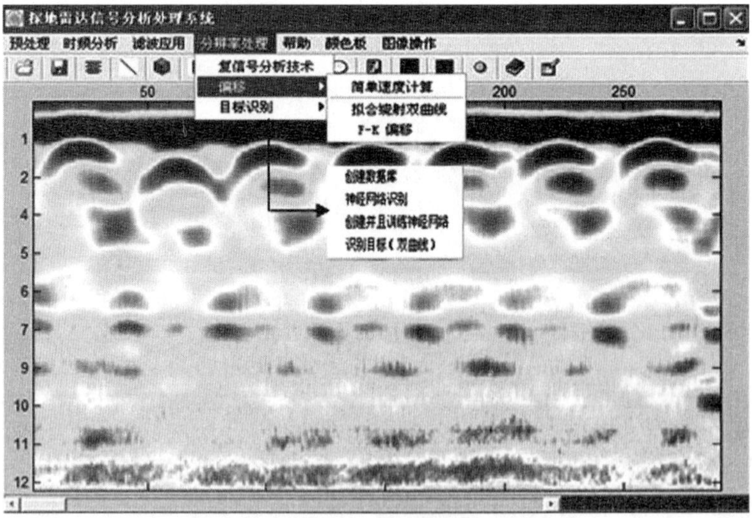

图 3-92　分辨率处理模块功能结构图

1. 复信号分析方法

复信号分析方法可以将探地雷达的瞬时振幅、瞬时相位和瞬时频率分离出来，得到同一个剖面的三个参数图，因而其解释方法与常规解释方法有所不同。

瞬时振幅是反射强度的度量。它正比于该时刻探地雷达信号总能量的平方根，当地下存在明显介质分层或滑裂带，或地下水分界面时，瞬时振幅会产生强烈变化，反映在瞬时振幅剖面图中就是分界面对应的时间位置上出现明显振幅变化，效果如图 3-93 所示。

瞬时相位是探地雷达剖面上同相轴连续性的度量。它不受波幅强度大小的影响，这对提高深部弱信号的解释能力是很有利的。在不降低天线分辨率的情况下，增加了探地雷达的探测距离。当电磁波在各向同性均匀介质中传播时，其相位是连续的。当电磁波在有异常存在的介质中传播时，其相位将在异常位置发生显著变化，在剖面图中明显不连续。因此，利用瞬时相位能够较好地对地下分层和地下异常进行辨别。当瞬时相位图像剖面中出现相位不连续时，就可以判断该处存在分层或异常，效果如图 3-94 所示。

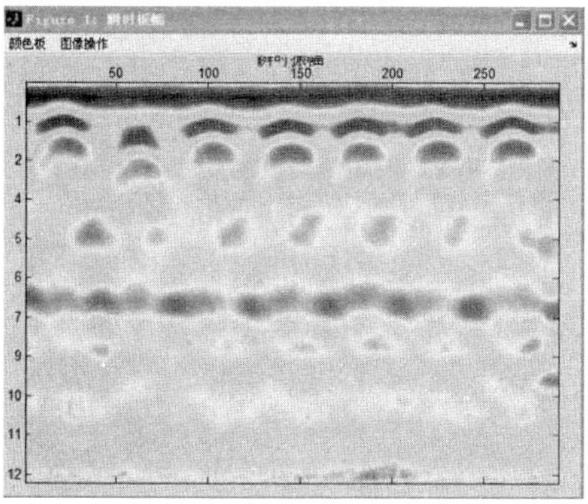

图 3-93　瞬时振幅

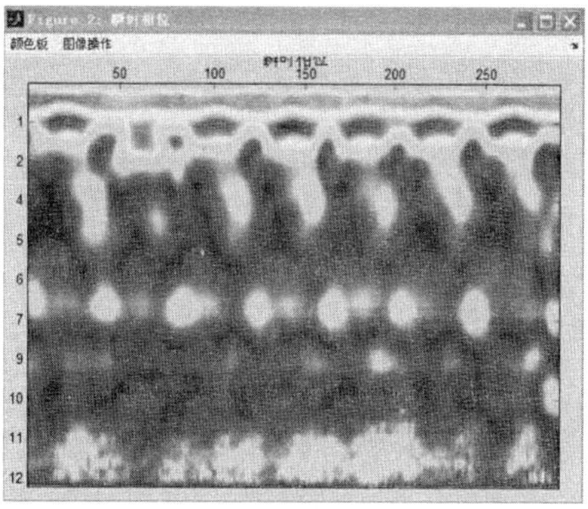

图 3-94　瞬时相位

瞬时频率是相位的时间变化率，它从微观的观点出发分析信号的频率特征，易于了解信号的短暂变化，便于显示和发现信号的异常变化。此外，瞬时频率的大小在数值上与反射波的主频对应得很好。当工程内部条件发生变化（或材质不同）时，介质对波的吸收程度亦不同。因此，可以利用瞬时频率的大小和稳定情况来判断工程内部介质的稳定性及材质变化，有助于识别水利工程隐患，效果如图 3-95 所示。

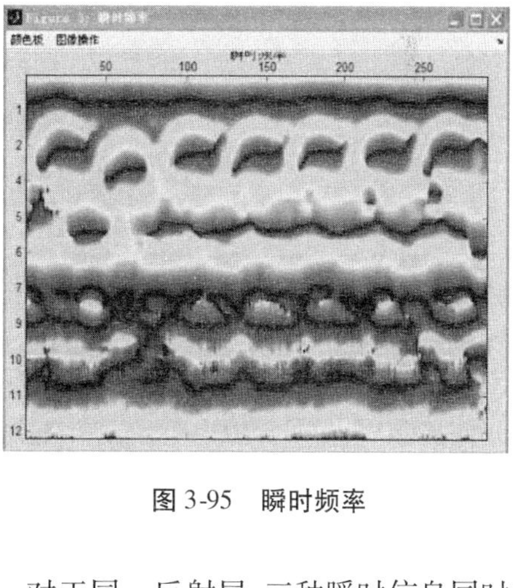

图 3-95　瞬时频率

复信号分析方法能够利用瞬时振幅、瞬时相位、瞬时频率三个属性对目标体进行综合分析，提高了探地雷达数据解释的准确性和可信度。对于同一反射层，三种瞬时信息同时发生明显变化就可能反映地层的物性变化，因为在这三个参数中，瞬时相位谱的分辨率最高，而瞬时振幅谱和瞬时频率谱的变化反映较为直观，所以通常根据瞬时振幅谱和瞬时频率谱来确定异常或分层的大概位置，然后利用瞬时相位谱精确确定异常位置和分层轮廓线。

2. 偏移

探地雷达接收的是来自地下介质界面的反射波,偏离测点的地下介质界面的反射点,只要其法平面通过测点,都可以被记录下来,即散射波、绕射波等干扰的存在使雷达记录剖面可能存在扭曲、失真的信号信息。为此,在资料处理中需要把雷达记录中的每个反射点移到其本来的位置,这种处理方法称为偏移归位处理。经过偏移处理的雷达剖面可以反映地下介质的真实位置,偏移归位能够有效提高横向分辨率,本系统采用的偏移算法为 F－K 偏移算法。

F－K 偏移算法是通过两次傅立叶变换,把时－空域的波动方程变换到频率－波数域中,F－K 偏移方法的优点是计算效率高,耗时少,无倾角限制,无散频现象,精度高,计算稳定性好。

偏移处理之前首先通过界面给出雷达图像剖面中的双曲线形状,操作界面如图 3-96 所示,通过给定的双曲线形状,计算出探地雷达探测时地电磁波速度等资料后,然后进行偏移处理。由偏移处理后的图像(见图 3-97)可以看出,偏移后混凝土中钢筋绕射波基本消失,聚焦成为反映钢筋截面的一个点。所以在一定的条件下,偏移方法对 GPR 剖面进行处理可以获得比较好的效果,既可以提高 GPR 剖面的分辨率,又能够使得处理后的剖面更加接近实际地质剖面,便于做出地质解释。

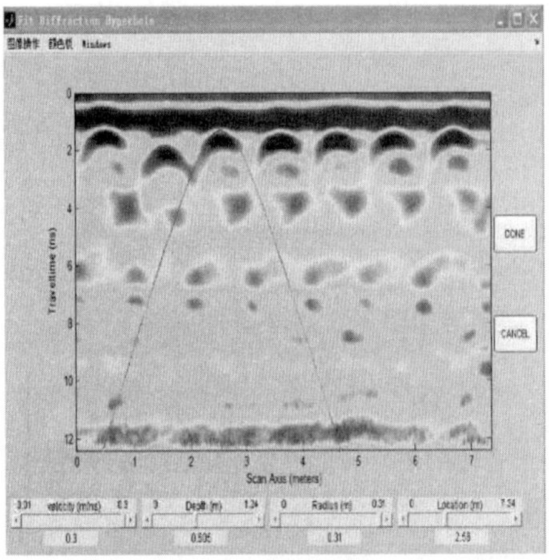

图 3-96 拟合双曲线计算

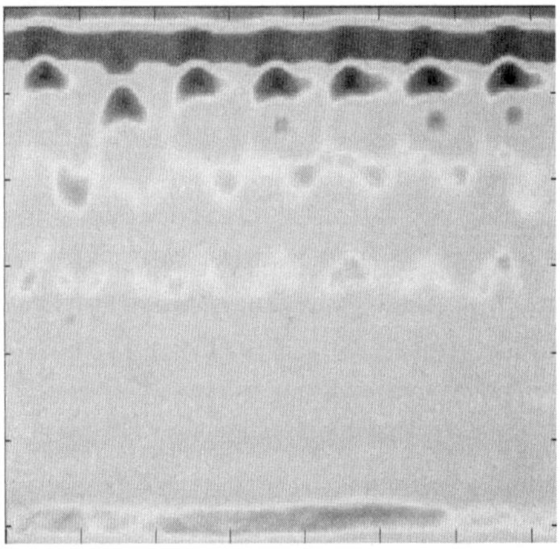

图 3-97 F－K 偏移

偏移处理也被称为横向反滤波,这种称呼反映了这种处理方法有增加噪声的倾向,它是对滤波的一种反处理,所以通常情况下,进行偏移处理之后要注意再作一次适当的滤波。

三、系统的开发平台

探地雷达信号分析处理系统利用 MATLAB 软件为开发平台。MATLAB 是美国 MathWorks 公司出品的商业数学软件,是用于算法开发、数据可视化、数据分析以及数值计算的高级技术计算语言。在数学类科技应用软件中,MATLAB 软件在数值计算方面首屈一指,MATLAB 把科研工作者从枯燥的 C、FORTRAN 等语言编程中解放了出来,使用户把精力真正放在了科研和设计的关键问题上，大大提高了工作效率。

MATLAB 的基本数据单位是矩阵，它的指令表达式与数学、工程中常用的形式十分相似，故用 MATLAB 来解算问题要比用 C、FORTRAN 等语言编程简捷得多。MATLAB 对许多专门的领域都开发了功能强大的模块集和工具箱，一般来说，它们都是由特定领域的专家开发的，用户可以直接使用工具箱学习、应用和评估不同的方法而不需要自己编写代码。目前，MATLAB 已经把工具箱延伸到了科学研究和工程应用的诸多领域，诸如数据采集、数据库接口、概率统计、优化算法、偏微分方程求解、图像处理、系统辨识、控制系统设计、鲁棒控制、模型预测、模糊逻辑等，都在工具箱（Toolbox）家族中有了自己的一席之地。开发的探地雷达信号分析处理系统用到了 MATLAB 的信号处理、小波分析、样条拟合、神经网络工具箱等工具箱函数。

MATLAB 可以创建图形用户界面 GUI（Graphical User Interface），它是用户和计算机之间交流的工具。MATLAB 将所有 GUI 支持的用户控件都集成在这个环境中并提供界面外观、属性和行为响应方式的设置方法，随着版本的提高，这种能力还会不断加强。GUI 设计面板是 GUI 设计工具应用的平面，面板上部提供了菜单和常用工具按钮，左边提供了多种如命令按钮、单选按钮、可编辑文本框、静态文本框、弹出式菜单等，这些按钮对用户来说简单易用。开发的探地雷达信号分析处理系统界面是在 GUI 面板上设计完成的。

四、现场试验

禅房引黄渠首闸（以下简称禅房闸）位于封丘县黄河禅房控岛工程 32 ~ 33 坝间，对应大堤（贯孟堤）桩号 206 + 000。禅房闸为 3 级水工建筑物，3 孔，每孔宽 2.2 m，高 3.5 m，设置有 15 t 螺杆式启闭机，闸室及涵洞长 18 m，上游铺盖长 15 m。闸室地板高程为 67.1 m，防洪水位为 72 m，设计引水流量为 20 m^3/s，设计灌溉面积 17 万亩，为长垣县滩区左寨灌区农田灌溉供水，见图 3-98。

图 3-98　禅房闸工程现状

该工程经多年使用，在运行中出现了部分问题，包括临水侧砌石护岸脱空、背水侧漏水等情况。

采用探地雷达法对下游侧墙进行了现场检测，仪器采用美国劳雷公司 sir3000 型探地雷达，天线选择 400 MHz 屏蔽天线，得到一组工程隐患的现场数据。

原始信号如图 3-99 所示，可以看出，当土石结合部位出现脱空时，反射信号较强，隐患部位同相轴振幅骤然增强,信号杂乱。

结合原始图像,能够在检测现场对工程隐患进行判断和分析,但图像背景信息复杂,散射干扰多,在复杂的工程条件下,很难通过原始图像准确判断隐患的形态、分布和发育特征。

在本系统的支持下,采用探地雷达处理系统开展滤波计算、时频分析、复信号分析、色度矫正等技术进行处理。

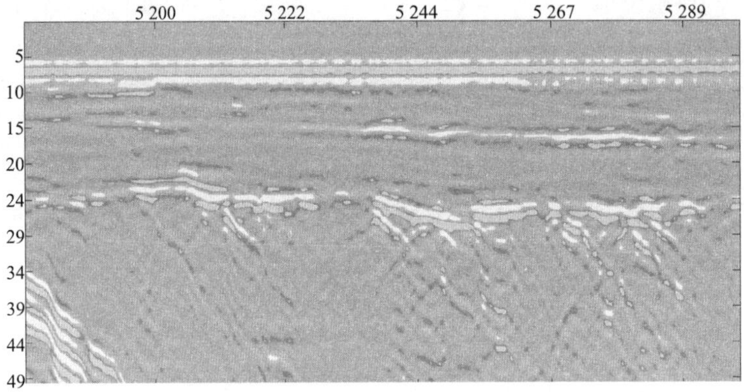

图 3-99　脱空情况的探测结果原始图像

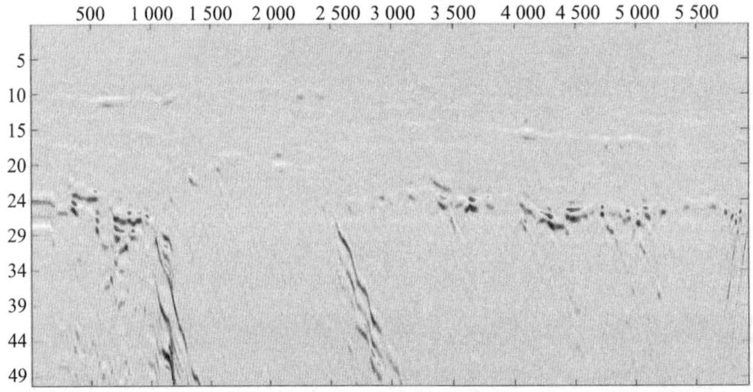

图 3-100　脱空情况的探测结果

相比原始图像,处理后,弱化了复杂的背景信号,排除了无关散射信号的干扰,使隐患位置更加清晰。

由于土、石介质有较大的电性差异,导致结合部位本身就存在明显的反射信号,信号的存在一方面有助于判断土石结合部的位置,另一方面也给结合部位隐患发育情况的判断带来了较大的干扰。因此,在信号处理过程中,应结合工程实际,开展相应的滤波分析,凸显有效信号,屏蔽干扰信息,多开展前后信号、无隐患和有隐患部位信号的对比,准确判读探测结果。

五、系统的优点

系统针对土石结合部隐患的特点,基于电磁波传播特性,结合主流的数字信号处理方

法,利用了 MATLAB 强大的矩阵运算能力,进行探地雷达数据处理的研究,开发相关软件,其具有以下优点:

(1)数据的编辑部分实现了信号零点调整、去除直流成分、数据插值替换坏道以达到剔除坏道的目的。

(2)滤波处理方面,包括背景滤波、一维数字滤波、反褶积滤波等,可以达到对探地雷达数据干扰信号的消除以及提高信噪比的目的。反褶积滤波在地震勘探领域应用比较成熟,将其应用到探地雷达数据处理中同样取得了好的效果。

(3)时变自动增益,使雷达剖面上各有效波的能量得到均衡,有利于子波的追踪以及信号对比。

(4)通过希尔伯特变换求取复信号,提取瞬时振幅、瞬时相位和瞬时频率,对探地雷达数据的解释有较好的补充。

(5)谱剖面分析,是对雷达剖面常规分析一种补充。采用构造功率谱剖面的方法,从频率域对雷达剖面异常进行分析解释。

(6)软件系统采用了许多便于工程实现的数据预处理方法,包括去除直流偏移、回波数据归一化、数据相干积累、背景去噪等,提高了系统的信噪比和分辨率,增强了成像效果。

(7)针对雷达数据采集、处理、显示速度较慢,软件系统采用了多线程技术,使得系统速度得到很大提高,为今后系统用于实时分析奠定了基础。

(8)针对原系统无法给出目标位置的缺点,利用软件系统控制定位轮使得目标方位定位精度小于 1 cm,利用一次探测预埋已知目标确定介质波速,从而给出未知目标深度的快速定位方法,使得目标深度定位精度小于 5 cm。

通过分析,对堤防土石结合部隐患的雷达波探测成果的解释有了新的认识,并结合土石结合部隐患的特性,对雷达波散射理论进行挖掘、嫁接,使其能够更好地服务于堤防隐患探测的过程中。根据土石结合部探地雷达信号处理的特点,基于 MATLAB 平台开发的探地雷达信号分析处理系统,可以深入分析土石结合部探地雷达信号处理特点。该系统在一定程度上改进了雷达图谱的识别和判读方法,提高了雷达波探测成果的解释技术,增强了对土石结合部隐患探测范围内的隐患性状、分布、形态信息进行有效诊断的能力。

第五节　本章小结

通过对不同的地球物理探测方法的分析,各种探测方法均具有各自的探测优势,同时存在相应的局限性。声波法适用于弹性介质的探测,但在土介质中衰减较大。电测方法在土介质中探测深度较大,但分辨率较低。电磁波方法探测精度较高,但在土介质中衰减系数较大。通过数值模拟的方法,结合土石结合部隐患模型,计算声学、电法探测和电磁波方法在介质中的传播特性,计算各物理探测方法随深度变化的分辨率。根据不同的堤防土石结合部病险特征及分布情况,针对不同物理探测仪器的特点,分析其在涵闸建筑物底板、侧壁土石结合部使用的适用性和正确的使用方法,改进探测数据的计算分析和处理技术,提高探测精度。

根据病险特征及现有仪器设备探测的局限性，采用聚束直流电法的概念，即通过在供电电极周围布设聚束电极，迫使电流流向地层深处，以提高勘探深度和分辨率，其可以用于土石结合部深部病险的探测。

根据目前探地雷达使用的特点，通过对探地雷达模拟解释资料进行处理，结合土石结合部的物性特征，模拟二维或三维条件下的隐患模型，计算波场的分布，提取接收信号的特征，结合实际的隐患探测结果，建立隐患和信号特征的相关关系，为隐患的解释提供参考。设计 IIR 或 FIR 滤波器，通过对实测信号分析，根据天线频率和接收信号特征，提出合理的通带。

上述各种探测方法在实际使用中可以根据工程的特点选择适宜的方法，也可以综合采用不同的方法，以提高探测的效果。

第四章　土石结合部病险监测技术

第一节　引　言

在堤防涵闸土石结合部病险监测方面，位移、应力、渗流等一般采用常规的监测方法。目前，分布式光纤技术在我国大坝安全监测中逐步得到应用。分布式光纤技术与常规的监测技术原理不同，它具有分布式、长距离、实时性、精度高和耐久性长等特点，能做到对大型基础工程设施的每一个部位像人的神经系统一样进行感知和远程监测、监控，这一技术已成为一些发达国家如日本、加拿大、瑞士、法国和美国等竞相研发的课题。

针对分布式光纤监测系统的原理、主要特点及性能，把该项技术引入堤防病险监测中来，可以为堤防病险监测提供高效服务。

第二节　常规监测技术及适应性

一、常规渗流监测仪器及其土石结合部适应性

在对国内外堤防安全监测技术与方法调研的基础上，结合堤防土石结合部病害主要类型及特征，对常规监测传感器及仪器在土石结合部实时监测的适应性进行综述，总结常规监测仪器监测方案。

（一）布设和监测原则

渗流监测的目的主要可概括为：一是监测工程运行安全情况；二是检测工程设计；三是检验工程施工质量；四是为堤防工程科学技术进步积累科技资料。其中，工程安全监测是主要目的。通过渗流监测得到防渗工程实施前后的水位差，是一种较为直观、有效的检测工程设计及施工质量的依据。

堤防渗流监测项目一般有堤基渗透压力、渗流流速及减压排渗工程的出水量等。必要时，还需结合进行渗透流量和地下水化学分析等。渗流监测项目须统一实时进行监测，某些特殊情况，也可选择单一项目进行重点观测。

在实施渗控工程的堤段，原则上均应布置监测断面。监测断面不求多，但一定要能监测到最危险的部位，且便于管理。每一个代表性堤段布置的观测断面不少于3个。观测断面间距一般为300～500 m。若地质条件变化不大，断面间距可适当加大。

（二）常规渗流监测仪器

渗流监测仪器，根据不同的观测目的、土体透水性、渗流场特征及埋设条件，可选用测压管或振弦式孔隙水压力计来观测渗流压力。近年来，中子水分仪作为一种渗流观测仪器也被引入到堤防工程观测中。流量观测根据流量的大小可选用容积法、量水堰法或测

流速法,流量观测一般应用于水平防渗的减压井工程中,一般采用量水堰法进行观测。

(三)安装方法

1. 测压管安装方法

(1)测压管一般采用镀锌钢管或硬塑料管,内径不大于 50 mm。

(2)测压管的透水段,一般长 1 ~ 2 m。外部包扎防止土体颗粒进入的无纺土工织物。透水段与孔壁之间采用渗透系数大于周围土体 10 ~ 100 倍的反滤料回填。

(3)测压管埋设完成后,对不需要监测渗透的孔段(无反滤层段),应严密封孔,以防渗透水流流出造成安全隐患,在堤身部位还可防止降水等干扰。封孔材料采用膨润土或高崩解性黏土球,要求其在钻孔中潮解后的渗透系数小于周围土体的渗透系数。

(4)灵敏度检验。测压管安装、封孔后应进行灵敏度检验。检测方法采用注水试验。

2. 渗压计的埋设方法

渗压计的连接电缆必须以软管套护。在钻孔中埋设时,应自下而上依次进行,并依次以中粗砂封埋测头,以膨润土干泥球逐段封孔。

3. 量水堰安装方法

(1)堰槽段的尺寸及其与堰板的相对关系应满足如下要求:堰槽段全长应大于 7 倍堰上水头,但不小于 2 m。其中,堰板上游段应大于 5 倍堰上水头,但不得小于 1.5 m;下游段长应大于 2 倍堰上水头,但不小于 0.5 m。堰槽宽度应不小于堰口最大水面宽度的 3 倍。堰板应为平面,局部不平处不得大于 ±3 mm。堰口的局部不平处不得大于 ±1 mm。

(2)堰板顶部应水平,两侧高差不得大于堰宽的 1/500。直角三角堰的直角,误差不得大于 30"。

(3)堰板和侧墙均应铅直,倾斜度不得大于 1/200,侧墙局部不平处不得大于 ±5 mm,堰板应与侧墙垂直,误差不得大于 30″。

(4)两侧墙应平行,局部的间距误差不得大于 10 mm。

渗流观测非汛期每月观测 1 次,汛期 5 ~ 10 d 观测 1 次,堤防直接挡水时每天观测 1 次或按防汛领导部门要求加密测次。

(四)土石结合部适应性及监测方案

穿堤涵闸土石结合部属于堤防的薄弱环节,受施工质量影响较大,而且最容易发生渗漏。如果渗漏不能及时发现并采取相应的抢救措施,有可能影响建筑物的安全,甚至造成堤防决堤。由于土石结合部属于两种不同介质的结合部,常规的渗流分析理论很难对其分析计算,所以只能通过埋设渗流监测仪器对其工作性态进行分析。但必须考虑到,土石结合部本身就是容易发生渗漏的薄弱环节,若在土石结合部埋设较多的监测仪器或者大型监测仪器,势必会影响土石结合部的黏结性和整体性,致使渗漏更容易发生。因此,对土石结合部渗流的监测必须合理选择监测仪器,仔细选择埋设方式,谨慎考虑各种影响因素,绝对不能因为片面地为了渗流监测而影响土石结合部的质量。

对此,必须在不影响土石结合部整体性、严密性和防渗性的基础上,根据各种渗流监测仪器的监测原理,选择适用于结合部的监测仪器,并探求其合理的埋设方式。由于测压管体积比较大,适用于单一介质中,一般不适合直接应用到穿堤涵闸土石结合部,但可以在土石结合部附近的土体内埋设间接监测分析结合部的渗流性态。因为如果在土石结合部直接布设测压管对土石结合部的严密性造成很大影响,容易成为结合部的薄弱环节,更容易造成渗漏的发生。

渗压计体积小、结构简单、种类多、适用范围广,可以直接应用于土石结合部的渗流实时监测,而且如果选择合适的埋设方式,几乎不会对结合部的整体性和严密性造成影响。建议将渗压计埋设在混凝土中,通过强透水材料,将土石结合部渗透压传递到混凝土中埋设的渗压计处,这样既避免了对土石结合部接触面的干扰,又能对结合部渗透压进行直接监测。其具体埋设方法如图 4-1 所示。

由于土石结合部渗流监测方面成果很少,工程中对土石结合部渗流直接监测的实例也很少。根据渗压计在工程中已经成熟的埋设方式,提出几种适合于穿堤涵闸土石结合部渗流监测的埋设方法(见图 4-1),以便工程中借鉴使用。

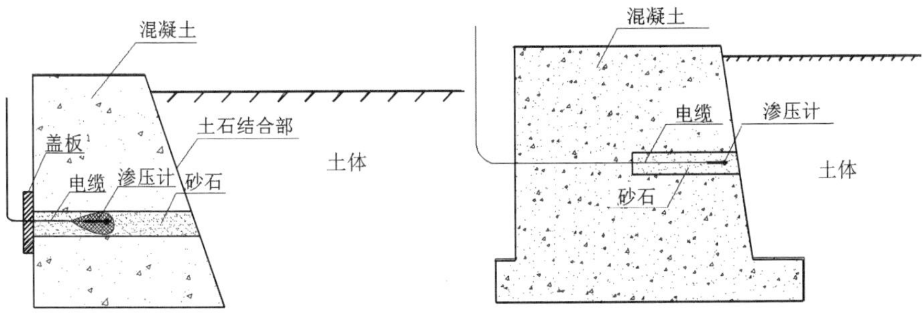

图 4-1 土石结合部渗压计埋设示意图

二、常规变形监测仪器及其土石结合部适应性

(一)常规变形监测仪器

堤防变形监测包括外部变形监测和内部变形监测,其中外部观测是利用诸如经纬仪、水准仪等精密仪器,结合视准线法、小角度法或者三角网法测定堤防表面标点的变形量。

在内部变形量监测中,沉降(垂直位移)监测属于重要的一项,沉降量的大小对堤防正常运行有长远影响。常用的监测方法与监测仪器有横梁式沉降管、电磁式沉降仪、干簧管式沉降仪、水管式沉降仪、深式标点沉降仪和气压式沉降计等。以上各种沉降仪器有各自的优缺点,埋设方法与监测精度也各有不同,现简单介绍如下:

(1)横梁式沉降管。最初是由美国垦务局制造的,主要由管座、带梁的细管和中间套管等三部分组成。它的基本工作原理是横梁随着坝体沉降而向下移动,此时横梁带动与其连接的细管一起下沉,把观测用的测沉器放入沉降管中,自上而下依序逐点测量沉降管内各细管测点高程。因横梁式沉降管的埋设需要开挖、接管、回填,它适用于由细颗粒料和不含过多卵石的粗砾料筑成的堤防。

横梁式沉降管在高温潮湿地区可能会引发钢管生锈或蔓生纤维植物而影响测量,并且测量过程是人工实施,若测沉器保护措施不够,可能会造成掉入孔中提不出的情况发生。

(2)电磁式沉降仪。主要由两部分构成,一部分是测量系统,另一部分是示踪系统。

在堤防内埋设硬质塑料管的外圈分层埋设金属沉降环，沉降环作为土层沉降测点随着土体沉降发生位移，在沉降测头上安装电磁振动线圈，当测头接近沉降环时由于线圈中产生涡流损耗，大量吸收了震荡电路的磁场能量从而迫使振荡器发生衰减，震荡停止时晶体音响发出声音，此时便可以确定沉降环的位置。它有坑式埋设和钻孔埋设两种埋设方式，适用于在筑堤和堤防建成后的沉降监测。干簧式沉降仪与电磁式沉降仪原理相同，所不同的是干簧式沉降仪在测头内安装一个干簧管，沉降环为永久性磁铁。

由于电磁式沉降仪的测头是靠自重下放，没有横梁式沉降管的测量精度高，并且会因整个堤防中其他电磁设备的干扰而影响测量效果。

(3)水管式沉降仪。它是利用液体在连通管两端口保持同一水平面研制而成的，主要由沉降测头、管路、观测台等三部分组成。沉降测头一般浇筑在水泥砂浆块体中，把其埋设在要求的位置，管路在填筑堤身时挖槽埋设，堤防发生沉降时测头会随之下降，此时通过观测台水位变化可计算出沉降量的大小。水管式沉降仪结构简单，埋设时对施工影响小，堤防挡水面往往由于不能埋设竖管式沉降观测设备而使用水管式沉降仪。

水管式沉降仪虽然有其自身的优点，但若是堤防内部温度在液体冰点温度以下，会造成仪器中液体凝固而使仪器失效。管路中的液体发生泄漏或者蒸发，也会在一定程度上影响仪器的使用。

(4)深式标点沉降仪。工作原理是将堤防内部设定的测量标点通过一个连接长杆引出坝面进行水准观测，用此换算出沉降量，此方法测点深度不宜太深，太深不仅会影响测量精度，也会增加经济用量。气压式沉降计的测头安装有柔弹性膜，膜一侧连接一个管，管内充水银连接至地面，测头在垂直方向移动时，作用在柔弹性膜上的气压会发生变化，用气压平衡测验方法可测得沉降量大小。

(二)土石结合部适应性

穿堤涵闸的土石结合部是堤防的薄弱环节，在运营中常出现各种病害(不均匀沉降、裂缝等)，所以需要在穿堤涵闸土石结合部布置位移监测仪器用来监测开合和错动的位移。一般常规的变形监测仪器包括测斜仪、沉降仪、钢尺收敛计、振弦式测缝计和振弦式位移计等。常规变形监测仪器在穿堤涵闸土石结合部的适应性分析如下：

(1)测斜仪。测斜仪监测的原理是根据铅垂受重力影响的结果，测试测管轴线与铅垂线之间的夹角，从而计算出钻孔内各个测点的水平位移与倾斜曲线。可以将测斜管布置在土石结合部附近的土体内，监测其附近土体的横向偏移，以此来判断土石结合部的横向偏移。

(2)沉降仪。沉降仪可以分为水管式沉降仪和钢尺沉降仪，水管式沉降仪观测坝体内部沉降，是利用液体在连通管两端的水面最终会形成同一水平面的原理制成。可将水管式沉降仪的测头埋设在土石结合部下侧附近的土体内，监测土体的沉降，以此来判断土石结合部的沉降(假定土石结合部附近的土体的均质性、连续性)。同理，钢尺沉降仪与PVC沉降管和沉降磁环及底盖配套使用，通过监测土石结合部下侧附近土体的沉降，来判断土石结合部的沉降。

(3)钢尺收敛计。钢尺收敛计是用于测量两点间相对距离的一种便携式仪器。仪器结构简单，操作方便，体积小、质量轻，可用来测量穿堤涵闸入口处的墙体或顶面到地面间距的微小变化。

(4)振弦式测缝计。可用于穿堤涵闸建筑物土石结合部混凝土内侧,测量结构物伸缩缝或周边缝的变形,并可同步测量埋设点的温度。加装配套附件可组成基岩变位计、表面裂缝计、多点位移计等测量变形的仪器。

(5)振弦式位移计。适用于长期测量穿堤涵闸混凝土结构物部分伸缩缝的开合度(变形)的位移计,亦可用于测量土坝、土堤、边坡等结构物的位移、沉陷、应变、滑移,并可同步测量埋设点的温度。加装配套附件可组成基岩变位计、土应变计等测量变形的仪器。

三、其他常规监测仪器及其土石结合部适应性

(一)其他常规监测仪器

除了渗流、变形监测,其他常规监测还包括压力(应力应变)监测仪器、温度观测仪器、水位观测仪器、动态观测仪器等。其中,压力(应力应变)监测仪器有孔隙水压力观测(如振弦式孔隙水压力计、差动电阻式孔隙水压力计、双水管封闭式孔隙水压力计、压阻式孔隙水压力计、气压式孔隙水压力计等)、土压力观测(如振弦式土压力计、差动电阻式土压力计)、应变观测(如振弦式应变计、差阻式应变计);温度观测仪器有铜电阻温度计、振弦式温度计;水位观测仪器有浮子式水位计、压力式(振弦式、压阻式、差阻式等)、气泡式、超声波式等;动态观测仪器包括动孔隙水压力计、动土压力计、动位移计、加速度计等。

(二)土石结合部适应性

由前面的分析可知,土石结合部的监测重点为渗漏监测以及分开、错动变形监测。对于渗流的监测,可以采用在土石结合部的混凝土中埋设渗压计,并结合附近土体中埋设测压管来分析结合部的渗流性态。对于土石结合部分开、错动变形的监测,可以采用测缝计对其监测。这两种监测方法可以划归为对渗流以及分开、错动变形的直接监测。另外,可以通过上述其他仪器对土石结合部土压力和温度的监测,实现渗流以及分开、错动变形的间接监测。

可以将接触式土压力计埋设在土石结合部对接触面的土压力进行实时监测,当土压力不断减小,说明混凝土和土体之间产生相对变形,即土石结合部有张开的趋势,如果土压力继续减小,说明土石结合部产生分开、错动变形,此种情况若未能得到有效控制,极易在土石结合部产生渗漏。

在土石结合部埋设温度监测仪器,可以对渗漏进行间接监测。当土石结合部接触密实,形成稳定微弱渗流场,温度监测仪器所得结合部各部位温度稳定且差别不大,当有渗漏发生时,流动的水流经过土石接触面使温度与水体温度接近,与土石结合部的温度产生明显差异。所以,根据温度监测仪器对土石结合部温度的实时监测,可以实现对土石结合部发生的渗漏进行监测。而一些常规的渗压计、土压力计以及应变计都带有温度测量功能,因此可以通过在土石结合部埋设这些仪器对渗透压力、土压力、温度同时监测,以达到对土石结合部渗流、分开、错动变形、渗漏进行同步监测。这样不但可以对穿堤涵闸土石结合部进行全方位实时监测,而且减少了因为埋设过多监测仪器而对土石结合部整体性和严密性的影响。

第三节　渗漏光纤定位技术

穿堤涵闸土石结合部是渗漏病害易发区，而常规点式监测技术常出现漏测现象。通过在土石结合部埋设分布式测温光纤网络，获取土石结合部渗漏发生、发展过程中测温数据，分析其时程变化特征，探究光纤测温值与土石结合部渗漏的相关关系，有望实现对土石结合部渗漏的准确定位。已有学者利用该类方法对土石坝、边坡等的渗漏监测问题进行过深入的分析，取得了许多有价值的科学成果。

本节主要通过对比分析多种工况下土石结合部光纤温度的升降规律，分析分布式光纤监测土石结合部渗漏的可行性；分析不同加热功率下分布式光纤感知渗漏的灵敏度，确定穿堤涵闸土石结合部集中渗漏光纤监测的合适加热功率范围；通过布设不同测温光缆的对比试验，得到不同光缆在多种试验工况下的反应及性能，结合工程实际提出光缆选择的依据。

一、土石结合部渗流光纤感知平台

（一）感知平台组成

为了借助基于加热法的分布式光纤测温技术实现对穿堤涵闸土石结合部渗流状况（流速、集中渗漏、浸润线等）监测的分析，设计和装配了一套由 DTS 系统、渗流（漏）系统、加热系统、数据处理系统等组成的感知平台，如图 4-2、图 4-3 所示。

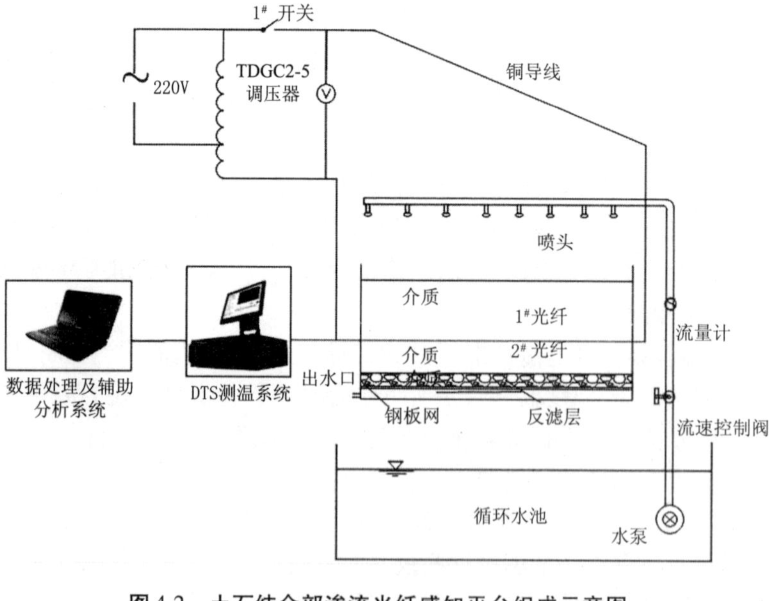

图 4-2　土石结合部渗流光纤感知平台组成示意图

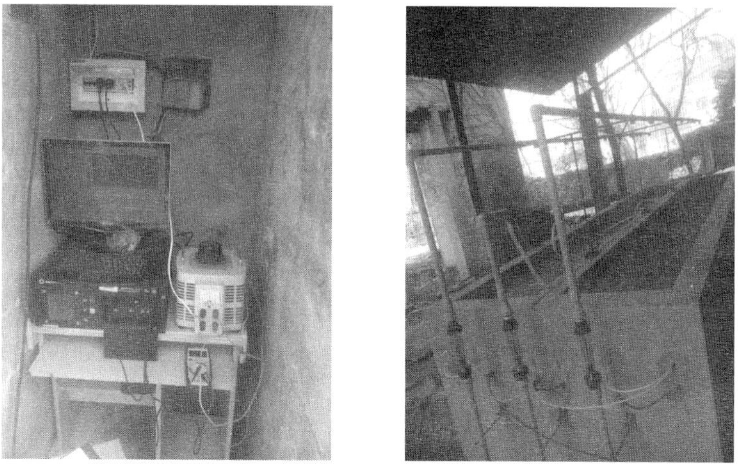

图 4-3　土石结合部渗流光纤感知平台实物图

1. DTS 测温系统

DTS 测温系统主要由两部分构成,即分布式光纤测温主机和多模感温光缆。分布式光纤测温主机内部封装激光器、光器件、数据存储模块等。本试验采用英国 Sensornet 公司生产的 Sentinel DTS - LR 型分布式光纤测温主机(见图 4-4、图 4-5),沿光纤长度可以实现分布式温度测量,测量最长距离可达 10 km,空间分辨率为 1 m,测温精度可以达 0.01 ℃。

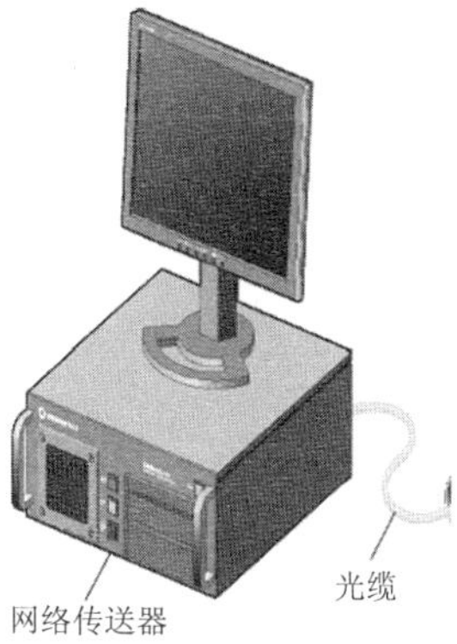

图 4-4　DTS 温度测量仪

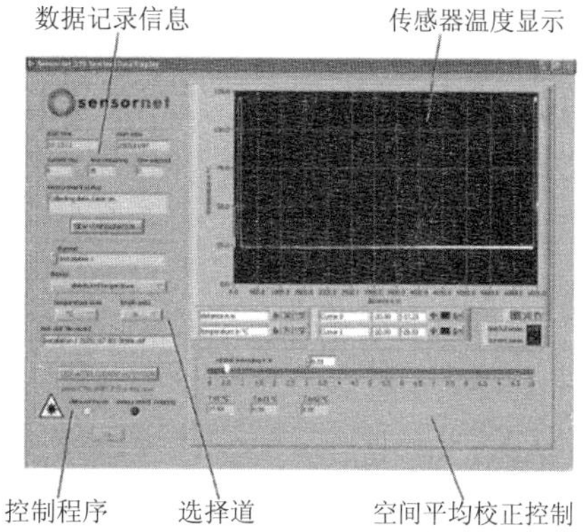

图 4-5　DTS 系统主界面

Sentinel DTS 配设一个脉冲激光设备,能够连续发出一种 10 ns 的光脉冲,并通过 E2000 连接器与 50/125 多模光纤相连。E2000 连接插头是一个指按门栓式接头,只需按入插座便能够与 DTS 系统主机连接,而按下门栓时就能将连接器拔下。E2000 连接插头尾端光纤通过光纤熔接机熔接便能与外部测温光纤连接,形成完整的 DTS 测温系统,光纤熔接机及 E2000 连接插头如图 4-6、图 4-7 所示。模光纤常用的有两种类型光缆,型号为 ZTT - GYXTW - 4A1a 内置钢丝加强筋四芯铠装光缆(记为 2#光缆)和内部加装有不锈钢软管两芯铠装光缆(记为 1#光缆),分别见图 4-9 和图 4-8,试验中对这两种光缆渗流感知性能进行了比较。DTS 系统通过采集分析入射光脉冲在光纤内传播时产生的 Raman 背向反射光的时间和强度信息得到每一点相应的位置和温度信息，即可得到整根光纤沿程分布式温度曲线。试验采用单通道单端测量方法，光纤熔接时采用 M－M 模式，亏损值为 0 db/km。

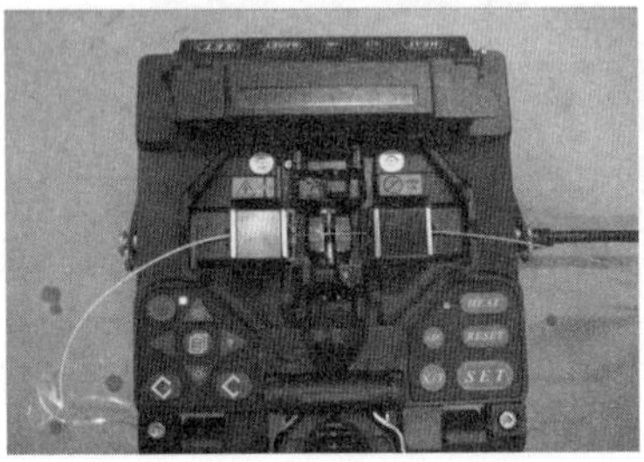

图 4-6　光纤熔接机

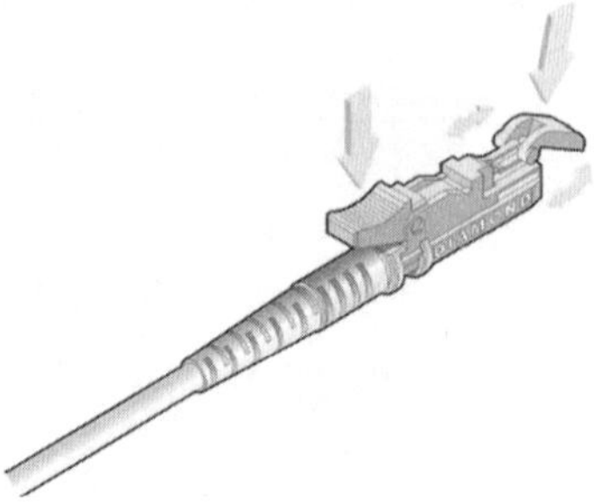

图 4-7　E2000 光纤连接插头

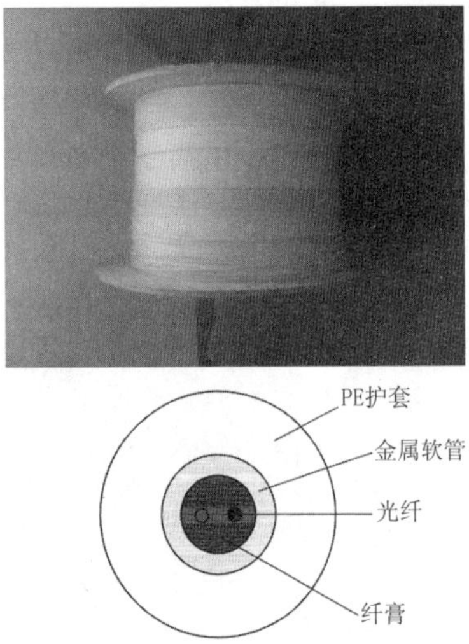

图 4-8　1#光缆实物图及断面图

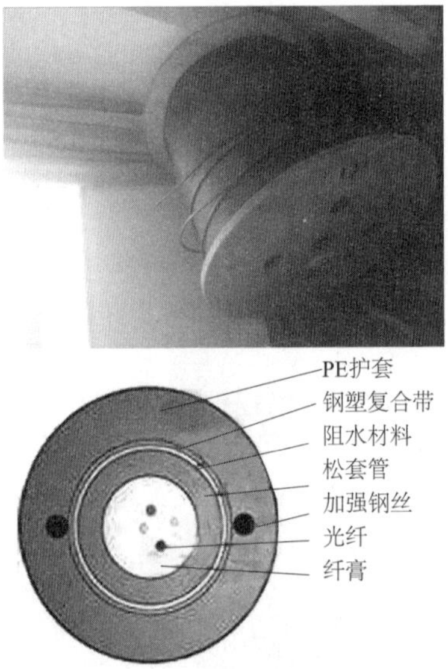

图 4-9　2#光缆实物图及断面图

2. 加热系统

试验采用加热法实现对渗流要素的感知，因此需要对光缆中的钢丝或者金属软管施加稳定电压进行加热。加热系统包括可调节电压的交流电源、多功能万用表和光缆内负载发热的金属电阻，可以选用调压器调节电压；万用表用来显示加载电压或电流，控制加载功率；将光缆中的钢丝或者金属软管视为发热电阻。需要特别注意的是，试验中光纤埋设长度一般较小，由于电缆中的钢丝或者金属软管的电阻比较小（分别为 0.41 Ω/m 和 0.75 Ω/m），因此加热电路中总电阻较小，如果试验中需要采用比较大的加热功率，加热系统就会产生很大的电流，因此在选用调压器时，一定要选用较大额定电流的调压器。本试验选用 TDGC2－5 型单相调压器，如图 4-10 所示，其最大量程为 20 A × 250 V，即额定电流为 20 A，可以调节输出 0 ~ 250 V 内的任何电压值，满足试验不同加热功率的要求。

图 4-10 TDGC2 - 5 型单相调压器

对于加热功率的监控可以采用两种方法，即通过万能表显示电路电压或电流两种方法，两种方法的电路图如图 4-11 所示。设对一段长为 l、半径为 r 的铠装光纤通电加热，加热前通过伏安法测得该段加热光缆的总电阻 R。加热功率监控电路一通过串联在加热电路中的万能表实时测量出电流 I，通过调压器调节加热电路电流，进而改变加热功率 $P = I^2R$。加热功率监控电路二通过并联在加热电路中的万能表实时测量出电压 U，通过调压器调节加热电路电压，进而改变加热功率 $P = U^2/R$。两种监控电路理论上均能对加热功率进行监控，监控电路一的精度更高，因为该电路中万能表显示的是加热电路中的电流（通过光缆内金属铠或钢丝的电流），如果在已知光缆电阻的情况下，该计算功率为光缆的实际发热功率，但该方法将万能表串联在电路中，长时间通过较大电流对万能表容易造成损坏而且读数波动较大，实际操作中难以准确监控加热功率；监控电路二采用 $P = U^2/R$ 计算加热功率，那么该功率实际包括外加通电导线发热和光缆内金属铠或钢丝发热，但由于通电铜导线电阻和长度相比光缆内导体电阻和长度均较小，因此可以忽略通电导线发热，而且该方法万能表显示电压读数较稳定。综合考虑，试验中采用监控电压的方法进行加热功率的监控。由于在接通调压器电源时会激发很大的励磁电流，容易引起实验室空气断路器跳闸，对试验及 DTS 系统造成不良影响。为解决这一问题，可以考虑系统软启动，比如在系统中串入电阻或电感等（比如 500 W 电阻丝）以减小瞬间启动励磁电流，启动后再将电阻短接。据此，对监控电路二进行了改进（见图 4-12），试验时在启动调压器前，先断开 1# 开关，闭合 2# 开关，这样接通调压器电源时就不会产生过大励磁电流，不会发生跳闸现象；在正常起动调压器之后，闭合 1# 开关，短路串入电阻；正常加载和断开电路可以通过 2# 开关来进行控制。

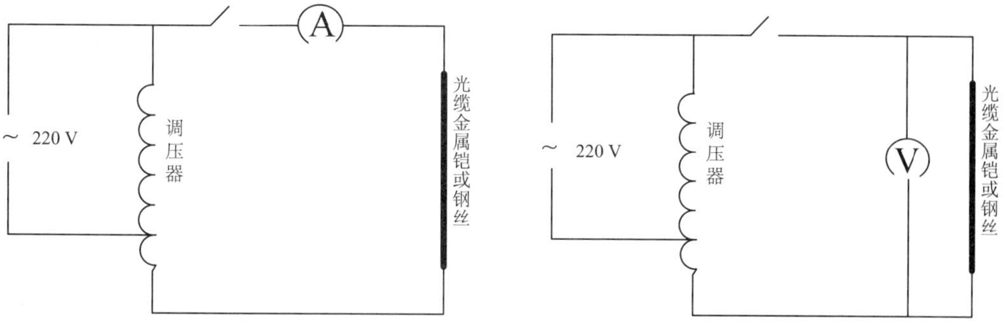

(a)电路一 (b)电路二

图 4-11 加热功率监控电路

3. 渗流(漏)系统

试验平台供水系统如图 4-13 所示，供水系统包括水泵、总水管和三个分水管。总水管为 PVC 管，内径为 80 mm；A、B 分水管为 2 根长 5 m、内径为 40 mm 的 PVC 管，固定在模型槽上方的铁架上,并在其上每隔半米钻孔安装四向雾化喷头向下均匀喷水,用于模拟均匀介质内和土石结合部均匀渗流,可以通过阀门控制渗流流速。C 分水管为可移动塑料软管,可以根据试验设计,向在土石结合部设置的大小不同集中渗漏通道通水,用于模拟穿堤涵闸土石结合部大小不同的集中渗漏。为控制两介质中不同渗流流速以及土石结合部集中渗漏流量,除在总水管处安装总控制阀外,又分别在三分水管的接头处安装控制开关。另外,为了观测各分水管的供水流量,在各分水管控制开关之后分别安装流量计。

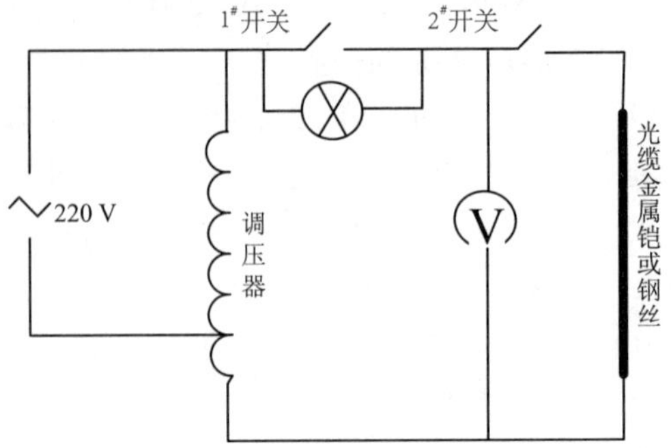

图 4-12　防跳闸启动加载电路

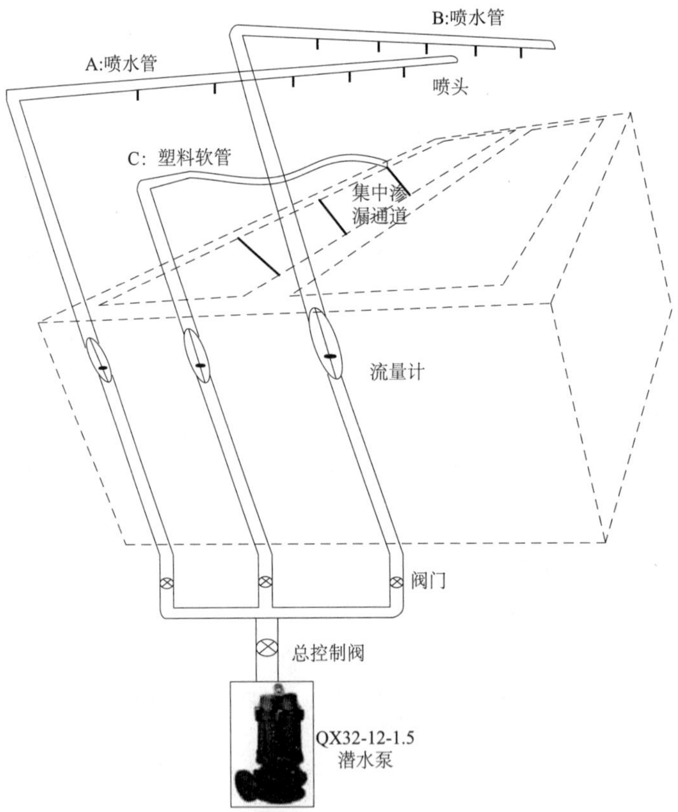

图 4-13　渗流(漏)供水系统示意图

4. 数据处理系统

此次试验主要通过 DTS 温度测量仪采集温度数据。DTS 系统在监测过程中设置为每隔 20 s 监测一次并创建一个数据文件,一个完整的试验周期将产生几百甚至上千个数据文件,且存储为 ddf 和 dtd 格式,两种格式均无法通过常用的数据分析软件进行直接分析。DTS 系统采集的数据量大、类型多,包括位置点、温度、时间、斯托克斯和反斯托克斯光学数据等,要从如此庞杂的数据文件中人工挑选出试验所关心的数据,不仅费时费力,而且提取的准确性也难以保证。因此,为实现快速、实时并准确分析试验数据,开发了一套用于数据提取和处理的软件系统。

DTS 系统自动储存两种监测数据:一种是默认保存在 Full DATA Set 文件夹下的 ddf 文件;另外一种是默认保存在 Temperature Only 文件夹下的 dtd 文件。其中,ddf 数据文件包含监测时间和光纤上所有位置点、温度、斯托克斯、反斯托克斯光等基本信息,而 dtd 文件中只给出了在 DTS 系统"预警设置"中事先设置光纤上观察点随时间变化的温度值信息。所以,本试验利用 ddf 文件提取试验数据并结合 dtd 文件进行重点分析。

在每一天监测试验结束之后,将 Full DATA Set 文件夹剪切到指定的数据存储位置,并按照监测日期和加热功率等信息命名,例如文件夹"20130316"表示 2013 年 3 月 16 日的试验数据,包含名为"20130316 - 6w"的子文件夹,表示加热功率为 6 W/m 时采集的试验数据,统一格式命名便于软件处理数据。

本数据处理软件作为一个初步处理数据模块,为以后试验数据进一步分析提供基础数据,图 4-14 为数据处理模块的设计界面。

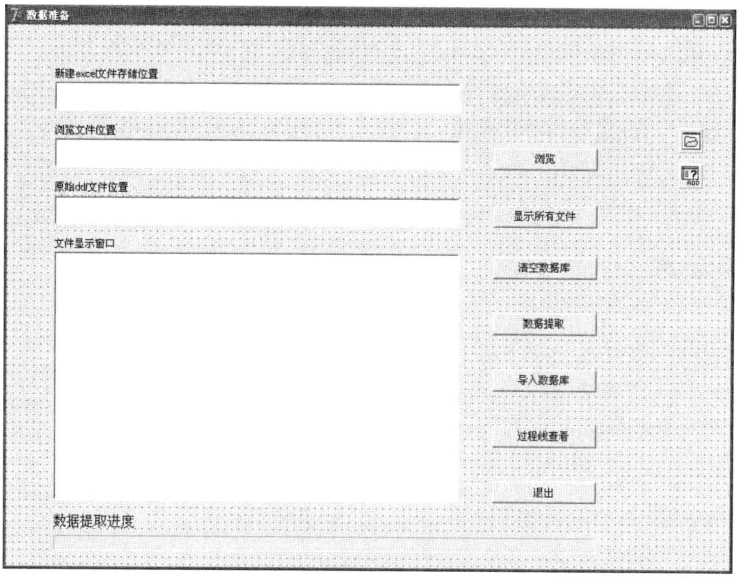

图 4-14　数据处理模块设计界面

具体编程步骤为:

(1)遍历"原始 ddf 文件位置"编辑框中文件夹里所有 ddf 格式的文件,并将全路径文件名作为项目添加至列表框 TListBox 中。相关 dlephi 代码如下:

```
ShowMessage('输入文件夹全名!');
n:=edt2.Text;//文件夹位置
keyword:='*.ddf';//文件类型 ddf
s:=n+Trim(keyword);
found:=findfirst(s,faAnyFile,rc);
```

```
while found =0 do
begin
if (rc. Attr and faDirectory) <> 0 then//判断目录是否正确
found: = FindNext(rc)
else
begin
mingc: = n + Trim(rc. Name);
lst1. Items. Add(mingc);//循环操作
found: = FindNext(rc);
end
end;
```

(2)对列表框 TListBox 中的每个文件进行循环处理,包括按照原始文件名新建 xls 格式的 excel 文件,并从对应的 ddf 文件中导入数据,对所需数据进行提取。下面列出了 delphi 利用 COM 技术调用 excel 程序进行批量处理的相关代码。

```
namestr: = Trim(newfilestation. text) + '\集成. xls';
ExcelApp: = CreateOleObject('Excel. Application');
workb: = ExcelApp. WorkBooks. add;//添加工作薄
workb. saveas(namestr);
ExcelApp. WorkBooks. Close;
ExcelApp. Quit;
for x: =0 to number - 1 do
begin
exlfilnam: = lst1. items[x];
ffffilename: = ExtractFileName(exlfilnam);//显示 ddf
aa: = Pos('. ',ffffilename);
name111111: = Copy(ffffilename,1,aa - 1);//没有后缀的文件名
name2222: = Trim(newfilestation. text) + '\' + name111111 + '. xls';
ExcelApp: = CreateOleObject( 'Excel. Application');
workb: = ExcelApp. WorkBooks. add;//添加工作薄
workb. saveas (name2222);
ExcelApp. WorkBooks. Open(namestr);
ExcelApp. WorkBooks. Open(name2222);
sheet: = ExcelApp. ActiveSheet;
ExcelApp. run('PERSONAL. XLSB! inputdata',exlfilnam);
ssss: = '集成. xls';
if x =0 then
ExcelApp. run('PERSONAL. XLSB! jicheng2',inttostr(x))
Else
```

```
ExcelApp. run('PERSONAL. XLSB! jicheng',inttostr(x));
ExcelApp. WorkBooks. Close;
ExcelApp. Quit;
pb1. Position := pb1. Position + 1;
end;
ExcelApp: = CreateOleObject('Excel. Application');
ExcelApp. WorkBooks. Open(namestr);
sheet: = ExcelApp. ActiveSheet;
ExcelApp. run('PERSONAL. XLSB! jiancha');
ExcelApp. WorkBooks. Close;
ExcelApp. Quit;
ShowMessage('调用宏成功!!!!');
```

(3)最后在导出的 excel 文件夹下会生成一个“集成. xls”文件,里面按矩阵的形式存储着分布式监测温度信息。表中第一行表示不同的监测时间点,第一列表示光纤上不同的位置点。具体表格形式如图 4-15 所示。

	A	B	C	D	E	F	G	H	I	J
1	time	15:17:21	15:17:31	15:17:41	15:17:51	15:18:01	15:18:12	15:18:22	15:18:32	15:18
2	-9.141	22.009	21.944	22.039	22.072	21.979	22.002	21.989	21.997	22.
3	-8.126	22.127	22.035	22.111	22.043	22.12	22.174	22.187	22.026	22.
4	-7.111	22.099	22.142	21.983	22.075	22.159	22.062	22.126	22.06	22.
5	-6.095	21.939	22.156	21.98	22.014	22.064	22.073	22.179	22.012	22.
6	-5.08	22.005	22.044	21.943	21.93	21.994	22.039	22.045	22.033	22.
7	-4.064	22.095	22.139	22.084	22.158	22.086	22.105	22.02	22.049	22.
8	-3.049	22.169	22.252	22.09	22.09	22.246	22.162	22.145	22.045	22.
9	-2.034	22.167	22.249	22.129	22.254	22.329	22.286	22.228	22.251	22
10	-1.018	22.324	22.365	22.335	22.302	22.436	22.456	22.341	22.326	22.

图 4-15　集成. xls 文件格式

(4)集成文件形成之后,可以根据某一行对光纤观测位置点随时间温度变化进行深入分析并画图,根据某一列对某一时刻光纤上的温度分布值进行详细分析并绘图。

5. 其他试验辅助设备

为了配合完成试验,还需要以下辅助设备:

(1)热缩管。加固光纤熔接接头,受热收缩,用来增加光纤熔接处刚度,起到固定和保护光纤的作用。

(2)电子万能表。精确测量加热电路的电压及电流,也用来测量光缆钢丝电阻。

(3)QX32-12-1.5 潜水泵。为模型渗流(漏)系统供水。

(4)校准温度传感器 PT100。校准 DTS 系统的监测温度。

(5)水银温度计。测量空气及水温。

(6)秒表、水桶及电子称。测量渗流流速。

(二)试验模型

穿堤涵闸土石结合部一般指闸底板与堤基、侧壁与堤身的结合部,该结合部渗流及渗漏方向均为从迎水面向背水面,光纤测渗技术要求光纤布设与渗水方向尽可能垂直。穿堤涵闸土石结合部渗流产生方向、易发生渗漏灾害情况以及最佳光纤布设示意图如图 4-16 所示。因此,对穿堤涵闸土石结合部分布式光纤渗流感知问题可以概括为布设在土石结合部的分布式光纤对沿土石结合部垂直光纤方向发生渗流或渗漏的感知问题。为了简化试验模型而又抓住问题的关键，制作试验模型如图 4-17 所示，混凝土墙代表闸底板或侧壁，填充介质代表堤基或堤身土体，混凝土墙与填充介质的接触部位即代表穿堤涵闸土石结合部。分布式渗流感知光纤沿土石结合部水平布设。借助渗流(漏)系统模拟均匀渗流和集中渗漏，垂直于光纤从上向下垂直下渗，并通过模型槽底部排水管排出。为了对试验误差进行控制，整个试验过程按照费希尔三原则进行，即重复测试原则、局部控制原则和随机化原则。重复测试原则即保持某些变量不改变，重复改变另一变量，对另一种变量值的变化进行重复测试，例如，保持渗流流速和光纤埋设位置不变，重复改变光纤加热功率，对光纤温升值进行重复测量。局部控制原则即按照某一工况条件将试验进行分组，在差异较小环境条件下进行试验，例如，按照渗流流速将试验分组，在一天中某一段时间内集中进行试验。随机化原则即不按固定的顺序试验，打乱测量顺序，例如，在进行加热功率与温升关系的试验时，选择加热功率时可以不按照固定顺序，而采取随机选择，从而尽量减少误差。

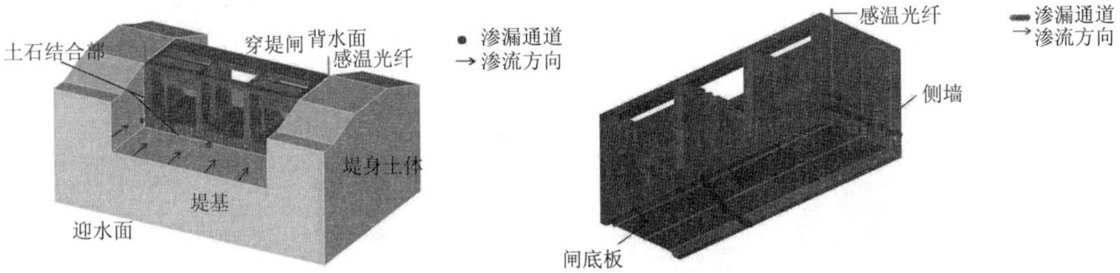

图 4-16　穿堤涵闸土石结合部分布式光纤渗流感知原理示意图

具体制作过程如下：在平整场地砌筑两个长 5 m、净宽 0.6 m、高 1.15 m 的模型槽。墙体采用烧结普通砖和 M5 水泥砂浆砌筑，并用 M10 砂浆抹面，抹面时，两道边墙顶层设置一定坡度，中间隔墙顶层设置成两边高中间低，便于喷洒在墙顶的水排出模型槽外，减少对土石结合部渗流的影响，使渗流流速计算更准确。模型槽内基础做成一不透水混凝土斜坡，一端高 30 cm，另一端高 25 cm，并在低端设置两个出水管，便于渗流水流出，能够收集经过介质的全部渗流水，便于准确计算介质内渗流流速。基础之上 5 cm 通过钢筋支撑钢板网，钢板网上面铺设两层 500 目的反滤布防止介质被渗流水带走，为使钢板网受力均匀以及防止反滤布受力破坏，在两层反滤布之间铺设 10 cm 厚、粒径较网孔稍大的砾石，钢板网与基础之间预留 5 cm 空隙，并在模型槽一端设有出水口，便于渗流和渗漏水排出。紧贴模型槽两边墙各垂直设置三个经过处理的 PVC 管(将 PVC 管沿直径方向一分为二，与光缆交叉处用电烙铁熔化出与光缆直径相当的半圆形卡槽)，直径从小到大分别为 2 cm、4 cm、5 cm，用于模拟土石结合部集中渗漏通道。按本章第节所述布设光纤，最后向两模型槽内分别填充 50 cm 的黄砂和砂土，为便于后面试验分析，分别记作介质Ⅰ和介质Ⅱ，两种介质与混凝土墙接触部位分别记为土石结合部Ⅰ和土石结合部Ⅱ。模型建设前、中、后期照片如图 4-17 所示。

(a)前期

(b)中期

(c)后期

图 4-17　试验模型建设前、中、后期

(三)传感光纤布设方案及特征

本试验布设了两种不同测温光缆,即前面所述 1#光缆和 2#光缆,两光缆在同一个铅垂面上平行布设,之间的垂直距离为 10 cm,两根光纤的整体网络布置形式见图 4-18、图 4-19及图 4-17 模型建设中期图,具体布设形式如图 4-20、图 4-22 所示。

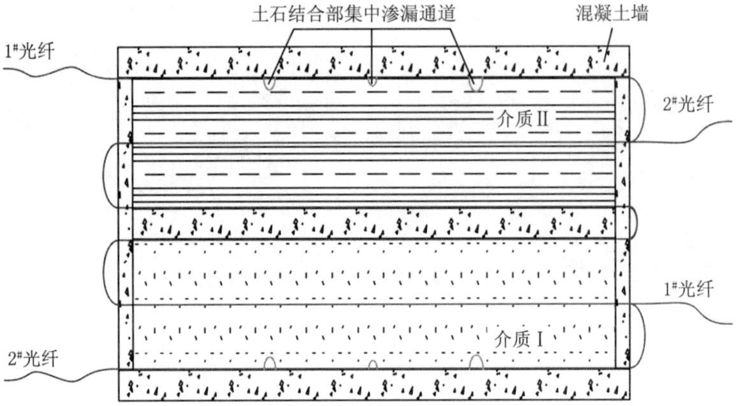

图 4-18 光纤布置及模型槽俯视图

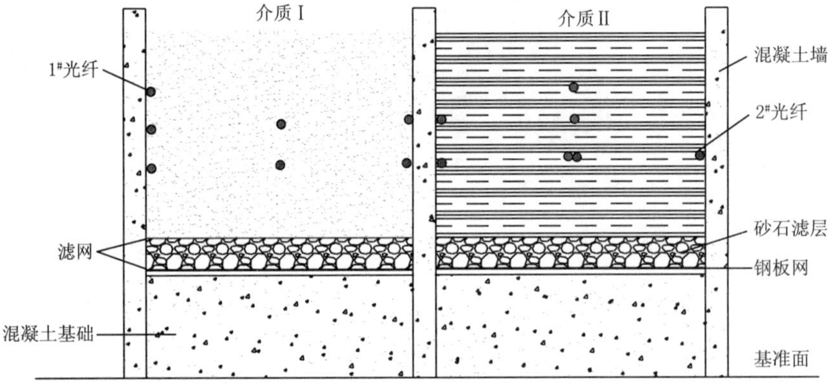

图 4-19 模型槽剖面图

根据试验中光纤埋设位置可以将光纤大致分为以下几部分:空气中部分、介质Ⅰ部分、土石结合部Ⅰ部分、介质Ⅱ部分、土石结合部Ⅱ部分、监测浸润线部分以及土石结合部渗漏监测部分。

由图 4-21 和图 4-23 可以看出,对于 1#光纤,12 ~ 24 代表土石结合部渗漏监测段,该部分为介质Ⅰ与混凝土墙的接触部位,光纤沿该结合部呈"S"布置,并且在该部分设置三个大小不同的垂直渗漏通道;25 ~ 30 为埋设在介质Ⅰ中的光纤段,以 28 号点作为代表点;31 ~ 35 为埋设在介质Ⅰ与混凝土墙的接触部位(土石结合部Ⅰ)的光纤段,以 33 号点作为代表点;36 ~ 41 为埋设在介质Ⅱ与混凝土墙的接触部位(土石结合部Ⅱ)的光纤段,以 38 号点作为代表点;42 ~ 54 代表浸润线监测段,该部分光纤在介质Ⅱ中呈"S"布置,以 45 号点作为代表点。对于 2#光纤,13 ~ 18 代表土石结合部渗漏监测段,该部分为介质Ⅱ与混凝土墙的接触部位,光纤沿该结合部布置,并且在该部分设置三个大小不同的垂直渗漏通道;19 ~24 为埋设在介质Ⅱ中的光纤段,以 21 号点作为代表点;25 ~30 为埋设在介质Ⅱ与混凝土墙的接触部位(土石结合部Ⅱ)的光纤段,以 26 号点作为代表点;31 ~35 为埋设在介质Ⅰ与混凝土墙的接触部位(土石结合部Ⅰ)的光纤段,以 34 号点作为代表点;36 ~40 为埋设在介质Ⅰ中的光纤段,以 37 号点作为代表点。

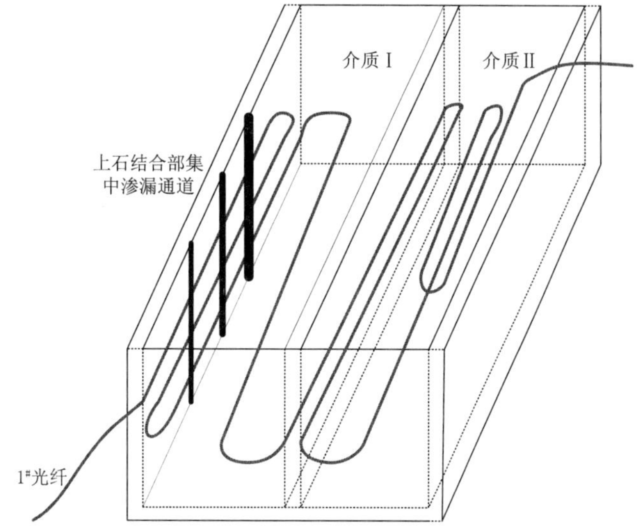

图 4-20　试验中埋设 1#光纤布设形式

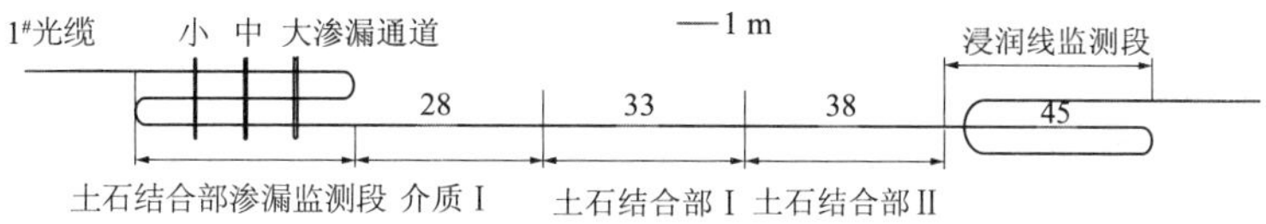

图 4-21　试验中埋设 1#光纤各部位在 DTS 系统中代表点

二、土石结合部渗漏光纤定位技术及试验

借助前文所述试验平台,开展多种工况下的渗漏定位试验,分析土石结合部渗漏对加热光纤的影响,分析常用光缆对渗漏感知的敏感性。

(一)试验工况

通过在土石结合部人工设置的集中渗漏通道,并预埋了两根不同的传感光缆,利用 DTS 测温系统对土石结合部渗漏进行重点监测试验。试验主要选取加热功率、不同光缆和介质不同状态作为试验因素,揭示三者之间的关系,分析分布式光纤感知土石结合部渗漏的可行性及灵敏度,同时比较两种光缆感知渗漏灵敏性,确定两种光缆应用于实际工程渗流监测中的优缺点。依据上述目的,设计三种试验工况。

1. 非饱和无渗流工况

为了解光纤在非饱和无渗流状态下不同加热功率下对大小不同渗漏的探测效果,设计该工况。保持光缆所在土石结合部为正常无渗流状态,分别对两光缆施加一系列不同加热功率,在不同加热功率温升稳定状态时分别向土石结合部设置的大、中、小集中渗漏通道通水,探讨两种光纤在不同加热功率下对渗漏感知的灵敏度。该工况主要用于模拟分布式光纤对土石结合部自然无渗流状态下发生集中渗漏的监测，为穿堤涵闸侧墙土石结合部自然无渗流情况下分布式光纤渗漏监测提供参考。

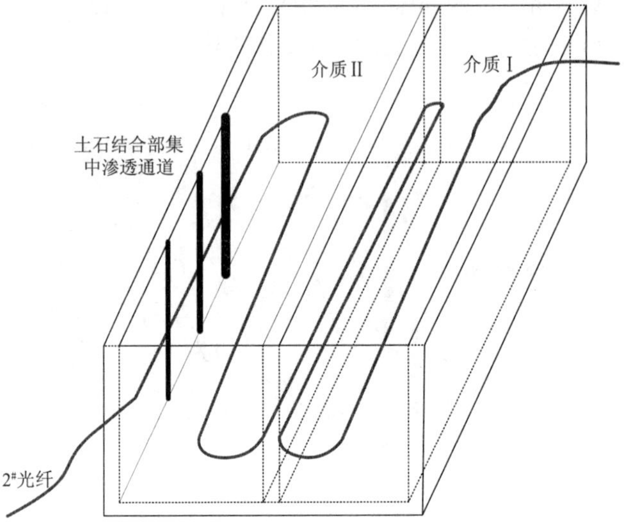

图 4-22　试验中埋设 2#光纤布设形式

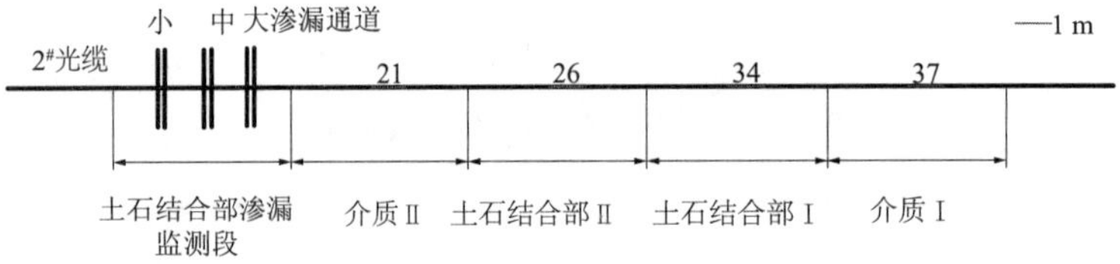

图 4-23　试验中埋设 2#光纤各部位在 DTS 系统中代表点

2. 饱和无渗流工况

为了解光纤在饱和状态下不同加热功率下对大小不同渗漏的探测效果，设计该工况。保持光缆所在土石结合部为饱和无渗流状态，分别对两光缆施加一系列不同加热功率，在不同加热功率温升稳定状态时分别向土石结合部设置的大、中、小集中渗漏通道通水，探讨两种光纤在不同加热功率下对渗漏感知的灵敏度。该工况主要用于模拟分布式光纤对土石结合部饱和无渗流状态下发生集中渗漏的监测，为穿堤涵闸位于水面以下土石结合部饱和无渗流情况下分布式光纤渗漏监测提供参考。

3. 渗流状态下渗漏工况

为了解光纤在渗流状态、不同加热功率下对大小不同渗漏的探测效果，设计该工况。保持光缆所在土石结合部为某一流速的渗流状态，分别对两光缆施加一系列不同加热功率，在不同加热功率温升稳定状态时分别向土石结合部设置的大、中、小集中渗漏通道通水，探讨两种光纤在不同加热功率下对渗漏感知的灵敏度。该工况主要用于模拟分布式光纤对土石结合部渗流状态下发生集中渗漏的监测，为穿堤涵闸位于水面以下土石结合部渗流情况下分布式光纤渗漏监测提供参考。

(二)试验步骤

在进行各设计工况试验之前，先通过伏安法测得试验中加热段 1#和 2#光缆的电阻，测量数据如表 4-1 所示，即试验中加热段 1#和 2#光缆的电阻分别为 39.18 Ω 和 15.14 Ω。

然后分别将 1#光纤和 2#连接 DTS 系统,按要求连接加热电路,分别对两条光缆加热,发现 1#光缆温升段为 3.1 ~ 54.7 m,即加热光缆段长 51.6 m;2#光缆温升段为 3.0 ~ 39.6 m,即加热光缆段长 36.6 m。由以上基础数据可以计算出 1#和 2#光缆加热功率对应的加载电压,如表 4-2 所示,其中 r 为每米光缆对应的电阻,即单位长度电阻,p 为加热段光缆单位长度加热功率。基于前文所述的试验工况和试验目的,按照如下步骤开展试验。

表 4-1 基于伏安法的试验段光缆电阻测值

1#光纤				2#光纤			
U	I	$R=U/I$	$\bar{R}(\Omega)$	U	I	$R=U/I$	$\bar{R}(\Omega)$
47.00	1.17	40.17	39.18	21.40	1.41	15.18	15.14
59.10	1.50	39.40		33.80	2.25	15.02	
74.50	1.90	39.21		48.10	3.20	15.03	
91.00	2.35	38.72		64.80	4.30	15.07	
110.00	2.83	38.87		79.70	5.24	15.21	
130.80	3.38	38.70		89.90	5.87	15.32	

表 4-2 传感光缆各加热功率对应加载电压

加载功率	1#光缆		2#光缆	
p(W/m)	r(Ω/m)	U(V)	r(Ω/m)	U(V)
2	0.75	63.98	0.41	33.44
4	0.75	90.48	0.41	47.29
6	0.75	110.82	0.41	57.92
8	0.75	127.96	0.41	66.88
10	0.75	143.07	0.41	74.77
12	0.75	156.72	0.41	81.91
14	0.75	169.28	0.41	88.47
16	0.75	180.96	0.41	94.58
18	0.75	191.94	0.41	100.32
20	0.75	202.32	0.41	105.74

1. 非饱和无渗流工况试验

该工况主要用来分析自然状态下不同加热功率下对大小不同渗漏的探测效果,具体步骤为:

(1)将 1#光纤连接 DTS 系统,按要求连接加热电路。由于调压器刻度读数与实际电压误差较大,因此将万能表并联接入加热电路,显示加热系统电压,便于更加精准控制加热功率。

(2)初步选择若干加热功率,根据表 4-2 选择对应加载电压。试验所选用的加热功率包括 2 W/m、4 W/m、6 W/m、8 W/m、10 W/m、12 W/m、14 W/m、16 W/m、18 W/m,对应的加热电压分别为 63.98 V、90.48 V、110.82 V、127.96 V、143.07 V、156.72 V、169.28 V、180.96 V、191.94 V。

(3)通过 DTS 系统监测 1#光缆温度,测量出介质的初始温度,测量 10 min。

(4)快速调节调压器到对应电压附近,通过万能表显示电压微调到相应要求电压,保持电压固定不变，对1#光缆持续加热，在DTS系统中将1#光纤中的17.3 m、18.4 m和19.3 m位置点设为观察点，得到各点随时间的温升变化过程线，当各点温度维持不变后，依次向设置在土石结合部的三个渗漏通道通水，之后停止加热，直至光纤温度恢复至初始加热前状态。

（5）改变加热功率，重复步骤（4）过程，直至加载到最大设计加热功率，在此过程中，DTS系统连续记录1#光纤各时刻分布式温度。

（6）将2#光纤连接DTS系统，初步选择若干加热功率，计算出所需要的加热电压。试验所选用的加热功率包括2 W/m、4 W/m、6 W/m、8 W/m、10 W/m、12 W/m、14 W/m、16 W/m、18 W/m，对应的加热电压为33.44 V、47.29 V、57.92 V、66.88 V、74.77 V、81.91 V、88.47 V、94.58 V、100.32 V。在DTS系统中将2#光纤中的14.4 m、15.3 m和16.4 m位置点设为观察点。其他操作与加热、监测1#光纤相同。

2. 饱和无渗流工况试验

该工况主要用来分析饱和状态下不同介质、不同加热功率下对大小不同渗漏的探测效果，具体步骤为：

（1）打开供水系统开关使介质均达饱和状态。

（2）接下来操作步骤与非饱和无渗流工况试验相同。

3. 饱和渗流工况试验

为了分析渗流状态下不同加热功率对土石结合部大小不同渗漏的探测效果，采取如下步骤开展试验：

（1）对供水系统的流速控制阀开度进行调节，使介质饱和后产生渗流，一定的开度即对应着一定的渗流速度，不断测量模型出流量，待流速稳定后，利用1#光纤测量初始温度。

（2）保持控制阀开度不变，对1#光缆按设计加热功率进行加热，加热20 min左右至温升稳定后，同时采用称重法分别测量不同介质对应流速，分别向土石结合部预设的渗漏通道通水，之后断电停止加热，自然冷却15 min左右，利用DTS记录整个温度变化过程。

（3）保持渗流流速不变，不断改变加热电压，直至测试完所有设计加热功率。

（4）保持渗流流速不变，将2#光纤连接DTS系统，对2#光缆按设计加热功率进行加热，加热20 min左右至温升稳定后，分别向土石结合部预设的渗漏通道通水，之后断电停止加热，自然冷却15 min左右，利用DTS记录整个温度变化过程。

（5）保持渗流流速不变，不断改变加热电压，直至测试完所有设计加热功率。

（三）试验成果

根据试验得到成果，分析周围介质为不饱和状态、饱和无渗流状态和饱和渗流状态下光纤在不同加热功率条件下对大小不同渗漏感知的敏感性，通过数据分析实现渗漏的定位；同时比较两种光缆在相同加热功率条件下对渗漏感知的敏感性。在此重点以6 W/m、12 W/m、18 W/m加热功率为代表，分析在不饱和工况、饱和无渗流工况以及饱和渗流工况下，不同渗漏对两种光纤稳定温升的影响。

1. 不饱和工况试验成果分析

根据在不饱和试验工况下不同渗漏发生时各加热功率下光纤稳定温升数据，对比分析该工况下光纤对渗漏监测的有效性和灵敏度。图4-24、图4-25分别为大渗漏和小渗漏发生时$1^{\#}$光纤在未加热状态和不同加热功率下的温度分布图,图4-26、图4-27分别为大渗漏和小渗漏发生时$2^{\#}$光纤在未加热状态和不同加热功率下的温度分布图。

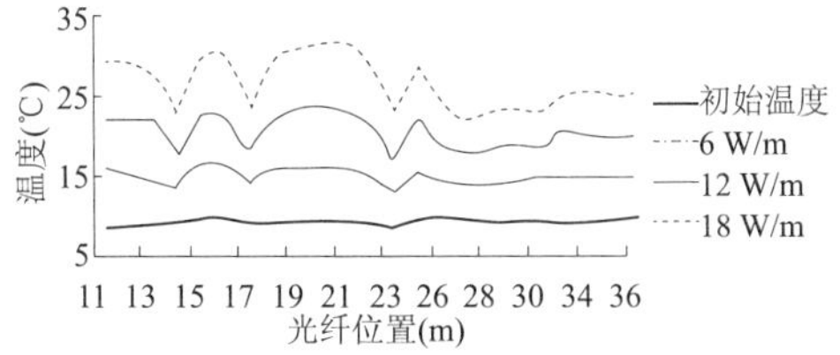

图4-24　大渗漏作用下$1^{\#}$光纤温度分布(不饱和工况)

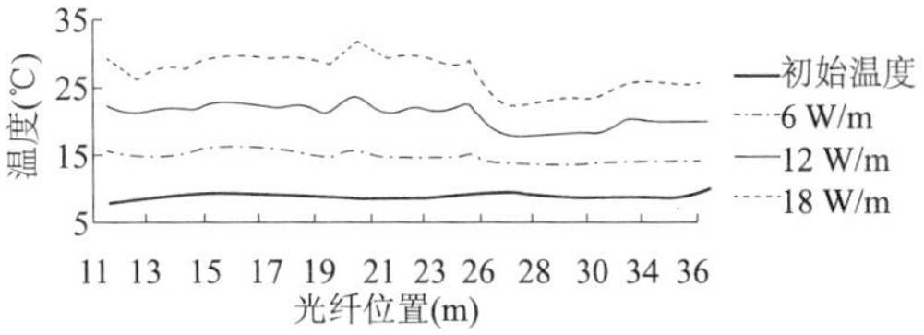

图4-25　小渗漏作用下$1^{\#}$光纤温度分布(不饱和工况)

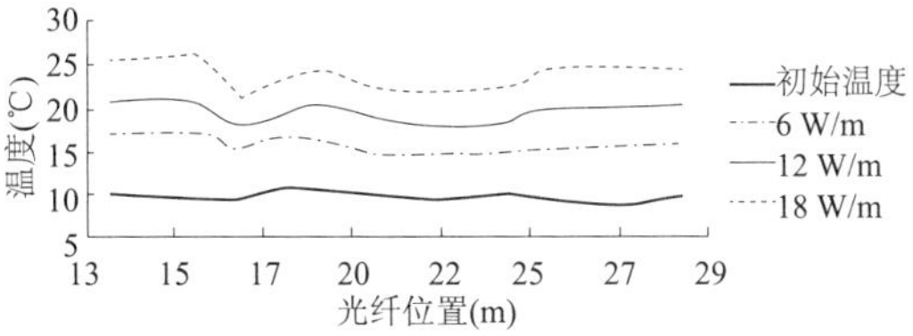

图4-26　大渗漏作用下$2^{\#}$光纤温度分布(不饱和工况)

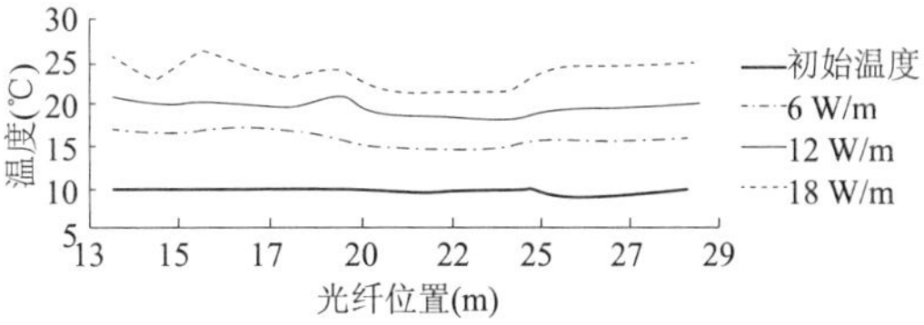

图4-27　小渗漏作用下$2^{\#}$光纤温度分布(不饱和工况)

由图4-24～图4-27可以看出:

(1)在不加热情况下,两种光纤对渗漏的探测效果均不太理想。对于大渗漏,两种光纤温度分布图均有所体现,但效果不太明显,即渗漏点的温度与其他点温度相差不大;至于小渗漏,根据未加热光纤温度分布图很难断定有无渗漏发生。

(2)两种光纤均表现为随着加热功率的增大,对渗漏的监测效果越明显。以大渗漏情况下$1^{\#}$光纤为例,6 W/m、12 W/m、18 W/m加热功率下渗漏点较非渗漏点温度降低分别为1.45 ℃、2.03 ℃和3.96 ℃。

(3)两种光纤均表现为在相同加热功率下对大渗漏的监测效果较小渗漏的明显。以12 W/m加热功率为例,$1^{\#}$光纤对于大渗漏和小渗漏发生所造成的温降分别为3.02 ℃和2.35 ℃;$2^{\#}$光纤对于大渗漏和小渗漏发生所造成的温降分别为2.025 ℃和1.63 ℃。

(4)$1^{\#}$光纤在相同加热功率下较$2^{\#}$光纤对渗漏的监测效果要好,即在相同条件下$1^{\#}$光纤较$2^{\#}$光纤对渗漏感知更为敏感,如同样在6 W/m的加热功率下,$1^{\#}$光纤对小渗漏监测到温降为1.08 ℃,而$2^{\#}$却只有0.87 ℃。

综上可知,分布式光纤监测土石结合部在非饱和状态下渗漏是切实可行的,而且随着对光纤加载加热功率的提高,监测效果更加明显。例如对于试验中设置在土石结合部直径为2 cm的半圆形集中渗漏通道,$1^{\#}$光纤在加热功率6 W/m、12 W/m、18 W/m下渗漏点对应的温降分别为1.08 ℃、2.35 ℃、3.06 ℃。

2. 饱和无渗流工况试验成果分析

除了通过光纤温度分布图分析渗漏,还可以通过分析渗漏发生对渗漏位置点温升曲线的影响来对渗漏进一步分析。本小节通过对渗漏发生对光纤上对应该点的温升曲线来分析光纤在不同加热功率下对饱和无渗流状态下渗漏的感知效果。图 4-28、图 4-29 分别为 $2^{\#}$光纤在大渗漏和小渗漏作用下不同加热功率的温升曲线，图 4-30、图 4-31 分别为 $1^{\#}$光纤在大渗漏和小渗漏作用下不同加热功率的温升曲线。

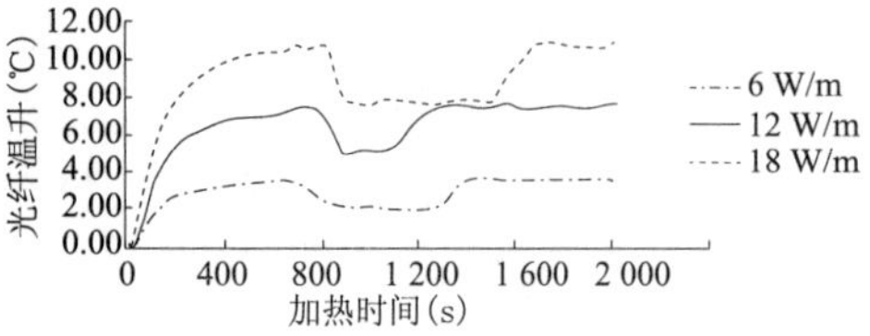

图 4-28　大渗漏作用对 $2^{\#}$光纤温升影响（饱和无渗流工况）

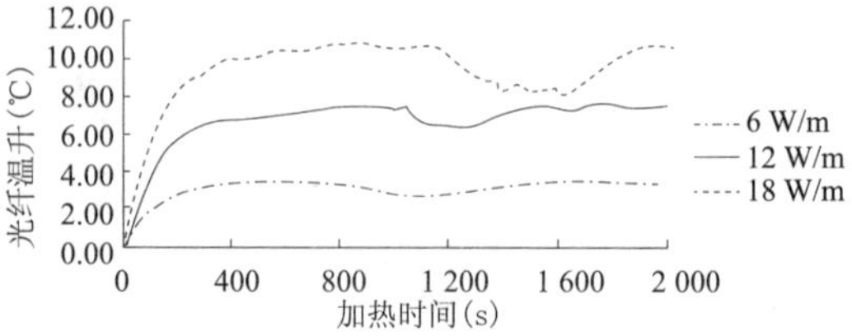

图 4-29　小渗漏作用对 $2^{\#}$光纤温升影响（饱和无渗流工况）

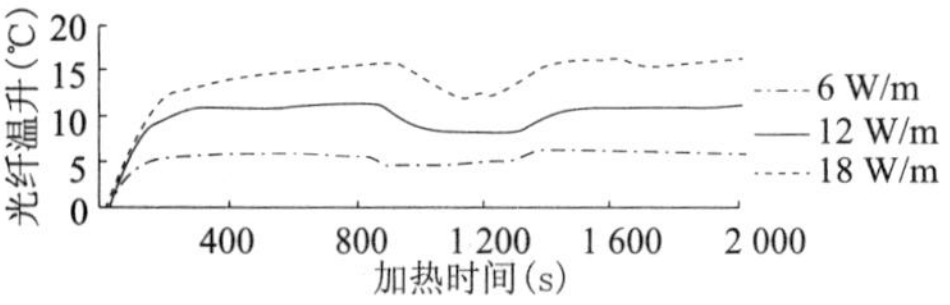

图 4-30　大渗漏作用对 $1^{\#}$光纤温升影响（饱和无渗流工况）

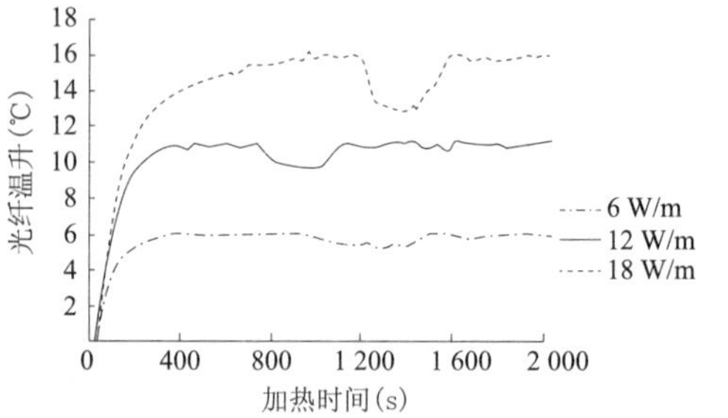

图 4-31　小渗漏作用对 $1^{\#}$光纤温升影响（饱和无渗流工况）

由图 4-28 ~ 图 4-31 可以看出：

（1）渗漏对温升曲线影响较大。当渗漏发生时，加热后的稳定温度出现明显的下降，当渗漏持续作用时，造成的温降曲线趋于平衡；当渗漏结束后，渗漏点温度重新回到渗漏未发生前的稳定温度。

（2）两种光纤均表现为随着加热功率的增大，对渗漏的监测效果越明显。以大渗漏情况下 $1^{\#}$光纤为例，6 W/m、12 W/m、18 W/m 加热功率下渗漏点较非渗漏点温度降低分别为 1.22 ℃、2.87 ℃和 3.52 ℃；但与非饱和工况相比，在相同条件下渗漏点温度降低值均有所减小。

（3）两种光纤均表现为在相同加热功率下对大渗漏的监测效果较小渗漏的明显，以 12 W/m 加热功率为例，$1^{\#}$光纤对于大渗漏和小渗漏发生所造成的温降分别为 2.87 ℃和 1.35 ℃；$2^{\#}$光纤对于大渗漏和小渗漏发生所造成的温降分别为 2.24 ℃和 1.16 ℃；与非饱和工况相比，在相同条件下渗漏点温度降低值均有所减小。

（4）$1^{\#}$光纤在相同加热功率下较 $2^{\#}$光纤对渗漏的监测效果要好，即在相同条件下 $1^{\#}$光纤较 $2^{\#}$光纤对渗漏感知更为敏感。如同样在 6 W/m 的加热功率下，$1^{\#}$光纤对小渗漏监测到温降为 0.76 ℃，而 $2^{\#}$却只有 0.64 ℃；与非饱和工况相比，在相同条件下渗漏点温度降低值均有所减小。

综上可知，分布式光纤监测土石结合部在饱和无渗流状态下渗漏是切实可行的，而且随着对光纤加载加热功率的提高,监测效果更加明显。例如对于试验中设置在土石结合部直径为 2 cm 的半圆形集中渗漏通道,1#光纤在加热功率 6 W/m、12 W/m、18 W/m 下渗漏点对应的温降分别为 0.76 ℃、1.35 ℃、2.49 ℃;与非饱和工况相比,在相同条件下渗漏点温度降低值均有所减小。说明土石结合部分布式光纤在饱和无渗流工况下对渗漏监测效果与非饱和工况下相比有所降低,但同样能够达到对渗漏监测的目的和精度要求。

3. 饱和渗流工况试验成果分析

饱和渗流工况又可以分为流速不同的几组工况,以介质Ⅰ内流速 $u=0.11\times10^{-3}$ cm/s、介质Ⅱ中流速 $u=0.045\times10^{-3}$ m/s 工况为代表,通过渗漏发生对光纤上对应该点的温升曲线来分析光纤在不同加热功率下对渗流状态下渗漏的感知效果。图 4-32、图 4-33 分别为 2#光纤在大渗漏和小渗漏作用下不同加热功率的温升曲线,图 4-34、图 4-35 分别为 1#光纤在大渗漏和小渗漏作用下不同加热功率的温升曲线。

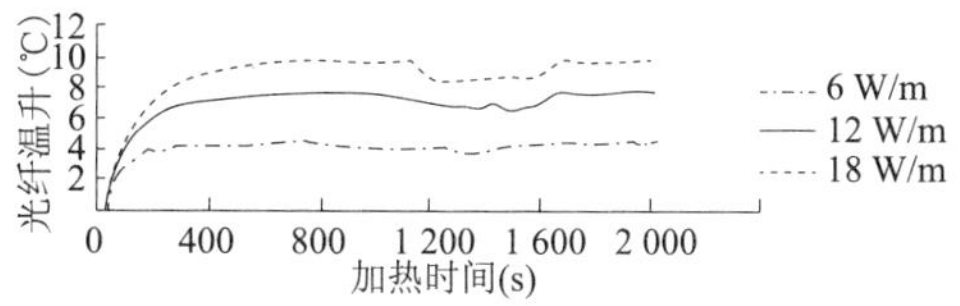

图 4-32　大渗漏作用对 2#光纤温升影响
($u=0.045\times10^{-3}$ m/s)

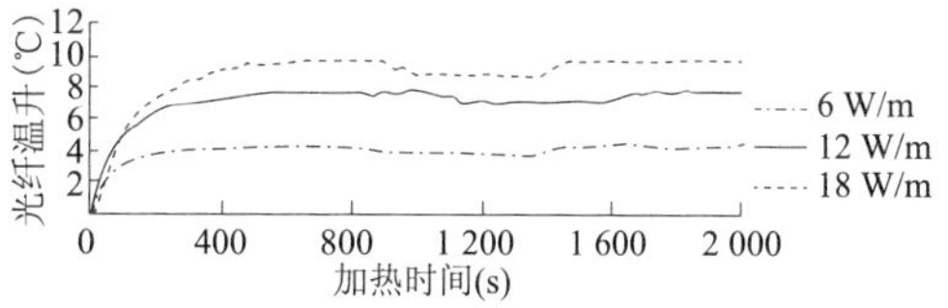

图 4-33　小渗漏作用对 2#光纤温升影响
($u=0.045\times10^{-3}$ m/s)

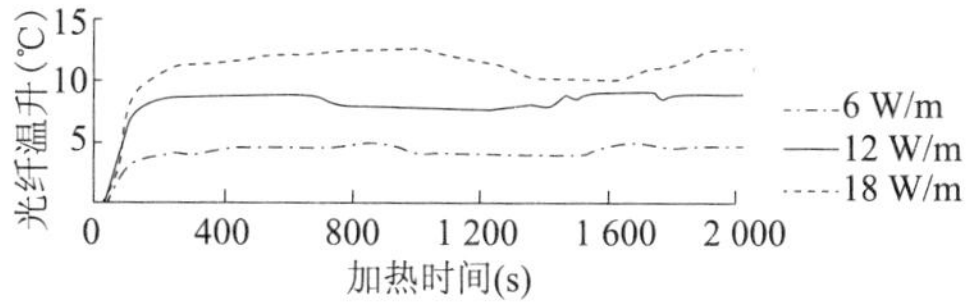

图 4-34　大渗漏作用对 1#光纤温升影响
($u=0.11\times10^{-3}$ m/s)

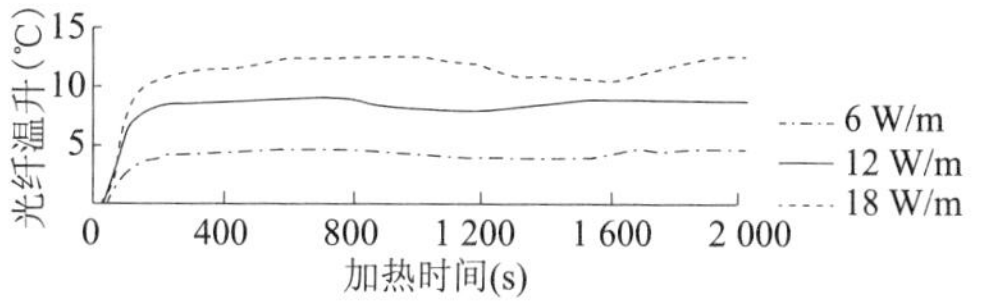

图 4-35　小渗漏作用对 1#光纤温升影响
($u=0.11\times10^{-3}$ m/s)

由图 4-31 ~ 图 4-34 可以看出:

(1)渗漏对温升曲线影响较大。当渗漏发生时,加热后的稳定温度出现明显的下降;当渗漏持续作用时,造成的温降曲线趋于平衡;当渗漏结束后,渗漏点温度重新回到渗漏未发生前的稳定温度。

(2)两种光纤均表现为随着加热功率的增大,对渗漏的监测效果越明显。以大渗漏情况下 1#光纤为例,6 W/m、12 W/m、18 W/m 加热功率下渗漏点较非渗漏点温度降低分别为 0.84 ℃、1.36 ℃和 2.52 ℃。与饱和无渗流工况相比,在相同条件下渗漏点温度降低值略有减小;而与非饱和工况相比,在相同条件下渗漏点温度降低值减小较多。

(3)两种光纤均表现为在相同加热功率下对大渗漏的监测效果较小渗漏的明显。以 12 W/m 加热功率为例,1#光纤对于大渗漏和小渗漏发生所造成的温降分别为 1.36 ℃和 0.86 ℃;2#光纤对于大渗漏和小渗漏发生所造成的温降分别为 0.93 ℃和 0.58 ℃。与饱和无渗流工况相比,在相同条件下渗漏点温度降低值略有减小;而与非饱和工况相比,在相同条件下渗漏点温度降低值减小较多。

(4) $1^{\#}$光纤在相同加热功率下较 $2^{\#}$光纤对渗漏的监测效果要好，即在相同条件下 $1^{\#}$光纤较 $2^{\#}$光纤对渗漏感知更为敏感。如同样在 6 W/m 的加热功率下，$1^{\#}$光纤对小渗漏监测到温降为 0.43 ℃；而 $2^{\#}$却只有 0.23 ℃，即 $2^{\#}$光纤在 6 W/m 加热功率下的监测效果已不太明显。

(5) 分布式光纤监测土石结合部在饱和渗流状态下渗漏是切实可行的，而且随着对光纤加载加热功率的提高，监测效果更加明显。例如，对于试验中设置在土石结合部直径为 2 cm的半圆形集中渗漏通道，$1^{\#}$光纤在加热功率 6 W/m、12 W/m、18 W/m 下渗漏点对应的温降分别为 0.43 ℃、0.86 ℃、1.88 ℃。与饱和无渗流工况相比，在相同条件下渗漏点温度降低值略有减小；而与非饱和工况相比，在相同条件下渗漏点温度降低值减小较多。

4. 成果综合分析

表 4-3 统计了不同试验工况下土石结合部光纤在 6 W/m、12 W/m、18 W/m 加热功率下稳定温升由于大小不同渗漏所造成的降低值。

表 4-3　各试验工况下土石结合部大、中、小渗漏对光纤加热稳定温升的影响

工况	光纤	渗漏状态	6 W/m	12 W/m	18 W/m
不饱和工况	$1^{\#}$	大	1.45	3.02	3.96
		中	1.29	2.78	3.54
		小	1.08	2.35	3.06
	$2^{\#}$	大	1.24	2.05	3.12
		中	1.05	1.86	3.02
		小	0.87	1.63	2.76
饱和无渗流工况	$1^{\#}$	大	1.22	2.87	3.52
		中	1.03	2.43	3.11
		小	0.76	1.35	2.49
	$2^{\#}$	大	1.03	2.24	3.01
		中	0.89	1.87	2.86
		小	0.64	1.46	2.46
饱和渗流工况	$1^{\#}$	大	0.84	1.36	2.52
		中	0.68	1.12	2.24
		小	0.43	0.86	1.88
	$2^{\#}$	大	0.51	0.93	1.82
		中	0.38	0.79	1.61
		小	0.23	0.58	1.26

由表 4-3 和上述分析可知：

(1) 土石结合部分布式光纤在饱和渗流工况下对渗漏监测效果与非饱和工况和饱和无渗流工况相比均有所降低，而且随着渗流流速的增加，在相同加热功率下的监测效果会不断降低，但通过增大加载加热功率同样能够达到对渗漏监测的目的和精度要求。

(2) $1^{\#}$光纤在相同工况和加热功率条件下对渗漏感知的灵敏性较 $2^{\#}$光纤高。

(3) 为了能够对土石结合部较小渗漏灵敏感知，达到较理想的监测效果，在不饱和工况下，对光纤加热功率最好不低于 6 W/m；在饱和无渗流工况下，对光纤加热功率最好不低于 12 W/m；在饱和渗流工况下，对光纤加热功率最好不低于 18 W/m。

三、小结

在对穿堤涵闸土石结合部渗流状况光纤感知平台设计与构建的基础上，应从分析穿堤涵闸土石结合部渗漏分布式光纤定位可行性和灵敏性的目标出发，设计土石结合部在各种工况下的渗漏定位试验方案。根据设计的多种试验工况，详细阐述了相应的试验过程和步骤，根据各工况下土石结合部大小不同渗漏对光纤稳定温升影响的对比试验，分析验证了分布式光纤土石结合部渗漏监测的可行性，论述了其对渗漏感知的灵敏度。试验分析表明，通过对分布式光纤温度数据的合理分析，能够实现土石结合部渗漏的可靠定位，对光缆加热功率越大，光纤对土石结合部渗漏愈敏感，在饱和渗流工况下，分布式光纤对土石结合部渗漏感知灵敏度降低，若要实现对小渗漏的定位，必须加大加热功率。

第四节　渗流流速光纤监测技术与模型

基于加热法的渗流光纤监测技术适用于堤防工程任何部位的渗流监测，但该技术的理论分析及工程应用尚存在一些问题，亟待进一步分析，特别是针对穿堤涵闸土石结合部的工程特点和服役环境，对该技术在土石结合部渗流监测中的可靠应用具有重要的意义。

一、分布式光纤渗流监测理论与流速监测实用模型

借助 DTS 系统对埋设于多孔介质中加热光纤的分布式温度测量，进而实现对多孔介质中渗流的监测，其基本依据是：在渗流发生的部位，加热光纤和多孔介质之间热量传递项中多了与水流之间的热传递和热对流项，从而导致与非渗流处加热光纤温差的出现。即渗流水的出现导致加热光纤热量损失增加，且流速越大，损失的热量越多，渗流处的加热光纤在相同加热功率下温升就越低。因此，通过监测系统所测得的在加热情况下光纤温度分布图，经理论分析，可实现对渗流流速的计算。从上可知，必须充分了解多孔介质与加热光纤之间的传热过程，并以此为基础，建立光纤温升同渗流流速等变量之间的理论关系式，才能实现对多孔介质中渗流的定量监测。

（一）多孔介质与加热光纤间的传热过程分析

一般而论，加热光纤能量耗散主要通过三种传热模式：热传导、热对流、热辐射。其中热辐射影响很小，通常研究中可忽略不计。因此，光纤温升与渗流流速等变量间关系的建立，重点需分析多孔介质与加热光纤之间的热传导和热对流。

渗流情况下加热光纤与多孔介质之间传热方式如图 4-35 所示。当多孔介质内发生渗流时，光纤和多孔介质之间的传热方式为热传导和热对流，具体包括光纤和固体之间的热传导、光纤和水之间的热传导及光纤和水之间的热对流。随着渗流流速的不断增大，对流传热逐步处于主导地位。

实际上，此处的加热光纤与多孔介质之间的对流传热过程已经不是单一的传热方式，它是靠水流的导热和热对流两种方式来完成加热光纤与多孔介质之间热量传递。因此，一切支配这两种作用的因素和规律都会影响此传热过程。

(1)流体流动起因。引起流体流动的原因有二：一种是受迫对流，由于外力作用而产生；另一种是自然对流，因温度不同而引起的重度差异所产生。渗流一般由水头差异，即水压而产生，故应属于受迫对流。

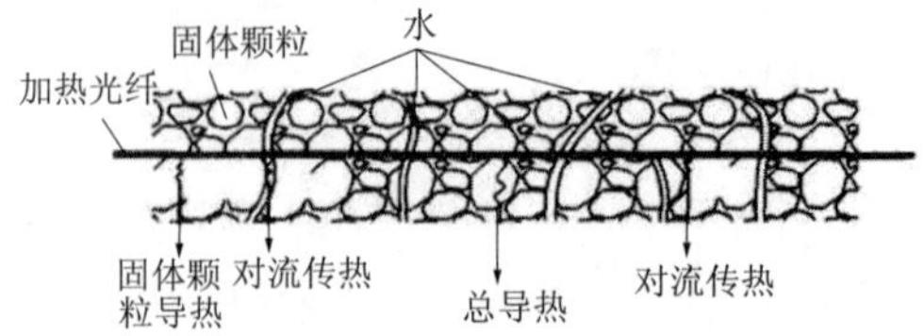

图 4-36　渗流情况下光纤与多孔介质传热示意图

(2)流体的相变。在一定条件下，流体在换热过程中会发生相变，如沸腾、升华、冷凝、凝华、凝固、融化等。对于分布式光纤温度传感系统监测渗流的问题，在光纤未加热情况下，光纤和介质之间一般不会存在任何相变换热，在试验加热功率较大情况下，光纤周围的最高温度达 80～100 ℃，这时有可能存在相变，但在一般的实际工程应用中，采用功率通常较低，所以可以忽略相变换热。

(3)水流物性。水的热物理性质指标包括重度、黏度、导热系数、比热容等，这些指标对对流传热有着相当的影响。虽然水的这些物性指标会随温度的变化而在一定范围内变化，但由于实际工程中对光纤加热时多孔介质的温升不会变化太大，因此可以忽略这些物性指标随温度的变化，而认为它们为常量。

(4)传热表面因素。传热表面因素涉及换热壁面形状、尺寸、粗糙度以及流体冲刷的相对位置，特别是光纤与流体流动的相对位置。光纤和渗流流体之间的换热，可以认为是外掠单管一类。

从理论分析可知，分布式光纤温度传感系统监测渗流的对流传热过程，可以被视作无相变外掠单管受迫对流换热类型。该类型的确定有利于对多孔介质中加热光纤与渗流传热机制的探求。

(二)基于加热法的分布式光纤渗流监测理论模型

综观加热光纤与多孔介质及其中的渗流传热过程分析可以看出，它们之间的传热方式多样，涉及的因素纷繁复杂，要想把各方面因素都考虑进来建立一套完整理论，显然是不可能的。所以必须尽量舍弃一些次要因素，对一些条件进行假定。通常该问题的基本假定和简化有：

(1)加热光纤和周围介质的传热视为一维传热问题。

(2)光纤所测温度代表整个铠装光缆的温度以及光缆表面温度。

(3)传热过程中无相变传热。

(4)忽略热辐射、忽略空气传热作用。

(5)光纤和周围介质之间的温度梯度为线性。

渗流情况下，当传热处于稳定状况之后，外界电源所产生的热量等于加热光纤向多孔介质的固体颗粒传递的传导热以及渗流所带走的对流热之和，即

$$P = Q'_\lambda + Q_v \tag{4-1}$$

$$Q_v = A_a h(T_s - T_f)$$

$$A_a = A_0 e$$

式中　P——光纤单位长度加热功率；

Q'_λ——渗流情况下，光纤与多孔介质固体颗粒之间的传导热；

Q_v——光纤与水流之间的对流热；

A_a——光纤和水流之间的换热面积；

e——多孔介质的孔隙率；

A_0——光纤总换热面积；

T_s——加热光纤的表面温度；

T_f——渗流水温度。

当渗流稳定之后，周围介质的温度和渗流水温度相同，即有 $T_f = T_0$，显然此时有 $T_s = T_\infty$，所以 $Q_v = A_a h(T_s - T_f) = A_a h(T_\infty - T_0)$。

另外，$Q'_\lambda = A_s \lambda_s \dfrac{\partial T}{\partial x} = A_s \lambda_s \dfrac{T_\infty - T_0}{\Delta x}$，其中 A_s 为加热光纤与多孔介质固体颗粒之间的热传导面积，$A_s = A_0(1-e)$，λ_s 为固体颗粒的导热系数。

将 Q'_λ 和 Q_v 代入 $P = Q'_\lambda + Q_v$，于是有

$$P = A_s \lambda_s \frac{T_\infty - T_0}{\Delta x} + A_a h(T_\infty - T_0) = A_0(T_\infty - T_0)\left[\frac{(1-e)\lambda_s}{\Delta x} + eh\right] \tag{4-2}$$

引入过余温度，得到 $P = A_0 \theta \left[\dfrac{(1-e)\lambda_s}{\Delta x} + eh\right]$，整理得

$$\theta = \frac{P}{A_0}\left[\frac{1}{\dfrac{(1-e)\lambda_s}{\Delta x} + eh}\right] \tag{4-3}$$

将 $h = Du^n$、P 值、A_0 值代入上式，转化成流速的函数

$$u = \left\{\frac{1}{c_\varphi De}\left[\frac{q}{2\pi r\theta} - \frac{(1-e)\lambda_s}{\Delta x}\right]\right\}^{\frac{1}{n}} \tag{4-4}$$

上式即是在渗流情况下，渗流流速与过余温度、外界施加单位光纤加热功率、多孔介质固体颗粒导热系数、铠装光纤半径、孔隙率等的关系式，即渗流情况下渗流监测基本理论模型。理论上在测得外界所加加热功率、过余温度等参数量值之后，便可以通过式(4-4)计算出渗流流速大小，从而实现对渗流的定量监测。但是，式(4-4)实际上有一参数较难确定，而且单纯由分布式光纤温度传感系统基本无法测出，即不同加热功率下加热光纤对周围介质温度影响范围 Δx，尤其是当有渗流存在时该参数更难估计，这也是该模型至今未能实际应用于分布式光纤渗流流速监测的主要问题。因此，要想实现分布式光纤渗流流速监测必须绕开参数 Δx 问题，为此另辟蹊径推导出下述半理论半经验的分布式光纤渗流监测实用模型。

（三）基于加热法的分布式光纤渗流监测实用模型

将加热光纤看作一线热源，借鉴线热源测风速原理，探求加热光纤与纯水流对流传热问题。首先分析推导出分布式光纤监测纯水流流速模型，在此基础上再试图得到同种介质及土石结合部分布式光纤渗流监测实用模型。

加热光纤与纯水流对流传热量的计算可以采用牛顿冷却公式，即

$$Q_v = A_a h(T_s - T_f) = q \tag{4-5}$$

式中　Q_v——加热光纤与水流之间的对流换热量；

A_a——光纤和水流之间的换热面积；

h——换热系数；

T_s——加热光纤表面的温度；

T_f——水流温度；

q——加热功率。

其中，A_a、q、T_s 和 T_f 都可以直接测量计算得到的，只有换热系数 h 无法直接测量得到。因此，对对流传热的分析即转化为对流换热系数 h 的分析。从前面的分析可知，换热系数与流速、光纤的结构尺寸、水的重度、比热容、运动黏滞系数和导热率等因素有关，所以可以表达成如下形式：

$$h = f(u, l, \rho_w, c_w, \upsilon, \lambda_w) \tag{4-6}$$

式中 h——对流换热系数；

u——流速；

l——光纤的结构尺寸；

ρ_w、c_w、υ、λ_w——水的重度、比热容、运动黏度系数和导热系数。

由于假定 ρ_w、c_w、υ、λ_w 为常量，当光纤的尺寸 l 确定之后，对流换热系数的公式简化为 $h = f(u)$，即换热系数 h 只是流速 u 的函数。要计算换热系数 h，首先需要了解外掠单管换热形式的特征数和特征关联式，因为换热系数是根据特征数的相似原理和特征关联式进行计算的。

1. 特征数

(1)雷诺数 Re_{m}：表征流动惯性力和黏滞力的相对大小，它是流动状态的定量标志，定义为

$$Re_{\mathrm{m}} = \frac{ud}{\upsilon} \tag{4-7}$$

式中 Re_{m}——外掠单管的雷诺特征数；

υ——运动黏滞系数；

d——加热光缆外径。

(2)普朗克数 Pr_{m}：表征流体动量扩散能力和热量扩散能力的相对大小，定义为

$$Pr_{\mathrm{m}} = \frac{\upsilon}{a} \tag{4-8}$$

式中 Pr_{m}——外掠单管的普朗克特征数；

υ——运动黏滞系数；

a——导温系数。

(3)努谢尔特数 Nu_{m}：表征流体在贴近换热面处温度梯度大小，定义为

$$Nu_{\mathrm{m}} = \frac{hd}{\lambda_w} \tag{4-9}$$

式中 Nu_{m}——外掠单管的努谢尔特数；

d——加热光缆外径；

λ_w——水的导热系数。

2. 特征关联式

外掠单管的特征数之间的特征关联式为

$$Nu_{\mathrm{m}} = C \cdot Re_{\mathrm{m}}^{n} \cdot Pr_{\mathrm{m}}^{1/3} \tag{4-10}$$

式中　C、n——流体外掠单管的常数。

在纯水流流过线热源时，C 和 n 根据不同的 Re_{m} 进行选择，见表 4-4。如果对多孔介质中的渗流亦采用表 4-4 中所列参数明显不正确，至于分布式加热光纤在多孔介质渗流情况下的特征关联式 C 和 n 的取值，则通过试验进行分析确定。

3. 换热系数 h 计算

将各特征数代入式(4-10)所示特征关联式，于是有：

$$\frac{hd}{\lambda_w} = C\left(\frac{ud}{\upsilon}\right)^n\left(\frac{\upsilon}{a}\right)^{1/3} \tag{4-11}$$

经整理，得

$$h = C\lambda_w d^{n-1}\upsilon^{\frac{1}{3}-n}a^{1/3}u^n \tag{4-12}$$

令 $C\lambda_w d^{n-1}\upsilon^{\frac{1}{3}-n}a^{1/3} = D$，$D$ 为常数，则有

$$h = Du^n \tag{4-13}$$

当水流并不垂直外掠加热光纤(线热源)时，即与光纤轴向成一定夹角 $\varphi(0° < \varphi < 90°)$，此时的传热系数要比垂直状况($\varphi = 90°$)的小。因此，在计算时需乘以一个冲击角修正系数 c_φ，即

$$h = c_\varphi A u^n \tag{4-14}$$

式中，c_φ 值按表 4-5 取值。

表 4-4　C 和 n 分段取值

Re_{m}	C	n
0. 4 ~ 4	0. 989	0. 330
4 ~ 40	0. 911	0. 335
40 ~ 4 000	0. 683	0. 466
4 000 ~ 4 000	0. 193	0. 618
4 000 ~ 40 000	0. 026 6	0. 805

表 4-5　流体斜向冲刷光纤对流传热的 c_φ 值

φ(°)	15	30	45	60	70	80
c_φ	0. 41	0. 70	0. 83	0. 94	0. 97	0. 99

联立式(4-5)和式(4-13)得

$$q = A_a Du^n (T_s - T_f) = A_a Du^n \Delta T \tag{4-15}$$

令 $k = \dfrac{\Delta T}{q}$，式(4-15)可转化为

$$A_a Du^n = \frac{q}{\Delta T} = \frac{1}{k} \tag{4-16}$$

式(4-16)可以进一步转化为

$$u^n=\frac{1}{A_aD}\cdot\frac{1}{k} \tag{4-17}$$

令$\frac{1}{A_aD}=A$，则 A 同样为常数，式(4-17)可以写作

$$u^n=\frac{A}{k} \tag{4-18}$$

对式(4-18)两边同取对数得

$$n\lg u=\lg\frac{A}{k}=\lg A-\lg k \tag{4-19}$$

式(4-19)可写作

$$\lg k=-n\lg u+\lg A \tag{4-20}$$

以 $\lg u$ 为 x 轴，$\lg k$ 为 y 轴，则 $-n$ 为直线斜率，$\lg A$ 为截距。根据同种流速下试验数据绘出介质各加热功率下的对应温升关系图，便可以得到参数 k；根据不同流速下相应的参数 k 值，绘出 $\lg u$ 和 $\lg k$ 之间的关系图，便可以得到参数 n 和 A，代入公式(4-18)即可以建立分布式光纤流速监测实用模型。

二、不同渗流工况下光纤温度时程变化特性

借助前文所述渗流感知试验平台，开展多工况下模型渗流光纤监测试验，通过对比分析多种工况下模型不同部位光纤测温数据时空变化过程，分析加热光纤在不同试验工况下的温度升降规律，探求利用基于加热法的分布式光纤测温技术进行土石结合部和均匀介质渗流监测的差异性。

（一）试验工况

试验主要选取加热功率、不同光缆和介质不同状态作为试验因素，探求三者之间的关系，并设计了三种试验工况。

1. 非饱和无渗流工况

为了解土石结合部与均匀介质内加热光纤在非饱和无渗流状态下不同加热功率下的温度时程变化特性，设计该工况。保持光缆所在土石结合部与均匀介质为正常无渗流状态，分别对两光缆施加一系列不同加热功率，通过 DTS 系统监测光纤加热全过程的温度变化，探讨两种光纤在不同加热功率下土石结合部与均匀介质内加热光纤在该工况下温度时程变化特性的异同。该工况主要用于分析分布式光纤在土石结合部自然无渗流状态下的温度变化规律，为穿堤涵闸侧墙土石结合部自然无渗流情况下分布式光纤渗流监测提供参考。

2. 饱和无渗流工况

为了解土石结合部与均匀介质内加热光纤在非饱和无渗流状态下不同加热功率下的温度时程变化特性，设计该工况。保持光缆所在土石结合部与均匀介质为饱和无渗流状态，分别对两光缆施加一系列不同加热功率，通过 DTS 系统监测光纤加热全过程的温度变化，探讨两种光纤在不同加热功率下土石结合部与均匀介质内加热光纤在该工况下温度时程变化特性的异同。该工况主要用于分析分布式光纤在土石结合部饱和无渗流状态下的温度变化规律，为穿堤涵闸位于水面以下土石结合部饱和无渗流情况下分布式光纤

渗流监测提供参考。

3. 渗流状态下渗漏工况

为了解土石结合部与均匀介质内加热光纤在饱和渗流状态下不同加热功率下的温度时程变化特性，设计该工况。保持光缆所在土石结合部与均匀介质为饱和渗流状态，分别对两光缆施加一系列不同加热功率，通过 DTS 系统监测光纤加热全过程的温度变化，探讨两种光纤在不同加热功率下土石结合部与均匀介质内加热光纤在该工况下温度时程变化特性的异同。该工况主要用于分析分布式光纤在土石结合部饱和渗流状态下的温度变化规律，为穿堤涵闸位于水面以下土石结合部饱和渗流情况下分布式光纤渗流监测提供参考。

（二）试验步骤

1. 不饱和工况试验

该工况主要用来分析自然状态下不同加热功率光纤不同位置温升情况，具体步骤为：

（1）将 1#光纤连接 DTS 系统，按要求连接加热电路。由于调压器刻度读数与实际电压误差较大，因此将万能表并联接入加热电路，显示加热系统电压，便于更加精准控制加热功率。

（2）初步选择若干加热功率，根据表 4-2 选择对应加载电压。试验所选用的加热功率包括 2 W/m、4 W/m、6 W/m、8 W/m、10 W/m、12 W/m、14 W/m、16 W/m、18 W/m，对应的加热电压分别为 63. 98 V、90. 48 V、110. 82 V、127. 96 V、143. 07 V、156. 72 V、169. 28 V、180. 96 V、191. 94 V。

（3）通过 DTS 系统监测 1#光缆温度，测量出介质的初始温度，测量 10 min。

（4）快速调节调压器到对应电压附近，通过万能表显示电压微调到相应要求电压，保持电压固定不变，对 1#光缆持续加热，在 DTS 系统中将 1#光纤中的 8 m、28 m、33 m、38 m 和 45 m 位置点设为观察点，得到各点随时间的温升变化过程线，当各点温度维持不变之后停止加热，直至光纤温度恢复至初始加热前状态。

（5）改变加热功率，重复步骤（4）过程，直至加载到最大设计加热功率，在此过程中，DTS 系统连续记录 1#光纤各时刻分布式温度。

（6）将 2#光纤连接 DTS 系统，初步选择若干加热功率，计算出所需要的加热电压。试验所选用的加热功率包括 2 W/m、4 W/m、6 W/m、8 W/m、10 W/m、12 W/m、14 W/m、16 W/m、18 W/m，对应的加热电压为 33. 44 V、47. 29 V、57. 92 V、66. 88 V、74. 77 V、81. 91 V、88. 47 V、94. 58 V、100. 32 V。在 DTS 系统中将 2#光纤中的 8 m、21 m、26 m、34 m和37 m位置点设为观察点。其他操作与加热、监测 1#光纤相同。

2. 饱和无渗流工况试验

该工况主要用来分析饱和无渗流状态下不同介质、不同加热功率、光纤不同位置温升情况，具体步骤为：

（1）打开供水系统开关使介质均达饱和状态。

（2）接下来操作步骤与非饱无渗流工况试验相同。

3. 饱和渗流工况试验

该工况主要用来分析饱和渗流状态下不同介质、不同加热功率、光纤不同位置温升情

况,具体步骤为:

(1)对供水系统的流速控制阀开度进行调节,使介质饱和后产生渗流,一定的开度即对应着一定的渗流速度,不断测量模型出流量,待流速稳定后,利用 1#光纤测量初始温度。

(2)保持控制阀开度不变,对 1#光缆按设计加热功率进行加热,加热 20 min 左右至温升稳定后,同时采用称重法分别测量不同介质对应流速,之后断电停止加热,自然冷却 15 min左右,利用 DTS 记录整个温度变化过程。

(3)保持渗流流速不变,不断改变加热电压,直至测试完所有设计加热功率。

(4)保持渗流流速不变,将 2#光纤连接 DTS 系统,对 2#光缆按设计加热功率进行加热,加热 20 min 左右至温升稳定后断电停止加热,自然冷却 15 min 左右,利用 DTS 记录整个温度变化过程。

(5)保持渗流流速不变,不断改变加热电压,直至测试完所有设计加热功率。

(三)试验成果

参照前文所述 1#光缆和 2#光缆在试验模型的布设方式以及各部位在 DTS 系统对应点,试验中光纤埋设位置可以大致分为以下几部分:空气中部分、介质Ⅰ部分、土石结合部Ⅰ部分、介质Ⅱ部分、土石结合部Ⅱ部分、监测浸润线部分以及土石结合部渗漏监测部分。由于空气中光纤温升较大,不宜与其他部分光纤温升一起分析,而且对空气中光纤温升分析实际意义不大,因此本小节去除裸露在空气中光纤部分,主要对介质Ⅰ部分、土石结合部Ⅰ部分、介质Ⅱ部分和土石结合部Ⅱ部分进行数据对比。

1. 非饱和无渗流工况试验成果分析

为了解不同介质或部位中两种光纤在不同加热功率下的温升状况,首先对非饱和工况试验数据进行分析。

1)光纤沿程温度变化规律分析

图 4-36、图 4-37 分别为 1#光纤和 2#光纤在不同加热功率下的分布式温度曲线,为了便于分析,图中未全部列出试验加载功率曲线,仅选出具有代表性的 2 W/m、6 W/m、10 W/m、14 W/m 和 18 W/m 功率下光纤稳定温度曲线进行分析。

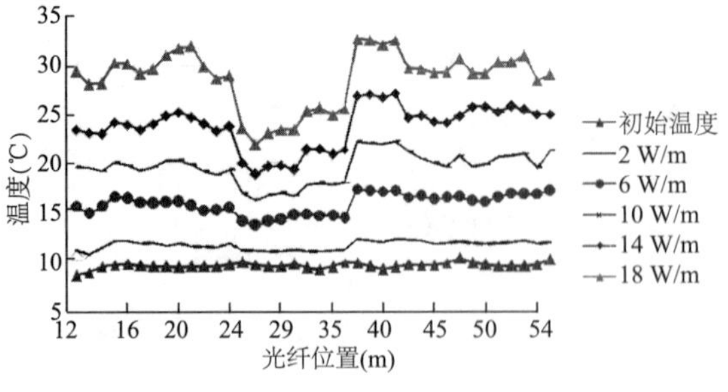

图 4-36 非饱和状态下 1#光纤温度分布

由图 4-36 和图 4-37 可以看出:

(1)不管何种介质及不同部位,两种光纤的稳定温升均随加热功率的增大而增大,但在相同加热功率下,2#光纤各部位的稳定温升均较 1#稳定温升小。原因为两种光缆的结构不同,2#光缆是通过加热内部两根较细金属丝,1#光缆则是通过加热内部光纤周围的金属软管,而且2#光缆的直径较1#光缆的大,与介质接触面积大,热量向介质中传递更多。因此,在相同加热功率下,1#光缆的稳定温升较2#光缆的大。

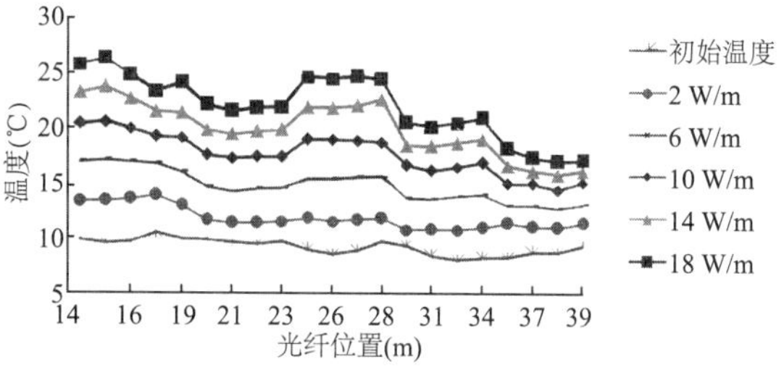

图4-37　非饱和状态下2#光纤温度分布

(2)两种光纤感应各部位未加热前初始温度基本相同,均为10 ℃左右,说明两种介质和土石结合部初始温度相差不大,基本相同,同时也说明两种光纤均能对分布式温度取得较好的感知效果。

(3)在同种加热功率条件下,两种光纤均表现为,在介质Ⅰ中的稳定温升 < 土石结合部Ⅰ的稳定温升 < 介质Ⅱ中稳定温升 < 土石结合部Ⅱ稳定温升 < 渗漏监测段光纤稳定温升。说明光纤加热温升与周围介质有关,这与前人的成果结论相符。同时发现光纤在同一均匀介质中的温升较该介质与混凝土接触部位温升小,原因为混凝土墙较松散多孔介质对光纤热量的吸收要少,使该部位光纤温升较大。至于渗漏监测段光纤温升,理论上应与土石结合部光纤温升相同,但从图中发现两种光纤均在渗漏监测段温升最大,原因可能与设置的集中渗漏通道有关,设置的集中渗漏通道在未通水的情况下,与渗漏通道交叉处光纤则与空气接触,导致该部位温升较大,这种现象对于1#光纤更为明显,因为1#光纤土石结合部渗漏监测段呈"S"布置,光纤与渗漏通道相交处更多。

(4)在加热功率较小的情况下,两种光纤温升均小,而且相差不大,如2 W/m时,两种光纤的温度均升高到13 ℃左右;但在较大加热功率情况下,两种光纤的温升相差较大,如18 W/m时,1#光纤的温度升高到30 ℃左右,而2#光纤的温度却只升高到25 ℃左右,两者相差将近5 ℃;同时加热功率较大时埋设在不同部位的同种光纤温升相差也较大。

2)光纤温度随时间变化规律分析

下面对各部位光纤代表点在加热情况下的温升随时间变化曲线进行分析,以进一步对比分析各部位光纤温升特性。以12 W/m加热功率下各代表点的温度升降曲线为例进行详细说明,如图4-38、图4-39所示。

从图4-38和图4-39可以看出:

(1)不管是哪种介质或土石结合部,加热光纤各部位代表点温度升降曲线明显可以分五个阶段。第一阶段,即快速升温阶段,该阶段加热开始,光纤温度迅速上升;第二阶段,即缓慢升温阶段,该阶段光纤温度增长缓慢,表现为稳中有升,不同加热功率该阶段的持续时间不同,一般为加热功率愈小该阶段持续时间越短,加热功率愈大该阶段持续时间越长;第三阶段,即为稳定阶段,该阶段光纤温度基本保持不变;第四阶段,即停止加热后光纤温度急速下降阶段;第五阶段,即为缓慢温降阶段,该阶段光纤温度缓慢下降,直至恢复加热前的介质初始温度。

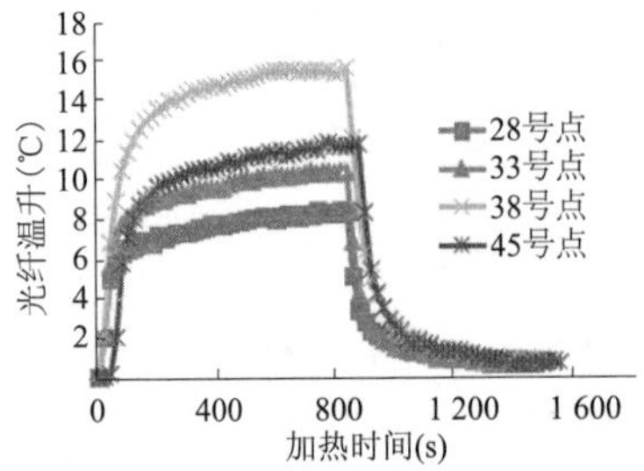

图 4-38　1[#]光纤各代表点温度变化曲线
(不饱和状态,加热功率为 12 W/m)

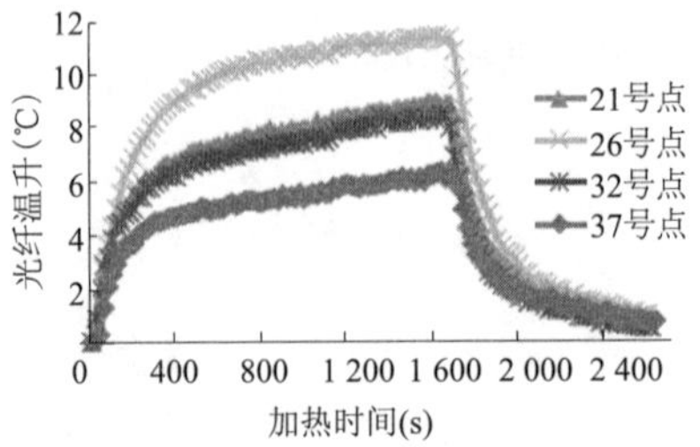

图 4-39　2[#]光纤各代表点温度变化曲线
(不饱和状态、加热功率为 12 W/m)

(2)两种光纤温度升降曲线虽然均呈现出上述五个阶段,但两种光纤某些阶段持续时间略有不同。1[#]光纤第一阶段持续时间较 2[#]光纤的要短,即 1[#]光纤开始加热后温升较快,在短时间内迅速上升至接近稳定温度。1[#]光纤第四阶段持续时间也较短,即 1[#]光纤停止加热后温降较快,在短时间内迅速下降至接近加热前初始温度。

(3)相同加热功率下,两种光纤均表现为,在介质Ⅰ中的稳定温升 < 土石结合部Ⅰ的稳定温升 < 介质Ⅱ中稳定温升 < 土石结合部Ⅱ稳定温升,以及在同一部位相同加热功率下 1[#]光纤稳定温升较 2[#]光纤各部位稳定温升大。在 12 W/m 的加热功率下,埋设在土石结合部Ⅱ处的光纤温升最大,1[#]光纤和 2[#]光纤稳定温升分别为 15.8 ℃和 11.2 ℃,埋设在介质Ⅰ中的光纤温升最小,1[#]光纤和 2[#]光纤稳定温升分别为 8.3 ℃和 6.2 ℃。

2. 饱和无渗流工况试验成果分析

下面对饱和无渗流工况光纤各部分温度监测数据进行分析,与上一节非饱和工况分析方法基本相同。图 4-40、图 4-41 分别为 1[#]光纤和 2[#]光纤在不同加热功率下的分布式温度曲线,同样选择具有代表性的 2 W/m、6 W/m、10 W/m、14 W/m 和 18 W/m 功率下光纤稳定温度曲线进行分析;图 4-42、图 4-43 分别为 1[#]和 2[#]光纤在 12 W/m 加热功率下各部分代表点温度随时间的升降曲线。

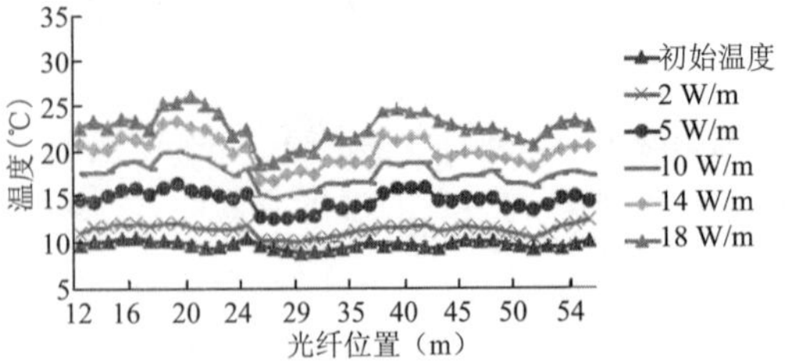

图 4-40　饱和状态无渗流工况下 1[#]光纤温度分布

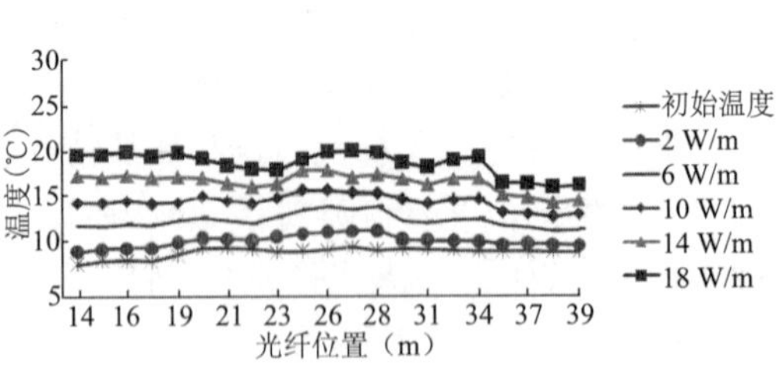

图 4-41　饱和状态无渗流工况下 2[#]光纤温度分布

由图 4-40 ~ 图 4-43 可以看出,饱和无渗流工况各部分光纤温度分布及温度随时间升降与非饱和工况相比,规律基本相同,但温度改变量不同,下面进行具体分析说明。

(1)由于水温较介质温度低,所以介质处于饱和状态之后,1[#]光纤和 2[#]光纤监测到的初始温度较处于非饱和状态时偏低。

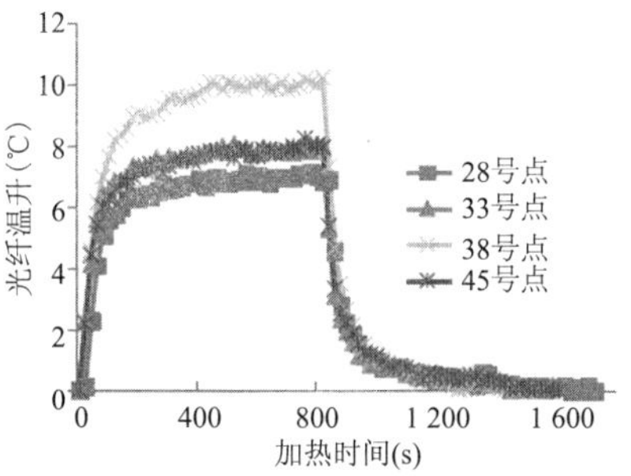

图 4-42　1#光纤各代表点温度变化曲线
(饱和状态,加热功率为 12 W/m)

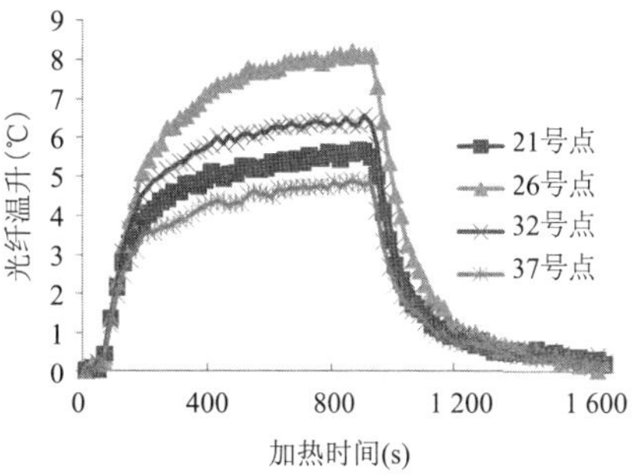

图 4-43　2#光纤各代表点温度变化曲线
(饱和状态,加热功率为 12 W/m)

(2)两种光纤均表现为,在相同加热功率情况下,各部分温升较处于非饱和状态时均有所减小,但各部分减小幅度不同。例如 1#光纤在 12 W/m 时,介质Ⅰ内最大温升减小约 1 ℃,土石结合部Ⅰ最大温升均减小约 2 ℃,介质Ⅱ内最大温升减小约 4 ℃,土石结合部Ⅱ最大温升均减小约 5.6 ℃;2#光纤在 12 W/m 时,介质Ⅰ内最大温升减小约 1 ℃,土石结合部Ⅰ最大温升均减小约 1.5 ℃,介质Ⅱ内最大温升减小约 2.5 ℃,土石结合部Ⅰ最大温升均减小约 3 ℃。这说明饱和工况加热光纤各部分温度差别趋于缩小。

(3)两种光纤均表现为达到稳定温升所需时间缩短,急速升温阶段相对于非饱和工况温升速度放缓,加热停止后,急速温降阶段相对于非饱和工况温降速度加快。

3. 饱和渗流工况试验成果分析

对于饱和渗流工况光纤各部分温度监测数据进行分析,以渗流流速 $u = 0.11 \times 10^{-3}$ m/s的工况为代表进行分析。图 4-44、图 4-45 分别为 1#光纤和 2#光纤在不同加热功率下的分布式温度曲线,同样选择具有代表性的 2 W/m、6 W/m、10 W/m、14 W/m 和 18 W/m 功率下光纤稳定温度曲线进行分析。图 4-46、图 4-47 分别为 1#和 2#光纤在 12 W/m 加热功率下各部分代表点温度随时间的升降曲线。

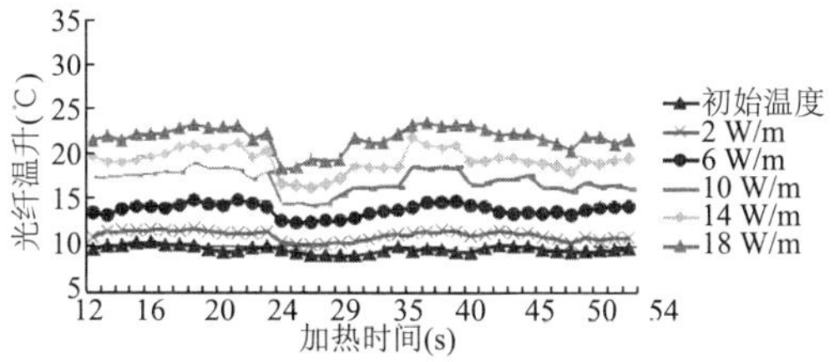

图 4-44　饱和状态渗流工况下 1#光纤温度分布
($u = 0.11 \times 10^{-3}$ m/s)

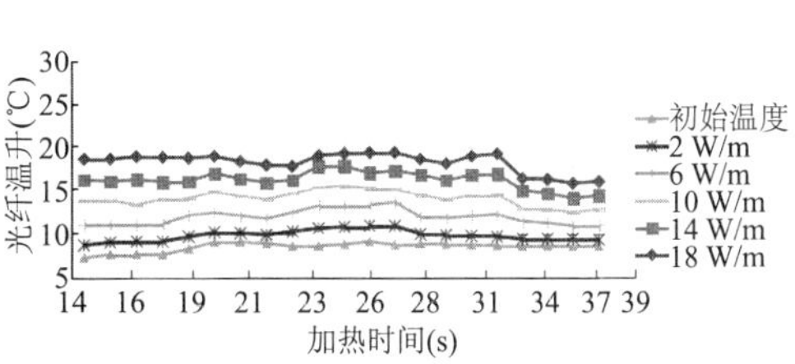

图 4-45　饱和状态渗流工况下 2#光纤温度分布
($u = 0.11 \times 10^{-3}$ m/s)

综合分析图 4-44 ~ 图 4-47 可以看出,饱和渗流工况各部分光纤温度分布及温度随时间升降与饱和无渗流工况相比,规律基本相同,但温度改变量不同。下面进行具体分析说明。

(1)由于介质Ⅰ及土石结合部Ⅰ与介质Ⅱ及土石结合部Ⅱ的渗流流速不同,导致介质Ⅰ内和土石结合部Ⅰ两种光纤在各加热功率下温升较饱和无渗流工况温升降低较多，渗流速度相差越大，稳定温升相差越大。原因为当渗流发生时，光纤与周围介质的热传输以对流传热为主，即渗流流速成为影响光纤温升的主要因素。

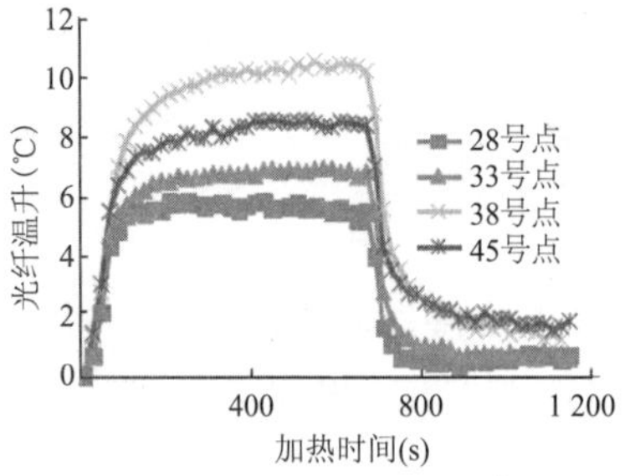

图 4-46　1#光纤各代表点温度变化曲线

(u = 0.11 × 10^{-3} m/s，加热功率为 12 W/m)

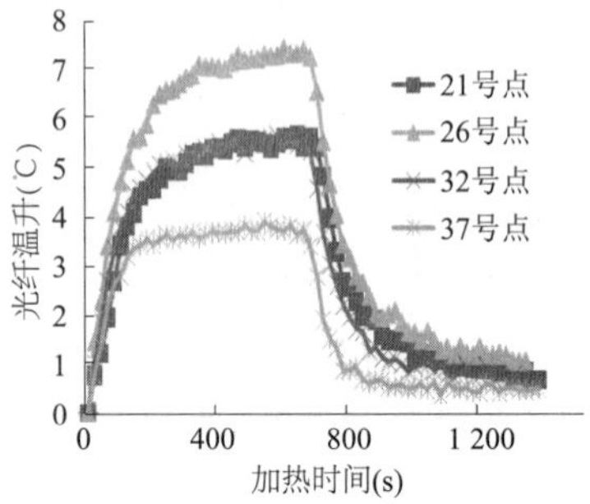

图 4-47　2#光纤各代表点温度变化曲线

(u = 0.11 × 10^{-3} m/s，加热功率为 12 W/m)

(2)两种光纤均表现为，在相同加热功率情况下，各部分温升较处于饱和无渗流工况时均有所减小，但各部分减小幅度不同。例如1#光纤在12 W/m时，介质Ⅰ内最大温升减小约1 ℃，土石结合部Ⅰ最大温升均减小约1.2 ℃，介质Ⅱ内最大温升减小约0.3 ℃，土石结合部Ⅱ最大温升均减小约0.2 ℃；2#光纤在12 W/m时，介质Ⅰ内最大温升减小约1.3 ℃，土石结合部Ⅰ最大温升均减小约0.8 ℃，介质Ⅱ内最大温升减小约0.2 ℃，土石结合部Ⅱ最大温升均减小约0.4 ℃；说明两种光纤在由饱和无渗流工况到饱和渗流工况，相同部位光纤稳定温升减小值基本相同，即两种加热光纤均能感知渗流。

(3)两种光纤均表现为达到稳定温升所需时间进一步缩短，急速升温阶段相对于饱和无渗流工况温升速度进一步放缓，加热停止后，急速温降阶段相对于饱和无渗流工况温降速度进一步加快。

三、土石结合部渗流流速光纤监测技术及试验

为了分析验证上述渗流监测方法的可行性与合理性，借助下文所述纯水流速测试系统和河工模型、渗流感知试验平台，开展了纯水流速监测试验和穿堤涵闸土石结合部渗流流速监测试验，构建了对应的光纤监测模型。

(一)纯水流速光纤监测试验及模型构建

1. 试验设计

根据上面的理论推导，利用实验室已有的模型，设计一套用于纯水流流速光纤监测的试验系统，如图4-48、图4-49所示。将光纤沿横断面布置，试验中加热段光纤长20 m左右，通过上游闸门控制水流流速，不同断面设置一排流速测竿，最终通过HGDF-8流速信号前置放大器获得断面各点流速。在同一流速下对光纤加载4 W/m、8 W/m、12 W/m、16 W/m、18 W/m和20 W/m等一系列加热功率，对应加载电压分别为30.6 V、50.0 V、60.0 V、69.3 V、73.5 V和77.5 V。得到稳定温升，改变闸门刻度得到一系列流速对应不同加热功率下的光纤稳定温升。

2. 试验成果分析

当水流流速为0.25 m/s工况下,加热功率4 W/m、8 W/m、12 W/m、16 W/m和18 W/m时的光纤温升曲线如图4-50所示,可以发现光纤很快达到温升稳定状态。与相同加热功率下光纤在土石结合部光纤渗流感知试验模型中介质Ⅰ、介质Ⅱ、土石结合部Ⅰ、土石结合部Ⅱ非饱和状态、饱和无渗流状态及饱和渗流状态相比,纯水情况下达到稳定温升所需时间明显缩短,而且在相同加热功率下稳定温升也明显减小。

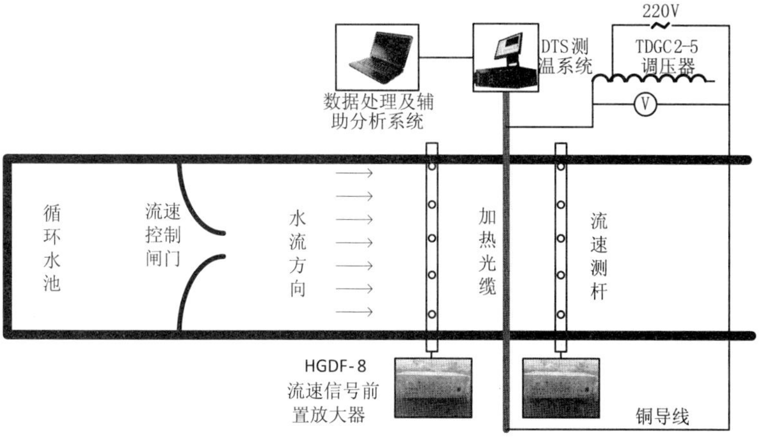

图4-48　基于分布式光纤监测水流流速试验系统示意图

图4-49　基于分布式光纤监测水流流速试验图

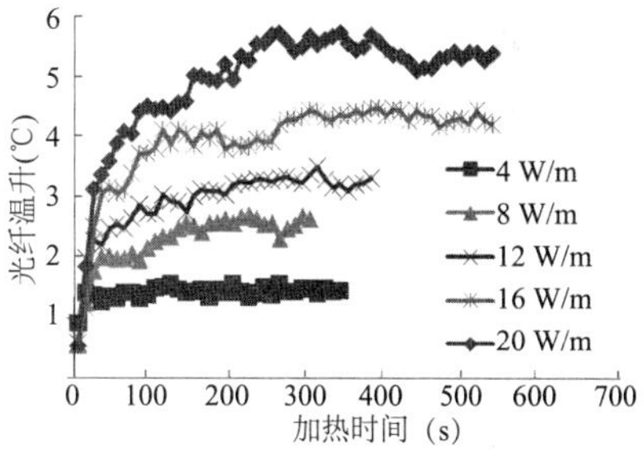

图4-50　光纤温升曲线(u=0.25 m/s)

由于篇幅限制,未全部列出其他流速工况下光纤温升图,表4-6列出了各流速工况下加热功率为4 W/m、8 W/m、12 W/m、16 W/m和20 W/m时的光纤稳定温升。

根据表4-3数据拟合出各流速工况下对应的$k=\Delta T/q$,即直线斜率,如图4-51所示。图中每条直线理论上经过原点,即加热功率为零时(未加热)光纤温升为零,因此拟合时将直线截距设定为零,即使在此种情况下,每条直线的拟合精度仍较高($R^2>0.9$);同时可以看出,水流流速越大对应的直线斜率越小,也即流速越大,加热光纤与水流之间的对流传热作用越大,水流带走的热量较多,导致相同加热功率下光纤温升减小。

表 4-6　各流速在不同加热功率下光纤稳定温升　　（单位：℃）

加热功率	流速(m/s)							
(W/m)	0.15	0.25	0.37	0.46	0.54	0.66	0.73	0.89
4	1.81	1.42	1.13	0.91	0.86	0.81	0.73	0.65
8	3.29	2.54	2.08	1.72	1.57	1.48	1.25	1.08
12	4.55	3.76	3.25	2.65	2.53	2.34	2.02	1.88
16	5.65	4.44	4.01	3.45	3.33	3.21	2.94	2.47
20	7.27	6.29	5.45	4.76	4.44	4.12	3.65	3.29

根据式(4-20)，以 lg$u$ 为 x 轴、lg$k$ 为 y 轴，绘制 lg$u$ 和 lg$k$ 之间的关系图，如图 4-52 所示，则 $-n$ 为直线斜率，lg$A$ 为截距，便可以得到参数 n 和 A，代入式(4-18)即可获得分布式光纤纯水水流流速监测模型。

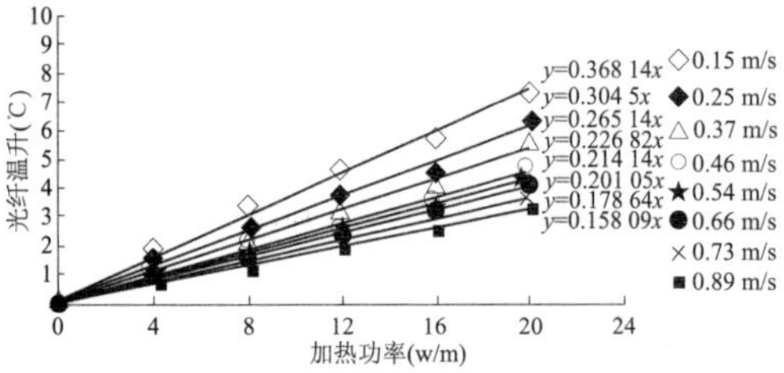

图 4-51　各流速对应温升—功率比 k 的拟合线

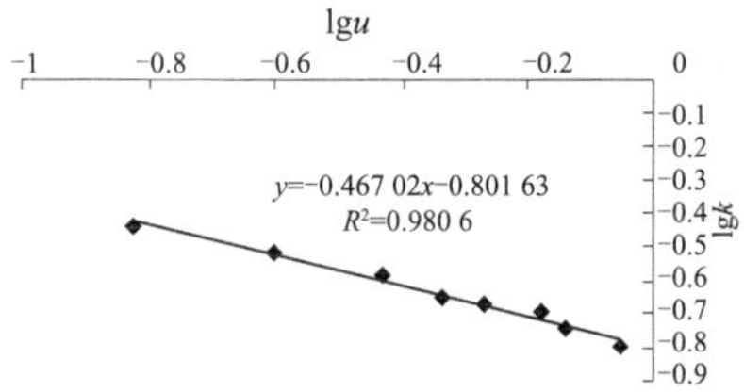

图 4-52　lg$u$ 和 lg$k$ 关系分布图及拟合曲线

由图 4-52 可知，$-n=-0.467$，$\lg A=-0.801$，由此得到 $n=0.467$，$A=10^{-0.801}$，代入式(4-18)得到分布式光纤纯水流速监测模型为

$$u^{0.467}=\frac{10^{-0.801}}{k}=\frac{10^{-0.801}}{\Delta T/q} \tag{4-21}$$

化简整理得

$$\frac{\Delta T}{q}u^{0.467}=10^{-0.801}=0.158 \tag{4-22}$$

试验中流速对应 Re_m 范围为 40～4 000，根据表 4-1，n 的理论取值为 0.466，根据本试验得到分布式光纤水流流速监控模型中 $n=0.467$，两者仅相差 0.001，由此可知，将加热光纤作为线热源测量流体流速是可行的和有效的，该方法有助于对较大渗漏的定量分析。

(二)土石结合部渗流流速光纤监测试验及模型构建

1. 试验设计

借助本章第三节建立的试验平台进行分布式光纤渗流监测试验。该试验部分包含两个试验变量，因此试验设计保持一种变量不变，分析另一种参数变化对研究对象的影响。即保持渗流流速不变，改变加热功率，测出该流速下不同加热功率的光纤各点温升情况，逐步改变渗流流速，根据在不同加热功率下的温升曲线分析光纤在不同介质内温升特性同渗流流速之间规律。探索分别适合于不同介质和土石结合部的分布式光纤渗流监测模型。

为了分析渗流流速与不同加热功率光纤温升的相关关系，采取如下步骤开展试验：

(1)对供水系统的流速控制阀开度进行调节，使介质饱和后产生渗流，一定的开度即对应着一定的渗流速度，不断测量模型出流量，待流速稳定后，利用1#光纤测量初始温度。

(2)初步选择若干加热功率，并选择对应加载电压。试验所选用的加热功率包括2 W/m、4 W/m、6 W/m、8 W/m、10 W/m、12 W/m、14 W/m、16 W/m和18 W/m，1#光纤对应的加热电压分别为63.98 V、90.48 V、110.82 V、127.96 V、143.07 V、156.72 V、169.28 V、180.96 V和191.94 V，2#光纤对应的加热电压分别为33.44 V、47.29 V、57.92 V、66.88 V、74.77 V、81.91 V、88.47 V、94.58 V、100.32 V。

(3)保持控制阀开度不变，对1#光缆按设计加热功率进行加热，加热20 min左右至温升稳定后，同时采用称重法分别测量不同介质对应流速，之后断电停止加热，自然冷却15 min左右，利用DTS记录整个温度变化过程。

(4)保持渗流流速不变，不断改变加热电压，直至测试完所有1#光缆设计加热功率。

(5)保持渗流流速不变，将2#光纤连接DTS系统，对2#光缆按设计加热功率进行加热，加热20 min左右至温升稳定后，断电停止加热，自然冷却15 min左右，利用DTS记录整个温度变化过程。

(6)保持渗流流速不变，不断改变加热电压，直至测试完所有2#光缆设计加热功率。

(7)调节流速控制阀门，改变介质内渗流流速，不断测量模型出流量，待流速稳定后，重复步骤(2)~(6)。

2. 试验成果分析

借鉴分布式光纤监测纯水流速的分析方法，根据试验中同种均匀介质内或土石结合部光纤的监测数据分别得到特定介质及土石结合部渗流流速监测模型。本试验涉及两种均匀介质，即介质Ⅰ和介质Ⅱ，对应产生两种土石结合部，即土石结合部Ⅰ和土石结合部Ⅱ，而在同一种介质中又埋设两种不同光纤，即1#光纤和2#光纤，文中以1#光纤监测介质Ⅰ渗流流速为重点进行详细推导说明，其他监测状况可以以此类推而分析。

图4-53为介质Ⅰ渗流流速为0.11×10^{-3}m/s工况下1#光纤在不同加热功率下的温度升降曲线，由图可以看出，渗流工况下光纤达到稳定温升所需时间较饱和无渗流工况(见图4-42和图4-43)有所缩短，停止加热后，温降更剧烈，在相同加热功率条件下，该工况下的稳定温升与不饱和工况(见图4-38和图4-39)以及饱和无渗流工况(见图4-12和图4-13)相比均有所减小，而且随着渗流流速的增大，稳定温升逐步减小。

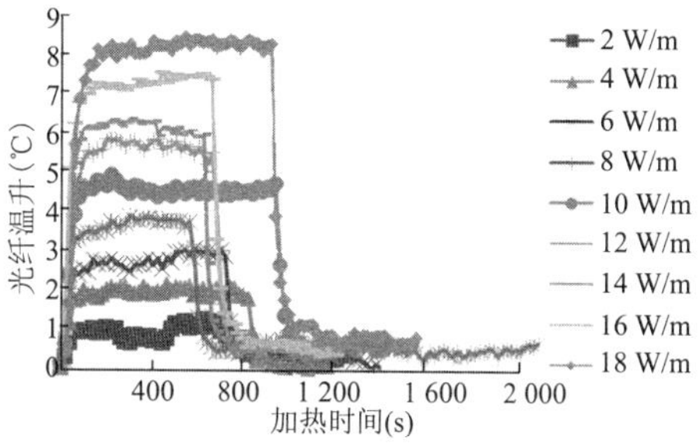

图4-53　1#光纤在不同加热功率下的温度升降曲线($u=0.11\times10^{-3}$m/s)

表4-7为1#光纤在介质Ⅰ不同流速、不同加热功率下的稳定温度统计值，根据此表可以得到1#光纤在介质Ⅰ不同渗流流速下的温升功率比求解表，如表4-8所示。

同样以lg$u$为x轴、lg$k$为y轴，绘制lg$u$和lg$k$之间的关系图，如图4-54所示，则$-n$为直线斜率，lg$A$为截距，便可以获得参数n和A，代入式(4-18)即可以得到分布式光纤渗流流速监测模型。

表 4-7 1#光纤在介质Ⅰ不同流速不同加热功率下稳定温升 （单位:℃）

渗流流速	加热功率(W/m)								
($\times10^{-3}$m/s)	2	4	6	8	10	12	14	16	18
0.06	1.24	2.27	3.16	4.05	4.95	5.99	6.66	7.95	9.04
0.09	1.19	2.13	3.08	3.94	4.71	5.78	6.45	7.68	8.72
0.11	1.14	2.03	2.97	3.82	4.57	5.66	6.21	7.45	8.36
0.15	1.08	1.81	2.81	3.61	4.18	5.31	5.84	6.98	7.74
0.21	1.02	1.65	2.63	3.42	3.89	5.08	5.41	6.61	7.19
0.26	0.95	1.48	2.49	3.19	3.62	4.81	5.08	6.16	6.72
0.33	0.89	1.24	2.28	3.02	3.38	4.53	4.76	5.85	6.22
0.41	0.81	1.02	2.1	2.75	3.04	4.11	4.45	5.31	5.79

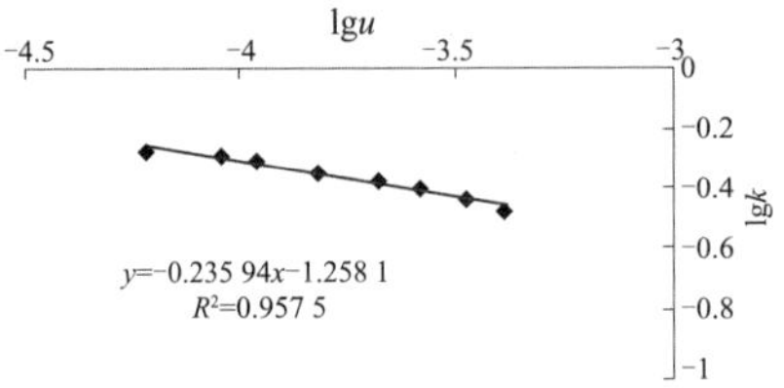

图 4-54 lg$u$ 和 lg$k$ 关系分布图及拟合曲线

表 4-8 1#光纤在介质Ⅰ不同渗流流速下温升功率比求解

渗流流速 ($\times10^{-3}$m/s)	加热功率 (W/m)	稳定温升 (℃)	温升功率比 (℃/W)	平均温升功率比 (℃/W)
0.06	2	1.24	0.62	0.521
	4	2.27	0.57	
	6	3.16	0.53	
	8	4.05	0.51	
	10	4.95	0.5	
	12	5.99	0.5	
	14	6.66	0.48	
	16	7.95	0.5	
	18	9.04	0.5	
0.09	2	1.19	0.6	0.501
	4	2.13	0.53	
	6	3.08	0.51	
	8	3.94	0.49	
	10	4.71	0.47	
	12	5.78	0.48	
	14	6.45	0.46	
	16	7.68	0.48	
	18	8.72	0.48	

续表 4-8

渗流流速（$\times 10^{-3}$m/s）	加热功率（W/m）	稳定温升（℃）	温升功率比（℃/W）	平均温升功率比（℃/W）
0.11	2	1.14	0.57	0.484
	4	2.03	0.51	
	6	2.97	0.5	
	8	3.82	0.48	
	10	4.57	0.46	
	12	5.66	0.47	
	14	6.21	0.44	
	16	7.45	0.47	
	18	8.36	0.46	
0.15	2	1.08	0.54	0.451
	4	1.81	0.45	
	6	2.81	0.47	
	8	3.61	0.45	
	10	4.18	0.42	
	12	5.31	0.44	
	14	5.84	0.42	
	16	6.98	0.44	
	18	7.74	0.43	
0.21	2	1.02	0.51	0.422
	4	1.65	0.41	
	6	2.63	0.44	
	8	3.42	0.43	
	10	3.89	0.39	
	12	5.08	0.42	
	14	5.41	0.39	
	16	6.61	0.41	
	18	7.19	0.4	
0.26	2	0.95	0.48	0.394
	4	1.48	0.37	
	6	2.49	0.42	
	8	3.19	0.4	
	10	3.62	0.36	
	12	4.81	0.4	
	14	5.08	0.36	
	16	6.16	0.39	
	18	6.72	0.37	

续表 4-8

渗流流速 ($\times 10^{-3}$m/s)	加热功率 (W/m)	稳定温升 (℃)	温升功率比 (℃/W)	平均温升功率比 (℃/W)
0.33	2	0.89	0.45	0.364
	4	1.24	0.31	
	6	2.28	0.38	
	8	3.02	0.38	
	10	3.38	0.34	
	12	4.53	0.38	
	14	4.76	0.34	
	16	5.85	0.37	
	18	6.22	0.35	
0.41	2	0.81	0.41	0.33
	4	1.02	0.26	
	6	2.1	0.35	
	8	2.75	0.34	
	10	3.04	0.3	
	12	4.11	0.34	
	14	4.45	0.32	
	16	5.31	0.33	
	18	5.79	0.32	

由图 4-54 可知，$-n=-0.235$，$\lg A=-1.258$，由此得到 $n=0.235$，$A=10^{-1.258}$，代入式(4-18)得到 1#光纤介质Ⅰ渗流流速监测模型为

$$u^{0.235}=\frac{10^{-1.258}}{k}=\frac{10^{-1.258}}{\Delta T/q} \tag{4-23}$$

化简整理得

$$\frac{\Delta T}{q}u^{0.235}=10^{-1.258}=0.055 \tag{4-24}$$

根据上述方法步骤结合试验数据可以得到两种光纤在不同介质、土石结合部渗流流速监测模型，见表 4-9。

由表 4-9 可以看出：

(1)1#光纤与 2#光纤对于相同介质或土石结合部所得渗流流速监测模型略有不同，这主要是因为两种光缆结构不同，在相同加热功率下光纤稳定温升略有不同。因此，在实际工程应用中应根据所采用的光缆种类采用相应的渗流流速监测模型。

(2)对于同种光缆，由于周围介质不同，渗流流速监测模型也不相同，而且两者有可能相差较大，如 1#光纤在介质Ⅰ和介质Ⅱ内渗流流速监测模型分别为渗流流速的0.235次方和 0.142 次方。同一土体与土石结合部分布式光纤渗流流速监测模型也不同，如 1#光纤在介质Ⅰ和土石结合部Ⅰ渗流监控模型分别为渗流流速的 0.235 次方和 0.174 次方，这主要是因为均质土体内和土石结合部渗流特性不同，而且加热光纤的热量耗散也不相同。

表 4-9　两种光纤在不同介质、土石结合部渗流流速监测模型汇总

介质	光纤	渗流监控模型	R^2
介质Ⅰ	1#光纤	$\frac{\Delta T}{q}u^{0.235}=10^{-1.258}=0.055$	0.957
	2#光纤	$\frac{\Delta T}{q}u^{0.251}=10^{-1.474}=0.034$	0.971
介质Ⅱ	1#光纤	$\frac{\Delta T}{q}u^{0.142}=10^{-1.168}=0.068$	0.965
	2#光纤	$\frac{\Delta T}{q}u^{0.173}=10^{-1.357}=0.044$	0.942
土石结合部Ⅰ	1#光纤	$\frac{\Delta T}{q}u^{0.174}=10^{-0.992}=0.120$	0.932
	2#光纤	$\frac{\Delta T}{q}u^{0.191}=10^{-1.082}=0.083$	0.946
土石结合部Ⅱ	1#光纤	$\frac{\Delta T}{q}u^{0.105}=10^{-0.874}=0.134$	0.979
	2#光纤	$\frac{\Delta T}{q}u^{0.131}=10^{-0.978}=0.105$	0.938

(3)根据试验所得各部位渗流流速光纤监测模型拟合精度较好，R^2 均在 0.9 以上，完全能够满足工程实际渗流监测精度要求。但值得注意的是，以上分布式光纤渗流监测模型是在试验设计渗流流速范围内拟合所得，至于监测更大范围渗流流速，本模型的有效性和精度有待于进一步试验确定。

四、土石结合部渗流(漏)监测分布式光纤布设工艺及方法

光纤传感技术在国内外未能大范围应用于实际工程中的主要原因之一是分布式光纤传感器埋设的成活率低。在未对光纤采取合理保护措施的前提下，将结构纤细的光纤甚至极易损坏的裸光纤直接埋设在混凝土、土体或其他介质内，极易导致光纤在实际工程中的失效或达不到工程应用的要求。因此，寻求提高光纤埋设成活率的技术措施和满足监测目标的布设方法，是光纤传感技术大规模应用于结构健康监测的前提。国内外对堤防土体内分布式光纤的埋设方法介绍不多，至于穿堤涵闸土石结合部分布式光纤的布设方法分析几乎为零。本书在吸收和借鉴已有科学成果的基础上，通过大量的试验，结合穿堤涵闸土石结合部特点，总结了穿堤涵闸土石结合部埋设分布式光纤渗流监测传感器的安装埋设工艺和技术措施。

(一)布设方案

穿堤涵闸土石结合部是两种不同介质的交接面，属于薄弱环节，易沿该交接面从堤防迎水面向背水面发生渗漏。因此，针对穿堤涵闸土石结合部自身特点以及渗流(漏)发生特性，提出适宜于土石结合部渗流(漏)监测的分布式光纤布设方式，如图 4-55 所示。为了对渗漏进行灵敏感知，将感温光纤沿土石结合部“S”形布设，一旦发生渗漏，渗漏水将穿越多条加热光纤，引起光纤温度分布曲线明显变化，据此可以定位渗漏通道走向以及初

步判断渗漏大小。

该布设形式可以构成一个立体三维分布式光纤传感网络,光纤监测系统主机获取穿堤涵闸任一土石结合部温度信息,再将信息通过光缆传到中心控制室,对采集到的相关信息进行处理分析并做出反应。由于光纤传感网络的布置在一定程度上会对施工的进度产生影响,故只需对发生渗漏可能性大的部位(如正常水位以下的土石结合部)进行加密布置。

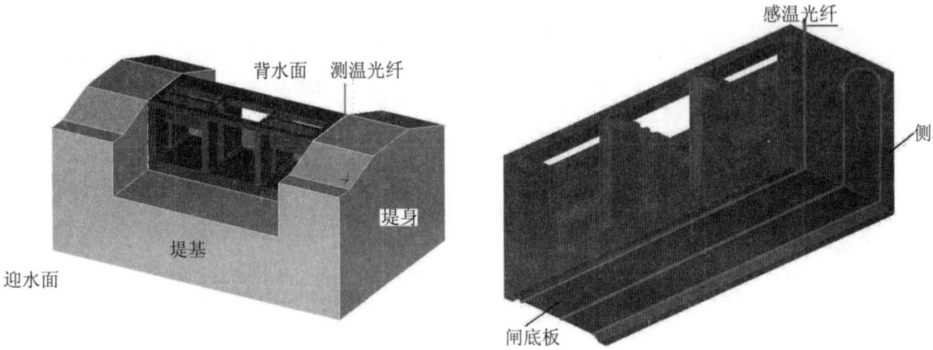

图 4-55　穿堤涵闸土石结合部渗流(漏)监测分布式光纤布设方式

(二)埋设步骤

穿堤涵闸土石结合部光缆埋设的步骤如下:

(1)铺设。在处理好的闸基面开挖直径稍大于光缆的光缆槽,剔除光缆附近带棱角的杂物,在设计高程上沿光缆设计布设线路布设光缆,将光缆敷设平顺,在光缆拐弯处,适当将光缆放松,确保光缆弯曲半径大于 12D(D 为光缆直径),预留出侧墙土石结合部光缆部分,并注意保护。

(2)检测。将光缆沿设计线路布设完毕,并对易损坏部分进行保护之后,将光纤连接 DTS 系统,检验光纤的连通性,如发现有断点,应对断点进行熔接处理。

(3)浇筑。对穿堤涵闸进行混凝土浇筑,浇筑和振捣过程中注意对光缆的保护,对于闸底板和侧墙的转接处直角进行平滑处理,避免光缆弯曲半径过小而引起断裂,待侧墙混凝土凝固之后,按设计线路将光缆固定在混凝土表面。

(4)定位。将光纤连接 DTS 系统,再次检验光纤的连通性,如发现有断点,应对断点进行熔接处理,对光纤某些点进行加热,记录此点对应 DTS 系统中测温图像显示的坐标,测量光缆的平面布置位置,绘制光缆平面布置草图,准确记录 DTS 系统显示光缆刻度对应光缆实际坐标。

(5)回填。剔除带棱角的较大颗粒,人工回填侧墙与堤身接触部位土体并进行夯实,注意土石结合部光缆的保护。

(6)加强对现场已埋光缆的保护,防止光纤裸露处受污染、受损,对预留富余光缆按弯曲半径不小于 12D 盘卷,并存放在安全地带。

(三)注意事项

埋设光缆时需要对以下事项给予特别重视:

(1)力求保持光缆铺设平顺,避免外力损伤和折断光缆,无论在施工过程中还是光缆布设,必须确保弯曲半径不小于12倍光缆直径,否则光缆有可能折断。

(2)在光缆埋设前采用DTS系统激光光源对光纤的完好性进行检验,并实现DTS系统光纤显示坐标与光缆在堤防中埋设的实际位置精准对位,在确保光纤通信状态良好的情况下进行埋设。

(3)在光纤铺设整个过程中,应留有专人现场看守,注意夯实和碾压不得正对光缆,在机械碾压施工中,光缆的保护碾压层应大于30 cm。

(4)在光缆定位时应特别注意各光缆同周围其他常规监测传感器的距离,与常规监测仪器协同监测并互相校核验证。

在穿堤涵闸施工之前,设计好分布式光纤温度监测系统,施工时按照设计好的光纤传感网络进行布设,光纤温度监测系统能分析土石结合部温度的变化过程,可以起到预测渗漏的作用,一旦某部位的温度产生异常,可以及时分析并对渗漏进行定位。当产生的渗漏暂时不影响堤防的整体性能和安全运行时,可以根据光纤监测系统对渗漏进行实时监控和定量分析,如果渗漏不断增大,应迅速采取措施进行控制。

五、小结

通过理论分析与模型试验,探求了借助基于加热法的分布式光纤测温技术实现穿堤涵闸土石结合部渗流流速监测的原理和方法,建立土石结合部渗流流速光纤监测实用模型。

主要是在对基于加热法的分布式光纤渗流监测理论进行分析的基础上,借鉴传热学中线热源测量流体流速原理,视加热光纤与水流之间的热对流遵从流体横掠单管的强制对流换热准则,从理论上推导加热光纤纯水流速监控模型,并通过试验进行验证,在此基础上,构建了基于加热法的分布式光纤土石结合部渗流流速实用监测模型。借助土石结合部渗流感知平台,开展多种工况下穿堤涵闸模型渗流光纤监测试验,分析穿堤涵闸模型不同部位加热光纤的温度升降时空变化规律,建立该模型不同部位的渗流光纤监测模型,通过试验验证所建监测模型。结合穿堤涵闸土石结合部渗流(漏)特性,提出适合于穿堤涵闸土石结合部渗流(漏)监测的分布式光纤布设方法、布设步骤及注意事项。

第五节　土体浸润线光纤监测技术

埋设在土体中的加热光纤可以视作一线热源,根据线热源热传导理论计算周围土体的热传导系数;土体含水率与其热传导系数成一定的函数关系。因此,可以通过土体热传导系数分布式光纤测量,间接获取土体含水率,进而实现浸润线的监测。基于加热法的土石堤坝浸润线分布式光纤监测原理示意图如图4-56所示,所处饱和含水区、毛管水上升区和自然含水区的铠装光纤在相同加热功率下温升不同,因此通过分析加热光纤所处不同区域的温升曲线,可以识别出浸润线位置。

通过试验分析分布式光纤土石堤坝浸润线监测问题,以期用于穿堤涵闸接壤堤身浸润线的监测。可根据介质不同状态下光纤加热温升不同,通过模型中布设浸润线监测光纤段的温度数据进行分析,验证分布式光纤监测浸润线的可行性;基于线热源的分布式光

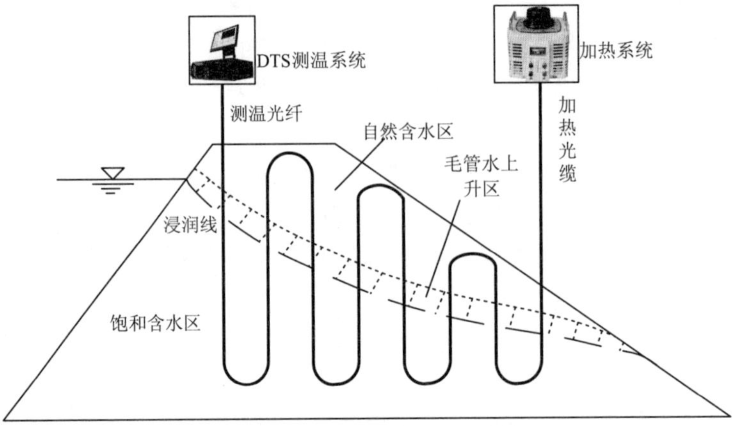

图 4-56　浸润线分布式光纤监测的原理示意图

纤多孔介质导热系数测量方法,并通过常规导热系数测定仪器验证其有效性,根据土体导热系数与其含水量之间的关系,实现基于分布式光纤的土体含水率定量监测。

一、浸润线分布式光纤监测理论分析

多孔介质导热系数直接与含水量相关,因此对介质含水量的监测可以转化为对介质导热系数的监测,通过计算得到的导热系数即可以实现多孔介质的干湿及含水量的定量监测。因此,下面重点分析基于加热分布式光纤的多孔介质导热系数的测量理论,为基于分布式光纤的土体含水率监测和浸润线监测提供理论基础。

(一)基于分布式光纤的多孔介质导热系数监测理论

不存在渗流情况下加热光纤与多孔介质之间传热方式如图 4-57 所示。当多孔介质内不存在渗流时,光纤和多孔介质之间的传热方式为热传导,具体包括光纤和固体颗粒之间的热传导及光纤和静态水之间的热传导(忽略空气传热)。

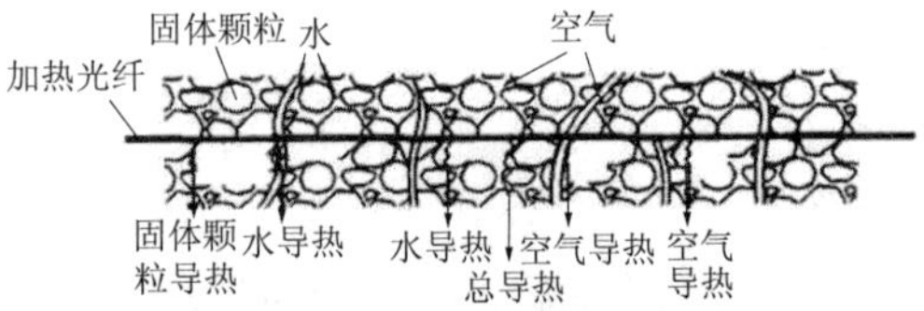

图 4-57　不存在渗流情况下光纤与多孔介质传热示意图

该问题做如下基本假定和简化:

(1)加热光纤和周围介质的传热视为一维传热问题。

(2)光纤所测温度代表整个铠装光缆的温度以及光缆表面温度。

(3)传热过程中无相变传热。

(4)忽略热辐射、忽略空气传热作用。

(5)光纤和周围介质之间的温度梯度为线性。

(6)将多孔介质视为单一物质,只对其导热系数进行适当的修正。

在加热时间 $\tau=0$ 时,光纤的温度 T 等于周围介质的温度 T_0,即 $T_{初}=T_0$。设在加热时间 τ_∞ 之后,加热光纤和周围介质之间的传热处于稳定状态,即加热光纤的温度保持不变,记此时加热光纤温度 $T_{终}=T_\infty$。

当热传导处于稳定状态之后,光缆内金属丝或金属管通电电流所产生的热量等于加

热光纤向介质传递的热量，于是有

$$P = Q_\lambda = A_0 \lambda \frac{\partial T}{\partial x} \tag{4-25}$$

式中 P——外界电源施加光缆的加热功率；

Q_λ——光缆通过热传导向介质传输的热量；

λ——多孔介质修正导热系数。

假定光纤和周围介质之间的温度梯度为线性关系，上式可以写成差分形式

$$P = A_0 \lambda \frac{\Delta T}{\Delta x} \tag{4-26}$$

式中 Δx——光纤加热之后影响介质温度分布的范围；

ΔT——相距为 Δx 两点温度差，在此，$\Delta T = T_\infty - T_0$，即为加热光纤的稳定温升。

于是有

$$P = A_0 \lambda \frac{T_\infty - T_0}{\Delta x} \tag{4-27}$$

同样引入过余温度 θ，设 $\theta = T_\infty - T_0$，则有 $\theta = \frac{\Delta x P}{A_0 \lambda}$，同时得到

$$\lambda = \frac{\Delta x}{A_0} \frac{P}{\theta} \tag{4-28}$$

设对一段长为 l、半径为 r 的铠装光纤通电加热，传热面积为 $A_0 = 2\pi r l$。将 A_0 代入上式，得到

$$\lambda = \frac{\Delta x}{2\pi r l} \frac{P}{\theta} \tag{4-29}$$

光纤单位长度加热功率 $q = \frac{P}{l}$，代入上式得

$$\lambda = \frac{\Delta x}{2\pi r} \frac{q}{\theta} \tag{4-30}$$

式(4-30)即为加热光纤和周围介质在非渗流情况下，多孔介质导热系数与外界施加的加热功率、过余温度、铠装光纤半径的关系式，也即非渗流情况下多孔介质导热系数监测的基本理论方程式。上式同样涉及“Δx”的确定问题，导致上式较难应用于实际计算。

（二）基于线热源的土体导热系数分布式光纤测定方法

下面根据线热源热传导理论，分析并提出基于线热源的土体导热系数分布式光纤测定方法。在初始温度均匀分布的无限多孔介质中，对布设其中的光纤加载恒定的加热功率，由于加热光缆半径相对无限介质非常小，所以可以将加热光缆看作无限介质中的一线热源。因此，只要加热时间 τ 足够长，热线表面温升 θ 的表达式可简化为

$$\theta = \frac{q}{4\pi\lambda} \ln\tau + \frac{q}{4\pi\lambda} \ln\left(\frac{4a}{r_0^2 C}\right) \tag{4-31}$$

式中 θ——光缆过余温度，$\theta = T - T_0$，T 为时间 τ 时光缆的温度，T_0 为加热初始光缆温度（等于介质初始温度）；

q——单位长度加热功率，W/m；

λ——导热系数，W/(m · K)；

τ——加热时间；

a——热扩散系数，m^2/s；

r_0——热线半径；

C——比热容，J/(kg · K)。

式(4-31)即为瞬态热线法测量导热系数的基本方程。对于处于某一含水率状态下的土体，热传导系数 λ、热扩散系数 a 以及比热容 C 均为常数，光缆半径 r_0 亦为常数，如果在某一固定加载功率下对光纤进行加热，则 q 也可认为是一常数。由此，式(4-31)可以写作

$$\theta = b_0 + b_1 \ln\tau \tag{4-32}$$

式中：$b_0 = \dfrac{q}{4\pi\lambda}\ln\left(\dfrac{4a}{r^2C}\right)$，$b_1 = \dfrac{q}{4\pi\lambda}$，均为常数。

由式(4-32)可知，在一定加热功率下，加热光纤温升曲线应为对数曲线，因此可以根据加热光纤温升曲线拟合出 b_0 和 b_1，进而求得土体热传导系数 λ、热扩散系数 a 以及比热容 C。

(三) HLD－PBF－Ⅱ型导热系数测试仪工作原理

为了检验基于分布式光纤土体导热系数测量的正确性，采用 HLD－PBF－Ⅱ型导热系数测试仪测定土体的导热系数来对试验结果进行验证。HLD－PBF－Ⅱ型导热系数测试仪如图 4-58 所示，该仪器基于平面热源原理运用准稳态法来进行导热系数的测量，导热系数测定的示意图如图 4-59 所示。

图 4-58　HLD－PBF－Ⅱ型导热系数测试仪

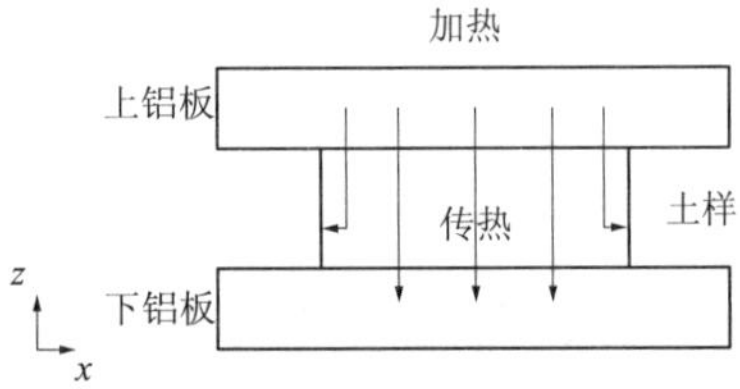

图 4-59　传热示意图

如果热量沿着 z 方向传导，那么在 z 轴上任一位置 z_0 处取一个垂直截面面积 ds，以 dT 表示该处的温度梯度，以 dQ 表示该处的传热速率(单位时间通过截面面积 ds 的热量)，那么热传导定律可表示为：

$$\mathrm{d}Q = -\lambda\left(\frac{\mathrm{d}T}{\mathrm{d}z}\right)_{z_0}\mathrm{d}s\cdot\mathrm{d}t \tag{4-33}$$

利用上式测量材料导热系数 λ 时，需要解决两个关键问题：如何在材料内造成一个稳定温度梯度$\dfrac{\mathrm{d}T}{\mathrm{d}z}$并确定其数值；如何测量材料内由高温区向低温区的传热速率$\dfrac{\mathrm{d}Q}{\mathrm{d}t}$。由于铜是热的良导体，当达到平衡时，可以认为同一铜板各处的温度相同，样品内同一平行平面上各处的温度也相同，因此只要测出样品的厚度和上、下两铜板的温度 T_1、T_2，就可以

确定样品内的温度梯度$\frac{T_1 - T_2}{h}$。铜板的散热速率与冷却速率(温度变化率)有关,其表达式为:

$$\left.\frac{\mathrm{d}Q}{\mathrm{d}t}\right|_{T_2} = -mC\left.\frac{\mathrm{d}T}{\mathrm{d}t}\right|_{T_2} \tag{4-34}$$

式中　m——铜板的质量;

C——铜板的比热容,负号表示热量由高温向低温方向传递。

由于质量容易直接测量,C 为常量,这样对铜板的散热速率的计算转化为对低温侧铜板(即下侧铜板)冷却速率的测量。

设土样的半径为 R,铜板的半径为 R_p($R < R_p$),在试验中,铜板的上表面(面积为 πR_p^2)是被土样部分覆盖的,由于在稳态传热时物体的散热速率与其面积成正比,铜板散热速率的表达式应修正为:

$$\frac{\mathrm{d}Q}{\mathrm{d}t} = -mC\frac{\mathrm{d}T}{\mathrm{d}t}\cdot\frac{2\pi R_p^2 - \pi R^2 + 2\pi R_p h_p}{2\pi R_p^2 + 2\pi R_p h_p} \tag{4-35}$$

将式(4-35)代入热传导定律表达式,考虑到 $\mathrm{d}s = \pi R^2$,可以得到土样导热系数计算式

$$\lambda = -mC\frac{2R_p^2 - R^2 + R_p h_p}{2R_p^2 + 2R_p h_p}\cdot\frac{1}{\pi R^2}\cdot\frac{h}{T_1 - T_2}\cdot\left.\frac{\mathrm{d}T}{\mathrm{d}t}\right|_{T=T_2} \tag{4-36}$$

式中　R——土样半径;

h_p——土样高度;

m——下铜板质量;

C——铜的比热容(取 C = 390 J/kg·℃);

R_p、h_p——下铜板的半径、厚度。

式中各项或为已知常量或易于直接测量得到。

由于热电偶冷端温度为 0 ℃,对一定材料的热电偶而言,当温度变化范围不大时,其温差电动势 ε(mV)与待测温度 T 的比值是一个常数。由此,在用式(4-36)计算时,可以直接以电动势 ε 代表温度值 T,即式(4-36)可以转化为:

$$\lambda = -mC\frac{2R_p^2 - R^2 + R_p h_p}{2R_p^2 + 2R_p h_p}\cdot\frac{1}{\pi R^2}\cdot\frac{h}{\varepsilon_1 - \varepsilon_2}\cdot\left.\frac{\mathrm{d}\varepsilon}{\mathrm{d}t}\right|_{\varepsilon=\varepsilon_2} \tag{4-37}$$

二、浸润线分布式光纤监测试验及成果分析

(一)试验设计

取饱和状态介质Ⅱ采用 HLD－PBF－Ⅱ型导热系数测试仪测定其导热系数,具体测试步骤如下:

(1)用游标卡尺测量土样、下铜盘的几何尺寸,多次测量取平均值。

(2)连接仪器,设定加热温度,按一下温度器面板上设定键(S),此时设定值(SV)显示屏一维数码管开始闪烁;根据试验所需温度大小,再按设定键(S)左右移动到所需设定的位置,然后通过加数键(▲)、减数键(▼)来设定所需的加热温度。

(3)放置待测土样以及下铜盘(散热盘),通过调节下圆盘托架上的三个微调螺丝,使

待测土样与上、下铜盘接触良好。热电偶冷端插在杜瓦瓶中的冰水混合物中，为使热电偶测温端与铜盘接触良好，热电偶插入铜盘上的小孔时，抹些硅脂，并插到洞孔底部。

自动 PID 控温测量导热系数时，控制方式开关打到“自动”，PID 控温表将会使发热盘的温度自动达到设定值。每隔 5 min 左右读取温度示值，经过一段时间后如发现土样上、下表面温度 T_1、T_2 示值都不变，即可认为已达到稳定状态。

手动控温测量时，控制方式开关打到“手动”。首先将手动选择开关打到“高”挡，根据目标温度的高低，加热一定时间后再换至“低”挡。然后，每隔 5 min 左右读取温度示值，如发现在一段时间内土样上、下表面温度 T_1、T_2 示值都不变，即可认为已达到稳定状态。

（4）记录稳态时 T_1、T_2 值后，移去土样，继续对下铜盘加热，当下铜盘温度比 T_2 高出 10 ℃左右时，移去圆筒，让下铜盘暴露于空气中自然冷却，每隔 30 s 读取一次下铜盘的温度示值并记录，直到温度下降至 T_2 以下一定值。绘制下铜盘在空气中的冷却速率曲线 $T \sim t$，选取邻近 T_2 的测量数据来求出冷却速率。

（二）基于 HLD－PBF－Ⅱ型导热系数测试仪的试验结果分析

下面通过 HLD－PBF－Ⅱ型导热系数测试仪测定土体导热系数验证光纤测定结果的可靠性。根据 HLD－PBF－Ⅱ型导热系数测试仪的使用方法进行试验，对试验数据进行处理得到试验的结果。表 4-10 为土样和散热铜盘的各项参数，表 4-11 为稳态时试样上下表面的电动势，表 4-12 为散热铜盘在 T_2 附近自然冷却时的电动势示值。

表 4-10　土样和散热铜盘的各项参数

测试项目	土样		下散热铜盘		
测试参数	厚度 h(mm)	直径 d(mm)	厚度(mm)h_p	直径 d_p(mm)	质量 m(g)
结果	10.25	71.4	7.05	129.6	248.6

表 4-11　稳态时试样上下表面的电动势

试样上下表面电动势状态	上表面电动势 ε_1	下表面电动势 ε_2
电动势电位(mV)	2.93	2.04

表 4-12　散热铜盘在 T_2 附近自然冷却时的电动势示值

测量次序	1	2	3	4	5	6	7	8
冷却时间(s)	0	30	60	90	120	150	180	210
电动势值(mV)	2.86	2.53	2.31	2.19	2.08	2.01	1.93	1.86

根据表 4-12 可以做出散热铜盘的冷却曲线，如图 4-60 所示，由冷却曲线在 ε_2 附近的斜率可求得冷却速率 $\left.\frac{\Delta\varepsilon}{\Delta t}\right|_{\varepsilon=\varepsilon_2} = -0.003\ \text{mV/s}$。

将以上数据代入式(4-37)可得：

$$\lambda = -mC\frac{2R_p^2 - R^2 + R_ph_p}{2R_p^2 + 2R_ph_p} \cdot \frac{1}{\pi R^2} \cdot \frac{h}{\varepsilon_1 - \varepsilon_2} \cdot \left.\frac{\mathrm{d}\varepsilon}{\mathrm{d}t}\right|_{\varepsilon=\varepsilon_2}$$

$$= -248.6 \times 390 \times 10^{-3} \times \frac{2 \times 64.8^2 - 35.7^2 + 2 \times 64.8 \times 35.7}{2 \times 64.8^2 + 2 \times 64.8 \times 35.7} \times \frac{1}{3.14 \times (35.7 \times 10^{-3})^2} \times \frac{0.010\ 25}{2.93 - 2.04} \times (-0.003) = 0.755 \tag{4-38}$$

由此可见,基于分布式光纤的土体导热系数测量结果($\lambda = 0.74$)与 HLD - PBF - Ⅱ型导热系数测试仪测定结果($\lambda = 0.755$)相差不大,验证了基于分布式光纤的土体导热系数测量方法的有效性。土体导热系数是其含水率的函数,于是,通过分布式光纤监测数据分析可以得到土体导热系数,进而得到土体的干湿及含水率情况,据此可以监测土石堤坝的浸润线。由此得出,通过光纤网络的合理优化布设,以及选择合适的加热功率,完全能够实现基于分布式光纤的土石堤坝浸润线监测。

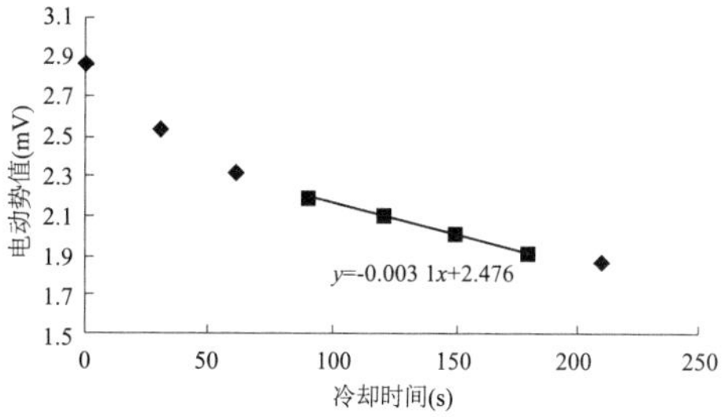

图 4-60　散热铜盘的冷却曲线

三、浸润线监测光纤布设工艺及方法

(一)布设方式

基于前述的理论分析和试验成果,提出了两种分布式光纤浸润线监测布设方式,如图 4-61 所示。从图 4-61 可以看出布设方式一中监测光纤与浸润线相交较多,即在布设相同长度光纤下能够获得较多的浸润线上的点,连接各点即可得到浸润线,该种布设方法获得的浸润线较精确,同时能够节省光纤;但该方法有一最大缺点,即对施工干扰较大。布设方式二获得的浸润线上的点相对较少,但对施工干扰相对较小,而且可以通过在光纤布设之前,大致分析出浸润线的变化范围,从而在与浸润线相交区域加密光纤布设,通过合理优化光纤布设同样可以较精确地绘制出浸润线。为此,建议采用布设方式二,下面对该方式的埋设步骤和注意事项给予论述。

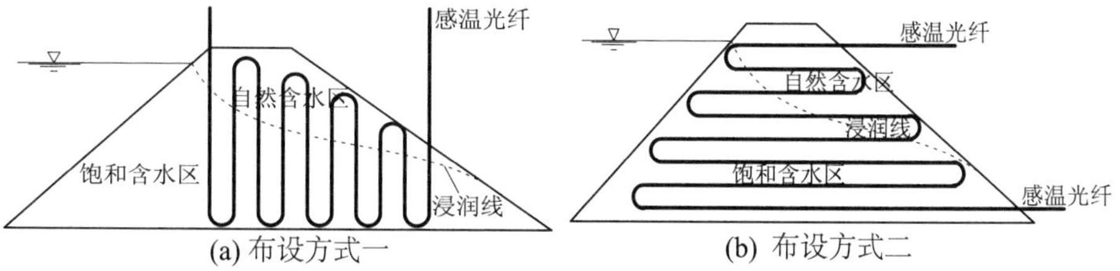

图 4-61　浸润线监测分布式光纤布设方式

(二)基于 DTS 的浸润线分布式光纤监测试验

1. 试验设计

为分析光纤在介质自然状态、饱和状态和过渡状态时随不同加热功率温升特性,探索基于分布式光纤的浸润线监测方法,借助前文搭建的试验平台,在介质Ⅱ中布设用于浸润线监测试验的光纤,其具体布设形式如图 4-62 所示,在 DTS 系统“预警系统”设置中将 1#

光纤中的 41 m、42 m、43 m、44 m、45 m、46 m、47 m、48 m、49 m、50 m、51 m、52 m、53 m 和 54 m 位置点设为观察点。

具体试验步骤如下：

(1)在介质Ⅱ上方喷水管中间部位安装一阀门，阀门处于关闭状态，用隔板将模型槽沿长度方向分成两部分，一部分喷水达到饱和状态，另一部分未喷水为自然状态。

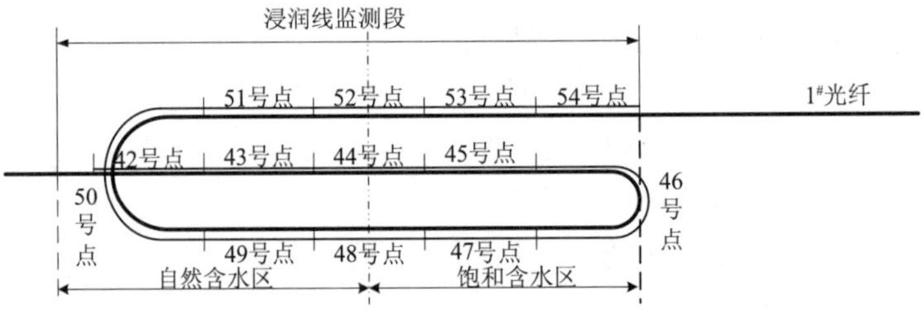

图 4-62 浸润线监测段光纤布设形式及在 DTS 系统中观察点

(2)将 1#光纤连接 DTS 系统，按要求连接加热电路，初步选择若干加热功率，计算出所需要的加热电压。试验所选用的加热功率包括 2 W/m、4 W/m、6 W/m、8 W/m、10 W/m、12 W/m、14 W/m、16 W/m、18 W/m，对应的加热电压为 63.98 V、90.48 V、110.82 V、127.96 V、143.07 V、156.72 V、169.28 V、180.96 V、191.94 V。

(3)通过 DTS 系统监测 1#光缆温度，测量出介质的初始温度，测量 10 min。

(4)快速调节调压器到对应电压附近，通过万能表显示电压，微调到相应要求电压。保持电压固定不变，对 1#光缆持续加热，得到各点随时间的温升变化过程线。当各点温度维持不变后，停止加热，直至光纤温度恢复至初始加热前状态。

(5)改变加热功率，重复步骤(4)过程，直至加载完所有设计加热功率，在此过程中，DTS 系统连续记录 1#光纤各时刻分布式温度，以及各观察点随加热时间的温度变化过程。

2. 基于 DTS 监测数据的浸润线定位分析

由 1#光纤浸润线监测段布设形式以及在 DTS 系统中各对应点可知，监测段光纤在介质Ⅱ中呈"S"形布置，横跨介质自然含水区和饱和含水区，其中光纤 44 号点、48 号点和 52 号点处于介质自然含水区和饱和含水区的过渡区域。

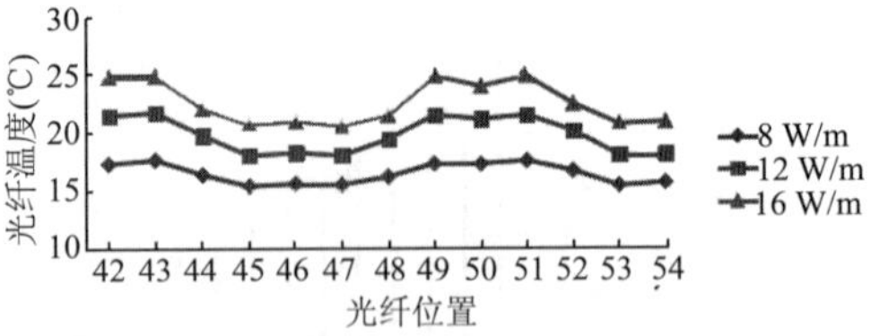

图 4-63 浸润线监测段光纤温度分布图

浸润线监测段光纤在 8 W/m、12 W/m、16 W/m 加热功率下的温度分布图如图 4-63 所示，可以看出每种加热功率下介质内光纤温度分布转折过渡点即对应介质不同状态的过渡区，即 44 号、48 号和 52 号点为浸润线上的点；同时还可以看出，随着加热功率的增大，不同状态介质内光纤温升相差较大，因此更容易找出不同状态过渡区对应的光纤温度分布转折过渡点。

为了进一步验证 44 号、48 号和 52 号点对应介质不同状态的过渡区，即为浸润线上的点，下面以 44 号点为例，通过该点与其邻近点在相同加热功率下的温度升降曲线比较，进一步说明该点对应介质不同状态的过渡区,确实为浸润线上的点。图 4-64 ~ 图 4-66 分别为 44 号点及其邻近点在 8 W/m、12 W/m 和 16 W/m 加热功率下的温度升降曲线。

由图 4-64 ~ 图 4-66 可以看出,过渡区域光纤对应点(44 号点)在各加热功率下,温升处于饱和含水区对应点(45 号点、46 号点)和自然含水区对应点(42 号点、43 号点)之间,而且随着加热功率的增加,不同区域对应点温升差别随之增大,更容易获得浸润线在光纤上的对应点。因此,加热功率越大,分布式光纤浸润线监测效果越好。

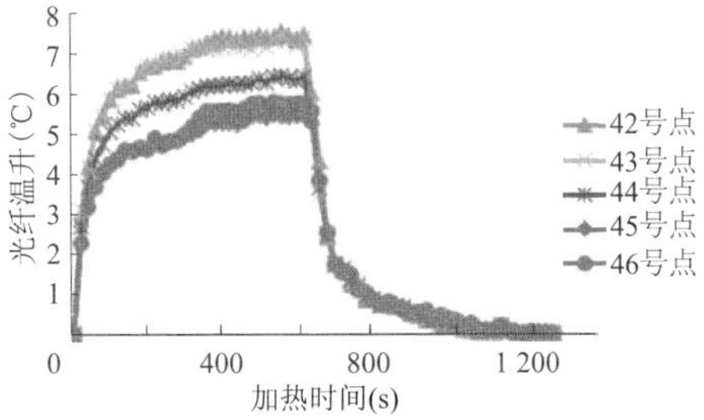

图 4-64　44 号点及其邻近点的温度升降曲线(8 W/m)

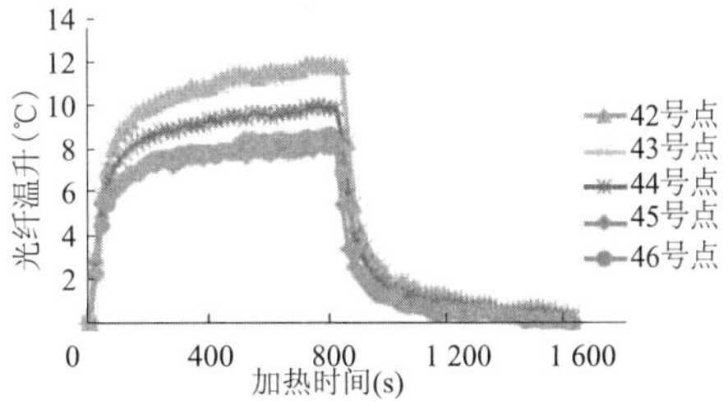

图 4-65　44 号点及其邻近点的温度升降曲线(12 W/m)

由上面分析可知,根据光纤温度分布图上的转折过渡点获得浸润线上点的大致位置,然后对该大致位置点及其附近点的温度升降曲线进一步分析,即可最终确定出不同高程浸润线各点。

3. 基于分布式光纤的土体导热系数测量结果分析

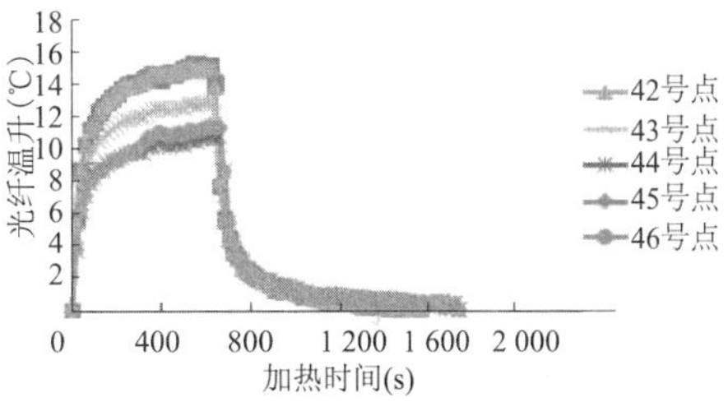

图 4-66　44 号点及其邻近点的温度升降曲线(16 W/m)

以上为通过 DTS 监测数据直观分析浸润线位置,下面借助基于分布式光纤的土体导热系数监测方法,来实现土体含水量的定量监测,为分布式光纤浸润线的测量打下基础。

以加热功率为 16 W/m 时处于饱和状态光纤 45 号点温升曲线进行分析,采用 SPSS 软件中的对数模型(Logarithmic:$y = b_0 + b_1 \ln x$)进行拟合,具体操作步骤如下:

(1)按列输入 SPSS 软件进行非线性回归分析的数据。

(2)点击主菜单中的"Analyze"按钮,选择下拉菜单中的"Regression"项中的"Curve Estimation"。

(3)弹出"Curve Estimation"对话框,在"Dependent(s)"中选择"加热光纤温升"作为因变量(可以为多组数据作为多个因变量),在"Independent"中选择"加热时间"作为自变量,在"Models"中包含 11 种拟合模型(可以同时选择多种模型),分别为:Linear(线性模型:$y = b_0 + b_1 x$)、Quadratic(二次模型:$y = b_0 + b_1 x + b_3 x^2$)、Compound(复合模型:$y = b_0 (b_1)^x$)、Growth(生长模型:$y = e^{(b_0 + b_1 x)}$)、Logarithmic(对数模型:$y = b_0 + b_1 \ln x$)、Cubic(三次模型:$y = b_0 + b_1 x + b_2 x^2 + b_3 x^3$)、S(S 模型:$y = e^{(b_0 + b_1/x)}$)、Exponential(指数模型:$y =$

$b_0 e^{b_1 x}$)、Inverse(逆模型:$y = b_0 + \frac{b_1}{x}$)、Power(幂模型:$y = b_0 x^{b_1}$)、Logistic(Logistic 模型:$y = \frac{1}{1/u + b_0 (b_1)^x}$)。由前面分析知,光纤加热温升曲线符合对数曲线规律,因此本试验选择 Logarithmic 模型,并勾选"Include constant in equation"(方程中含有常数项),根据需要可以选择"Display ANOVA table"(输出方差分析表),点击"Save"按钮。

(4)弹出"Save"对话框,其中有"Predicted values"(预测值)、"Residuals"(残差)和"Prediction intervals"(预测值的可信区间,系统默认为 95%)选项,可根据需要进行选择,点击"Continue"按钮,返回"Curve Estimation"对话框。

(5)点击"OK"按钮,弹出计算结果窗口,其中包含所选拟合模型的 Rsq(R^2)、自由度 df、拟合曲线以及拟合方程系数等信息。

按上述操作步骤对光纤温升曲线进行拟合,拟合结果如图 4-67 所示,拟合得到模型为:

$$y = -0.061 + 1.72\ln x \tag{4-39}$$

相关系数 $R^2 = 0.942$,结合式(4-32)和式(4-39)可知 $\frac{q}{4\pi\lambda} = 1.72$,于是解得土体导热系数 λ 为

$$\lambda = \frac{q}{4\pi \times 1.72} = \frac{16}{4\pi \times 1.72} = 0.741 \tag{4-40}$$

(三)埋设步骤

典型堤段监测浸润线光缆埋设步骤如下:

(1)开槽。在设计高程上沿光缆设计布设线路开挖光缆槽,光缆槽的宽度为 10 ~ 15 cm,剔除光缆槽内带棱角的杂物。

(2)铺设。在光缆槽内铺设光缆,将光缆敷设平顺,在光缆拐弯处,适当将光缆放松,确保光缆弯曲半径大于 12D(D 为光缆直径)。

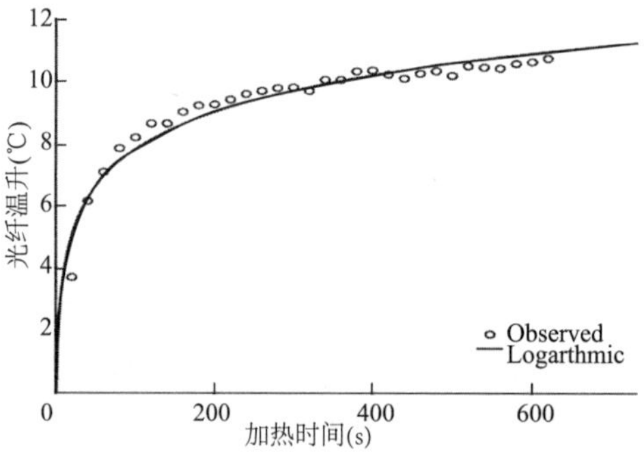

图 4-67 光纤加热温升曲线拟合

(3)定位。将光纤连接 DTS 系统,并检验光纤的连通性,如发现有断点,应对断点进行熔接处理,对有可能与浸润线相交的光纤某些点进行加热,记录此点对应 DTS 系统中测温图像显示的坐标,测量光缆的平面布置位置,绘制光缆平面布置草图,准确记录 DTS 系统显示光缆刻度对应光缆实际坐标。

(4)回填。将光缆槽用原材料填平,剔除带棱角的较大颗粒,人工回填整平,对于光缆转弯处需人工夯实,水平段可以在铺设一定厚度保护层之后进行碾压。

(5)加强对现场已埋光缆的保护,防止光纤裸露处受污染、受损,对预留富余光缆按弯曲半径不小于 12D 盘卷,并存放在安全地带。

(四)注意事项

埋设光缆主要注意事项如下:

(1)力求保持光缆铺设平顺,避免外力损伤和折断光缆,无论在施工过程中还是光缆布设,必须确保弯曲半径不小于12倍光缆直径,否则光缆有可能折断。

(2)在光缆埋设前采用DTS系统激光光源对光纤的完好性进行检验,并实现DTS系统光纤显示坐标与光缆在堤防中埋设的实际位置精准对位,在确保光纤通信状态良好的情况下进行埋设。

(3)在光纤铺设整个过程中,应留有专人现场看守,注意夯实和碾压不得正对光缆,在机械碾压施工中,光缆的保护碾压层应大于30 cm。

(4)在光缆定位时应特别注意各光缆同周围其他常规监测传感器的距离,与常规监测仪器协同监测并互相校核验证。

浸润线监测光缆埋设时要对光缆转弯处在布设和夯实过程中给予重点保护,而且对于浸润线光纤监测数据分析可以从两方面进行,即通过直接分析分布式光纤温度数据和分布图,获得不同高程上浸润线上的点,连线这些点即可获得浸润线;根据分布式光纤在特定加热功率下随时间的温升曲线分析得到土体导热系数,进而获得土体干湿状态以及含水量的定量信息,据此详细分析浸润线的位置。同时在条件允许情况下,还可以埋设测压管,与分布式光纤浸润线监测相互验证。

四、小结

本节介绍了分布式光纤测温系统应用于穿堤涵闸土石结合部土体浸润线监测的理论,论述了基于线热源的多孔介质导热系数分布式光纤测量原理,提出并试验验证了浸润线分布式光纤监测方法,主要内容如下:

(1)对多孔介质导热系数分布式光纤测量的理论进行分析,探求了基于线热源的分布式光纤多孔介质导热系数测量方法,并利用常规导热系数测定仪器验证了其有效性。以此为基础,根据土体导热系数与其含水量之间的关系,提出土体含水率定量监测的分布式光纤实现方法。

(2)根据介质不同状态下光纤加热温升不同,提出基于分布式光纤的浸润线监测方法,并通过试验分析,验证分布式光纤浸润线监测的可行性,给出分布式光纤浸润线监测的分析方法。

(3)提出两种分布式光纤浸润线监测的布设方式,比较两种布设方式各自的优缺点。从工程实际角度考虑,建议采用布设方式二,对布设方式二的布设方法、步骤以及注意事项进行论述。

第六节　不均匀沉降光纤监测技术与监测模型

穿堤建筑物与堤身、堤基间结合部是影响堤防工程及穿堤建筑物本身安全的薄弱环节,尤其是极易发生的结合部土体不均匀沉降、结合部混凝土裂缝等变形类病害,给工程安全服役带来了极大隐患。目前,穿堤建筑物的常规沉降监测方法多存在施工困难、耐久性差、精度低、易受电磁环境干扰等不足。加强对上述病害的监测，及时获知病害发生、发展等状况，对保障工程安全和效益的发挥具有极其重要的意义。

光纤传感器具有抗辐射、耐腐蚀等特点，应用于不均匀沉降病害监测具有明显的优势。针对土石结合部不均匀沉降、开裂等变形类病险的光纤监测关键技术问题，综合应用理论分析和模型试验，在对光纤弯曲损耗机制和光时域反射技术原理分析的基础上，得到利用光纤弯曲损耗机制实现土石结合部变形类病险监测的模型、方法、装置等。

一、传感光纤的弯曲损耗机制

在简要分析光纤基本特征的基础上，主要探求单模光纤弯曲损耗的传感机理，通过试验分析光纤弯曲半径对弯曲损耗的影响规律，建立光纤弯曲半径与弯曲损耗的关系式。

(一)光纤基本特征分析

1. 光纤基本结构

石英光纤是常规光纤的代表，由纤芯、包层、涂覆层组成。图 4-68 为光纤剖面图，a、b 分别为纤芯和包层的半径。光纤纤芯的折射率较高，主要成分为掺杂二氧化锗(GeO_2)的二氧化硅(SiO_2)，掺杂的目的是提高纤芯的折射率，纤芯直径一般为 5 ~ 50 μm。包层折射率略低于纤芯的折射率，成分一般为纯二氧化硅，包层直径标准值为 125 μm。涂覆层为环氧树脂、硅橡胶等高分子材料，其外径约 250 μm，涂覆的目的在于增强光纤的机械强度和柔韧性。

2. 光纤典型分类

通常情况下，光纤可分为两大类：一类是通信用光纤，另一类是非通信用光纤。前者主要用于各种光纤通信系统之中，后者则在光纤传感、光纤信号处理中广泛应用。对于通信用光纤，在其系统工作波长处需满足低损耗、大容量以及元器件之间的高效率耦合等要求。对于非通信用光纤，通常要求具有特殊的性能(如高敏感性、高双折射等)。

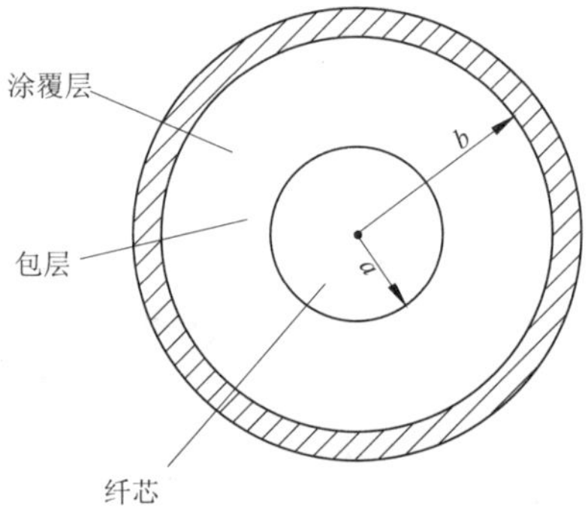

图 4-68　光纤剖面结构示意图

模式是光纤中光波传输的一种极为重要的特性，当光纤中只允许一个模式传输时，为单模光纤(SMF)；当光纤中允许两个或更多的模式传输时，则为双模或多模光纤(MMF)。在光线中允许存在的模式数目可由下式确定：

$$M = \frac{g}{2(g+2)}V^2 \tag{4-41}$$

式中　V——光纤归一化频率；

g——折射率分布参数，它决定了折射率分布曲线的形状。

当 $g = \infty$ 时，即为阶跃折射率分布光纤；当 $g = 2$ 时，为平方分布光纤；当 $g = 1$ 时，为三角分布光纤。当 V 很大时，光纤中可以传输几十甚至几百个模式；当 V 很小时，则只允许少数几个或单个模式传输。

3. 光纤的重要特征参量

1）光纤的数值孔径

光纤的数值孔径指入射介质折射率 n_i 与最大入射角 θ_m 的正弦值之积，其表达式为：

$$NA = n_i \times \sin\theta_m \tag{4-42}$$

NA 的大小表征了光纤接收光功率能力的大小，即只有落入以 θ_m 为半锥角的锥形区域之内的光线，才能够为光纤所接收。

2）光纤的相对折射率差

光纤的相对折射率差指纤芯轴线折射率与包层折射率的相对差值，其表达式为：

$$\Delta = \frac{n_1^2 - n_2^2}{2n_1^2} \approx \frac{n_1 - n_2}{n_1} \tag{4-43}$$

Δ 的大小决定了光纤对光场的约束能力和光纤端面的受光能力。

3）光纤的归一化频率

光纤归一化频率被定义为：

$$V = \frac{2\pi a}{\lambda} n_1 \sqrt{2\Delta} \tag{4-44}$$

式中 a——纤芯半径；

λ——光波波长；

Δ——光纤相对折射率差。

由式(4-41)可知，V 决定了光纤中容纳的模式数量。很显然，当波长 λ 和折射率参数确定之后，光纤中允许传输的模式数目就与纤芯半径 a 有关。因此，多模光纤芯径较粗，而单模光纤芯径较细，模式数量与入射波长 λ 有关。如果 V 小于2.4，则光纤只能容纳单模，为单模光纤；如果 V 大于2.4，则为多模光纤。令式(4-44)中 $V = 2.4$，求出其中的波长，即是单模截止波长。

（二）光纤弯曲损耗的传感机制

光纤光学特性的重要表现在于其传输特性，传输特性主要包括光纤损耗和光纤色散，而光纤损耗在光纤传感分析中具有十分重要的意义。所以，本节主要探求光纤损耗这一光纤光学特性。

1. 光纤的损耗类别

光纤损耗的主要因素包括吸收损耗、散射损耗、结构缺陷损耗和弯曲损耗四大类。吸收损耗指光纤材料的量子跃迁导致一部分光功率转换成热能造成的传输损耗。散射损耗主要包括两类：一类是瑞利散射、自发喇曼散射；另一类是非线性散射，如受激喇曼散射和受激布里渊散射。结构缺陷损耗指光纤结构上的某些不完善引起的损耗，如纤芯与包层界面的起伏、纤芯直径大小变化及光纤对接等均会造成光纤的传输损耗。弯曲损耗可以分为宏弯损耗和微弯损耗，当光纤曲率半径远大于光纤直径，称之为宏弯损耗，当弯曲半径与光纤直径同一数量级时，称为微弯损耗。

2. 光纤弯曲时光线传输特性

下面用几何光学的方法（光纤传输原理）来分析光纤弯曲情况下光线的传播特性。光纤在实际使用过程中不是绝对平直的，而是经常处于弯曲状态，即其将不再满足子午光线(通过光纤中心轴的任何平面都称为子午面,位于子午面内的光线则称为子午光线)的全反射条件。当光纤由于外在荷载(温度/应变变化等)处于弯曲状态时,光传输到弯曲部分时,要想保持同相位的电场和磁场在同一个平面里,则越靠近外侧,其速度就会越大。当光传输到某一临界位置时,其相速度就会超过光速,则传导模将变成辐射模,光束功率的一部分会损耗掉,即光功率的损耗将增大。

如图 4-69 所示,弯曲光纤的曲率半径为 R(假定光纤纤芯半径为 a),单独考虑子午面内光的传播,在子午面内入射角分别为 φ_0、φ_1、φ_2,当入射角 $\varphi_1<\varphi_2$,这时上部的反射光将会从光纤表面逸出。

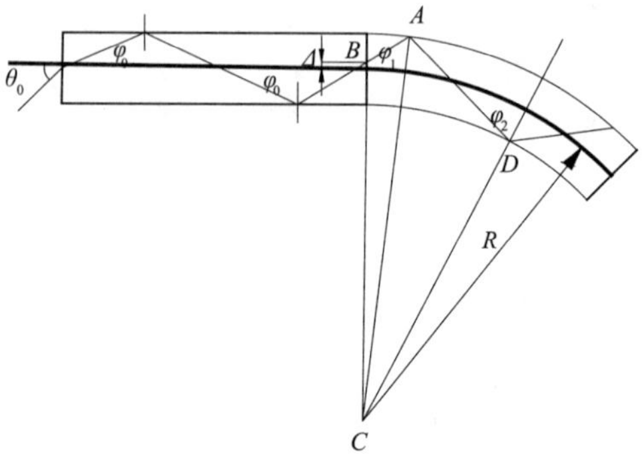

图 4-69　弯曲光纤子午面内光的反射

图 4-69 中假设光纤弯曲开始点处为 B,在三角形 ABC 中,根据正弦定理可知

$$\sin\varphi_1=\frac{CB}{CA}\sin(\pi-\varphi_0)=\frac{R+\Delta}{R+a}\sin\varphi_0 \tag{4-45}$$

因为光纤纤芯半径 $a\geqslant\Delta$,所以 $\sin\varphi_1\leqslant\sin\varphi_0$,即 $\varphi_1\leqslant\varphi_0$,这样上表面 A 点将会有光逸出。同理可证,在三角形 ACD 中

$$\sin\varphi_2=\frac{CA}{CD}\sin\varphi_1=\frac{CA}{CD}\times\frac{CB}{CA}\sin\varphi_0=\frac{CB}{CD}\sin\varphi_0=\frac{R+\Delta}{R-a}\sin\varphi_0 \tag{4-46}$$

由式(4-45)可见 $\sin\varphi_2\geqslant\sin\varphi_0$,$\varphi_2\geqslant\varphi_0$,在凹面外径没有光逸出现象。由图 4-69 中几何关系得出

$$S_0=\frac{\sin\alpha}{a}\left(1-\frac{a}{R}\right)S_{子} \tag{4-47}$$

式中　R——弯曲半径;

S_0——弯曲时单位长度上子午光线的光路长度;

$S_{子}$——直线时单位长度上子午光线的光路长度。

因为$(\sin\alpha/a)<1$,$(a/R)<1$ 所以 $S_0<S_{子}$,说明光纤弯曲时子午光线的光路长度减小了。从而可以说明光纤弯曲时单位长度的反射次数小于光纤未弯曲的情况。

3. 光纤弯曲损耗理论

1)光纤微弯损耗机制

由于温度变化或者加载情况下光纤轴产生微米(μm)级的弯曲,引起的附加损耗称为微弯损耗。例如受到侧压力或者套塑光纤受到温度变化时,光纤轴产生微小不规则弯曲,光纤的弯曲会导致光强的变化,使得纤芯的部分传输模转化成为辐射模,导致部分光功率入射到包层或者穿过包层成为辐射模泄露出去。光纤的微弯损耗一般通过微弯传感器来解调。作为强度调制传感器的一种,光纤微弯传感器是利用光纤受到外界扰动而产生弯曲时,纤芯中传播的部分光能量渗透到包层中传播,从而产生光损耗,然后通过微弯传感器进行调制。通过测量包层光功率或纤芯光功率的变化来求得外界参数的变化。

微弯衰减大小为:

$$A_m = N\langle h^2\rangle \frac{a^4}{c^6\Delta^3}\left(\frac{E}{E_f}\right)^{3/2} \tag{4-48}$$

式中　N——微弯段个数；

h——弯曲突起高度；

$\langle\,\rangle$——求平均值；

a——纤芯半径；

c——光纤外径；

E——光纤涂覆层的杨氏模量；

E_f——纤芯的杨氏模量；

Δ——光纤的纤芯与包层折射率差。

式(4-48)表明光纤的微弯损耗 A_m 正比于光纤芯径 a 的四次方，而反比于光纤外径 c 的六次方和相对折射率差 Δ 的三次方。因此，为获得较大的微弯损耗，应该增加芯径 a 或减少光纤外径 D 和折射率差 Δ。

2）光纤宏弯损耗机制

由光纤光学理论成果和试验均证明：光纤弯曲时，当曲率半径 R 大于临界值 R_c（$R > R_c$），因光纤弯曲的附加损耗很小，以致可以忽略不计；但当 $R < R_c$ 时，附加损耗按指数规律迅速增加。因此，确定临界值 R_c，对于光纤的分析、设计和应用都很重要。其中宏弯损耗 a_c 的表达式如下：

$$a_c = A_c R^{-1/2}\exp(-UR)$$

$$A_c \approx 30(\Delta)^{1/4}\lambda^{-1/2}\left(\frac{\lambda_c}{\lambda}\right)^{3/2} R\exp(-UR)\,(\mathrm{dB}/\sqrt{m})$$

$$U_c \approx 0.705\,\frac{(\Delta)^{3/2}}{\lambda}\left(2.748 - 0.996\,\frac{\lambda}{\lambda_c}\right)^3 (m^{-1}) \tag{4-49}$$

式中　Δ——光纤的相对折射率差；

λ——波长；

λ_c——截止波长。

据此可求得临界半径 R_c：

$$R_c \approx 20\,\frac{\lambda}{(\Delta)^{3/2}}\left(2.748 - 0.996\,\frac{\lambda}{\lambda_c}\right)^{-3} \tag{4-50}$$

本试验采用的单模光纤截止波长最大、最小值分别为 $\lambda_{c1} = 1\ 144$ nm，$\lambda_{c2} = 1\ 187$ nm（截止波长可由式(4-44)求得），其纤芯—包层折射率差 $\Delta = 0.001\ 5$。根据朱正伟等研究，在波长 $= 1\ 310$ nm、$1\ 550$ nm 情况下对宏弯损耗的临界半径影响很小，可以忽略不计。

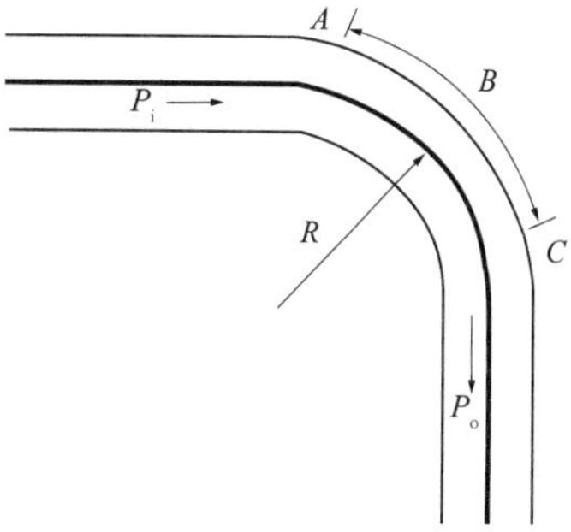

图 4-70　光纤宏弯损耗示意图

光纤宏弯损耗包括纯弯曲损耗和弯曲过渡损耗，如图 4-70 所示，A、C 附近处表示弯曲过渡损耗，AC 之间（设为 B）为纯弯曲损耗。

如图 4-70 所示，假设光纤初始功率为 P_i，输出功率

为 P_o，忽略光纤的固有衰减，则有以下表达式：

$$\frac{P_o}{P_i}=\frac{P_o}{P_i}\bigg|_A\times\frac{P_o}{P_i}\bigg|_B\times\frac{P_o}{P_i}\bigg|_C \tag{4-51}$$

上式中，A 处与 C 处表示过渡损耗，B 处表示纯弯损耗，根据对称性可知有下式成立：

$$\frac{P_o}{P_i}\bigg|_A=\frac{P_o}{P_i}\bigg|_C \tag{4-52}$$

B 段功率之间的表达式如下：

$$\frac{P_o}{P_i}\bigg|_B=\exp(-2\alpha L) \tag{4-53}$$

其中，α 为光纤弯曲损耗系数，L 为光纤弯曲长度。结合式(4-52)和式(4-53)，Harris 和 Castl(1986)把式(4-51)求对数后得到：

$$\ln\left(\frac{P_o}{P_i}\right)=-2\alpha L+2\ln\left(\frac{P_o}{P_i}\bigg|_A\right) \tag{4-54}$$

在式(4-54)中，根据文献[31]可知，同一个波长情况下，弯曲损耗与弯曲角度之间具有良好的线性关系，直线与 $\ln(P_o/P_i)$ 的截距即为过渡损耗，是一个固定值，且过渡损耗占的比重很小，所以弯曲损耗中纯弯损耗是主要因素，纯弯损耗可以近似弯曲损耗以简化计算，公式如下：

$$\frac{P_o}{P_i}=\frac{P_o}{P_i}\bigg|_B=\exp(-2\alpha L) \tag{4-55}$$

在工程实际应用中，通常以“分贝(dB)”来表示光纤的损耗，定义长度 L 的光纤功率衰减分贝数 L_s 为：

$$L_s=10\lg\left(\frac{P_i}{P_o}\right)=10\lg\left[\frac{1}{\exp(-2\alpha L)}\right]=4.342(2\alpha L) \tag{4-56}$$

Marcuse(1976)给出了满足弱导条件单模光纤弯曲损系数 2α 的表达式：

$$2\alpha=\frac{\sqrt{\pi}\kappa^2}{2\gamma^{3/2}V^2\sqrt{R}K_{+1}^2(\gamma a)}\times\exp\left(-\frac{2\gamma^3 R}{3\beta^2}\right) \tag{4-57}$$

式中　$K_{+1}(\gamma a)$——修正的 Hankel 函数，a 为纤芯半径；

κ——径向归一化相位常数；

γ——径向归一化衰减常数；

β——轴向传播常数；

V——归一化频率。

在选定单模光纤及入射光波长时，则这些参数均为定值，所以 2α 可以简化成以下形式：

$$2\alpha=\frac{A_1}{\sqrt{R}}\exp(-BR) \tag{4-58}$$

其中，$A_1=\dfrac{\sqrt{\pi}\kappa^2}{2\gamma^{3/2}V^2K_{+1}^2(\gamma a)}$，$B=\dfrac{2\gamma^3}{3\beta^2}$。

根据式(4-57)，单位长度弯曲损耗系数 α_p 表达式为：

$$\alpha_p = 4.324 \times 2\alpha = \frac{4.324A_1}{\sqrt{R}}\exp(-BR) \tag{4-59}$$

令 $A = 4.324A_1$，则

$$\alpha_p = \frac{A}{\sqrt{R}}\exp(-BR) \tag{4-60}$$

单模光纤在一定波长条件下，单位长度弯曲损耗系数 α_p 是弯曲半径 R 的函数。弯曲长度为 L、弯曲半径为 R 的光纤弯曲损耗值 L_s 可以表示为

$$L_s = \frac{AL}{\sqrt{R}}\exp(-BR) = \alpha_p L \tag{4-61}$$

（三）基于弯曲损耗的常规光纤传感器

1980 年，Fields 和 Cole 首次提出了基于弯曲损耗效应的光纤传感器，并成功应用到美国海军研制的光纤水听器系统中，自此以后，基于弯曲损耗的光纤传感器发展异常迅速。目前已被采用的弯曲调制器结构有锯齿形、波纹形、螺旋形、弹性圆柱或圆筒形、框架式、交架式等多种形式。

1. 齿形光纤传感器

齿形光纤传感器属于周期性的传感器，其结构如图 4-71 所示。两块变形板之间夹着一根光纤，在外力作用下，变形板将产生位移，从而使光纤产生微弯损耗，使用光时域反射仪（OTDR）或光功率计检测光功率的损耗大小，通过光损耗值和变形板位移（外力）大小的耦合关系，可以求得变形板的变化量。

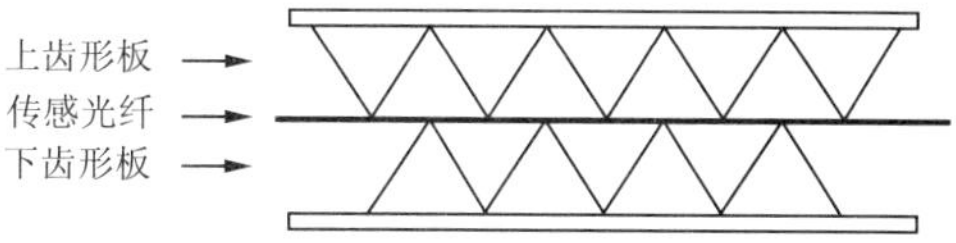

图 4-71　齿形光纤传感器

2. 缠绕式光纤传感器

缠绕式光纤传感器属于周期性的传感器，其结构如图 4-72 所示，在一根尼龙筋上间隔均匀地缠绕上光纤，并将尼龙筋两端用环氧树脂 AB 胶水黏结形成，且间隔和缠绕圈数均可根据需要来调节。缠绕式光纤传感器的传感机制是基于光纤弯曲损耗原理，当尼龙筋受轴向力作用时，尼龙筋将会被拉伸，同时光纤也会被拉紧，产生侧向变形；当尼龙筋的纵向不断伸长，尼龙筋的直径将不断减小，光纤的光功率将会发生相应的变化。通过 OTDR 监测光功率的变化，可以求得外界作用在尼龙筋上的物理变化量。

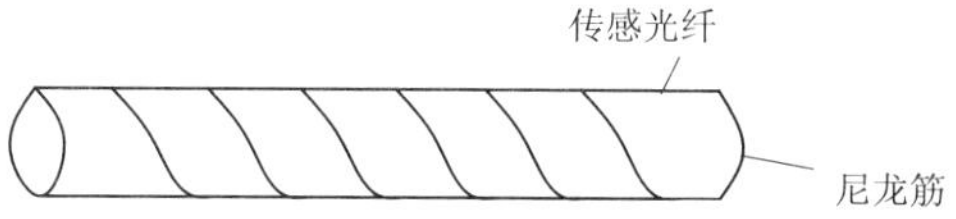

图 4-72　缠绕式光纤传感器

3. 蛇形光纤传感器

蛇形光纤传感器属于周期性的传感器，其结构如图 4-73 所示，光纤和套管是蛇形传感器的主要组成部分，因为光纤极易折断，所以在套管口处配有保护光纤的装置。将蛇形光纤传感器与结构用环氧树脂 AB 胶黏结在一起，当结构发生变形时，光纤传感器也会相应的发生移动，而当两者的变形变化量不一致时，套管限制了光纤的变形，使光纤形成微弯变形。光纤弯曲的曲率半径与传感器的形状相对应，套管除了可以使光纤产生弯曲，它

还可以有效地保护光纤，从而可以减少结构发生变形时对光纤的破坏。

4.“8”型光纤传感器

图 4-73　蛇形光纤传感器

“8”型光纤传感器与上述三种传感器不一样，它属于非周期性的传感器，其结构如图 4-74 所示，图中 D 代表传感器两端的位移大小。由图 4-74 可知，当传感器两端受到拉伸时，D 将会增大，同时 S 将会减小，S 减小引起光纤弯曲变形增大，从而光纤弯曲损耗将增大。

(四)不同弯曲半径下光损耗试验

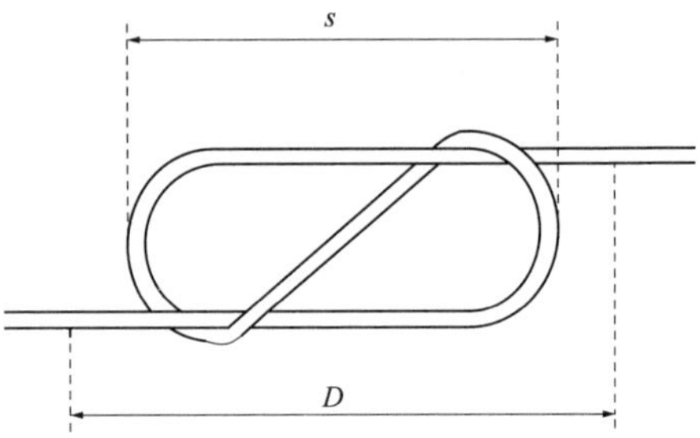

图 4-74　“8”型光纤传感器

试验采用的光纤全部是单模光纤。由前述光纤弯曲理论可知，光纤局部弯曲会引起光纤弯曲损耗，弯曲损耗与光纤弯曲时的曲率半径、光纤纤芯直径 d、包层直径 D、相对折射率差 Δ 等有关，当确定了光纤的型号时，弯曲损耗只与光纤弯曲的曲率半径有关，所以本试验目的是确定光纤弯曲半径与光损耗的关系，并拟合出相应的公式。

1. 试验方法及仪器

根据式(4-21)得到了单模光纤弯曲损耗 L_s 与弯曲半径 R 之间的理论关系式，本试验的主要内容是：通过改变弯曲半径 R，用光功率计测出相应的损耗值 L_s，并应用非线性最小二乘拟合函数，求出关系式中的系数 A 和 B。

试验仪器：ASE 光源(深圳郎光科技有限公司)、JW3203R 手持式光功率计(上海嘉惠光电子技术有限公司)、SMF28e 单模光纤(美国康宁公司)、FSM－50S 全自动单芯光纤熔接机(日本 fujikura 公司)、有机玻璃板、游标卡尺、CT－30 光纤切割机(日本腾仓公司)、剥线钳。

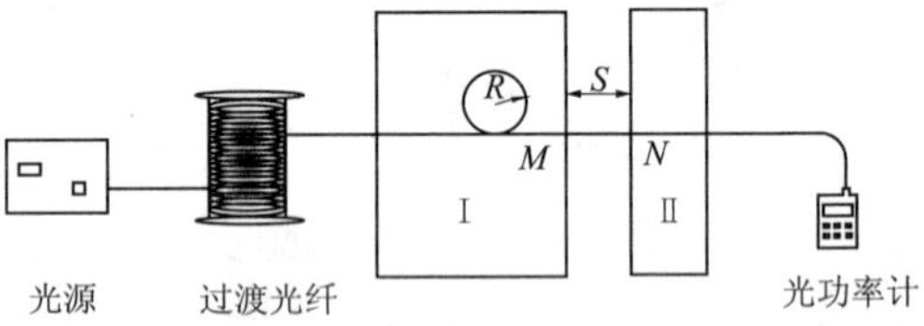

图 4-75　弯曲半径与光损耗关系试验示意图

本试验采用康宁公司生产的 SMF28e 单模光纤。根据式(4-50)，计算出波长为 1 550 nm 和 1 310 nm 下光纤弯曲时的临界半径 R_c 分别约为 15 mm 和 13 mm，所以试验中，将光纤绕圆圈，设定光纤初始圆半径为 20 mm。设定好初始半径后，把一根光纤的两端分别固定在两块有机玻璃板上，令其中一块玻璃板固定不动，另一块可水平法向移动，如图 4-75 所示，通过游标卡尺测出 S 的值，就可以求出弯曲半径 R 的值。S 和 R 的数学关系可以表示为 $S=2\pi(R_{初始}-R)$，并用光功率计测读出弯曲半径 R 时的光损耗值。

2. 试验实施

试验时，设定初始圆半径为 20 mm，并对圆的半径以 0.2 mm 的递减变化量为一个测量点，使用光功率计连续测量 3 次，取其平均值作为光损耗值。同时使用 1 310 nm 和

1 550 nm 两个波长进行测量,试验装置见图 4-76。

3. 试验结果分析

试验弯曲半径为 20 mm 时开始测量,弯曲半径由 20 mm 每 0.2 mm 减小到 10 mm 时,引起的光损耗很小,根据上文所述在 1 550 nm 和 1 310 nm 波长下的临界弯曲半径为 15 mm 和 13 mm,所以在 20 ~ 10 mm 区间范围内选取 15 mm和 13 mm 等特征数值,试验结果见表 4-13 和表 4-14。

图 4-76　弯曲损耗试验装置图

表 4-13　波长为 1 310 nm 时光损耗值与弯曲半径关系试验结果

弯曲半径(mm)	弯曲长度(mm)	平均损耗值(dB)	单位损耗值(dB/mm)
20.00	125.60	0.00	0.00
15.00	94.20	0.03	0.00
13.00	81.64	0.05	0.00
12.00	75.36	0.10	0.00
11.00	69.08	0.11	0.00
10.00	62.80	0.13	0.00
9.80	61.54	0.16	0.00
9.60	60.29	0.18	0.00
9.40	59.03	0.17	0.00
9.20	57.78	0.17	0.00
9.00	56.52	0.24	0.00
8.80	55.26	0.278	0.01
8.60	54.01	0.29	0.01
8.40	52.75	0.30	0.01
8.20	51.50	0.32	0.01
8.00	50.24	0.32	0.01
7.80	48.98	0.41	0.01
7.60	47.73	0.52	0.01
7.40	46.47	0.54	0.01
7.20	45.22	0.66	0.01
7.00	43.96	0.69	0.02
6.80	42.70	0.74	0.02
6.60	41.45	0.81	0.02
6.40	40.19	1.24	0.03
6.20	38.94	1.39	0.04
6.00	37.68	1.50	0.04
5.80	36.42	2.04	0.06
5.60	35.17	2.53	0.07
5.40	33.91	2.67	0.08
5.20	32.66	2.94	0.09

续表 4-13

弯曲半径(mm)	弯曲长度(mm)	平均损耗值(dB)	单位损耗值(dB/mm)
5.00	31.40	3.79	0.12
4.80	30.14	4.22	0.14
4.60	28.89	4.94	0.17
4.40	27.63	5.86	0.21
4.20	26.38	6.29	0.24
4.00	25.12	11.29	0.45
3.80	23.86	11.35	0.48
3.60	22.61	12.39	0.55
3.40	21.35	12.87	0.60
3.20	20.10	13.17	0.66
3.00	18.84	13.24	0.70
2.80	17.58	12.57	0.71
2.60	16.33	13.16	0.81
2.40	15.07	12.18	0.81
2.20	13.82	13.05	0.94
2.00	12.56	13.19	1.05

表 4-14　波长为 1 550 nm 时光损耗值和弯曲半径关系试验结果

弯曲半径(mm)	弯曲长度(mm)	平均损耗值(dB)	单位损耗值(dB/mm)
20.00	125.60	0.00	0.00
15.00	94.20	0.15	0.00
13.00	81.64	0.23	0.00
12.00	75.36	0.69	0.01
11.00	69.08	0.97	0.01
10.00	62.80	1.55	0.02
9.80	61.54	1.69	0.03
9.60	60.29	1.88	0.03
9.40	59.03	1.94	0.03
9.20	57.78	1.85	0.03
9.00	56.52	2.12	0.04
8.80	55.26	3.52	0.06
8.60	54.01	3.99	0.07
8.40	52.75	5.60	0.11
8.20	51.50	4.95	0.10
8.00	50.24	4.60	0.09
7.80	48.98	5.90	0.12
7.60	47.73	6.94	0.15
7.40	46.47	7.82	0.17
7.20	45.22	8.35	0.18
7.00	43.96	9.58	0.22
6.80	42.70	11.21	0.26

续表 4-14

弯曲半径(mm)	弯曲长度(mm)	平均损耗值(dB)	单位损耗值(dB/mm)
6.60	41.45	12.65	0.31
6.40	40.19	15.68	0.39
6.20	38.94	19.25	0.49
6.00	37.68	22.50	0.60
5.80	36.42	20.60	0.57
5.60	35.17	23.64	0.67
5.40	33.91	25.95	0.77
5.20	32.66	29.30	0.90
5.00	31.40	28.50	0.91
4.80	30.14	31.50	1.04
4.60	28.89	33.50	1.16
4.40	27.63	35.70	1.29
4.20	26.38	35.40	1.34
4.00	25.12	37.20	1.48
3.80	23.86	38.50	1.61
3.60	22.61	39.10	1.73
3.40	21.35	40.20	1.88
3.20	20.10	41.20	2.05
3.00	18.84	42.30	2.25
2.80	17.58	43.20	2.46
2.60	16.33	39.50	2.42
2.40	15.07	42.67	2.83
2.20	13.82	43.52	3.15
2.00	12.56	45.92	3.66

式(4-60)表示光纤单位长度弯曲损耗与光纤弯曲半径的关系。使用上述试验得到的数据进行非线性拟合，应用非线性最小二乘拟合函数，分别计算波长为 1 310 nm 和 1 550 nm 时，式(4-60)中系数 A 和 B 值。计算结果见表 4-15，原始曲线和拟合曲线如图 4-77 ~ 图 4-79 所示。

表 4-15　拟合系数、复相关系数、拟合均方差

波长(nm)	A	B	复相关系数 R	拟合均方差 F
1 310	4.123 8	0.462 1	0.946 5	0.062 3
1 550	10.268 4	0.337 4	0.965 7	0.113 5

从表 4-15 中可以看出，两种波长下的复相关系数均很高，1 550 nm 波长下的复相关系数更高一点。

根据图 4-77 ~ 图 4-79 和表 4-15，可以得出光损耗值与光纤弯曲半径的如下关系：

(1)在同一波长情况下，光损耗值与弯曲半径呈负相关关系，即光纤弯曲损耗随着弯曲半径的减小而增大。在 1 550 nm 波长下，弯曲半径在 15 mm 左右时，光损耗曲线开始发生明显变化。在 1 310 nm 波长下，弯曲半径在 13 mm 左右时，光损耗曲线开始发生明

显变化,这与两种波长临界弯曲半径值相对应。

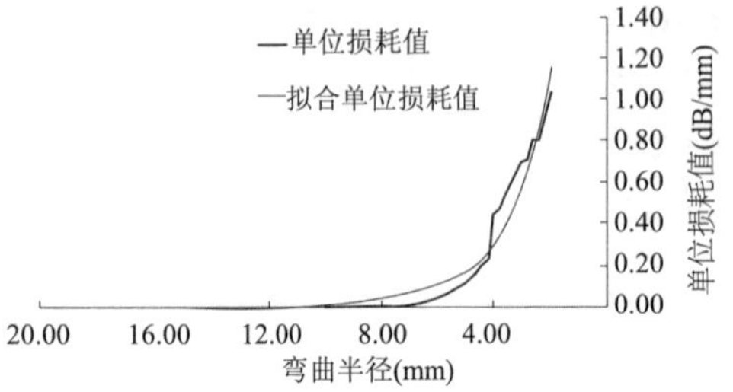

图 4-77　波长 1 310 nm 时弯曲损耗值及拟合损耗值与弯曲半径关系

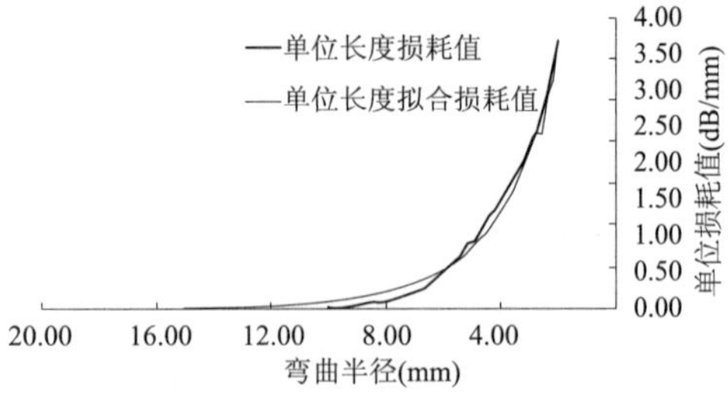

图 4-78　波长 1 550 nm 时弯曲损耗值及拟合损耗值与弯曲半径关系图

(2)在 1 550 nm 和 1 330 nm 这两种波长下,弯曲半径大于临界半径之前,光纤损耗值极小,且随着弯曲半径的减小,增加幅度较小,当弯曲半径小于临界半径后,随着弯曲半径的减小,呈指数关系的增长,增加幅度较大。

(3)波长为 1 550 nm 的光损耗值大于波长为 1 310 nm 的光损耗值,表明波长越长,光纤的弯曲损耗越大。

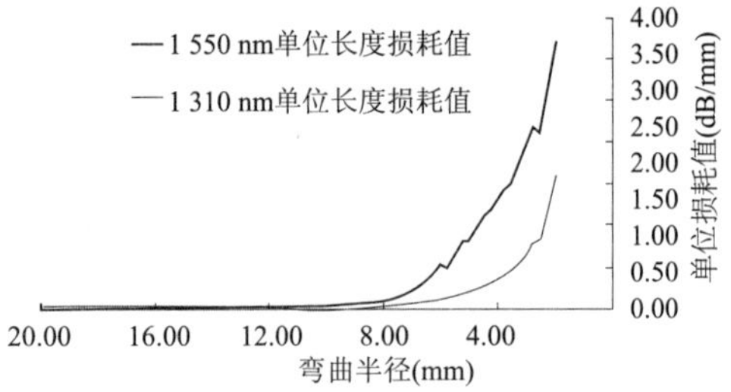

图 4-79　两种波长单位损耗值对比图

(4)根据表 4-15 中实测值和拟合值的复相关系数及拟合均方差可知,将式(4-60)应用于光纤弯曲损耗与弯曲半径关系的计算是可行的。

二、基于 OTDR 的蝴蝶型光纤传感器设计及试验

前文分析了光纤弯曲半径变化对弯曲损耗的影响,并得到弯曲半径与弯曲损耗的计算模型,试验表明模型拟合效果良好。但是试验发现,当弯曲半径小于其临界半径后,光纤弯曲引起的光损耗值增加非常剧烈,说明监测外界变化量的敏感性比较低,因此有必要设计一种新的光纤传感器,以期在扩大光纤监测量程的同时提高监测的敏感性。根据朱正伟(2011)、刘邦(2011)、罗虎(2012)等的研究,设计一种如图 4-80 所示的蝴蝶型光纤传感器,其实质亦是利用光纤弯曲损耗传感机制;并通过试验,分析其感知性能。

(一)试验目的

开展如图 4-80 所示蝴蝶型光纤传感器性能试验,验证其能否扩大光纤监测量程,同时监测的敏感性能否获得提高,从而为下节研制土体不均匀沉降复合光纤监测装置提供依据。

(二)试验仪器及步骤

1. 试验仪器

光时域反射仪 OTDR(日本安立公司)、SMF28e 单模光纤(美国康宁公司)、FSM－50S 全自动单芯光纤熔接机(日本 fujikura 公司)、标有刻度的硬质白纸一张、一根毛细塑料管、游标卡尺、CT－30 光纤切割机(日本腾仓公司)、剥线钳。

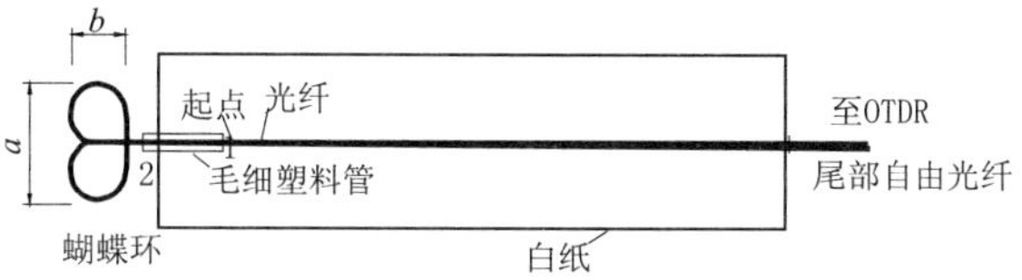

图 4-80　蝴蝶型光纤水平量程与光损耗关系试验示意图

2. 试验步骤

如图 4-81 所示，准备一张硬质白纸，并用有机玻璃板压住硬质白纸两侧，使其不发生移动，将毛细塑料管用透明胶带粘在硬质白纸上，将光纤从毛细塑料管一端（标记为 1）穿入，在另一端（标记为 2）穿出，绕成蝴蝶结形状，并设定好蝴蝶结的尺寸（蝴蝶结的宽度 a），再穿回毛细塑料管中，在毛细塑料管 1 处附近将光纤用胶水粘贴到一起，并用水笔标记为起点。将光纤其中一端与光时域反射仪 OTDR 相连接，光纤另一端为尾部自由光纤。从标记的起点开始，光纤每水平移动 1 mm，用 OTDR 测量光损耗值。

为了获取蝴蝶结形状的光纤在弯曲时的初始感知半径，根据朱正伟（2011）的研究，试验中设定蝴蝶结初始宽度 a 为 48 mm，当光纤水平移动 1 mm 时，使用 OTDR 连续测量三次光损耗值，取其均值为光损耗值。试验装置实物如图 4-81 所示。

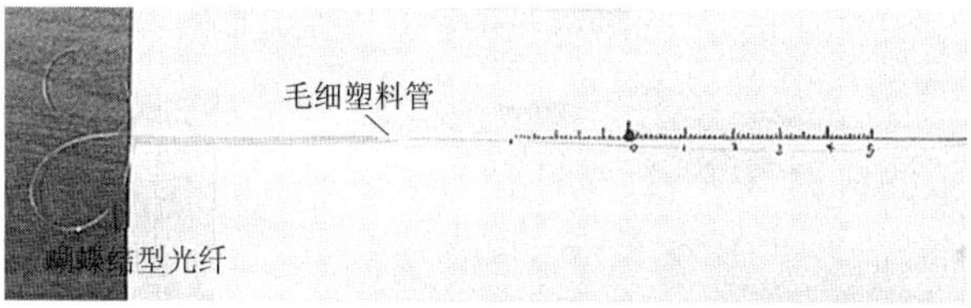

图 4-81　蝴蝶型光纤水平量程与光损耗关系试验装置实物图

（三）试验结果分析

本试验在波长为 1 310 nm 情况下，从蝴蝶结宽度 a =48 mm 为基准值开始测量，试验中发现，蝴蝶结宽度从 48 mm 到 45 mm 时，OTDR 仪几乎监测不到光损耗，从 45 mm 开始，光纤每水平移动 1 mm，OTDR 仪监测到的光损耗值变化幅度较明显。为此设蝴蝶结的最优宽度为 45 mm，本试验的数据从蝴蝶结宽度为 45 mm 时开始，试验结果如表 4-16 和图 4-82 所示。

表 4-16　波长为 1 310 nm 时，光纤行程与光损耗值关系试验结果

光纤行程（mm）	平均损耗值（dB）	光纤行程（mm）	平均损耗值（dB）
1	0.022	20	1.222
2	0.035	21	1.342
3	0.045	22	1.542
4	0.074	23	2.292
5	0.099	24	2.532
6	0.116	25	2.572
7	0.118	26	2.942

续表 4-16

光纤行程(mm)	平均损耗值(dB)	光纤行程(mm)	平均损耗值(dB)
8	0.123	27	3.352
9	0.150	28	3.822
10	0.165	29	4.972
11	0.246	30	5.142
12	0.306	31	5.762
13	0.381	32	7.132
14	0.422	33	9.102
15	0.458	34	10.192
16	0.642	35	13.763
17	0.842	36	16.936
18	1.012	37	16.849
19	1.312	38	16.675

本试验在波长为 1 310 nm 的情况下进行，测试表明，在蝴蝶结宽度 a 为 45 mm 的基准值情况下光纤行程与光纤弯曲损耗 L_s 呈现正相关关系，随着光纤行程的增大，光损耗值越来越大；在光纤行程达到 36 mm 后，平均损耗值不再随着光纤行程的增大而显著增大，即该蝴蝶结光纤的测量范围为 0 ~ 36 mm。

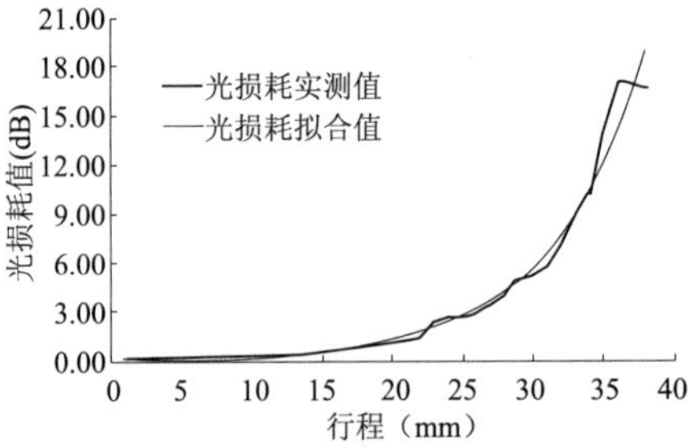

图 4-82　蝴蝶型光纤传感器光损耗值与拟合值曲线图

根据图 4-82 所示曲线趋势来看，光纤行程与光损耗值之间的关系是非线性关系，采用 SPSS 软件中常用的二次多项式模型、指数模型、幂模型、logistic 模型进行回归，发现指数模型复相关系数最高。因此，考虑按指数模型进行拟合，并建立光纤行程与光损耗值的模型，见下式：

$$L_s = 0.062\ 9 \times \exp(0.150\ 4 \times l) \tag{4-62}$$

式中　L_s——光损耗值，dB；

l——光纤行程，mm。

复相关系数 $R = 0.983\ 8$，拟合均方差 $F = 0.701\ 9$。

根据图 4-82、表 4-16、指数模型公式(4-62)及拟合结果，光纤行程与光损耗关系表现出如下规律：

(1)光损耗值随着光纤行程的增大而增大，且光纤行程在 0 ~ 30 mm 时，光纤行程以 1 mm进行增长过程中，光损耗值增长幅度较小；当光纤行程在 30 ~ 36 mm 时，光纤行程每增长 1 mm，光损耗值增长幅度较大。光损耗值与光纤行程整体呈指数关系增长。

(2)试验表明，蝴蝶结宽度为 45 mm 时，初始测量精度为 1 mm，相应的损耗值为 0.022 dB，说明蝴蝶型光纤传感器具有较高的初始测量精度；光纤行程范围在 0 ~ 36 mm，说明蝴蝶型光纤传感器具有较高的监测行程。

(3)光损耗值与光纤行程的关系式，即拟合式(4-62)，试验数据表明其拟合精度较高，说明采用拟合式(4-62)来计算光纤行程是可行的。

三、土体不均匀沉降复合光纤监测装置

(一)复合光纤监测装置设计

根据上节成果,提出了一种基于光时域反射仪(OTDR)的土体不均匀沉降复合光纤监测装置,使其具有较高的初始精度、较大的量程。该试验装置包括:光时域反射仪(OTDR),泡沫塑料板,外径 3 mm、内径 2.5 mm 的毛细钢管,康宁公司生产的单模光纤,环氧树脂 AB 胶。如图 4-83 所示,在加载点将毛细钢管截断,毛细钢管和泡沫塑料板用胶水粘贴在一起。

(二)复合光纤装置监测土体不均匀沉降原理

1. 复合光纤装置工作原理分析

复合光纤装置实物如图 4-83 所示,假设 I—I 界面处受到荷载作用(集中荷载或分布荷载),OTDR 可以测读出蝴蝶结处的光损耗值。当泡沫塑料板在加载情况下,塑料板受力部分会产生一定的变形,由于毛细钢管与泡沫塑料板用胶水很好地胶结在一起,泡沫塑料板的变形会使钢管协同变形。钢管变形导致管内的光纤也发生相应的移动。由于光纤一端与钢管用胶水固定,所以光纤另一端的蝴蝶结 a、b 缩小,并且随着变形的增大,蝴蝶结端光纤将产生较大的弯曲损耗,泡沫塑料板的变形和光损耗值呈现正相关。泡沫塑料板变形开始阶段,蝴蝶结端光纤先产生弯曲损耗,当变形达到一定程度时,光纤会断裂。而蝴蝶结从光纤产生弯曲损耗开始到光纤被剪断,可以自由伸长数厘米,实现了较大量程的测量。而泡沫塑料板受到较小压力即可产生变形(光纤产生弯曲损耗),从而实现了较高的初始测量精度。

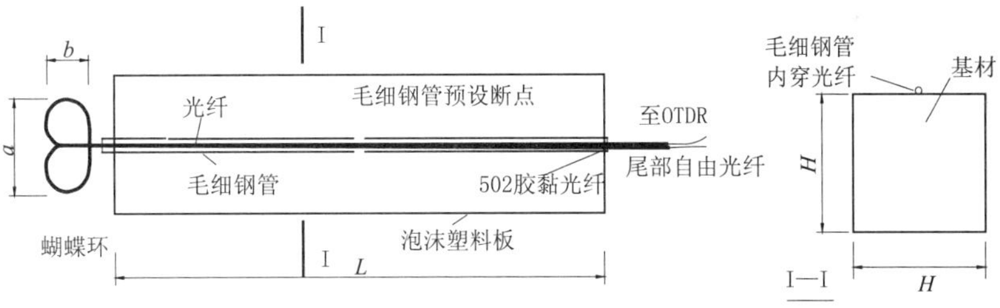

传感器布置示意图

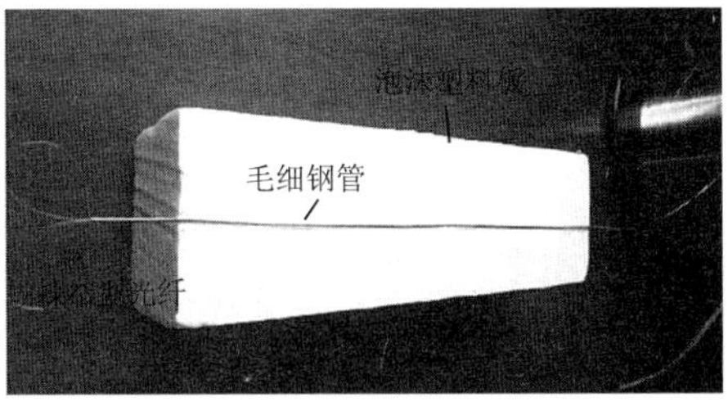

图 4-83　复合光纤监测装置示意图

2. 复合光纤装置抗弯性能分析

复合光纤装置的布置如图 4-84 所示,假定装置的基材(塑料泡沫板)为普通弹性材料,在弹性阶段服从胡克定律。复合装置的抗弯模型与梁的抗弯模型类似,所以采用梁的

抗弯模型来分析。根据梁的变形理论可知,梁下表面受拉,如果光纤布置在下表面,也跟着受拉,光纤要伸长,则光纤蝴蝶结端部的光损耗值将增大,从而在光时域反射仪(OTDR)能够显示出这一损耗值;如果将光纤布置在中性轴,中性轴在加载作用下,光纤既不伸长也不缩短,OTDR 不能捕捉到中性轴处光纤的光损耗值;如果将光纤布置在上表面,上表面光纤由于受压而不会引起光功率的损耗,所以将光纤布置在下表面。抗弯模型分为线性阶段和横截面断开阶段。

1)线性阶段

如图 4-85 所示,在该阶段,将大小为 P 的力加载到装置跨中位置,根据结构力学的知识,可以求得其挠度 f 为:

$$f=\frac{PL^3}{96EI} \tag{4-63}$$

则根据挠度 f 可以求得力 P 的大小为:

$$P=\frac{96EIf}{L^3} \tag{4-64}$$

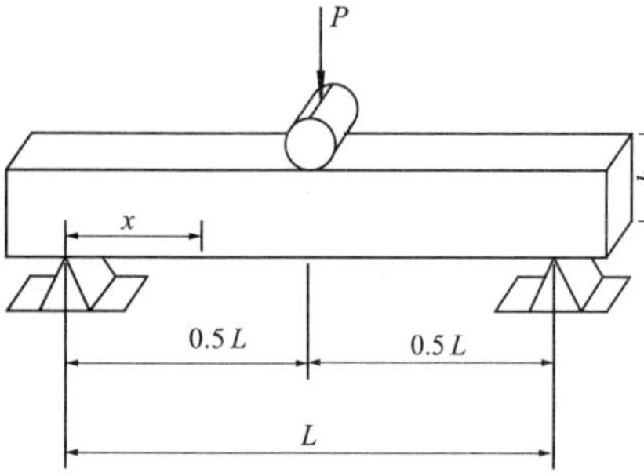

图 4-84　复合光纤装置抗弯模型图

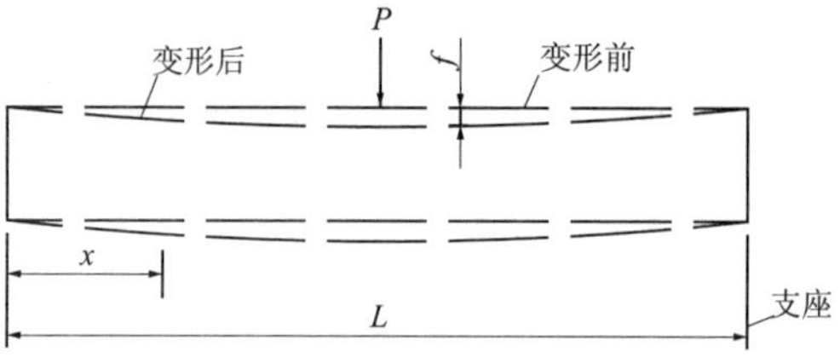

图 4-85　复合光纤装置抗弯模型线性阶段简图

在距左端支座 x 处,横截面上的弯矩为:

$$M=\frac{Px}{2} \tag{4-65}$$

则梁的下表面最大拉应力为:

$$\sigma=\frac{M}{I}y=\frac{M}{I}\times\frac{h}{2} \tag{4-66}$$

根据

$$\sigma=E\varepsilon \tag{4-67}$$

所以

$$\varepsilon_x=\frac{h}{2EI}\times\frac{x}{2}\times\frac{96EIf}{L^3}=\frac{24fhx}{L^3} \tag{4-68}$$

光纤的伸长量为

$$\Delta L = 2\int_0^{L/2}\varepsilon_x\mathrm{d}x = \frac{6h}{L}f \tag{4-69}$$

式中　ΔL——光纤的伸长量;

L——复合光纤装置的长度；

f——复合光纤装置的挠度；

h——复合光纤装置的高度。

2）横截面断开阶段

复合光纤装置的光纤伸长量与装置的挠度 f、高度 h、长度 L 有关，通过对图 4-86 中 ΔL 与 f、h、L 的几何关系进行分析，可以得到

$$\Delta L=\frac{2h[hL-(h-f)\sqrt{L^2-2fh+f^2}]}{L^2+(h-f)^2} \tag{4-70}$$

式中　ΔL——光纤的伸长量；

L——复合光纤装置的长度；

f——复合光纤装置的挠度；

h——复合光纤装置的高度。

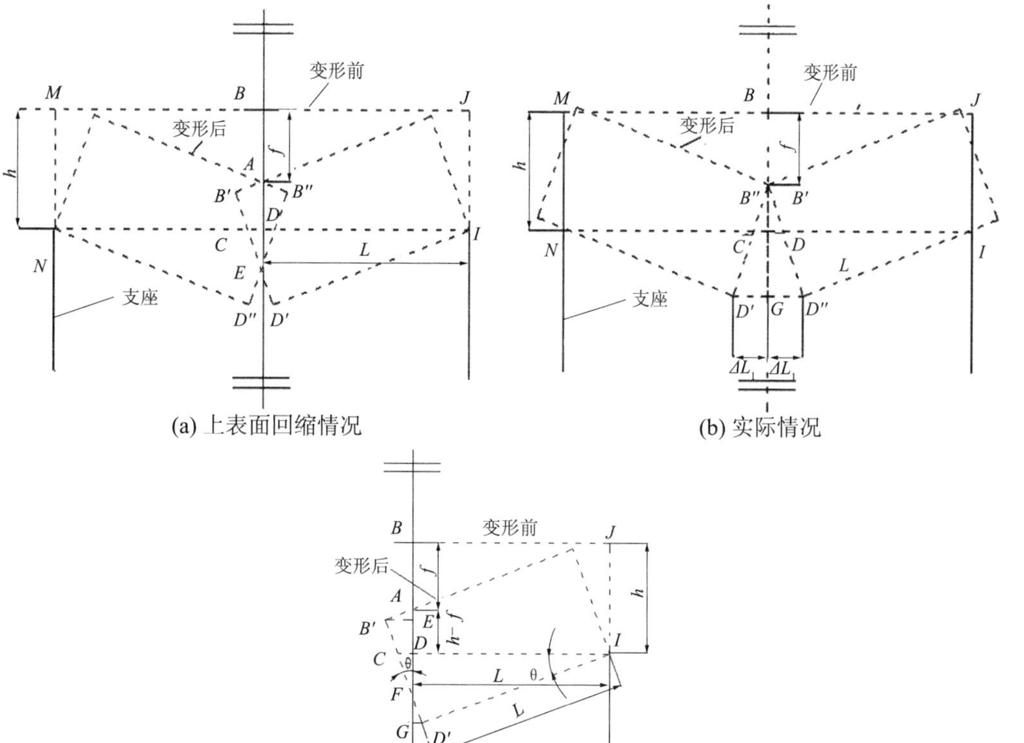

图 4-86　复合光纤装置抗弯模型图(横断面被截断阶段)

四、复合光纤监测装置抗弯试验

（一）试验目的

前文中基于光纤弯曲损耗理论，提出一种蝴蝶型光纤传感器，通过试验，建立光损耗

值与光纤行程的关系式;在此基础上,设计土体不均匀沉降复合光纤监测装置。本试验目的主要通过复合光纤装置的抗弯试验,初步验证复合光纤装置的可行性。

(二)试验仪器及步骤

1. 试验仪器

万能试验机、塑料泡沫板、毛细钢管、光时域反射仪 OTDR(日本安立公司)、SMF28e 单模光纤(美国康宁公司)、FSM－50S 全自动单芯光纤熔接机(日本 fujikura 公司)、游标卡尺、CT－30 光纤切割机(日本腾仓公司)、剥线钳、环氧树脂 AB 胶、光纤熔接热缩管等。

2. 试验步骤

试验采用基材为泡沫塑料板的复合光纤装置,如图 4-87 所示,根据朱正伟(2011)等的研究,将试件尺寸定为:长 300 mm,宽 75 mm,截面高度 60 mm,跨度 150 mm。将毛细钢管用胶水固定在泡沫塑料板上,将钢管在跨中位置断开;用 502 胶粘牢钢管一端内的光纤,另一端做成蝴蝶结形,宽度取最优蝴蝶结的宽度 a = 45 mm,在蝴蝶结端做光纤初始位置标记,由光时域反射仪(OTDR)测读光损耗值;加载点竖向位移由直尺测读。通过试验数据分析,建立光损耗值与加载点竖向位移之间的关系。

图 4-87　复合光纤装置抗弯试验过程图

(三)试验结果分析

试验所得加载点竖向位移与光损耗值结果见表 4-17 和图 4-88。

表 4-17　加载点竖向位移与光损耗值

竖向位移(mm)	光损耗实测值(dB)	光损耗拟合值(dB)	竖向位移(mm)	光损耗实测值(dB)	光损耗拟合值(dB)
1	0.033	0.857	16	2.313	2.569
2	0.111	0.715	17	3.438	2.941
3	0.149	0.689	18	3.798	3.373
4	0.174	0.704	19	3.858	3.874
5	0.248	0.744	20	4.413	4.456
6	0.369	0.801	21	5.028	5.131
7	0.459	0.875	22	5.733	5.916
8	0.572	0.966	23	7.458	6.828

续表 4-17

竖向位移(mm)	光损耗实测值(dB)	光损耗拟合值(dB)	竖向位移(mm)	光损耗实测值(dB)	光损耗拟合值(dB)
9	0.633	1.075	24	7.713	7.888
10	0.963	1.203	25	8.643	9.120
11	1.263	1.354	26	10.698	10.553
12	1.518	1.530	27	13.653	12.221
13	1.968	1.734	28	15.288	14.161
14	1.833	1.972	29	16.960	16.421
15	2.013	2.248	30	17.050	19.052

根据前述知，光纤行程与光损耗之间呈指数关系，根据抗弯模型的推导，在复合光纤装置未断时，光损耗值与竖直位移也呈现指数关系。使用上述试验得到的数据进行非线性最小二乘拟合函数拟合，拟合结果见表 4-18 和图 4-88。

根据图 4-87 和图 4-88 和表 4-18 可以得出光损耗与加载点竖向位移的如下关系：

（1）光损耗与加载点竖向位移呈正相关关系，即光损耗值随着加载点竖向位移的增大而增大。

（2）根据表 4-17 中实测值和拟合值的复相关系数及拟合均方差可知，将式（4-61）应用于复合光纤装置加载点竖向位移与光损耗值的计算是可行的。

（3）试验数据表明复合光纤装置对加载点竖向位移的测量效果很好，可以实现较大量程的监测。

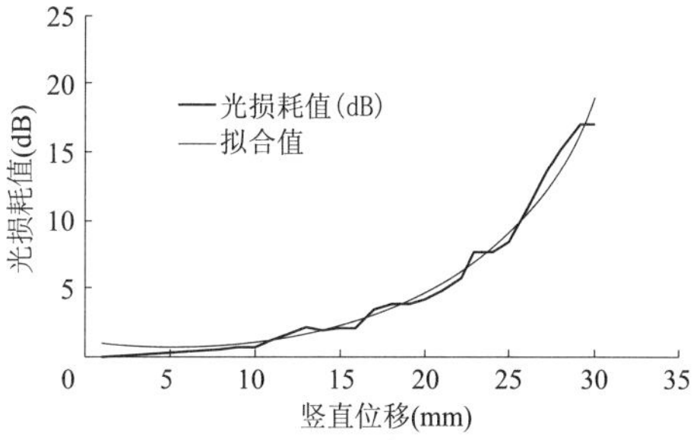

图 4-88　抗弯试验中加载点竖向位移与光损耗值关系图

表 4-18　拟合系数、复相关系数、拟合均方差

波长	A	B	复相关系数 R	拟合均方差 F
1 310 nm	0.726 5	−0.135 6	0.971 7	0.622

五、土体不均匀沉降光纤监测模型试验

（一）试验目的

根据前述关于复合光纤装置的抗弯模型推导及抗弯试验，设计如下基于复合光纤装置监测土体不均匀沉降的室内小型模拟试验，试验主要目的是验证将复合光纤装置推广到实际堤防工程土石结合部土体不均匀沉降监测中的可行性。

（二）试验仪器及步骤

1. 试验仪器和材料

5 t 油压千斤顶、塑料泡沫板、毛细钢管、日本安立 MW9076B7 型光时域反射仪、康宁 SMF28e 单模光纤、游标卡尺、日本腾仓公司生产的 FSM－50S 全自动单芯光纤熔接机、日本腾仓公司生产 CT－30 光纤切割机、剥纤钳、光纤熔接热缩管、环氧树脂 AB 胶、土、木箱。

2. 试验步骤

模型采用木板加工成长×宽×高＝260 mm×260 mm×360 mm 的木箱，将泡沫塑料板放在如图 4-89 所示的位置，并用胶水将塑料板与钢管胶结在一起，在钢管内埋设蝴蝶结形式的光纤，且使蝴蝶结宽度为 45 mm，并将光纤一端与钢管粘贴在一起，从钢管中点切缝，回填土到模型中，填至顶部，木箱模型顶部用木板盖住，使土体均匀受力。试验用 5 t的油压千斤顶进行加载，土体沉降的位移用游标卡尺测量。用 OTDR 测量光纤的光损耗值。将测量得到的光损耗值与沉降位移进行分析。具体试验模型如图 4-90 所示。

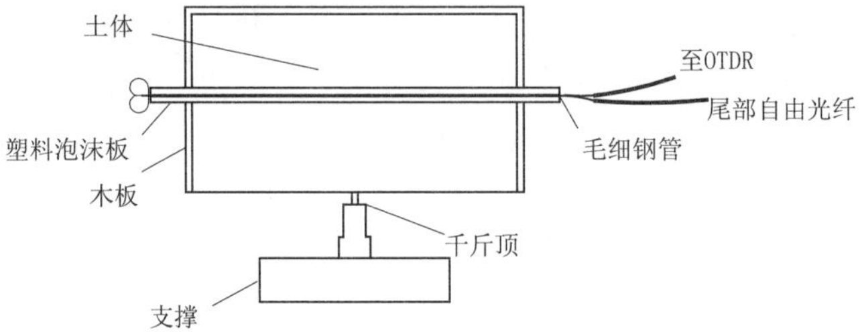

图 4-89　土体沉降室内模拟装置

(三)试验结果分析

本试验在波长为 1 310 nm 情况下，从蝴蝶结宽度 a 为 45 mm 为基准值开始测量，试验结果如表 4-19、图 4-91 所示。

图 4-90　基于复合光纤传感器的土的沉降试验过程

根据表 4-19 和图 4-91，加载点位移与光损耗关系表现出如下规律：

(1)试验刚开始时，光损耗值不随加载点位移的增加而增加，可能是由于木箱内的土不密实，土的密实过程会消耗部分加载点竖向位移，所以加载到 17 mm 时，还未出现光损耗值。当加载点位移大于 17 mm 时，OTDR 开始监测到光损耗。

(2)光损耗值与加载点位移呈现出良好的指数关系。

表 4-19　加载点位移与光损耗值

加载点位移(mm)	光损耗实测值(dB)	光损耗拟合值(dB)	加载点位移(mm)	光损耗实测值(dB)	光损耗拟合值(dB)
17	0.018	0.988	31	3.107	2.742
18	0.156	0.828	32	3.157	3.146
19	0.302	0.801	33	3.611	3.616
20	0.376	0.822	34	4.114	4.164
21	0.468	0.871	35	4.691	4.802
22	0.518	0.942	36	6.102	5.545
23	0.788	1.034	37	6.311	6.412
24	1.033	1.145	38	7.072	7.422
25	1.242	1.280	39	8.753	8.601
26	1.61	1.438	40	11.171	9.976
27	1.5	1.625	41	12.508	11.581
28	1.647	1.843	42	13.876	13.456
29	1.892	2.098	43	13.95	15.645
30	2.813	2.396	44	—	—

六、小结

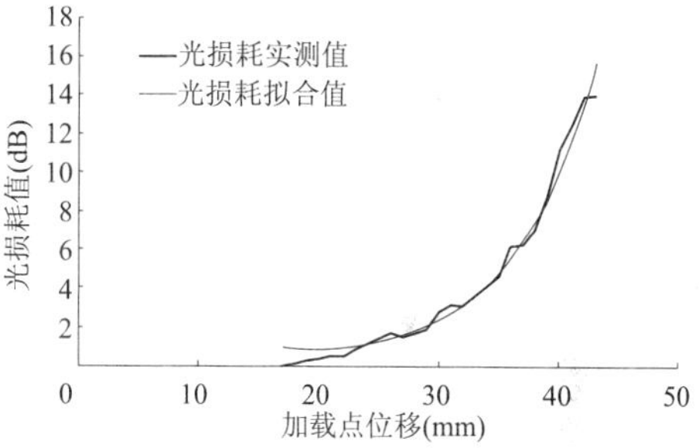

图 4-91　基于复合光纤传感器的土的沉降试验加载点位移与光损耗值关系图

在对单模光纤弯曲损耗传感机制理论分析的基础上,通过试验分析了光纤弯曲半径对光损耗值的影响规律,建立了光纤弯曲半径与光损耗的关系模型。为避免光纤弯曲半径小于其临界半径后光损耗下降较大的缺陷,设计一种蝴蝶型光纤传感器,试验表明该传感器具有较高的初始精度、较大的测量行程,通过对试验数据的分析发现,光损耗值与光纤行程整体呈指数关系增长。基于蝴蝶型光纤传感器,设计一种监测土体不均匀沉降的复合光纤装置。对该复合光纤装置抗弯性能分析发现,光纤行程与加载点位移开始阶段呈线性关系,当装置断裂时,两者呈非线性关系。通过土体模型不均匀沉降复合光纤监测试验数据分析,并依据光纤弯曲损耗理论,得出了光损耗值与竖向位移的半经验公式。

第七节　开裂病险光纤监测技术与监测模型

土石结合部的混凝土结构裂缝是混凝土结构内部累积损伤的表现,影响穿堤建筑物的耐久性和整体性,对穿堤建筑物的安全运行产生极大的影响,所以需要对混凝土结构裂缝进行实时监测。然而混凝土结构裂缝产生的位置、裂缝的大小均有一定的随机性,很难从理论上准确预测到裂缝的位置和大小。

基于光纤弯曲损耗理论,深入分析基于 OTDR 的分布式光纤裂缝传感原理,并针对混凝土结构的张拉式裂缝与混合式裂缝分析相应的光纤传感网络布置形式;通过进行张拉式裂缝与混合式裂缝的模型试验,验证基于 OTDR 的分布式光纤裂缝传感系统的适用性。

一、基于 OTDR 的土石结合部混凝土裂缝分布式光纤传感原理

(一)光时域反射仪的结构组成

光时域反射仪(Optical Time-domain Reflectometer,OTDR)仪表主要由脉冲发生器、光源、光定向耦合器、光纤连接器、光电检测器、放大器、信号处理、内部时钟、显示器等几部分组成,如图 4-92 所示。各个部分功能见表 4-20。

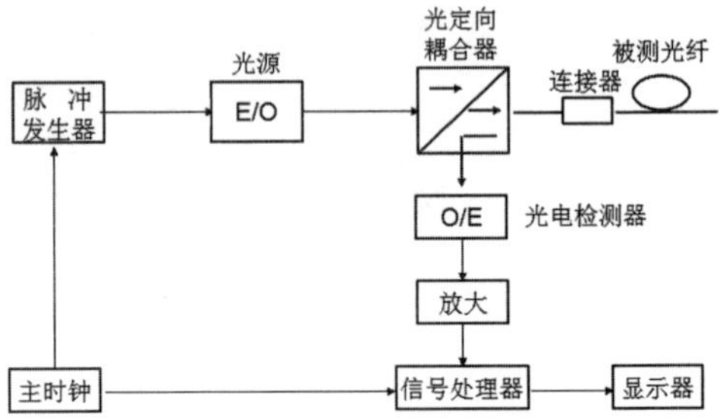

图 4-92　OTDR 结构图

(二)混凝土裂缝的分布式光纤传感原理

光时域反射仪用于检验光纤产生的光功率损耗,是光纤故障检测的重要工具,其工作原理就是利用光的背向散射法。所谓背向散射法,是利用光的瑞利散射特性来对光纤损耗特性进行测试。瑞利散射是光纤材料的固有特性,当窄的光脉冲注入光纤后沿着光纤向前传播时,所到之处将发生瑞利散射。瑞利散射光向各个方向散射,其中一部分散射光的方向与入射方向相反,沿着光纤返回到入射端,这部分散射光称为背向散射光。另外,当光脉冲遇到裂缝或其他结构缺陷时,也有一部分光因反射而返回到入射端,而且反射信号比散射信号强得多。这些返回到入射端的光信号中包含有损耗信息,经过适当的耦合、探测和处理,即可以分析到光脉冲所到之处的光损耗。传感器输出的信号反映了内测参数(如裂缝)的变化情况。

表 4-20　OTDR 组成结构

OTDR 组成结构	功能
脉冲发生器	产生所需要的规则的电脉冲信号
光源	将电信号转换成光信号,即将脉冲发生器产生的电脉冲转换为光脉冲进行测试使用
光定向耦合器	使光按照规定的特定方向输出输入
光纤连接器	将 OTDR 仪表与被测光纤相连接
光电检测器	将光信号转换成电信号,即将经光定向耦合器传来的背向散射光转换成电信号
放大器	将光电检测器转换的微弱电信号进行放大,以便处理
信号处理器	由背向散射光转换的含有光纤特性的电信号进行平均化处理
显示器	将处理后的结果显示出来
内部主时钟	为脉冲产生器提供时钟,使其有频率的产生电脉冲信号
	为信号处理器提供工作频率,使其处理频率与脉冲频率保持同步

如图 4-93 所示(图中 $P_{ER}(x)$ 为光功率,x 为光在光纤中传播的距离),当穿堤建筑物

土石结合部的混凝土中出现裂缝时，预先埋在其中的光纤产生弯曲，光在光纤弯曲段中传输时，产生较大的能量辐射，即弯曲损耗效应。其辐射损耗系数为：

$$\partial_0 = C_1 \exp(-C_2 R) \tag{4-71}$$

$$C_1 = \frac{W_2}{2\beta a^2(1+W)} \frac{U^2}{V^2} e^{2W};\ C_2 = \frac{2}{3} \frac{W^3}{\beta^2 a^3}$$

式中　R——曲率半径；

W——包层区归一化横向模式系数；

U——芯区归一化横向模式系数；

β——导波模传播常数；

V——归一化工作频率；

a——纤芯半径。

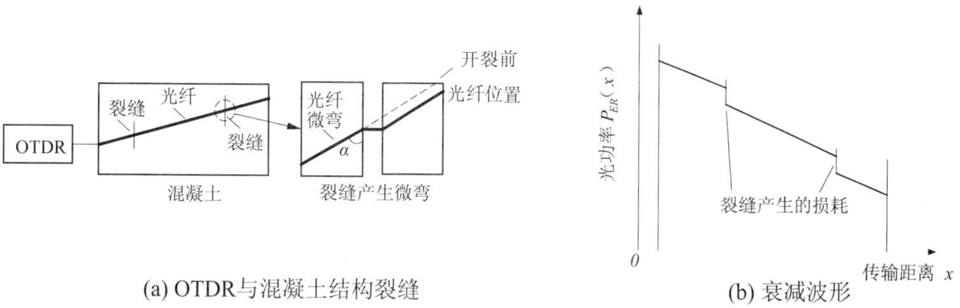

(a) OTDR与混凝土结构裂缝　　(b) 衰减波形

图 4-93　OTDR 的裂缝光纤测量原理示意图

式(4-71)表明，弯曲半径 R 较小时，弯曲损耗较大，则光纤产生较大的光功率损耗。穿堤建筑物土石结合部混凝土结构裂缝导致预埋光纤产生弯曲，利用瑞利散射原理，光时域反射仪(OTDR)可以检测出弯曲损耗的存在，得到衰减的波形，如图 4-93(b)所示，OTDR 上的光损耗曲线有一个突降，即裂缝产生的光功率损耗，而突降的位置可以确定结构损伤的位置。由于裂缝的发生是随机的，裂缝的发生位置、大小也是不确定的，而基于 OTDR 的光纤分布式裂缝监测方法不需要预知损伤位置，光纤自身包括信息传感和传输两个功能，且基于 OTDR 的裂缝传感可实现空间连续监测，而主要仪器 OTDR 本身具有小巧、成本低、移动性强等优点，能够很好地满足裂缝监测的需要。OTDR 检测到的光功率值遵循以下方程求得。设光纤入射端的光强为 $P(x_0)$，距入射端 x 处的功率 $P(x)$ 为：

$$P(x) = P(x_0) \exp\left[-\int_{x_0}^{x} \alpha'(x)\,\mathrm{d}x\right] \tag{4-72}$$

式中　$\alpha'(x)$——光纤前向传输的衰减系数。

光从故障点反向散射，到达入射端面的功率为：

$$P_R(x_0) = S(x) \times P(x) \exp\left[-\int_{x_0}^{x} \alpha''(x)\,\mathrm{d}x\right] \tag{4-73}$$

式中　α''——光纤背向传输的衰减系数；

$S(x)$——光纤在 x 点的背向散射系数，$S(x)$ 具有方向性。

由光电接收系统接收到的后向散射功率 $P_{ER}(x_0) < P_R(x_0)$，与光学系统损耗、光纤端

面的反射率、探测器转换效率放大器等因素有关,用影响因子 K 表示,则有

$$P_{ER}(x_0) = KP_R(x_0) = KS(x) \times P(x_0)\exp\left\{-\int_{x_0}^{x}[\alpha'(x) + \alpha''(x)]\mathrm{d}x\right\} \quad (4\text{-}74)$$

二、混凝土裂缝光纤传感网络布设方式

在正常加载条件下,穿堤建筑物土石结合部的混凝土结构裂缝形成非常复杂,混凝土结构可能产生张拉裂缝和剪切裂缝,以及两种裂缝组合的混合式裂缝,如图 4-94 所示。

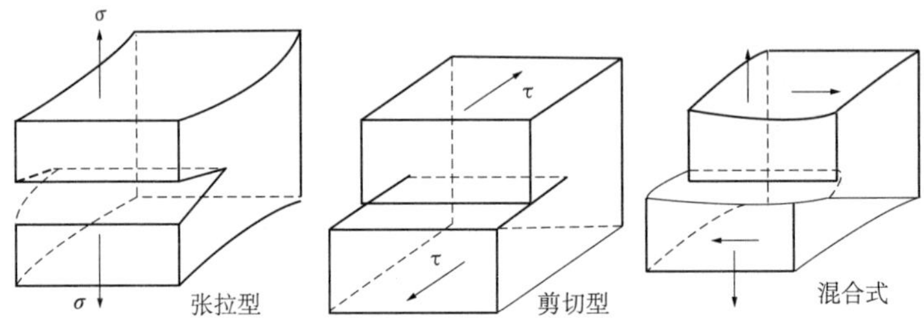

图 4-94 裂缝的三种基本形态

对各种不同类型裂缝的监测,应采用不同的光纤布置方式。要实现对混凝土结构的全面监测,光纤的布置应全方位形成网络,采集的信息才能反映混凝土结构的整体情况。通过合理的光纤传感网络布置,当裂缝开裂时,光纤受到外力作用使其弯曲增大,引起弯曲损耗,从而构成裂缝—弯曲—光损耗单值对应的传感系统。

(一)斜交式光纤传感系统

如图 4-95 所示的斜交传感系统适合于张拉开裂的结构,将光纤与混凝土开裂方向斜交一定的角度,裂缝监测采用将光纤粘贴在结构表面这种形式。开裂时,光纤受到侧向剪切或拉伸作用使其弯曲增大,引起弯曲损耗,形成了裂缝—弯曲—光损耗单值对应的传感系统。OTDR 可以定位结构裂缝的位置,并得到裂缝位置的光损耗值。通过裂缝—弯曲—光损耗单值对应的传感系统,并辅佐相关的试验,可以耦合出光损耗值与裂缝开度之间的半经验公式。

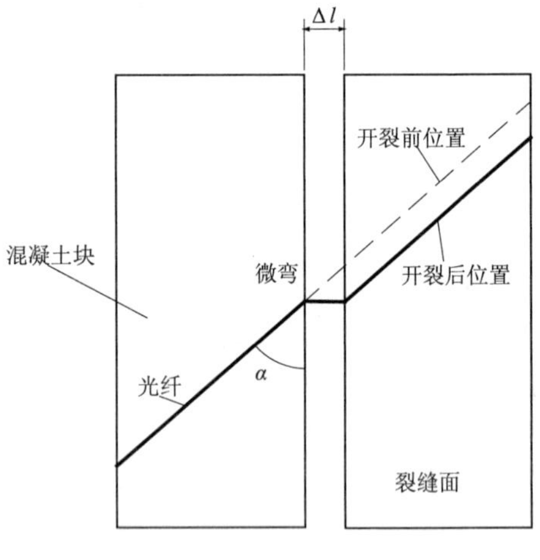

图 4-95 分布式斜交光纤传感

(二)混合式光纤传感系统

一般破坏情况下,混凝土结构会产生混合式裂缝(张拉裂缝和剪切裂缝的组合裂缝)。分布式光纤的裂缝传感是基于光纤与裂缝斜交产生的弯曲损耗。本节利用分布式光纤的裂缝传感原理实现混合式裂缝的光纤传感监测。在通常情况下,剪力和扭转效应对结构裂缝都有很重要的影响,且剪切位移的方向不容易找到。在本节中,假设裂缝面的剪切方向是已知的,且破坏形式如图 4-96(b)所示。这样张拉和剪切引起的光纤弯曲将在同一平面内。根据 Wan 和 C. Leung(2007)等已取得的相关成果以及上节斜交式光纤

传感系统的分析,确定如图4-96所示的混合式裂缝光纤传感网络的布置形式。当混凝土结构开裂时,两根光纤受到侧向剪切或拉伸作用使其弯曲增大,由于两根光纤布置方式不一样,裂缝引起的光纤弯曲程度不一致(原因见下节光纤力学性能分析),则OTDR测读出的光损耗值也不一样。根据裂缝位置两根光纤光损耗值的不同,可以得到光损耗与混合式裂缝(张拉裂缝和剪切裂缝的组合)的相关关系。

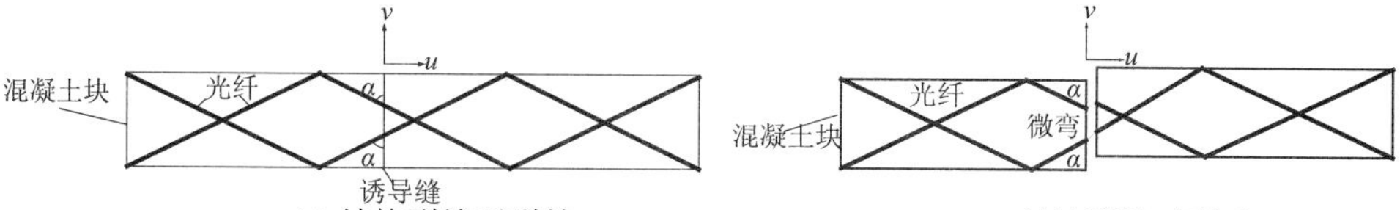

(a) 结构裂缝开裂前　　(b) 结构裂缝开裂后

图4-96　混合式传感示意图

(三)光纤力学性能分析

1. 张拉式裂缝的力学模型

如图4-97所示单模光纤的力学模型,将光纤粘贴到结构表面(或者埋入到结构内部),使光纤和结构的变形具有良好的一致性。当结构产生张拉裂缝时,光纤将会形成如图4-97(a)所示的弯曲。根据对称性,模型只需要考虑左侧部分(令O为拐点)。拐点O的弯矩为零,但存在剪切力。如图4-97(b)所示,剪切力作用在光纤上,使其移动到拐点O。为了得到沿其长度的光纤位移,需要知道光纤自由长度L和横向偏移w。根据图4-98,L和w由下式给出:

$$L = \frac{\delta}{2}\cos\theta + r\tan\theta \tag{4-75}$$

$$w = \frac{\delta}{2}\sin\theta \tag{4-76}$$

式中　δ、θ——裂缝开度和斜交角度;

r——光纤外半径。

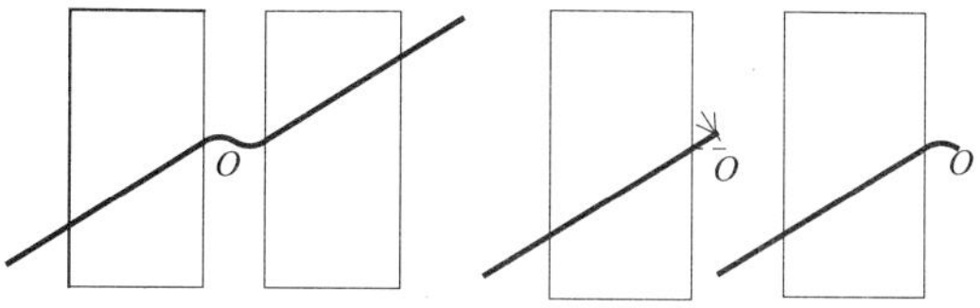

(a)　(b)　(c)

图4-97　裂缝传感的力学模型

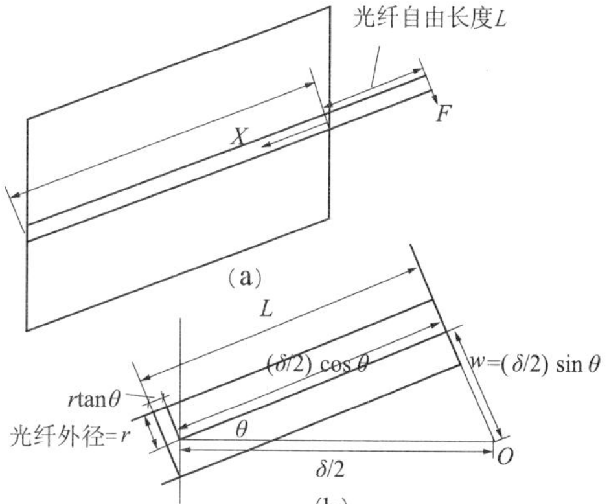

图4-98　张拉式裂缝开度与自由光纤长度的几何关系图

一旦 L 和 w 已知,可以计算沿其长度的光纤位移,计算出沿光纤中心线的位移之后,各横截面的弯曲半径可以通过式(4-77)计算得出:

$$R=\frac{\mathrm{d}s}{\mathrm{d}\theta_{横截面}}$$

$$\mathrm{d}s=\sqrt{(\mathrm{d}x)^2+(\mathrm{d}z)^2} \tag{4-77}$$

2. 混合式裂缝的力学模型

对于混合式裂缝情况,可以参照上述的方法分析。但应注意,由于剪切裂缝的存在,拐点将移动到一个新位置。所以,应当修正光纤自由长度 L 和横向偏移 w。对于混合式裂缝,有两种可能的情形。第一种情形如图 4-99(a)所示,x 方向的位移增加了光纤的弯曲曲率。修正的光纤自由长度 L 和横向偏移 w 由式(4-78)和式(4-79)给出。

$$L=\frac{1}{2}\sqrt{(\delta x)^2+(\delta z)^2}\cos\left(\theta+\tan^{-1}\frac{\delta x}{\delta z}\right)+r\tan\theta \tag{4-78}$$

$$w=\frac{1}{2}\sqrt{(\delta x)^2+(\delta z)^2}\sin\left(\theta+\tan^{-1}\frac{\delta x}{\delta z}\right) \tag{4-79}$$

式中　δx、δz——x 方向和 z 方向的裂缝位移;

θ——裂缝与光纤之间的夹角;

r——光纤包层的半径。

上述方程的推导过程如图 4-100 所示。光纤与直线 AB 的夹角增加了 $\tan^{-1}\delta x/\delta z$,则自由光纤的长度减少,而横向偏移增加。因此,它会引起光纤的更大弯曲。在这种情况下,预计的光损耗会高于零剪切位移的情况。

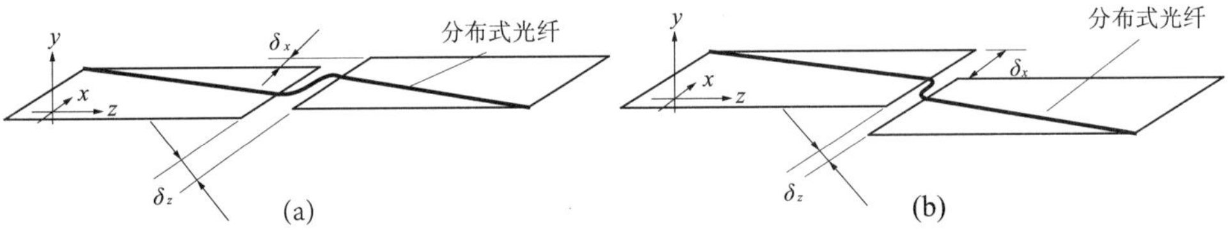

图 4-99　光纤在混合式裂缝下的两种弯曲形式

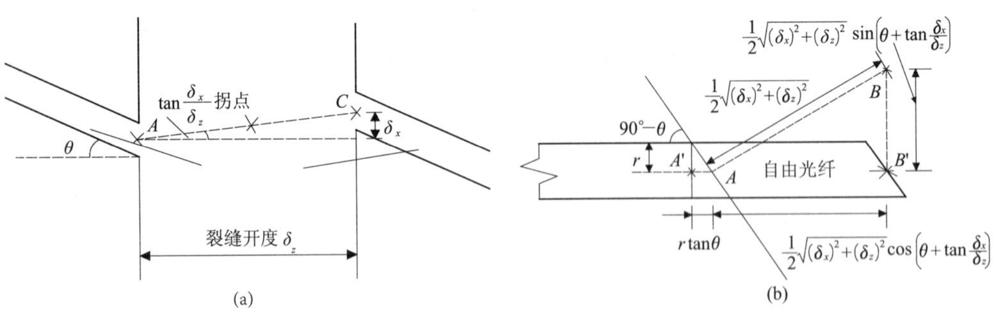

图 4-100　混合式裂缝情况下的光纤弯曲示意图

第二种情况如图 4-99(b)所示,x 方向的位移减小了光纤的弯曲曲率。如图 4-100(a)所示,在这种情况下,点 C 应该低于拐点 B。所以,光纤自由长度 L 和横向偏移 w 计算公式如下:

$$L=\frac{1}{2}\sqrt{(\delta x)^2+(\delta z)^2}\cos(\theta-\tan^{-1}\frac{\delta x}{\delta z})+r\tan\theta \tag{4-80}$$

$$w=\frac{1}{2}\sqrt{(\delta x)^2+(\delta z)^2}\sin(\theta-\tan^{-1}\frac{\delta x}{\delta z}) \tag{4-81}$$

光纤与直线 AB 的夹角减小了 $\tan^{-1}\delta x/\delta z$。其影响是自由光纤长度增加而横向偏移减小。因此,它会引起光纤较小的弯曲。在这种情况下,预计的光损耗将低于零剪切位移的情况。

三、基于 OTDR 的张拉式裂缝光纤监测试验

光纤与混凝土结构的共同作用表现为力学—光学效应,其弯曲损耗值尚难以精确计算,所以传感效果的量化需要依赖试验。

(一)基于 OTDR 的玻璃板张拉裂缝模拟试验

1. 试验目的

本试验目的主要是使用有机玻璃板,在便于控制张拉裂缝的情况下进行斜交传感系统的验证,建立光损耗与裂缝开度、光纤裂缝夹角的数学模型,为分析基于 OTDR 的混凝土结构张拉裂缝分布式光纤监测方法提供参考依据。

2. 试验仪器及步骤

1)试验仪器

光时域反射仪 OTDR(日本安立公司)、SMF28e 单模光纤(美国康宁公司)、FSM－50S 全自动单芯光纤熔接机(日本 fujikura 公司)、游标卡尺、CT－30 光纤切割机(日本腾仓公司)、剥线钳、环氧树脂 AB 胶。

2)张拉式裂缝测试试验步骤

将光纤与玻璃板中轴线斜交为一定角度 θ($\theta=20°$、$30°$、$40°$、$50°$、$60°$),并用环氧树脂 AB 胶将光纤与玻璃板粘在一起。沿中轴线将玻璃板切成两半。做张拉式裂缝测试试验时,先将一块玻璃板固定不动,法向移动另一块玻璃板,通过游标卡尺测量玻璃板之间移动的距离,该距离即为模拟张拉式裂缝的宽度。使用光时域反射仪连续测量 3 次光损耗值,取均值作为试验光损耗值。通过不同夹角($\theta=20°$、$30°$、$40°$、$50°$、$60°$)裂缝张开测量出来的光损耗值,建立裂缝开度与光损耗之间的关系。同时使用 1 310 nm 和 1 550 nm 波长进行试验,分析不同波长时光损耗和裂缝开度之间的关系。

3. 试验结果分析

张拉式裂缝开度的试验结果如表 4-21、表 4-22 和图 4-101 ~ 图 4-107 所示。

表 4-21　入射光波长为 1 310 nm 的光损耗值　(单位:dB)

裂缝开度	1 310 nm 光纤与潜在裂缝走向的夹角(°)				
(mm)	20	30	40	50	60
0.0	0	0	0	0	0
0.2	0.235	0.039	0	0	0
0.4	0.642	0.115	0.135	0.056	0
0.6	0.950	0.315	0.273	0.131	0.102

续表 4-21

裂缝开度(mm)	1 310 nm 光纤与潜在裂缝走向的夹角(°)				
	20	30	40	50	60
0.8	1.457	0.599	0.438	0.232	0.135
1.0	1.735	1.235	0.760	0.367	0.238
1.2	2.354	1.891	1.137	0.514	0.389
1.4	3.272	2.543	1.529	0.873	0.472
1.6	4.128	3.232	1.964	1.143	0.789
1.8	5.284	4.315	2.384	1.528	0.975
2.0	6.950	5.237	2.889	1.942	1.220
2.2	8.135	6.182	3.348	2.238	1.563
2.4	9.214	6.893	3.736	2.617	1.759
2.6	10.415	7.314	4.018	2.851	1.967
2.8	10.478	7.786	4.236	2.894	1.982
3.0	10.625	7.815	4.269	2.934	2.003

表 4-22 入射光波长为 1 550 nm 的光损耗值 (单位:dB)

裂缝开度(mm)	1 550 nm 光纤与潜在裂缝走向的夹角(°)				
	20	30	40	50	60
0.0	0	0	0	0	0
0.2	0.312	0.198	0.118	0.034	0
0.4	0.781	0.315	0.654	0.237	0.085
0.6	1.541	0.892	1.328	0.532	0.279
0.8	3.621	1.732	2.014	0.912	0.513
1.0	4.298	2.748	2.845	1.367	0.798
1.2	5.605	4.679	3.278	1.728	1.157
1.4	6.823	5.942	4.315	2.245	1.506
1.6	7.485	6.347	5.078	2.867	2.087
1.8	8.578	7.238	6.028	3.347	2.438
2.0	9.730	8.357	6.478	4.159	2.796
2.2	10.478	8.967	6.732	4.589	3.242
2.4	11.248	9.235	6.884	5.237	3.401
2.6	11.912	9.382	6.931	5.347	3.608
2.8	12.163	9.415	7.016	5.405	3.697
3.0	12.239	9.348	7.028	5.439	3.735

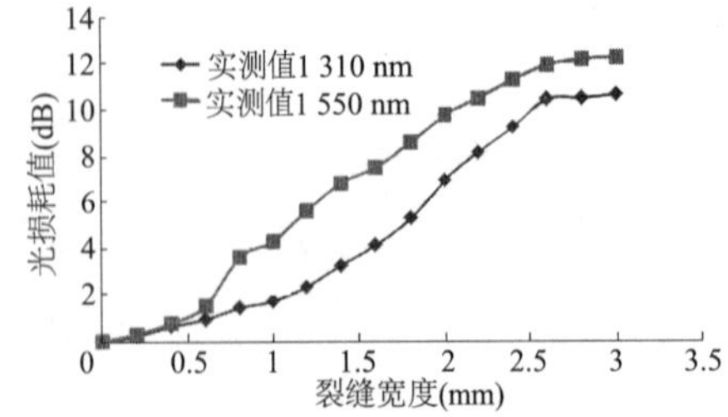

图 4-101 光纤裂缝夹角 20°时裂缝开度与光损耗值关系

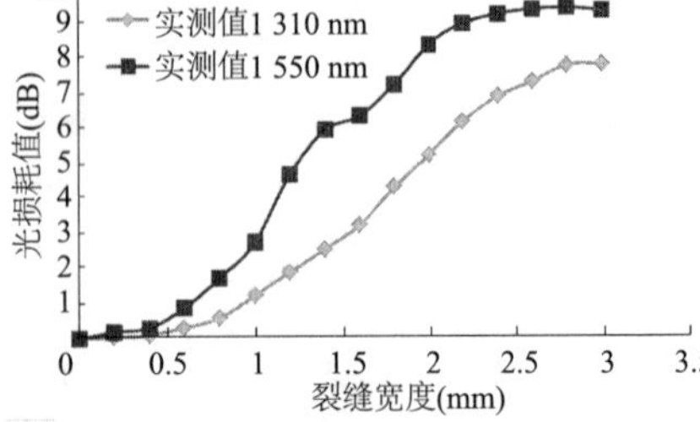

图 4-102 光纤裂缝夹角 30°时裂缝开度与光损耗值关系

由表 4-21 和表 4-22 及图 4-101 和图 4-107 可以看出：

(1)试验采用光时域反射仪(OTDR)测量光损耗值，裂缝开度与光损耗值呈现正相关关系，光损耗值随着裂缝开度的增大而增大。当裂缝开度增大到一定程度时，光功率的损耗曲线趋于平缓，即光损耗达到饱和，此后光损耗值随着裂缝开度的增大而无明显变化，直至光纤断裂。

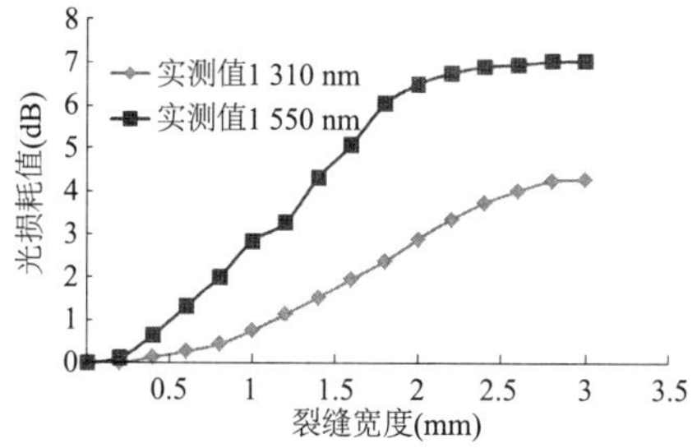

图 4-103　光纤裂缝夹角 40°时裂缝开度与光损耗值关系

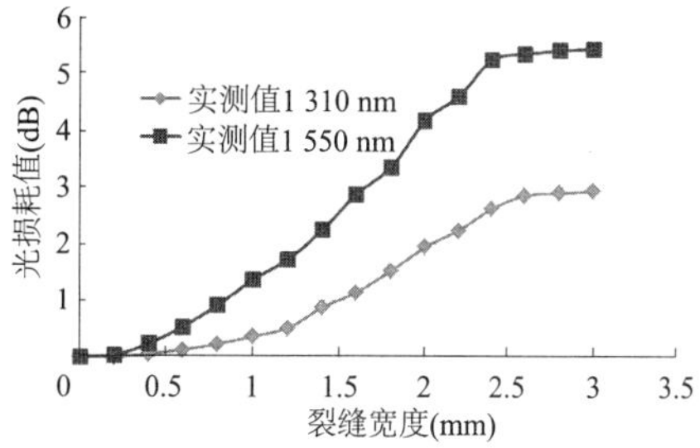

图 4-104　光纤裂缝夹角 50°时裂缝开度与光损耗值关系

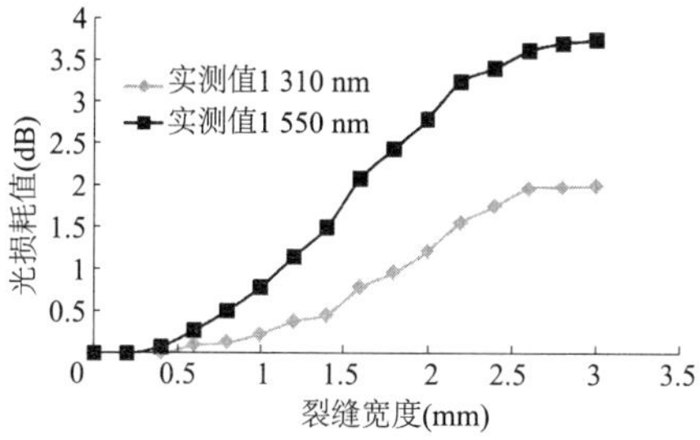

图 4-105　光纤裂缝夹角 60°时裂缝开度与光损耗值关系

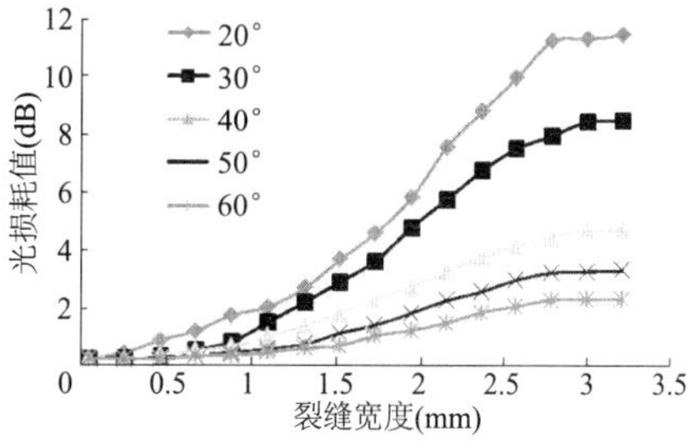

图 4-106　不同角度张拉裂缝在波长为 1 310 nm 下的裂缝开度与光损耗值关系

(2)在同样裂缝开度和斜交角度情况下，波长 1 550 nm 测得的光损耗大于波长 1 310 nm 测得的光损耗，表明波长 1 550 nm 光对光纤弯曲的敏感度高。

(3)初始感知裂缝开度与斜交角度和入射波长有关，在同样波长情况下，斜交角度越大，初始感知裂缝开度越大。在同样斜交角度情况下，波长 1 550 nm 的初始感知裂缝开度比波长 1 310 nm 小。

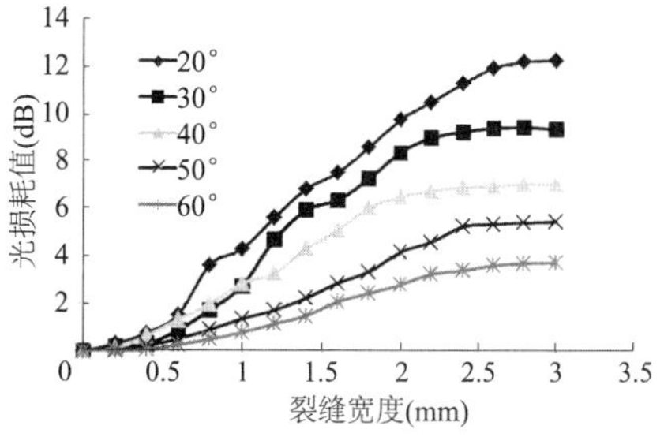

图 4-107　不同角度张拉裂缝在波长为 1 550 nm 下的裂缝开度与光损耗值关系

(4)饱和光损耗裂缝开度也与斜交角度和入射波长有关，在同样波长情况下，斜交角度越大，饱和光损耗裂缝开度越小。在同样斜交角度情况下，波长 1 550 nm 能感知的最大裂缝开度比波长 1 310 nm 的小。

4. 光纤弯曲损耗的公式拟定

由分布式光纤裂缝传感原理可知，斜交传感光损耗的公式为指数函数。根据张拉裂缝模拟试验可知，光损耗值与裂缝开度 Δl、裂缝与光纤的夹角 θ 有关。将表 7-13、表 7-14

数据进行拟合，得到两种波长下的弯曲损耗 L 的半经验公式为

$$L = (K_1 + K_2\sin\theta + K_3\cos\theta)\ \sqrt{\Delta l}\exp\left(\frac{K_4\tan\theta}{\Delta l}\right) \tag{4-82}$$

式中拟合的系数 $K_1 \sim K_4$ 见表 4-23。

表 4-23　两种波长的半经验公式系数

波长(nm)	K1	K2	K3	K4
1 310	6.74	1.60	2.28	0.204 8
1 550	6.49	0.85	1.58	0.091 3

(二)钢筋混凝土梁裂缝发展光纤监测试验

1. 试验目的

将钢筋混凝土梁试验结果与玻璃板模拟裂缝结果对比，分析基于 OTDR 的混凝土结构张拉裂缝分布式光纤监测方法的可行性。

2. 试验装置及模型

(1)光时域反射仪 OTDR(日本安立公司)、SMF28e 单模光纤(美国康宁公司)、FSM－50S 全自动单芯光纤熔接机(日本 fujikura 公司)、游标卡尺、CT－30 光纤切割机(日本腾仓公司)、剥线钳、环氧树脂 AB 胶。

(2)万能试验机，混凝土试件试验时按照 500 N/min 进行加载。尺寸为 550 mm × 110 mm × 110 mm(长 × 宽 × 高)，在试件底部布置两根Φ8 钢筋，如图 4-108 所示。

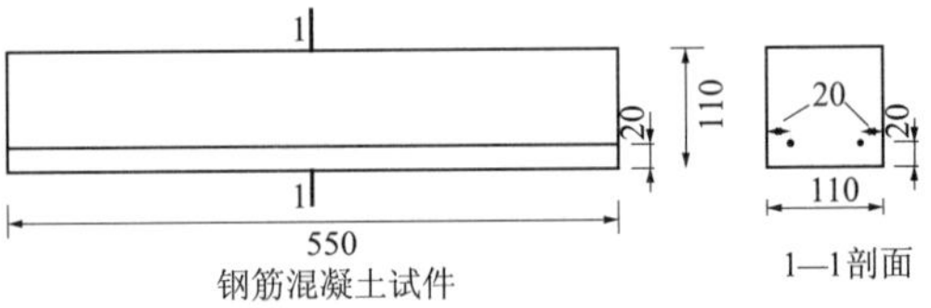

图 4-108　混凝土梁配筋示意图　(单位:mm)

水泥选择 325 低热水泥；石子按中石∶石 = 6∶4，直径范围分别是 2 ~ 4 cm 和 0.5 ~ 2 cm；砂采用细度模数为 2.36，砂率 31%；水灰比 0.44，每立方米用料量：水 165 kg，水泥 375 kg，砂 577 kg，石子 1 283 kg，配合比为 0.44∶1∶1.54∶3.42。混凝土试件浇筑完成后，按 28 d 标准龄期完成养护。

3. 试验步骤

如图 4-109 所示，本试验将紧套光纤粘贴到钢筋混凝土梁底部，与预设缝部位斜交角度为 30°，通过万能试验机进行三点弯曲加载试验，通过游标卡尺监测裂缝的开度。采用如图 4-110 混凝土梁三点弯加载试验，以 500 N/min 的速度进行加载，混凝土梁加载现场如图 4-111 所示。

图 4-109　分布式光纤布置图

4. 试验结果分析

混凝土梁加载试验中 1 310 nm 波长情况下的裂缝开度与光损耗值的试验数据如表 4-24 和图 4-112 所示。

将玻璃板模拟裂缝的光损耗值数据与混凝土梁试验得到的试验数据对比分析(见

图 4-112），可以看出，两者的裂缝开度与光损耗曲线规律相似，但混凝土梁的光损耗值略低于玻璃板试验的损耗值。这是由于光纤布设在 1 mm 宽的预设缝处，使其在同样裂缝开度情况下，布设在混凝土梁上的光纤弯曲半径大于玻璃板上的光纤弯曲半径。根据混凝土梁试验结果，验证了玻璃板模拟裂缝与混凝土梁裂缝情况下，裂缝开度与光损耗值的规律趋势是一致的。

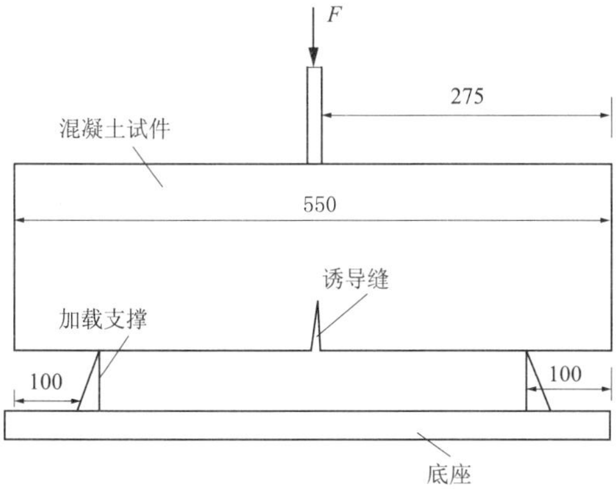

图 4-110 混凝土梁三点弯曲试验模型 （单位：mm）

图 4-111 混凝土梁加载试验过程

表 4-24 1 310 nm 波长情况下的裂缝开度与光损耗值的试验数据

裂缝开度(mm)	光损耗值(dB)	裂缝开度(mm)	光损耗值(dB)
0.000	0.000	1.600	2.486
0.200	0.030	1.800	3.670
0.400	0.088	2.000	4.028
0.600	0.242	2.200	4.582
0.800	0.461	2.400	5.302
1.000	0.990	2.600	5.626
1.200	1.455	2.800	5.989
1.400	1.956	3.000	6.012

四、基于 OTDR 的混合式裂缝光纤监测试验

（一）试验目的

利用光纤裂缝传感原理实现混合式裂缝的光纤传感监测，得到光损耗值与混合式裂缝之间的相关关系。

（二）试验仪器及步骤

1. 试验仪器

玻璃板、光时域反射仪 OTDR（日本安立公司）、SMF28e 单模光纤（美国康宁公司）、FSM－50S 全自动单芯光纤熔接机（日本 fujikura 公

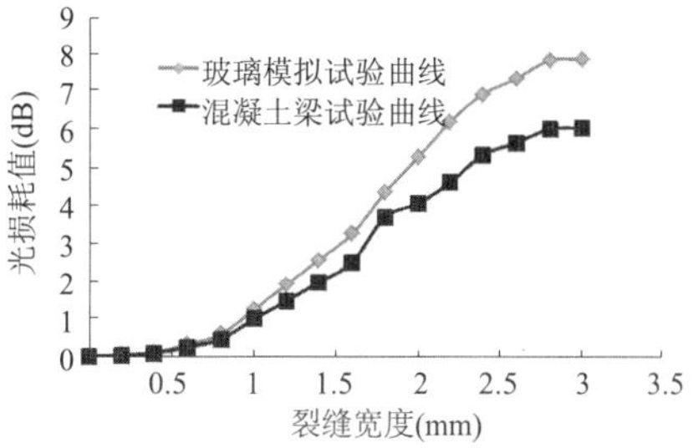

图 4-112 混凝土梁与玻璃板试验光损耗和裂缝开度关系曲线比较

司)、游标卡尺、CT－30 光纤切割机(日本腾仓公司)、剥线钳、环氧树脂 AB 胶。

2. 试验步骤

试验使用有机玻璃板来模拟混合式裂缝,将光纤与玻璃板中轴线斜交为一定角度 θ(根据 Wan 和 Leung(2007)等相关研究,令 $\theta = 30°$),并用环氧树脂 AB 胶将光纤粘在玻璃板表面。沿中轴线将玻璃板切成两半。光纤的布置如图 4-113 所示,其中光纤 1 与两块玻璃板中轴线逆时针斜交 30°,光纤 2 与中轴线顺时针斜交 30°。将左玻璃板和下玻璃板固定住,通过左右玻璃板之间对称插入刀片来模拟张拉裂缝,下右玻璃板之间插入刀片来模拟剪切裂缝,每片刀片的厚度为 0.1 mm。根据文献[24]、[25]所述,在实际情况下剪切裂缝通常发生在张拉式裂缝之后,所以先模拟张拉裂缝,然后以张拉裂缝与剪切裂缝 1∶1、2∶1、3∶1 的比例(见图 4-114～图 4-116)进行混合式裂缝模拟试验,使用光时域反射仪连续测量 3 次光损耗值,取均值作为试验光损耗值。分析光损耗值和混合式裂缝之间的关系。

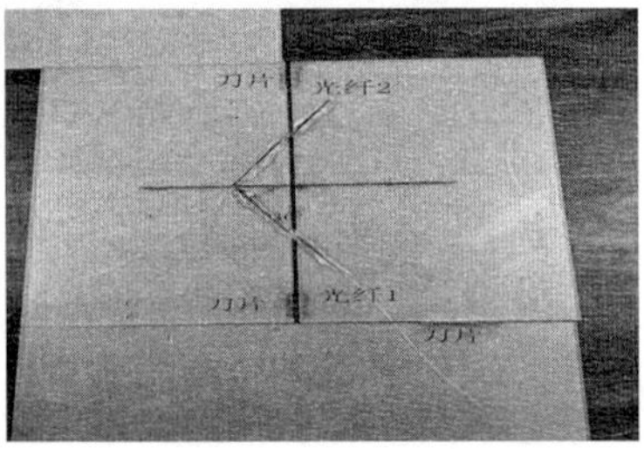

图 4-113　玻璃模拟混合式裂缝示意图

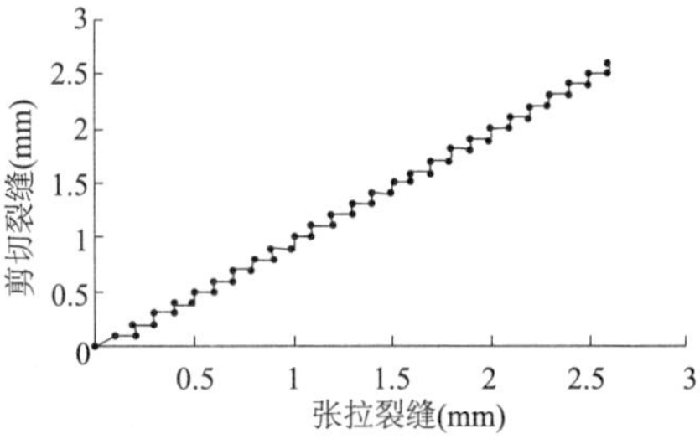

图 4-114　张拉裂缝∶剪切裂缝＝1∶1

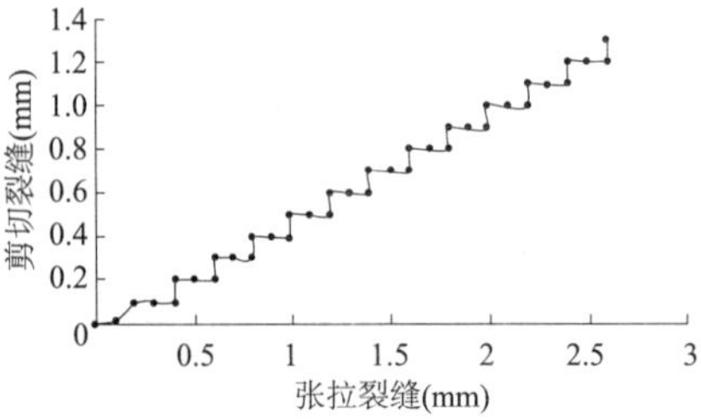

图 4-115　张拉裂缝∶剪切裂缝＝2∶1

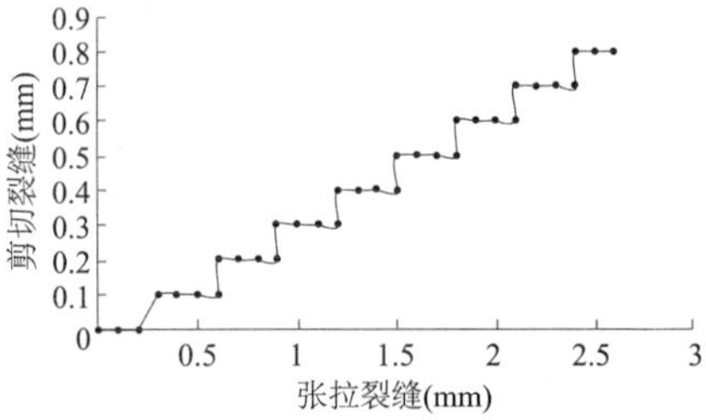

图 4-116　张拉裂缝∶剪切裂缝＝3∶1

(三)试验结果分析

表 4-25～表 4-28、图 4-117 和图 4-118 为两根光纤用 1 310 nm 波长光进行混合式裂缝模拟测得的数据。表中 v 代表剪切裂缝开度,u 代表张拉裂缝开度;v/u 的正负表示剪切位移的两个不同方向。

由图 4-117、图 4-118、表 4-25～表 4-28,分析可知:

(1)试验采用光时域反射仪 OTDR 测量光损耗值,裂缝开度与光损耗值呈现正相关关系,光损耗随着裂缝开度的增大而增大。当裂缝开度增大到一定程度时,光损耗曲线趋于平缓,即光损耗达到饱和,此后光损耗随着裂缝开度的增大而无明显变化,直至光纤断裂。

表 4-25　在 $v/u=\pm1$ 情况下波长 1 310 nm 裂缝开度与光损耗值

张拉裂缝(mm)	剪切裂缝(mm)	$v/u=1$		$v/u=-1$	
		光纤 1 损耗(dB)	光纤 2 损耗(dB)	光纤 1 损耗(dB)	光纤 2 损耗(dB)
0	0	0	0	0	0
0.1	0.1	0	0	0	0
0.2	0.1	0.137	0.037	0.037	0.137
0.2	0.2	0.456	0.122	0.122	0.456
0.3	0.2	0.753	0.123	0.108	0.760
0.3	0.3	1.445	0.123	0.076	1.469
0.4	0.3	1.810	0.125	0.082	1.837
0.4	0.4	2.175	0.130	0.091	2.204
0.5	0.4	3.027	0.142	0.112	3.061
0.5	0.5	3.878	0.168	0.152	3.918
0.6	0.5	4.288	0.191	0.175	4.337
0.6	0.6	5.245	0.245	0.228	5.315
0.7	0.6	5.519	0.282	0.257	5.594
0.7	0.7	5.800	0.318	0.289	5.877
0.8	0.7	6.456	0.404	0.364	6.539
0.8	0.8	7.148	0.490	0.456	7.224
0.9	0.8	7.452	0.521	0.480	7.518
0.9	0.9	8.161	0.593	0.537	8.204
1.0	0.9	8.382	0.636	0.581	8.424
1.0	1.0	8.605	0.670	0.618	8.656
1.1	1.0	9.125	0.750	0.705	9.196
1.1	1.1	9.658	0.786	0.752	9.796
1.2	1.1	9.918	0.807	0.777	10.061
1.2	1.2	10.524	0.857	0.837	10.678
1.3	1.2	10.629	0.894	0.882	10.781
1.3	1.3	10.875	0.980	0.989	11.020
1.4	1.3	11.034	1.016	1.011	11.167
1.4	1.4	11.407	1.102	1.065	11.510
1.5	1.4	11.584	1.112	1.087	11.694
1.5	1.5	11.996	1.134	1.141	12.122
1.6	1.5	12.093	1.161	1.163	12.233
1.6	1.6	12.319	1.224	1.217	12.490
1.7	1.6	12.433	1.243	1.242	12.600
1.7	1.7	12.700	1.286	1.300	12.857
1.8	1.7	12.844	1.295	1.298	12.967
1.8	1.8	13.180	1.315	1.293	13.224
1.9	1.8	13.241	1.325	1.299	13.298
1.9	1.9	13.384	1.347	1.312	13.469
2.0	1.9	13.452	1.354	1.306	13.543

续表 4-25

张拉裂缝(mm)	剪切裂缝(mm)	v/u = 1		v/u = −1	
		光纤 1 损耗(dB)	光纤 2 损耗(dB)	光纤 1 损耗(dB)	光纤 2 损耗(dB)
2.0	2.0	13.612	1.369	1.293	13.714
2.1	2.0	13.703	1.364	1.293	13.885
2.1	2.1	13.916	1.352	1.293	14.282
2.2	2.1	13.985	1.387	1.336	14.369
2.2	2.2	14.144	1.469	1.438	14.571
2.3	2.2	14.190	1.486	1.508	14.645
2.3	2.3	14.297	1.524	1.672	14.816
2.4	2.3	14.365	1.491	1.606	14.890
2.4	2.4	14.525	1.415	1.453	15.061
2.5	2.4	14.570	1.431	1.428	15.098
2.5	2.5	14.677	1.469	1.369	15.184
2.6	2.5	14.859	1.433	1.368	15.257
2.6	2.6	15.285	1.347	1.366	15.429

表 4-26　在 $v/u = \pm 0.5$ 情况下波长 1 310 nm 裂缝开度与光损耗值

张拉裂缝(mm)	剪切裂缝(mm)	v/u = 0.5		v/u = −0.5	
		光纤 1 损耗(dB)	光纤 2 损耗(dB)	光纤 1 损耗(dB)	光纤 2 损耗(dB)
0	0	0	0	0	0
0.1	0.0	0.456	0.122	0.122	0.456
0.2	0.1	1.065	0.139	0.076	1.102
0.3	0.1	1.977	0.245	0.152	2.082
0.4	0.1	2.297	0.318	0.221	2.376
0.4	0.2	3.042	0.490	0.380	3.061
0.5	0.2	4.106	0.612	0.608	4.163
0.6	0.2	4.380	0.722	0.700	4.457
0.6	0.3	5.019	0.980	0.913	5.143
0.7	0.3	5.932	1.224	1.141	5.878
0.8	0.3	6.160	1.298	1.232	6.135
0.8	0.4	6.692	1.469	1.445	6.735
0.9	0.4	7.376	1.714	1.673	7.469
1.0	0.4	7.582	1.788	1.741	7.690
1.0	0.5	8.061	1.959	1.901	8.204
1.1	0.5	8.593	2.204	2.129	8.694
1.2	0.5	8.753	2.241	2.175	8.878
1.2	0.6	9.125	2.327	2.281	9.306
1.3	0.6	9.658	2.449	2.357	9.673
1.4	0.6	9.772	2.522	2.403	9.820
1.4	0.7	10.038	2.694	2.510	10.163
1.5	0.7	10.418	2.816	2.662	10.531

续表 4-26

张拉裂缝(mm)	剪切裂缝(mm)	$v/u=0.5$		$v/u=-0.5$	
		光纤 1 损耗(dB)	光纤 2 损耗(dB)	光纤 1 损耗(dB)	光纤 2 损耗(dB)
1.6	0.7	10.510	2.853	2.707	10.641
1.6	0.8	10.722	2.939	2.814	10.898
1.7	0.8	11.027	3.061	2.836	11.143
1.8	0.8	11.118	3.073	2.852	11.253
1.8	0.9	11.331	3.102	2.890	11.510
1.9	0.9	11.559	3.184	3.042	11.755
2.0	0.9	11.627	3.190	3.065	11.902
2.0	1.0	11.787	3.206	3.118	12.245
2.1	1.0	11.939	3.195	3.270	12.612
2.2	1.0	12.008	3.228	3.293	12.722
2.2	1.1	12.167	3.306	3.346	12.980
2.3	1.1	12.319	3.342	3.411	13.224
2.4	1.1	12.365	3.392	3.397	13.213
2.4	1.2	12.471	3.510	3.365	13.186
2.5	1.2	12.624	3.338	3.319	13.125
2.6	1.2	12.555	3.391	3.348	13.093
2.6	1.3	12.394	3.513	3.415	13.017

表 4-27　在 $v/u=\pm 1/3$ 情况下波长 1 310 nm 裂缝开度与光损耗值

张拉裂缝(mm)	剪切裂缝(mm)	$v/u=1/3$		$v/u=-1/3$	
		光纤 1 损耗(dB)	光纤 2 损耗(dB)	光纤 1 损耗(dB)	光纤 2 损耗(dB)
0	0	0	0	0	0
0.1	0	0	0	0	0
0.2	0	0.456	0.389	0.418	0.439
0.3	0.1	0.985	0.490	0.456	1.023
0.4	0.1	2.281	0.857	0.913	2.327
0.5	0.1	3.118	1.347	1.293	3.184
0.6	0.1	3.346	1.494	1.452	3.404
0.6	0.2	3.878	1.837	1.825	3.918
0.7	0.2	4.639	2.204	2.205	4.653
0.8	0.2	5.247	2.694	2.586	5.388
0.9	0.2	5.430	2.804	2.700	5.571
0.9	0.3	5.856	3.061	2.966	6.000
1.0	0.3	6.464	3.429	3.346	6.490
1.1	0.3	6.920	3.673	3.574	6.857
1.2	0.3	7.057	3.747	3.665	7.041
1.2	0.4	7.376	3.918	3.878	7.469

续表 4-27

张拉裂缝(mm)	剪切裂缝(mm)	$v/u=1/3$		$v/u=-1/3$	
		光纤 1 损耗(dB)	光纤 2 损耗(dB)	光纤 1 损耗(dB)	光纤 2 损耗(dB)
1.3	0.4	7.757	4.163	4.106	7.837
1.4	0.4	8.137	4.408	4.259	8.204
1.5	0.4	8.228	4.482	4.327	8.314
1.5	0.5	8.441	4.653	4.487	8.571
1.6	0.5	8.745	4.776	4.639	8.816
1.7	0.5	8.973	4.898	4.791	9.061
1.8	0.5	9.042	4.935	4.837	9.135
1.8	0.6	9.202	5.020	4.943	9.306
1.9	0.6	9.430	5.143	5.019	9.551
2.0	0.6	9.658	5.265	5.171	9.796
2.1	0.6	9.703	5.272	5.178	9.833
2.1	0.7	9.810	5.287	5.193	9.918
2.2	0.7	9.962	5.388	5.323	10.041
2.3	0.7	10.114	5.510	5.399	10.286
2.4	0.7	10.160	5.520	5.445	10.359
2.4	0.8	10.266	5.542	5.551	10.531
2.5	0.8	10.418	5.633	5.498	10.653
2.6	0.8	10.494	5.598	5.551	10.776

表 4-28 在 $v/u=0$ 情况下波长 1 310 nm 裂缝开度与光损耗值

张拉裂缝(mm)	$v/u=0$		张拉裂缝(mm)	$v/u=0$	
	光纤 1 损耗(dB)	光纤 2 损耗(dB)		光纤 1 损耗(dB)	光纤 2 损耗(dB)
0.1	0.456	0.398	1.4	6.464	6.490
0.2	0.913	0.980	1.5	6.616	6.735
0.3	1.521	1.592	1.6	6.844	6.980
0.4	2.205	2.327	1.7	7.072	7.102
0.5	2.814	2.939	1.8	7.224	7.347
0.6	3.422	3.429	1.9	7.376	7.469
0.7	3.878	3.918	2.0	7.452	7.592
0.8	4.411	4.531	2.1	7.605	7.714
0.9	4.867	4.898	2.2	7.757	7.837
1.0	5.247	5.388	2.3	7.833	7.959
1.1	5.627	5.633	2.4	8.061	8.082
1.2	5.932	6.000	2.5	8.137	8.204
1.3	6.236	6.245	2.6	8.053	8.156

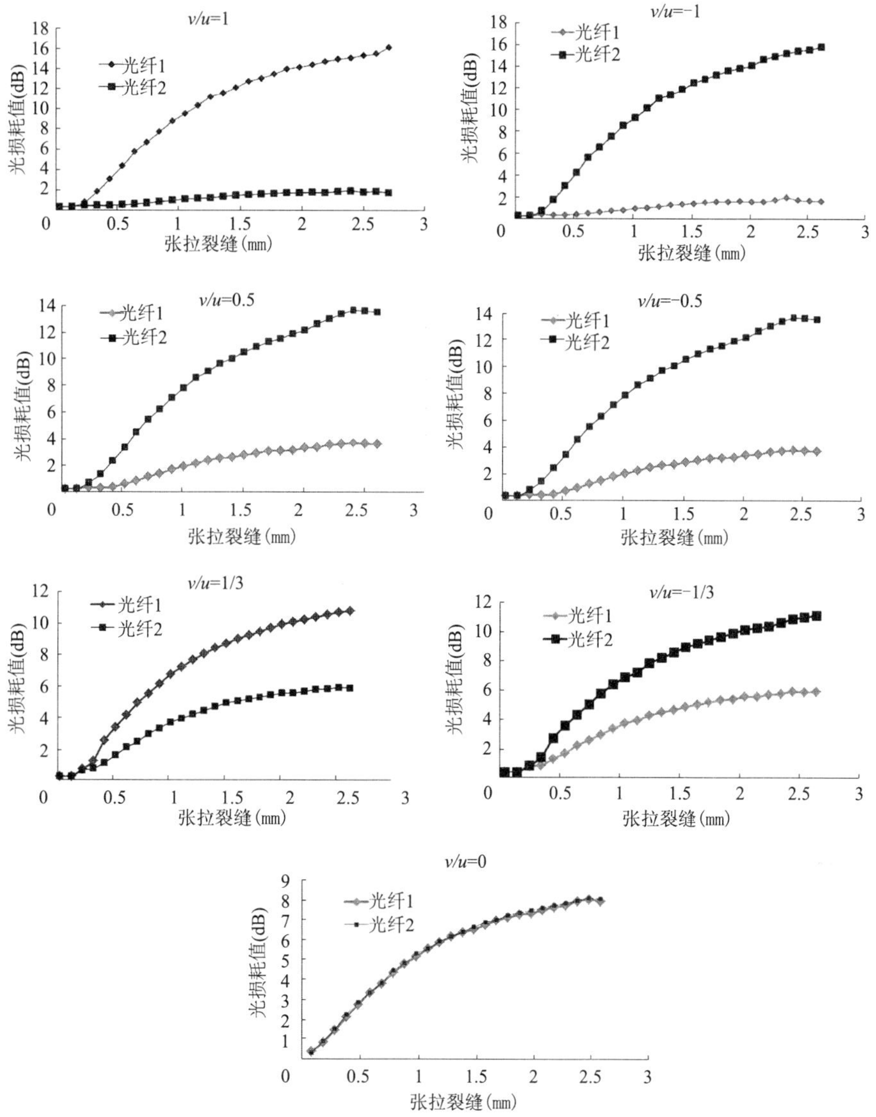

图 4-117　不同剪切/张拉裂缝比例下的张拉裂缝与光损耗值关系曲线

(2)当仅有张拉裂缝 u 时,这两根光纤的光功率损失基本上是一致的。然而,当产生剪切裂缝 v 后,其中一根光纤变得更加弯曲,即监测到的光损耗值增大,另外一根光纤会相应地减小弯曲,即监测到的光损耗值减小。

(3)在张拉裂缝一定的情况下,$v/u>0$ 时,比值越大,光纤 1 的光损耗值越大,光纤 2 的光损耗值越小;$v/u<0$ 时,比值的绝对值越大,光纤 1 的光损耗值越小,光纤 2 的光损耗值越大;且根据试验数据可知:$v/u=1$ 时的光纤 1 光损耗值与 $v/u=-1$ 时的光纤 2 光损耗值相一致,$v/u=1$ 时的光纤 2 光损耗值与 $v/u=-1$ 时的光纤 1 光损耗值相一致,符合几何对称关系($v/u=\pm0.5$、$v/u=\pm1/3$ 时亦有此规律)。

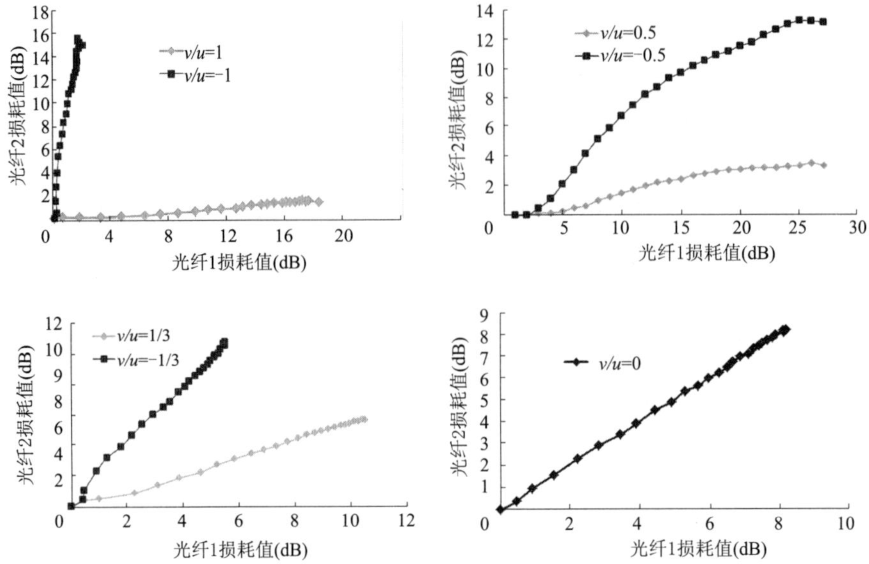

图 4-118　不同剪切/张拉裂缝比例下的两根光纤损耗值对比分析图

根据图 4-119(a)可知,两根光纤的光功率损耗相互影响。每条曲线都代表了在特定比例(v/u)下的光损耗值。能注意到,每条曲线都是相互独立的。根据两根光纤所测出的光损耗值,可以很轻易地得出 v/u 的比例。而在这些曲线中间点的比例可以通过插值所得。当知道比例(v/u)以及其中一根光纤的光损耗值,张拉裂缝 u 可以从图 4-119(b)中得出,而剪切裂缝 v 可以根据比例(v/u)求得,从而同时求得了张拉裂缝 u 与剪切裂缝 v 的开度。

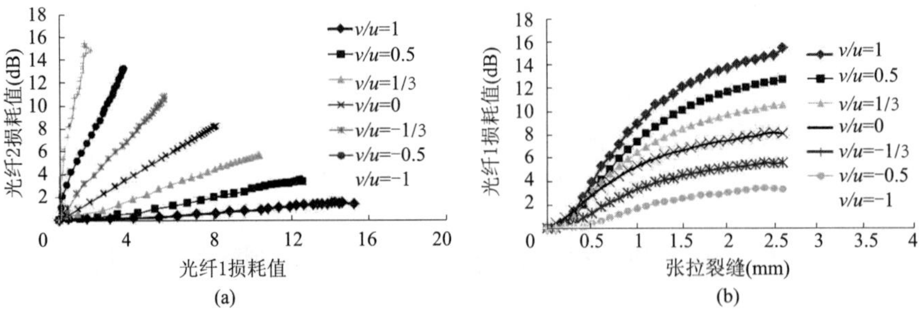

图 4-119　斜交角度为 30°的混合式裂缝试验数据对比图

五、小结

张拉式裂缝光纤监测模型试验表明,在同样裂缝开度情况下,光损耗与光纤斜交角度呈现负相关关系,即斜交角度越大,光损耗值越小,斜交角度越小,光损耗值越大;斜交角度越大,光纤能监测到的缝宽越大,斜交角度越小,光纤能监测到的缝宽越小。混合式裂缝光纤监测模型试验表明,当仅有张拉裂缝时,传感网络中的两根光纤的光功率损失基本一致;但当发生剪切裂缝后,其中一根光纤变得更加弯曲,即监测到的光损耗值增大,另一根光纤会相应的减小弯曲，即监测到的光损耗值减小；可以根据两根光纤的光损耗不同，求得相应的张拉裂缝和剪切裂缝的开度。

在对基于OTDR的分布式光纤裂缝传感原理分析基础上，分别针对张拉式裂缝和混合式裂缝监测问题，探求了相应的光纤传感网络布置形式，分析了光损耗法与裂缝开度的相关关系，提出基于OTDR的裂缝监测方法。

第八节　本章小结

在对国内外堤防安全监测技术与方法调研的基础上，结合堤防土石结合部病害主要类型及特征，分析常规监测传感器及仪器在土石结合部实时监测的适应性，总结常规监测仪器监测方案。

通过对穿堤涵闸土石结合部渗流状况光纤感知平台设计与构建，从穿堤涵闸土石结合部渗漏分布式光纤定位可行性和灵敏性的目标出发，设计了土石结合部在各种工况下的渗漏定位试验。

借助于加热法的分布式光纤测温技术，实现穿堤涵闸土石结合部渗流流速监测的原理和方法，提出了土石结合部渗流流速光纤监测实用模型。通过分析分布式光纤测温系统应用于穿堤涵闸土石结合部土体浸润线监测的理论，论述了基于线热源的多孔介质导热系数分布式光纤测量原理，提出并通过试验验证了浸润线分布式光纤监测方法。针对穿堤建筑物服役过程中土石结合部易出现的土体不均匀沉降病害监测问题，可采用具有较大量程、较高灵敏度的复合光纤监测装置，并通过试验对其监测性能和工程实用性进行了验证。

在对基于OTDR的分布式光纤裂缝传感原理分析基础上，分别针对张拉式裂缝和混合式裂缝监测问题探求了相应的光纤传感网络布置形式，并分析了光损耗法与裂缝开度的相关关系，提出基于OTDR的裂缝监测方法。

第五章　土石结合部病险探测及监测预警成套技术示范应用

第一节　引　言

本章主要将前文所述成果技术示范应用于典型工程中,结合黄河堤防土石结合部相关工作,确定为探测技术和监测技术两个主要成果的技术示范应用。其中探测技术示范应用主要结合黄委会供水局组织开展的水闸安全评价工作,重点开展孙东闸、厂门口闸、禅房闸 3 个工程的底板、侧墙病险探测技术示范应用;监测技术示范应用主要结合黄河病险水闸除险加固工程,选取黄河新乡河段石头庄引黄闸作为典型工程,系统建立了监测系统,并实现了数据无线自动化实施采集,数据经网络送入所开发的监测预警系统后,可实现对石头庄水闸堤防土石结合部病险的实时监测预警。

第二节　探测技术示范应用

一、禅房引黄渠首闸工程概况

禅房引黄渠首闸(以下简称禅房闸)位于封丘县黄河禅房空岛工程 32、33 坝间,对应大堤(贯孟堤)桩号 206 + 000。禅房闸为 3 级水工建筑物,3 孔,每孔宽 2.2 m、高 3.5 m,设置有 15 t 螺杆式启闭机,闸室及涵洞长 18 m,上游铺盖长 15 m。闸室地板高程为 67.1 m,防洪水位为 72 m,设计引水流量为 20 m^3/s,设计灌溉面积 17 万亩,为长垣县滩区左砦灌区农田灌溉供水,见图 5-1。

该工程经多年使用,在运行中出现了部分问题,包括临水侧砌石护岸脱空、背水侧漏水等情况,其中背水侧左岸砌石翼墙中下部漏水较为严重,在河水水位较高时,有明显的渗水、冒水现象,对翼墙结构稳定造成一定的威胁,需要进行堵漏加固处理,该翼墙工程现状见图 5-2。

图 5-1　禅房闸工程现状

2015 年 11 月 5 ~ 12 日,针对禅房闸工程现状,根据隐患类型和部位,制订了高聚物注浆除险加固方案,并在注浆前后对工程环境和加固部位进行了工程物探检测,为加固方案的制订和加固效果评价提供参考资料。

为摸清工程现状,为高聚物注浆加固工作提供参考资料,先后利用探地雷达、高密度电阻率法对工程部位进行了检测。

二、探地雷达探测成果

(一)探测方法与仪器设备

1. 方法原理

图 5-2　背水侧左侧翼墙

探地雷达是基于地下介质的电阻率、介电常数等电性参数的差异,利用高频电磁脉冲波的反射探测目的体及地质现象的一种物探手段。高频电磁波在介质中传播时,其路径、电磁场强度和波形将随所通过介质的电性特征及几何形态而变化,故通过对时域波形的采集、处理和分析,可确定地下界面或目标体的空间位置及结构。

探测过程中,电磁波在地下介质中传播的过程中,当遇到存在电性差异的地下地层或目标体时,便发生反射并返回地面,被接收天线所接收。他通过发射天线将高频电磁波($10^6 \sim 10^9$Hz)以宽频带脉冲形式(通过天线 T)定向送入地下,经地下地层或目标体反射后返回地面,为另一天线 R 所接收。当电磁波在地下介质中传播的波速已知时,可根据测得的脉冲波旅行时间求出反射体的深度。电磁波在介质中传播时,其强度与波形将随所通过介质的电性及几何形态而变化。因此,根据接收到波的旅行时间(亦称双程走时)、幅度及波形资料,可推断介质的结构。如图 5-3 所示。

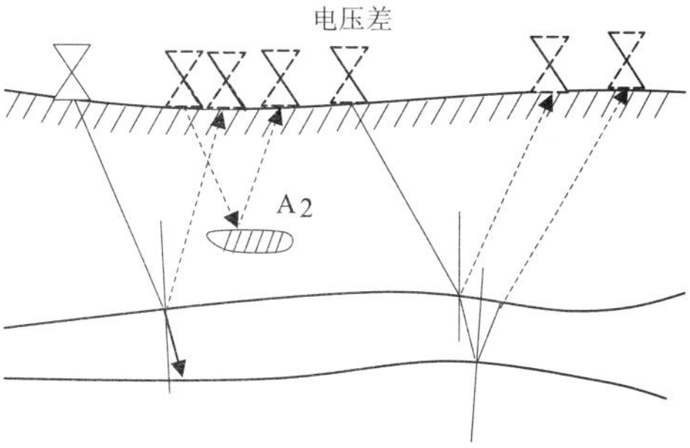

图 5-3　探地雷达探测原理图

当介质的导电率很低时,近似计算电磁波传播的速度公式:

$$v_i = \frac{c_0}{\sqrt{\varepsilon_i \mu_i}}$$

式中　v_i——电磁波在第 i 层地层内的传播速;

c_0——电磁波在真空中的传播速度($c_0 = 0.3$ m/ns);

ε_i——第 i 层地层的介电常数;

μ_i——第 i 层地层的磁导率。

ε_i 可利用已知值或测量获得,一般可利用已知目标体的反射时间求取,或根据钻孔揭示层位进行标定。实际工程中,由于工程环境和条件的不同,介电常数存在差异,可利用探地雷达反射波幅来推导出各结构层的介电常数。确定方法如下:反射面上下层材料的介电常数与界面的反射系数 R 之间存在一定关系,如下式所示:

$$\sqrt{\varepsilon_{r(i)}} = \sqrt{\varepsilon_{r(i-1)}} \frac{1 + R_{i-1}(1 - R_{i-2}^2)}{1 - R_{i-1}(1 - R_{i-2}^2)}$$

式中　$\varepsilon_{r(i-1)}$、$\varepsilon_{r(i)}$——上层材料和下层材料的介电常数;

R_{i-1}——上层反射系数,他是反射波幅 A 与全反射波幅 A_m 的比;

$(1 - R_{i-2}^2)$——上一层在反射过程的能量损失。

表层面反射时,上层空气的介电常数为 1,忽略反射层能量损失,依次类推,可求出不同层的介电常数。

可计算衬砌厚度(或目标体深度)H:

$$H = V \times \frac{\Delta T}{2}$$

式中 V——已测波速;

ΔT——已测雷达脉冲双程旅行时间。

2. 仪器设备

根据本次检测工作的具体情况,采用美国地球物理测量系统(GSSI)公司的TerraSIRch SIR－3000探地雷达系统,配置频率为400 MHz的高频地面耦合天线。具体见图5-4,该探地雷达在标定有效期内,各项参数满足规程要求,主要技术指标如下:

(1)单通道实时数字采集处理器探地雷达,操作平台为Windows CE。

(2)主机可适配所有高、中、低频雷达天线,频率范围从16 MHz到2.2 GHz。

(3)存储器:1G内存。可插标准CF闪烁内存卡。

(4)显示器:强光8.4TFT 800×600分辨率,64 K彩显。

(5)显示模式:线扫描、示波器式。

(6)显示方式:实时彩显,彩色/灰阶行扫描,变面积/波形显示,线性扫描方式。可使用256种色源来表示信号的幅度和极性。

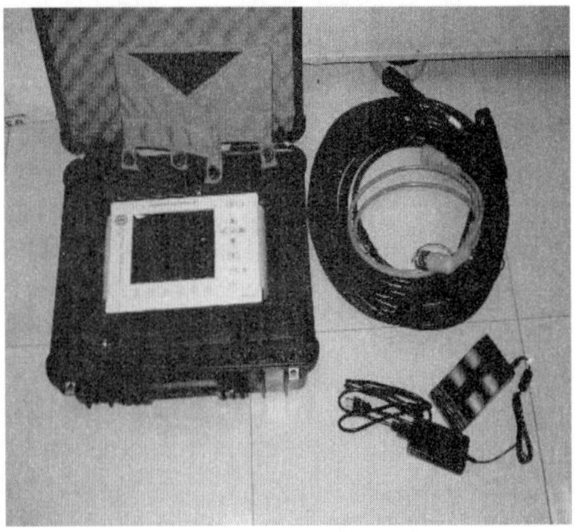

图5-4 TerraSIRch SIR－3000探地雷达主机

(7)数据格式:RADAN(dzt)。

(8)扫描速率:最高可达300线/s。

(9)样点字节:8位或16位。

(10)扫描样点数:256/512/1024/2048/4096/8192。

(11)操作模式:须具备连续测量、测量轮、点测三种模式可选。

(12)测量范围:0~8 000 ns自选。

(13)增益:手动或自动。1~5节点(－20~＋800 dB可调)。

(14)滤波器:垂直滤波器,有限、无限低通和高通可调;水平滤波器,叠加、背景去除。

(15)动态范围:120dB。

(16)电源:要求电池内置,外接电源10.8 V DC,15 V DC。

(17)具有位置自动伺服系统,便于信号的准确接收。

(18)叠加:2~32 768个扫描。

3. 数据处理

数据处理采用自主研发的探地雷达数据处理系统。现场检测数据经导出后,先后经水平刻度调整,叠加、抽道、加密,地面反射波信号位置确定,信号延时信息调整,设置和修改介电常数,信号振幅增益调整,水平相关分析,消除雪花噪声干扰,水平叠加,背景去除,滤波等处理,最后输出成图。

成果解释采用界面追踪的解释方法,在色谱图和波列图中判断混凝土层的回波信号,根据回波相位追踪同相轴即反射界面,判断探测目标性状。

(二)测线布置

1. 下游翼墙

在水平方向选取了3条测线,检测过程中采用剖面法的时间模式进行连续检测,一定间距打标以标定距离。

2. 涵洞侧墙

每个侧墙两边均在高1 m、2 m处设置两条测线,检测过程中采用剖面法的时间模式进行连续检测,一定间距打标以标定距离,见图5-5。

(a) 侧墙

(b) 穿堤涵洞

图5-5　测线布置

(三)成果分析

根据标定数据,利用数据处理分析系统对探地雷达实测资料进行了处理并输出了各测线的雷达信号色谱图,典型测线分析如下。

1. 下游翼墙

(1)当衬砌混凝土、浆砌石、土体及工程基础结合紧密时,反射信号较弱,信号致密、整齐,振幅小,结合部位反映出不太明显的拱形弧线。如图 5-6 所示。

(2)当衬砌混凝土、浆砌石、土体及工程基础结合不紧密,特别是土石结合部位出现脱空时,反射信号较强,隐患部位同相轴振幅突然增大,信号杂乱。如图 5-7 所示。

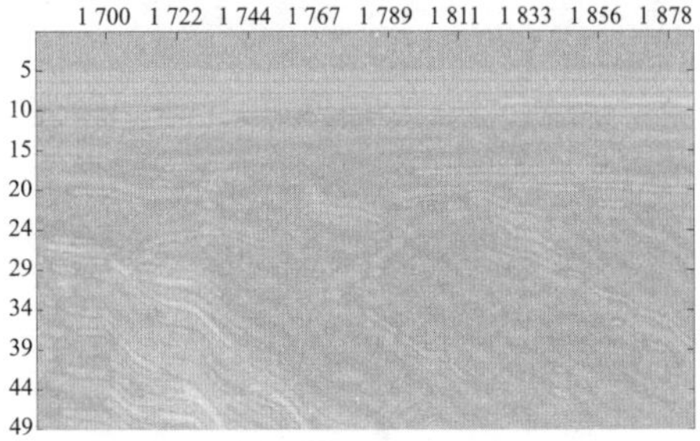

图 5-6　未脱空情况的探测结果原始图像

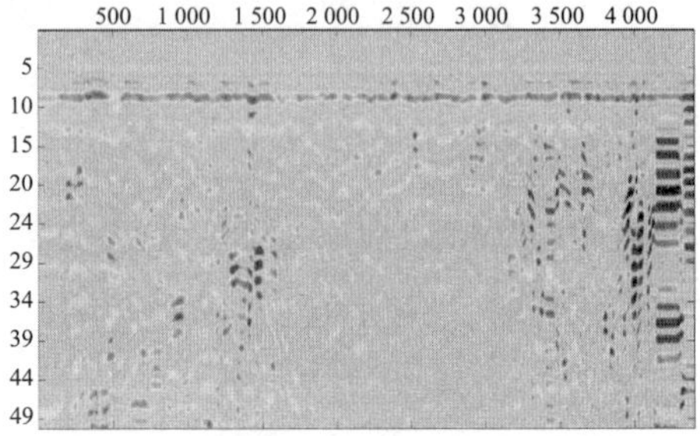

图 5-7　脱空情况的探测结果原始图像

2. 涵洞侧墙

涵洞侧墙探测结果见图 5-8 ~ 图 5-11

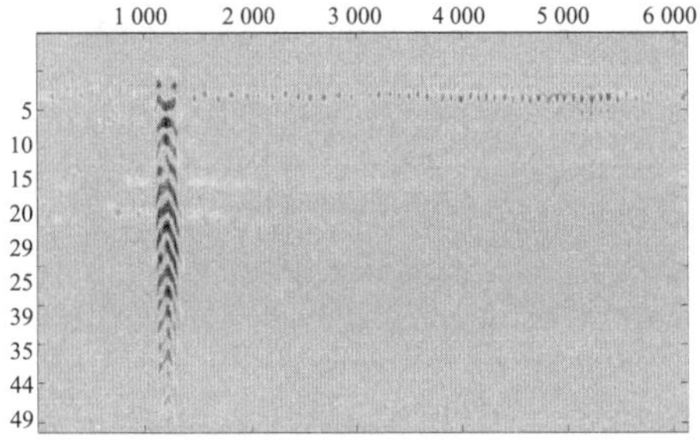

图 5-8　涵洞侧墙探测结果(一)

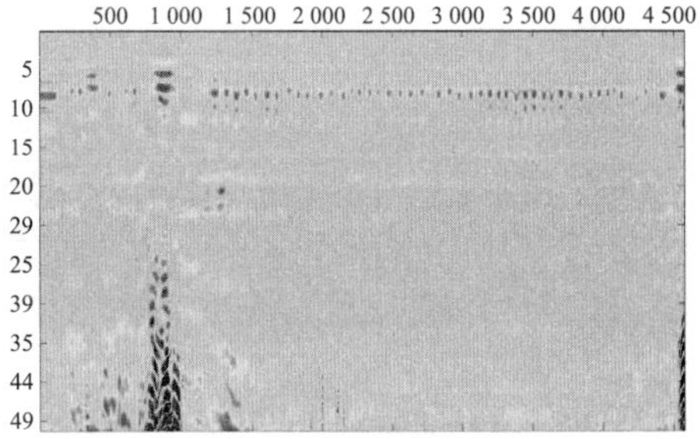

图 5-9　涵洞侧墙探测结果(二)

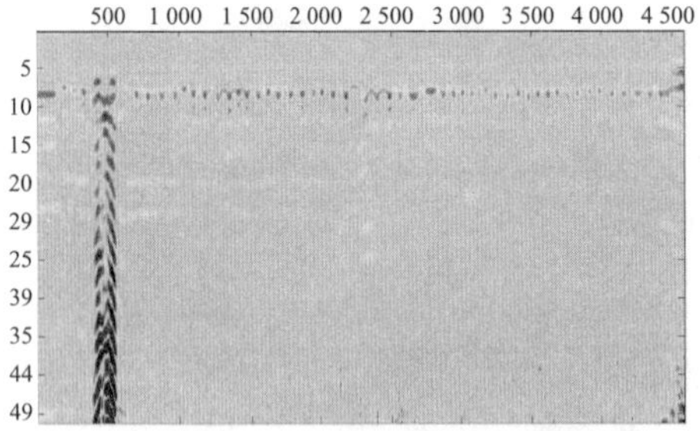

图 5-10　涵洞侧墙探测结果(三)

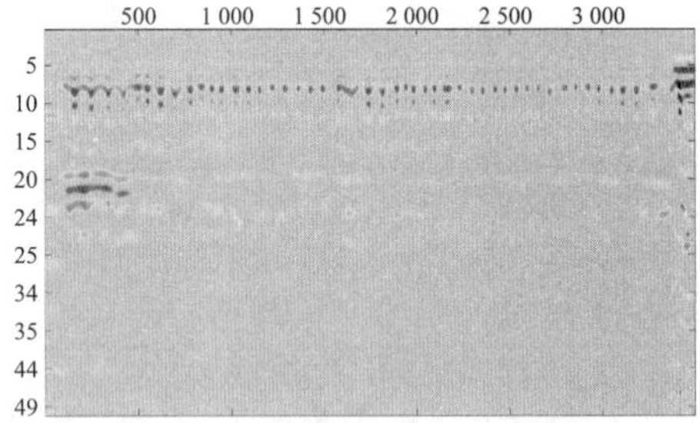

图 5-11　涵洞侧墙探测结果(四)

探测结果表明,闸室侧墙内部钢筋分布均匀,土石结合部位无明显异常信号,测线范围内没有发现明显的渗漏、脱空等隐患。

(四)结论与建议

探地雷达法及自主研发的软件在穿堤建筑物土石结合部隐患探测的检测方面是可行的,由于检测成果的准确性会受到现场工作条件、介电常数率定方法等因素的影响,造成检测结果存在不同程度的误差,可以结合设计、施工、监理等技术资料和采用其他方法对检测结果进行验证。

(五)厂门口闸、孙东闸探测成果

为了对禅房闸探测成果进行对比和印证,对厂门口闸、孙东闸穿堤涵洞底板和侧墙进行了现场检测和数据处理,见图 5-12。

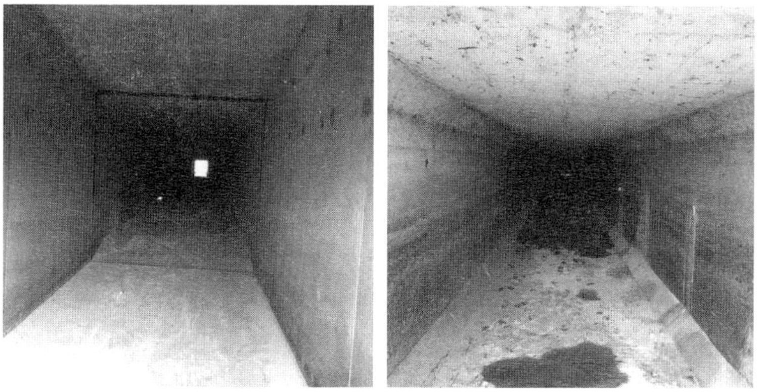

图 5-12　厂门口闸、孙东闸涵洞

主要成果见图 5-13、图 5-14。

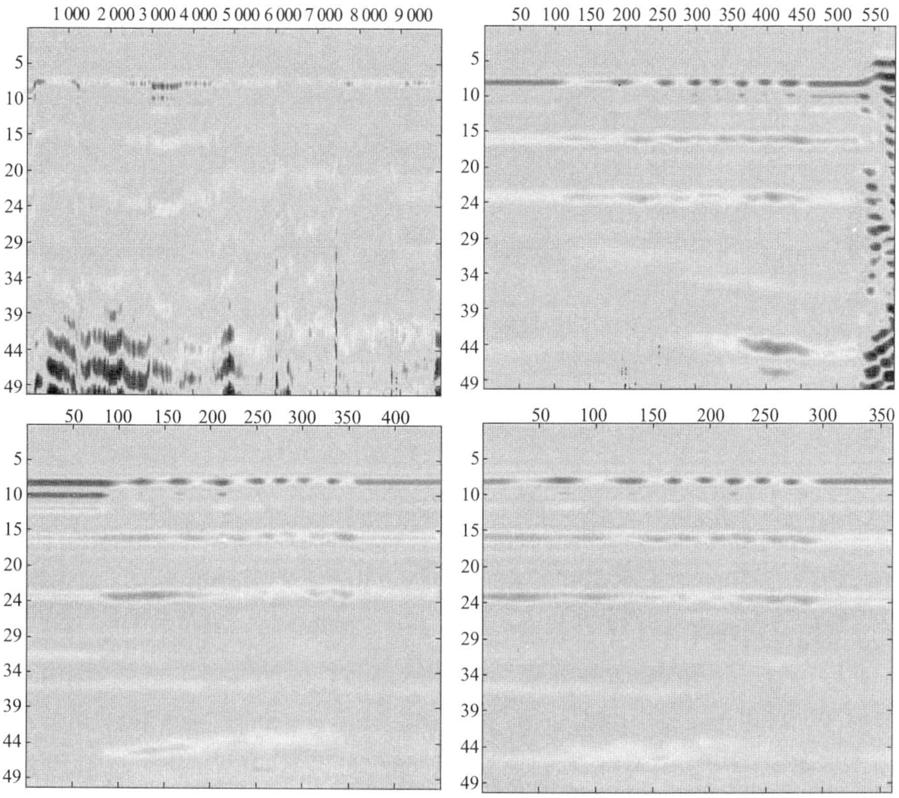

图 5-13　厂门口闸涵洞探测结果

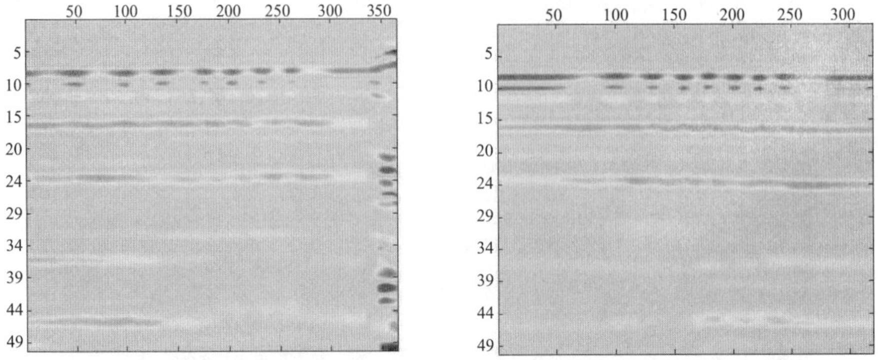

续图 5-13

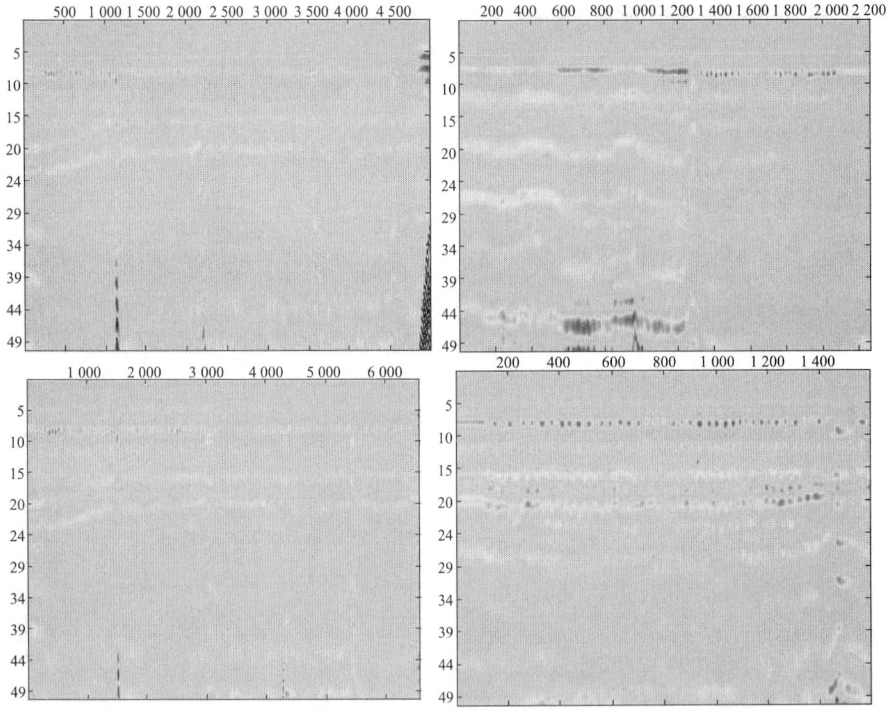

图 5-14　孙东闸涵洞探测结果

三、高密度电法探测成果

(一)探测方法与仪器设备

检测工作采用美国 AGI 分布式电法测试仪,数据反演和后处理分别采用 EarthImage2D 和 EarthImage3D 软件。

(二)测线布置

高密度电阻率法布置测线一条,位于堤防临水侧堤脚处,延堤防走向布置,起点位于进水口左岸翼墙处,主要检测目的是判断地下水位位置和电阻率背景值。测线长 43 m,布置电极 44 个,电极距 1 m,测试装置采用施伦伯格装置。测线布置情况见图 5-15。

三维电阻率成像检测区域位于水闸下游左侧翼墙附近区域。观测系统采用地面电极阵列布置，电极布置范围为宽 4 m、长 7 m 的矩形区域。共布置电极 40 个，分为 5 行，每行 8 个电极，检测区域和电极布置情况见图 5-16，观测系统示意图见图 5-17。以电极阵列的 1 号电极作为观测区域坐标系统的原点，位于靠近翼墙和堤脚的部位，以延翼墙下游方向为 *X* 轴正方向，以延堤防远离翼墙方向为 *Y* 轴正方向，以地面向下为 *Z* 轴负方向。测试区域左半部布置在堤防坡面上，反演结果的实际高程要比右半部偏高。为对比注浆加固前后效果，在注浆工作前后进行了 3 次检测工作，检测过程照片见图 5-18。

图 5-15　高密度电阻率法测线

图 5-16　检测区域和电极布置现场照片

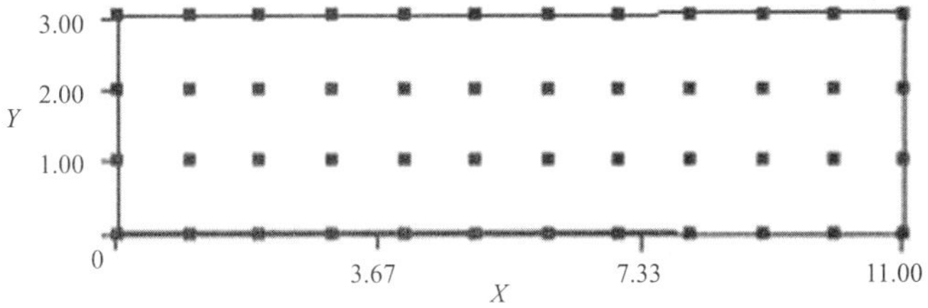

图 5-17　电极布置位置示意图

(三)成果分析

1. 加固前探测成果

高密度电阻率法检测成果见图 5-19，包括测线位置地下剖面的视电阻率分布图像和反演成果图。从图中可以看出，测线位置电阻率分布呈上高下低的整体趋势，地下电阻率分布横向变化较小，符合该地区地下土层分布特征，4.5 m 以下部位电阻率值较低，在 50 Ω·m 以下，表明该深度以下含水量较为丰富，判断为地下水浸润线位置。

图 5-18　三维电阻率成像测试现场

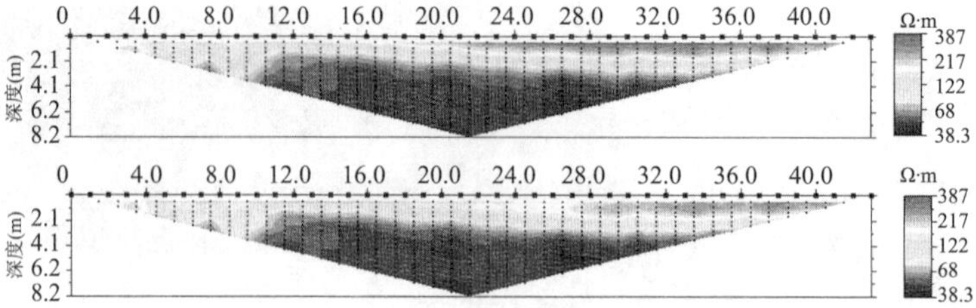

图 5-19　高密度电阻率测试成果

根据高密度电阻率法测试成果判断，该地区在测试时段内，地下水浸润线分布深度在 4～4.5 m 范围，而背水侧翼墙出水口位置距地面深度为 2～2.5 m。可以推断，由于漏水影响，出水部位附近土体较周围正常土体应较为疏松，存在孔隙，当土体充水时，其电阻率测试成果应呈低阻异常，当浸润线降低，土体没有充水时，其电阻率测试成果应呈高阻异常。高密度电阻率法测试结果表明，该地区检测时段浸润线位置低于出水口高程，在漏水部位的三维电阻率成像结果中，渗漏部位应呈现高阻异常。背水侧左翼墙部位的三维电阻率测试结果见图 5-20～图 5-24。

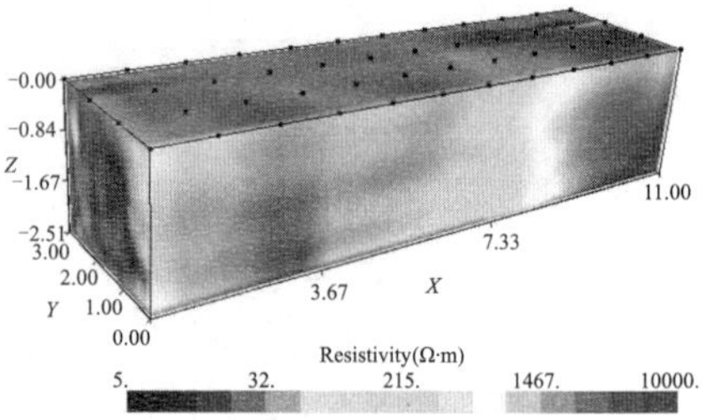

图 5-20　注浆前三维电阻率成像反演成果

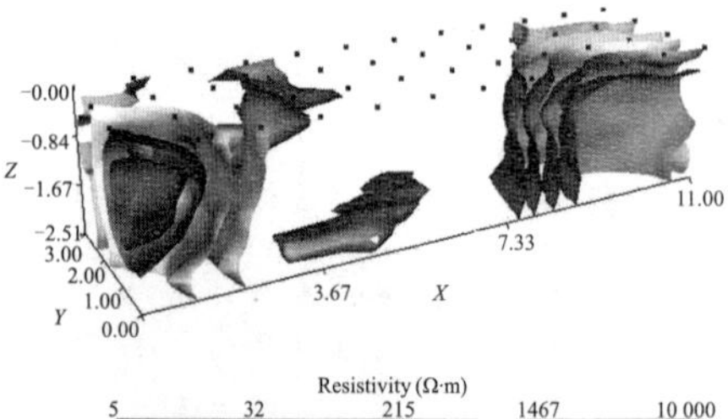

图 5-21　注浆前电阻率成像区域三维等值线

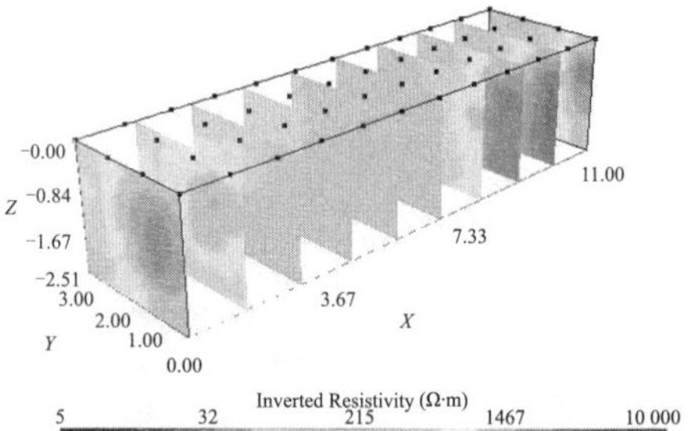

图 5-22　注浆前电阻率成像区域 X 方向切片

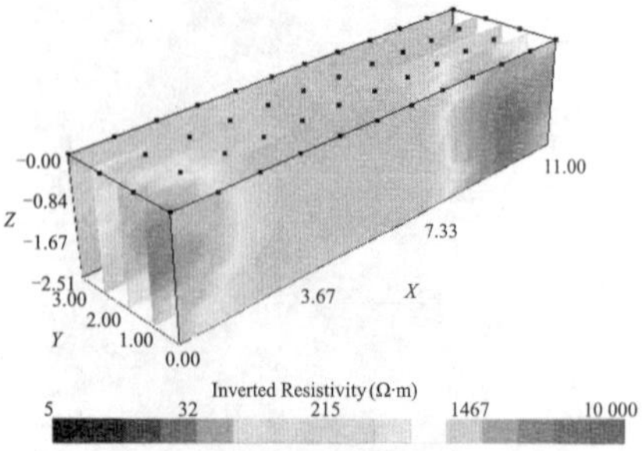

图 5-23　注浆前电阻率成像区域 Y 方向切片

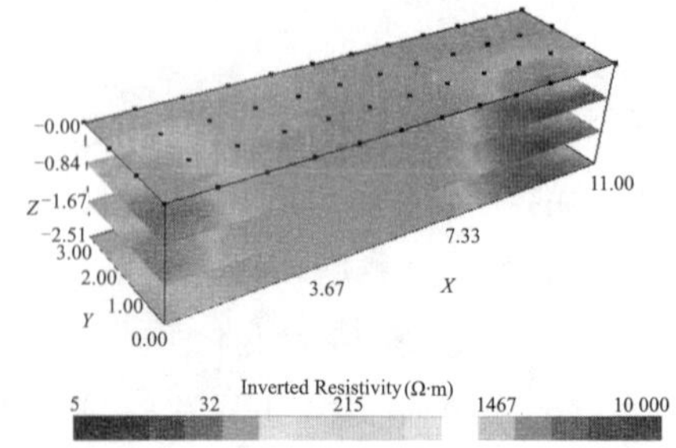

图 5-24　注浆前电阻率成像区域 Z 方向切片

从三维电阻率成像结果可以看出，在成像区域右侧靠近翼墙部位，深度 1.5 ~ 2.5 m 的范围内，存在高阻异常。与出水口分布区域较为吻合，符合成像检测前基于高密度检测结果和工程情况做出的分析。成像区域左侧也有一个电阻率偏高的部位，该部位电极位于堤防工程坡面上，电阻率偏高的主要原因是堤防工程内部土体含水量较低，整体电阻率值较偏高，并且由于堤防外形造成的边界条件造成的影响，与渗漏无关。

2. 加固方案

基于以上检测结果和工程条件分析，试验人员制订了高聚物注浆加固实施方案，主要加固措施为通过在翼墙存在异常部位，垂直翼墙布置钻孔，钻孔穿透砌石墙体，进入土石结合部位，利用钻孔向墙体和土石结合部进行高聚物注浆工作。利用高聚物发泡膨胀的特性，封堵渗漏通道、挤密注浆部位附近土体，并对砌石结构起到胶结黏合的作用，提高砌石墙体的稳定性和安全性。高聚物注浆采用一体式注浆车，注浆设备和施工过程见图 5-25 ~ 图 5-32。

图 5-25　集成式注浆车图

图 5-26　加压注浆设备

图 5-27　钻孔施工

图 5-28　安装注浆嘴

图 5-29　封堵注浆嘴周围缝隙

图 5-30　安装注浆装置

图 5-31　加压注浆

图 5-32　注浆完成

3. 加固后探测成果

在利用高聚物注浆对渗漏部位进行注浆加固后，试验人员对注浆部位及其附近区域进行三维电阻率成像检测。电极位置与注浆前检测布置位置相同，便于注浆前后的检测结果对比。注浆后的电阻率成像检测结果见图 5-33 ~ 图 5-37。从注浆后电阻率成像区域三维等值线图等成果图件上可以看出，在注浆加固部位及其附近区域主要出现了两个变化：第一是注浆部位出现了部分高阻异常，异常幅值大于加固前该部位电阻率值；第二是高阻异常整体范围减小。根据检测成果和注浆施工情况进行综合分析，推断出现高阻异常的区域的原因是该部位为高聚物材料膨胀区，由于高聚物材料本身电阻率远高于土层，可近似看作绝缘体，提高了电阻率异常的绝对值。同时，由于高聚物材料膨胀对周围土层的挤压作用，压实了加固部位周边的土体，提高了土体整体的导电性，造成周围土体电阻率值下降，使高阻异常整体范围减小。

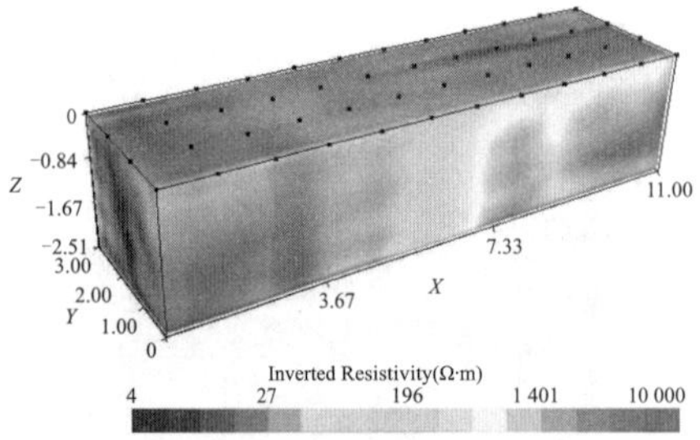

图 5-33　注浆后三维电阻率成像反演成果

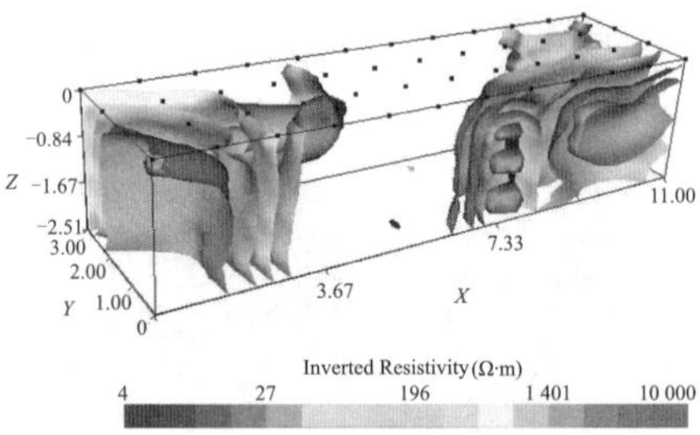

图 5-34　注浆后电阻率成像区域三维等值线

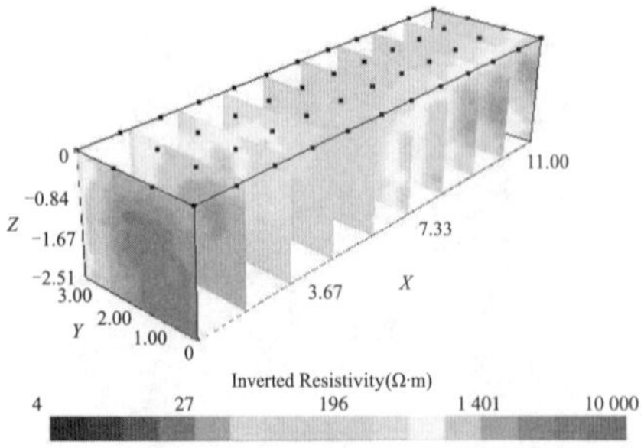

图 5-35　注浆后电阻率成像区域 X 方向切片

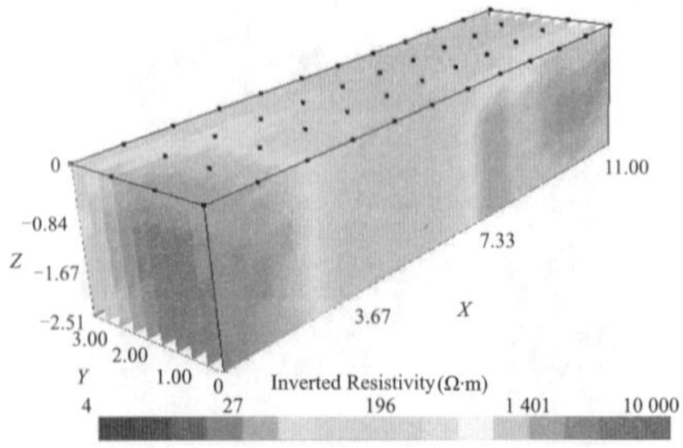

图 5-36　注浆后电阻率成像区域 Y 方向切片

(四)结论与建议

通过检测,对水闸地下工程条件和出水部位进行了调查,为注浆加固工作提供了设计依据;通过注浆后检测,明确了高聚物注浆加固效果和影响范围,验证了高密度电法技术及相应设备、工作方法在水闸工程和土石结合部的适用性。并计划对该工程基线进行跟踪检测和评价,定期对工程加固部位进行复查,明确加固效果。

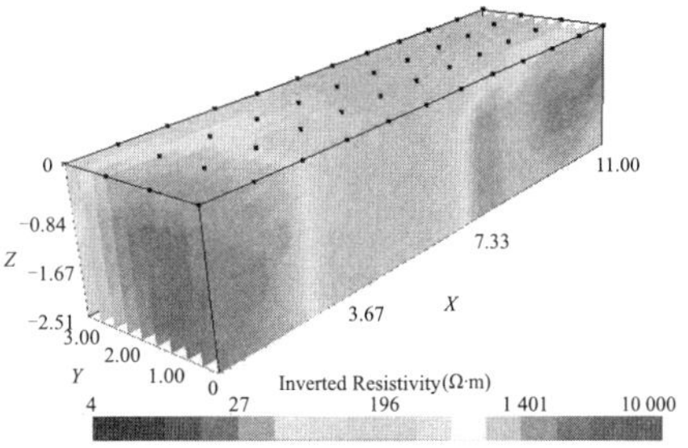

图 5-37　注浆后电阻率成像区域 Z 方向切片

第三节　监测技术示范应用

一、石头庄引黄闸工程概况

石头庄引黄闸位于河南省新乡市长垣县境内,黄河北岸大堤公里桩号 20+430 处,是 3 孔钢筋混凝土箱式涵洞式水闸,孔口宽 2.0 m、高 2.2 m,设计流量 20 m^3/s,加大流量 25 m^3/s,其主要功能是为石头庄灌区提供灌溉用水。该闸进口位于天然文岩渠右渠堤上,翻水段(倒虹吸)穿过天然文岩渠渠底,出口设于临黄大堤背河堤脚。石头庄引黄闸于 1967 年 1 月开工修建,1967 年 9 月竣工。涵闸所在河段黄河堤防为Ⅰ级堤防,本工程建筑物为Ⅰ级建筑物。

1991 年对石头庄引黄闸进行改建,解决工程设防标准低、堤身部分涵洞存在裂缝及多处渗漏问题。石头庄改建后建筑物总长 302.44 m,包括上游连接段、进口闸及倒虹吸段、防洪闸、涵洞和下游海漫段。上游连接段总长 20.1 m,进口闸及倒虹吸段总长 194 m,共 11 节,1 节闸室长 10 m,2 节 1∶4 斜坡涵洞长 24 m,8 节平洞长 55.4 m,下游海漫长 22.54 m。改建工程总长 57.56 m,共计 6 节,包括 1 节 1∶4 斜坡涵洞长 10 m,1 节防洪闸室长 10.4 m,4 节平洞,每节平洞长 9.29 m。

2007 年经安全鉴定,石头庄引黄闸定为三类闸,存在的主要问题包括未改建的进口闸室段及涵洞段存在较多贯通裂缝等。2014 年,河南黄河勘测设计研究院完成了“河南黄河石头庄引黄闸除险加固工程施工图设计”。除险加固的主要内容包括防洪闸末节涵洞拆除重建、相应地段地基处理和止水处理等。原防洪闸末节涵洞长 18.24 m,改建为两节,每节 9.12 m,底板和顶板厚 0.5 m,两侧边墙厚 0.5 m,中墙厚 0.3 m,洞口净宽 2.0 m,净高 2.2 m,涵洞采用 C30 的混凝土,涵洞为平底,底板高程 58.89 m。

2014 年重建段涵洞地基处理采用水泥土搅拌桩技术,桩径 0.6 m,桩距 1.2 m,等三角形布置,桩长 12 m,穿越粉质黏土层至壤土层,共布设桩 135 根。水泥土搅拌桩单桩竖向承载力特征值 280 kN,涵洞底部设素混凝土垫层,厚 20 cm。

由于改建涵洞段布置在黄河大堤堤身下,现状堤顶高程 73.30 m,基坑底部开挖高程 58.09 m,开挖高度最大达 15 m。施工时,采用分层开挖法,自下而上分为三层,1~3 级开挖施工平台高程分别为 62.09 m、67.09 m 和 73.30 m。涵洞的两侧最下层开挖边坡 1∶2，其余下挖边坡 1∶1，施工平台宽度均为 2.0 m，开挖断面底部宽度按涵洞外轮廓线两侧各向外延伸 2.0 m。

石头庄引黄闸的土石结合部主要是指钢筋混凝土涵洞与周围土体连接部分，该部分容易引发渗透和变形的隐患部位，主要原因有：①钢筋混凝土涵洞和周围土体变形能力相差巨大，变形不协调，容易发生较大的不均匀沉陷；②土石结合部位土体填筑夯实施工困难，可能使得该部位压实度达不到设计要求，土体抗渗性能降低，容易出现渗透变形。

二、实测结果分析

（一）监测设备布置

石头庄引黄闸在改建过程中布设了渗透压力和土压力传感器，渗透压力和土压力仪器分层布置，具体监测方案如下。

1. 渗透压力监测布置

渗透压力监测采用北京华测智创科技有限公司生产的振弦式孔压计。该仪器型号为 HC－3200，测量范围 0～0.2 MPa，导线长度 2 m。仪器采用分层埋设，各层埋设方案如下。

1）底板下渗压计埋设

埋设深度设计为底板下 700 mm 处，即高程为 57.69 m 处；共计布置渗压计 15 支，仪器平面布置设计见图 5-38（a），实际仪器埋设见图 5-38（b）。

2）沿涵洞侧墙渗压计埋设

沿涵洞两侧墙高程 58.89 m 处，两侧各埋设渗压计 7 支，共计 14 支；沿在涵洞两侧墙高程 61.09 m 处，每侧各埋设渗压计 7 支，共计 14 支；沿涵洞两侧墙高程 62.29 m 处，每侧各埋设渗压计 7 支，共计 14 支。上述 3 个高程处渗压计布置图相同，见图 5-39，上述渗压计共需布置 57 支。3 个高程渗压计实际埋设布置分别为：图 5-40（a）为高程 58.89 m 高程下渗压计实际埋设，图 5-40（b）为高程 61.19 m 高程下渗压计实际埋设，图 5-40（c）为高程 62.79 m 高程下渗压计实际埋设。

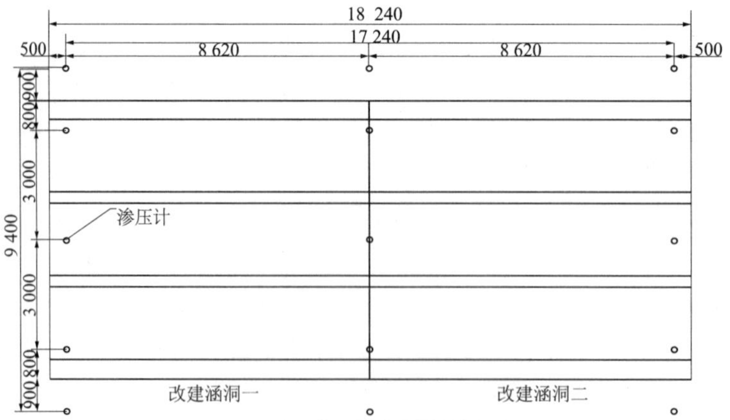

(a) 渗压计布置设计方案

图 5-38　高程 57.69 m 布置

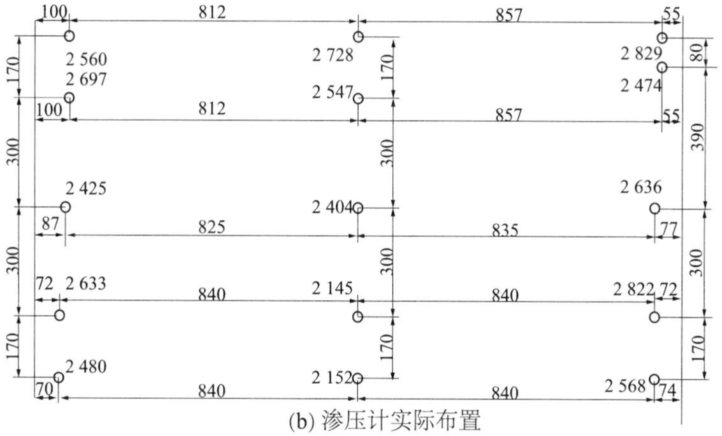

(b) 渗压计实际布置

续图 5-38

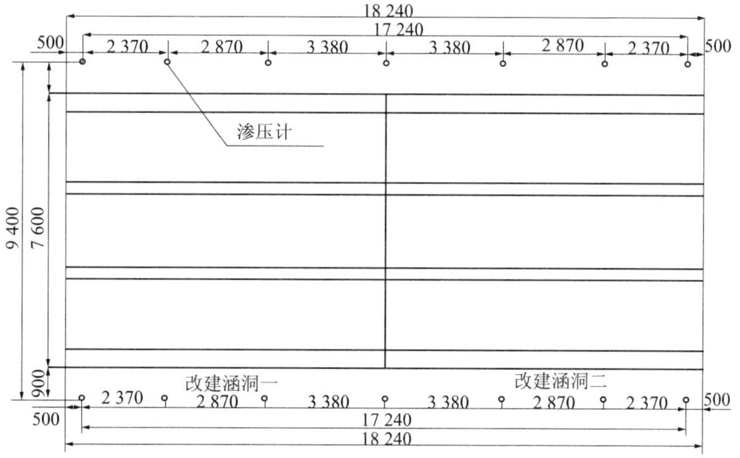

图 5-39　高程 58.89 m、61.09 m、62.29 m 处渗压计布置设计方案

2. 土压力计监测布置

石头庄引黄闸土压力主要埋设在土石结合部，主要监测该部位的侧向土压力，即压力计法向垂直于侧墙。土压力计采用北京华测智创科技有限公司生产的振弦式土压力计。该仪器型号为 HC－3100，测量范围 0～0.2 MPa，导线长度 2 m。仪器采用分层埋设，各层埋设方案如下。

1) 沿涵洞侧墙土压力计布置

在石头庄闸沿涵洞两侧墙高程 58.89 m 处，设计两侧各埋设土压力计 9 个，共计 18 个，见图 5-41(a)，而实际布置在沿涵洞两侧墙高程 59.19 m 处，在两侧各埋设土压力计 7 个，共计 14 个，见图 5-41(b)。在沿涵洞两侧墙高程 61.09 m 处，设计两侧各埋设土压力计 7 个，共计 14 个，见图 5-42(a)，而实际布置在沿涵洞两侧墙高程 61.29 m 处，在两侧各埋设土压力计 7 个，共计 14 个，见图 5-42(b)。

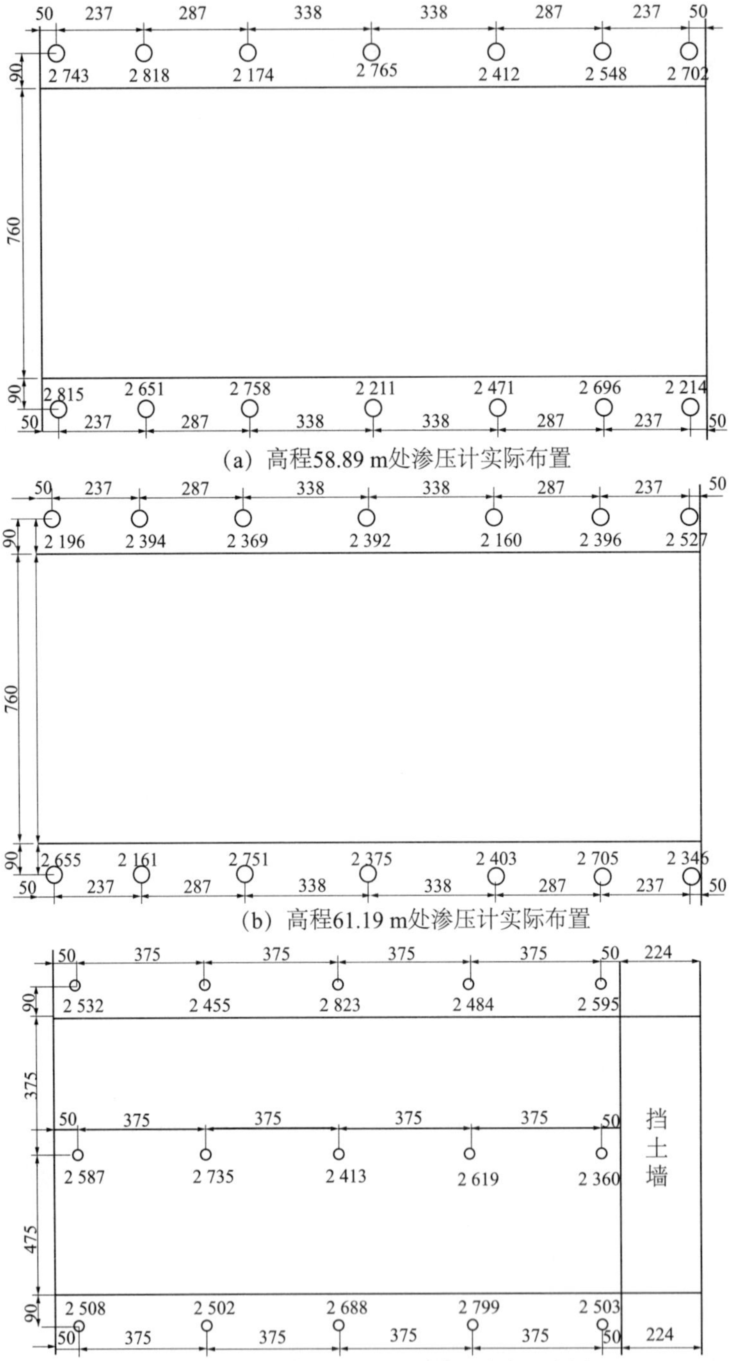

(a) 高程58.89 m处渗压计实际布置

(b) 高程61.19 m处渗压计实际布置

(c) 高程62.79 m处渗压计实际布置

图5-40　高程58.89 m、61.09 m、62.79 m渗压计实际布置

2)涵洞顶板土压力计布置

在涵洞顶部高程62.79 m处,设计均匀埋设土压力计25个,见图5-43(a),而实际上在高程61.59 m涵洞顶板上固定15个土压力计,在涵洞两侧高程61.89 m处埋设了10

个土压力计,见图 5-43(b)。

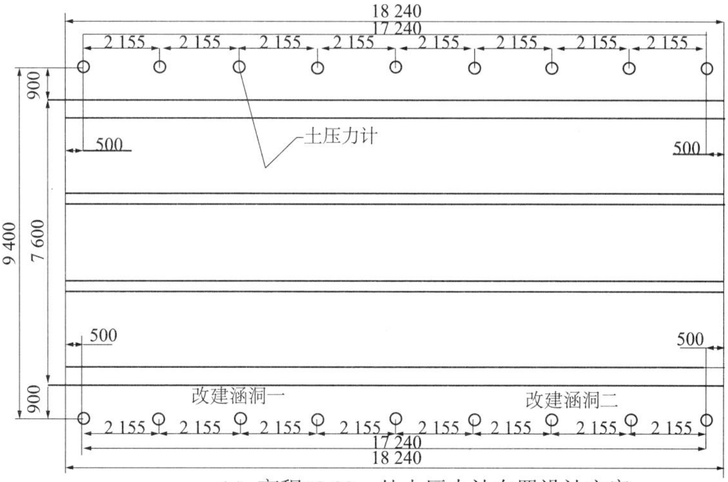

(a) 高程58.89 m处土压力计布置设计方案

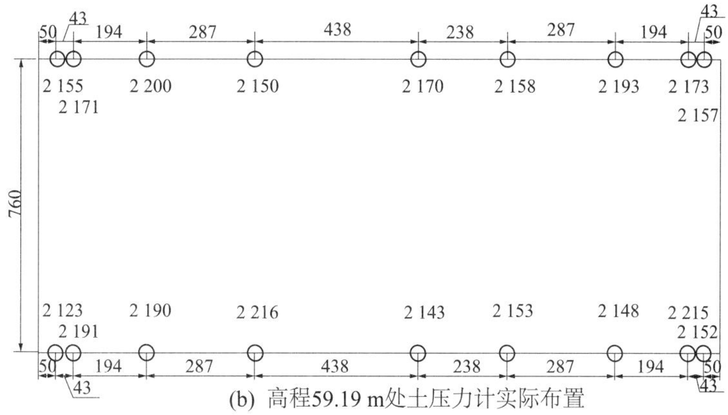

(b) 高程59.19 m处土压力计实际布置

图 5-41　沿涵洞侧墙土压力计布置(一)

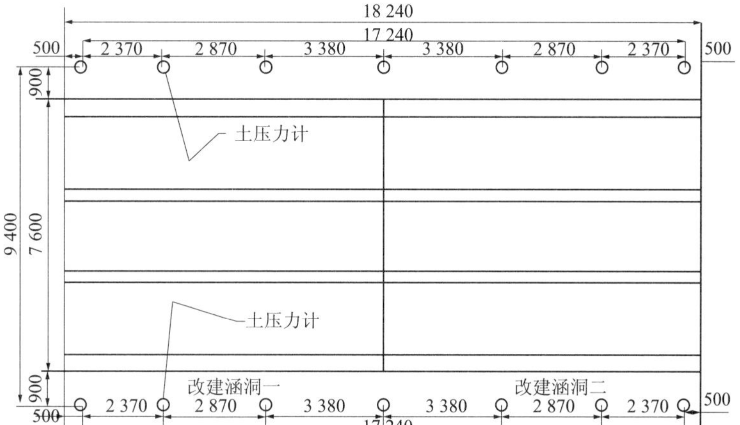

(a) 高程61.09 m处土压力计布置设计方案

图 5-42　沿涵洞侧墙土压力计布置(二)

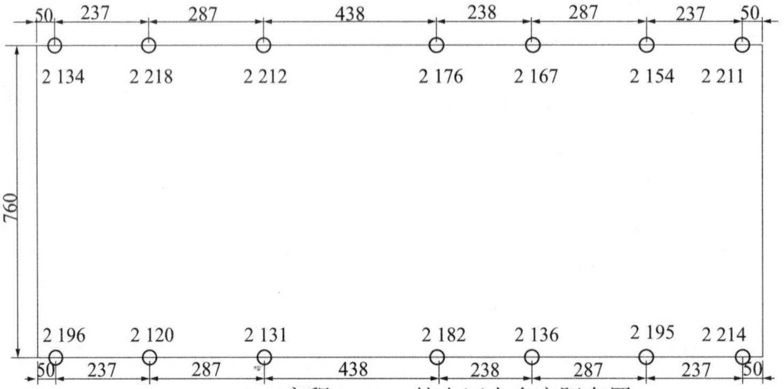

(b) 高程61.29 m处土压力盒实际布置

续图 5-42

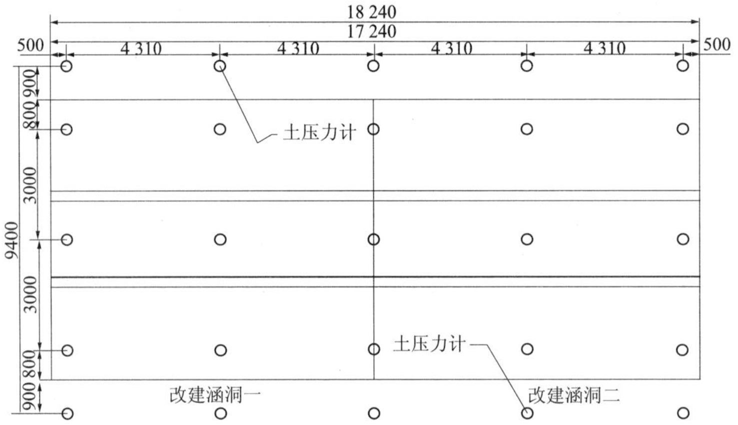

(a) 高程62.79 m处土压力计布置设计方案

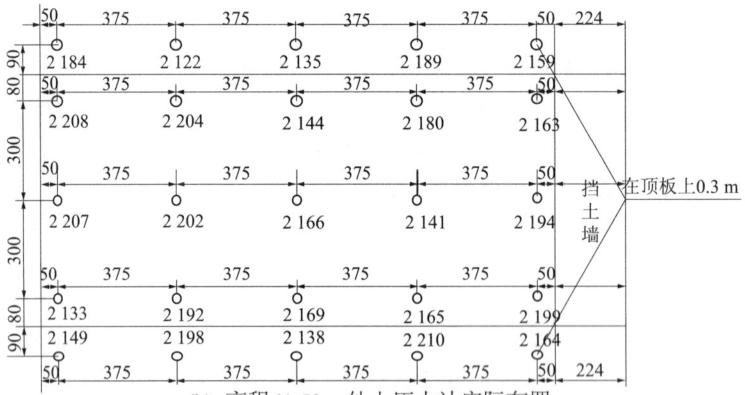

(b) 高程61.59 m处土压力计实际布置

图 5-43　涵洞顶板土压力计布置

(二) 监测结果分析

1. 孔隙水压力监测结果分析

图 5-44(a)为高程 57.69 m 各测点孔隙水压力随时间变化实测结果。从该图曲线可知,大部分测点孔隙水压力随时间变化曲线有一定的规律性,即随着时间变化,各测点孔

隙水压力开始比较稳定,然后增加,且增加速度由慢到快,可观察到明显峰值,之后开始下降。由此可删除一些异常测点,如测点 SY-2425、SY-2633、SY-2480、SY-2415、SY-2152、SY-2503、SY-2636 和 SY-2822。

高程 57.69 m 各测点孔隙水压力随时间变化实测有效结果见图 5-44(b)。从图 5-44(b)可知,从第 1 次至第 9 次(测试日期从 2014 年 12 月 2 日至 2014 年 12 月 11 日),各测点孔隙水压力比较稳定;土石结合部下部测点的孔隙水压力一般在 25 ~ 30 kPa,涵洞下部测点的孔隙水压力一般在 20 ~ 25 kPa。从第 10 次之后(测试日期为 2014 年 12 月 12 日),孔隙水压力开始增大,从第 10 次至第 16 次,孔隙水压力缓慢增大,从第 16 次后(测试日期为 2015 年 1 月 15 日),孔隙水压力均加速增大,最大值出现在第 19 次和 20 次之间(测试日期分别为 2015 年 4 月 14 日和 4 月 15 日),土石结合部下部测点的孔隙水压力一般在 43 ~ 47 kPa,涵洞下部测点的孔隙水压力一般在 38 ~ 45 kPa。

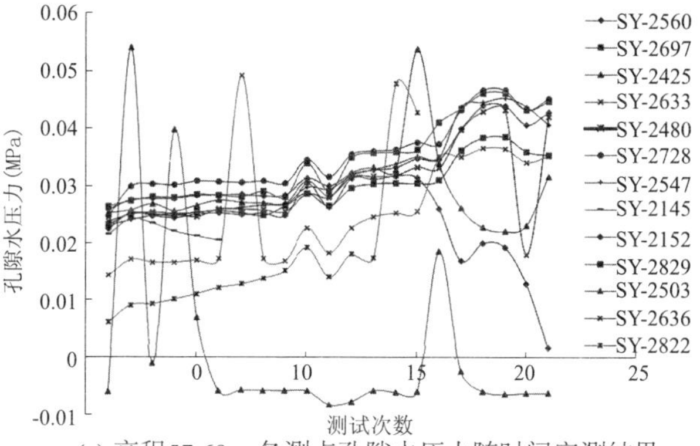

(a) 高程57.69 m各测点孔隙水压力随时间实测结果

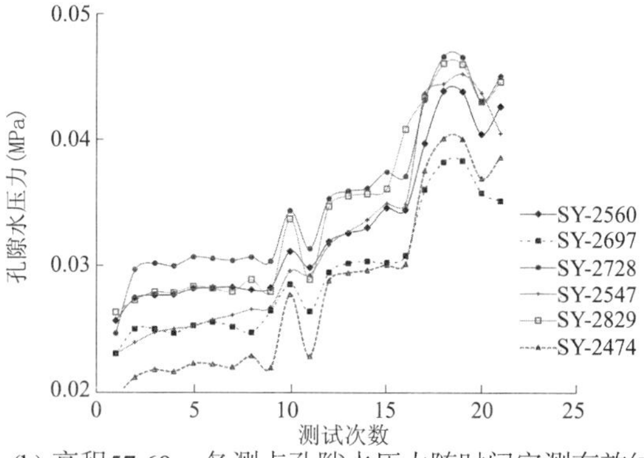

(b) 高程57.69 m各测点孔隙水压力随时间实测有效结果

图 5-44　高程 57.69 m 孔隙水压力随时间变化

实测结果表明,随着从枯水期向丰水期转变,黄河水位总体上升,石头庄引黄闸闸基下部地下水水位抬升,且地下水水位升高速度和河水位上升速度密切相关;同时同一高程下引黄闸闸基附近的孔隙水压力一般略微高于闸基正下方的孔隙水压力。

图 5-45(a)为高程 58.89 m 各测点孔隙水压力随时间变化实测结果。从该图曲线可知,大部分测点孔隙水压力随时间变化曲线有一定的规律性,即随着时间变化,地下水位基本保持稳定,且孔隙水压力值较小。测点 SY-2815 和 SY-2214 数值明显大于其余 5 组,约为其余值的 20 倍,由此可删除这两个异常测点。

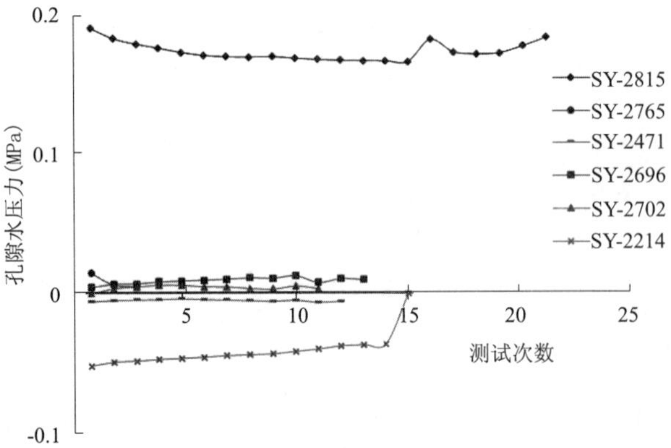

(a) 高程58.89 m各测点孔隙水压力随时间实测结果

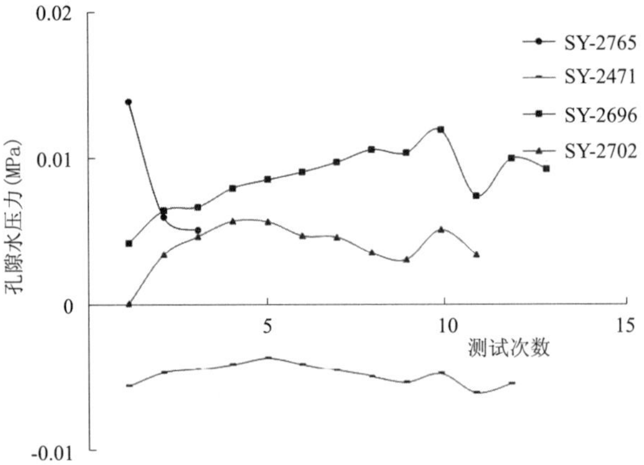

(b) 高程58.89 m各测点孔隙水压力随时间实测有效结果

图 5-45 高程 58.89 m 孔隙水压力随时间变化

高程 58.89 m 各测点孔隙水压力随时间变化实测有效结果见图 5-45(b)。从图 5-45(b)可知,在测试时间内(测试日期从 2014 年 12 月 2 日至 2014 年 12 月 11 日),石头庄引黄闸闸基两侧孔隙水压力基本保持稳定,孔隙水压力的值较小,在 3 ~ 10 kPa。

图 5-46(a)为高程 61.19 m 各测点孔隙水压力随时间变化实测结果。从该图曲线可知,大部分测点孔隙水压力随时间变化曲线均在一个较小的范围内变化,但有几个数据明显大于别的值,如测点 SY-2369、SY-2346 和 SY-2161 均存在 1 个或 2 个明显偏离正常范围的测值(数据甚至超过仪器的最大量程),分析过程中该数据点应该删除。

高程 61.19 m 各测点孔隙水压力随时间变化实测有效结果见图 5-46(b)。从图 5-46(b)可知,涵洞顶板附近两侧的渗压计数值存在两种分布规律:一侧孔隙水压力随着测试时间先减小而后逐渐增大;而另一侧孔隙水压力为负值,且趋于稳定。

从第 1 次至第 16 次(测试日期从 2014 年 12 月 2 日至 2015 年 1 月 12 日),一侧土石结合部的孔隙水压力快速下降,孔隙水压力一般从 50 ~5 kPa 下降至 5 ~ −2 kPa,之后孔隙水压力缓慢上升至 10 kPa 左右;沿着垂直河流方向,距离河流越远,其孔隙水压力值越小。而另一侧土石结合部的孔隙水压力基本稳定,且表现为负压力,其变化范围为 −1 ~ −5 kPa。

图 5-47(a)为高程 62.79 m 各测点孔隙水压力随时间变化实测结果。从该图曲线可知,大部分测点孔隙水压力基本稳定,不随时间产生较大变化,而测点中个别数据变化较

大,如测点 SY-2615 和 SY-2595。

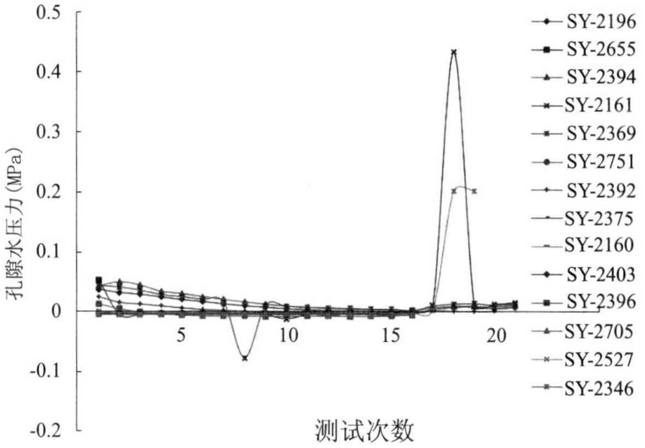

(a) 高程57.69 m各测点孔隙水压力随时间实测结果

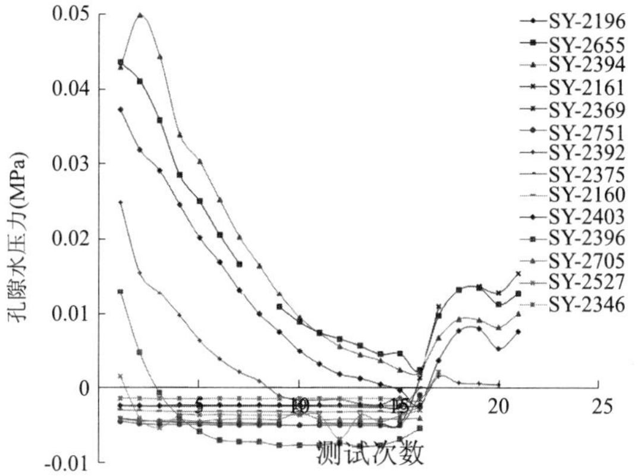

(b) 高程57.69 m各测点孔隙水压力随时间实测有效结果

图 5-46　高程 61.19 m 孔隙水压力随时间变化

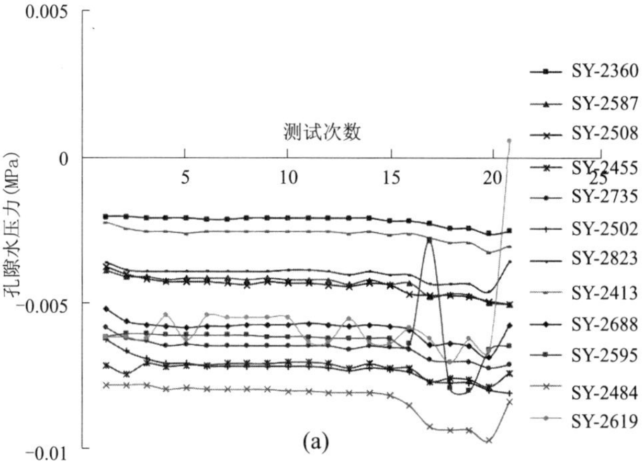

(a) 高程62.79 m各测点孔隙水压力随时间实测结果

图 5-47　高程 62.79 m 孔隙水压力随时间变化

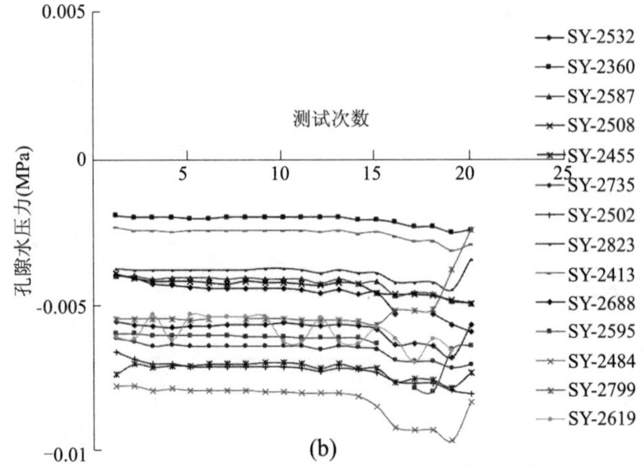

(b) 高程62.79 m各测点孔隙水压力随时间实测有效结果

续图 5-47

高程 62.79 m 各测点孔隙水压力随时间变化实测有效结果见图 5-47(b)。从图 5-47(b)可知,土石结合部两侧的测点孔隙水压力基本保持稳定,不随时间变化而变化(测试时间从 2014 年 12 月 2 日至 2015 年 7 月 22 日),其值在 -2 ~ -10kPa。

2. 土压力监测结果分析

高程 59.19 m 土压力随时间变化实测结果见图 5-48。结果表明,涵洞两侧的土压力随时间基本保持稳定,土压力范围为 0 ~ 100 kPa,主要分布范围为 10 ~ 60 kPa,且垂直河流方向(顺着涵洞延伸方向)土压力逐渐减小。如测点 TY-2191、TY-2190、TY-2216、TY-2143、TY-2153、TY-2148 和 TY-2152(沿着涵洞依次布置),其土压力的值约为 100 kPa、96 kPa、75 kPa、53 kPa、20 kPa、20 kPa 和 4 kPa。

高程 61.29 m 土压力随时间变化实测结果见图 5-49。结果表明,涵洞两侧的土压力大多数测点随时间基本保持稳定,土压力范围为 20 ~ 80 kPa,主要值为 40 ~ 50 kPa,但部分测点波动较大,如测点 TY-2120 最大值约为 64 kPa,而最小值约为 33 kPa;测点 TY-2131 最大值约为 55 kPa,而最小值约为 7 kPa;测点 TY-2214 最大值约为 46 kPa,而最小值约为 1 kPa;测点 TY-2316 最大值约为 40 kPa,而最小值约为 7 kPa。

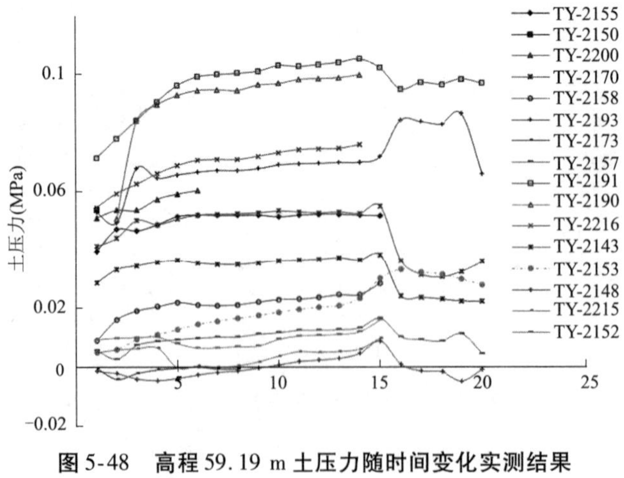

图 5-48　高程 59.19 m 土压力随时间变化实测结果

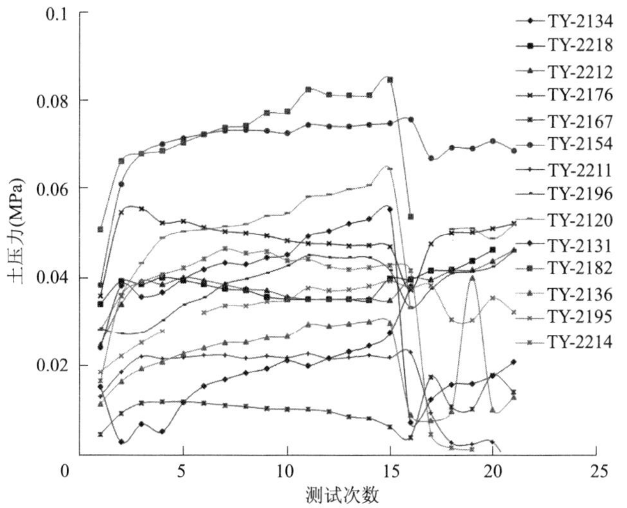

图 5-49　高程 61.29 m 土压力随时间变化实测结果

高程 61.59 m 土压力随时间变化实测结果见图 5-50。结果表明,涵洞顶部的土压力大多数测点随时间基本保持稳定,土压力范围为 60 ~ 220 kPa,主要值为 80 ~ 120 kPa,且垂直河流方向(顺着涵洞延伸方向)土压力逐渐减小。但 3 个测点值有个别值有较大波动,如测点 TY-2208、TY-2141 和 TY-2169。如测点 TY-2208、TY-2144、TY-2180 和 TY-2163(沿着涵洞依次布置),其土压力的值约为 220 kPa、175 kPa、165 kPa 和 115 kPa。

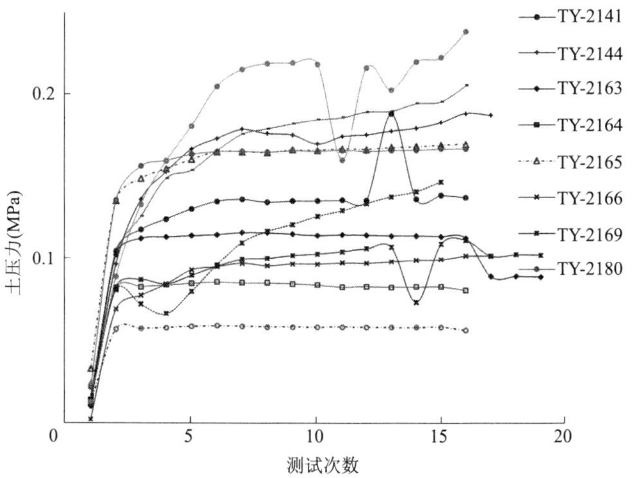

图 5-50　高程 61.59 m 土压力随时间变化实测结果

高程 61.89 m 土压力随时间变化实测结果见图 5-51。结果表明,涵洞两侧土石结合部的土压力大多数测点随时间基本保持稳定,土压力范围约为 60 ~ 315 kPa,主要值约为 50 ~ 110 kPa,且垂直河流方向(顺着涵洞延伸方向)土压力逐渐减小。如测点 TY-2122、TY-2135、TY-2189 和 TY-2159(沿着涵洞依次布置),其土压力的值约为 220 kPa、175 kPa、165 kPa 和 115 kPa。

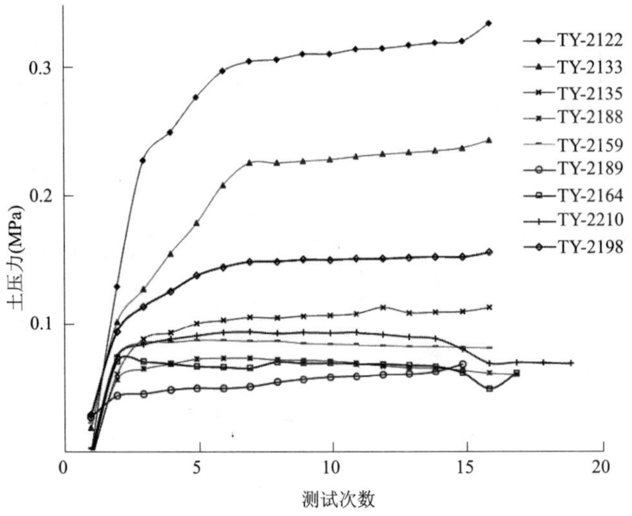

图 5-51　高程 61.89 m 土压力随时间变化实测结果

综合分析高程 59.19 m、61.29 m、61.59 m 和 61.89 m 的引黄闸涵洞两侧土石结合部的土压力分析，其各高程土压力范围为 10 ~ 60 kPa、40 ~ 50 kPa、80 ~ 120 kPa 和 50 ~ 110 kPa，土压力随着高程增加逐步增大，这与在均质土层中土压力随着深度增大而增加的分布规律相矛盾，这也从另一个侧面表明了土石结合部的土体存在密实度不足的缺陷。

三、石头庄引黄闸土石结合部二维渗流分析

（一）渗流计算的基本原理

从渗流场中取出的一个单元体，见图 5-52，其体积 $V = dxdydz$。

如假定在 x 方向流入单元体的渗流流速为 v_x，在 y 方向流入单元体的渗流流速为 v_y，在 z 方向流入单元体的流速为 v_z，则单位时间流入单元体的水量为：

$$v_x dydz + v_y dxdz + v_z dxdy \tag{5-1}$$

则沿 x、y、z 三个方向流出单元体的渗流流速分别为：

$$v_x + \frac{\partial v_x}{\partial x}dx,\ v_y + \frac{\partial v_y}{\partial y}dy,\ v_x + \frac{\partial v_z}{\partial z}dz \tag{5-2}$$

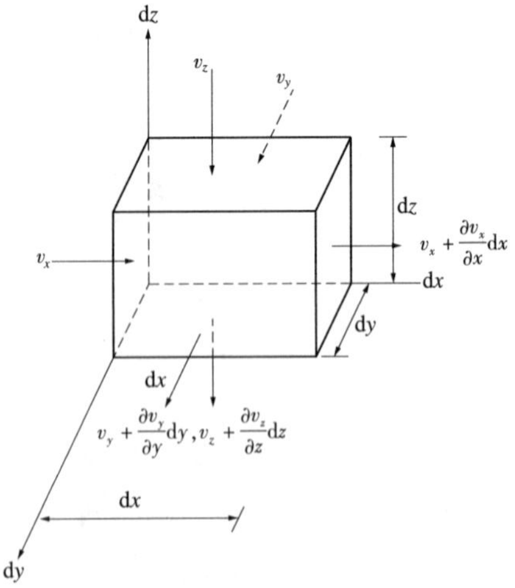

图 5-52　单元土体的渗流图

故单位时间内流出单元体的水量为：

$$\left(v_x + \frac{\partial v_x}{\partial x}dx\right)dydz + \left(v_y + \frac{\partial v_y}{\partial y}dy\right)dxdz + \left(v_z + \frac{\partial v_z}{\partial z}dz\right)dxdy \tag{5-3}$$

如认为流体是不可压缩的，而且在渗流过程中土体的孔隙保持不变，则单位时间内流入单元体的水量应与流出单元体的水量相等，即

$$v_x \mathrm{d}y\mathrm{d}z + v_y \mathrm{d}x\mathrm{d}z + v_z \mathrm{d}x\mathrm{d}y = \left(v_x + \frac{\partial v_x}{\partial x}\mathrm{d}x\right)\mathrm{d}y\mathrm{d}z + \left(v_y + \frac{\partial v_y}{\partial y}\mathrm{d}y\right)\mathrm{d}x\mathrm{d}z + \left(v_z + \frac{\partial v_z}{\partial z}\mathrm{d}z\right)\mathrm{d}x\mathrm{d}y \tag{5-4}$$

公式经整理后可简化为下列形式：

$$\frac{\partial v_x}{\partial x} + \frac{\partial v_y}{\partial y} + \frac{\partial v_z}{\partial z} = 0 \tag{5-5}$$

式(5-5)即为渗流的连续方程。

在各向同性土体的情况下，根据达西定律可得：

$$v_x = -k\frac{\partial \varphi}{\partial x} \tag{5-6}$$

$$v_y = -k\frac{\partial \varphi}{\partial y} \tag{5-7}$$

$$v_z = -k\frac{\partial \varphi}{\partial z} \tag{5-8}$$

$$\varphi = \frac{p}{\rho g} + y$$

式中 k——单元体的渗透系数；

φ——渗透水头；

p——单元体中心处的水压力；

ρ——流体的密度；

g——重力加速度；

y——单元体中心处的位置水头。

将式(5-6)～式(5-7)代入公式(5-5)，则渗流的连续方程将变为下列形式：

$$\frac{\partial^2 \varphi}{\partial x^2} + \frac{\partial^2 \varphi}{\partial y^2} + \frac{\partial^2 \varphi}{\partial z^2} = 0 \tag{5-9}$$

式(5-9)表示三维无漩流的流态。

在二维平面渗流问题的情况下，式(5-9)变为：

$$\frac{\partial^2 \varphi}{\partial x^2} + \frac{\partial^2 \varphi}{\partial y^2} = 0 \tag{5-10}$$

对于均匀的各向异性土体的情况下，根据达西定律，渗流的流速可表示为：

$$v_x = -k_x\frac{\partial \varphi}{\partial x} \tag{5-11}$$

$$v_y = -k_y\frac{\partial \varphi}{\partial y} \tag{5-12}$$

$$v_z = -k_z\frac{\partial \varphi}{\partial z} \tag{5-13}$$

式中　k_x、k_y、k_z——土体沿 x、y、z 方向的渗透系数。

将式(5-11)~式(5-13)代入式(5-5),则均匀各向异性土体三维渗流的连续方程为:

$$k_x \frac{\partial^2 \varphi}{\partial x^2} + k_y \frac{\partial^2 \varphi}{\partial y^2} + k_z \frac{\partial^2 \varphi}{\partial z^2} = 0 \tag{5-14}$$

在二维平面渗流的情况下,均匀各向异性土体的渗流连续方程为:

$$k_x \frac{\partial^2 \varphi}{\partial x^2} + k_y \frac{\partial^2 \varphi}{\partial y^2} = 0 \tag{5-15}$$

(二)计算模型

石头庄引黄闸二维渗流分析采用 Geostudio 中 Seep 模块。计算剖面取穿越涵洞右侧土石结合部的剖面,该剖面中岩性主要为人工填土、砂壤土、粉砂、砂壤土和粉质黏土,由于涵洞施工期间土石结合部的土体夯实困难,在计算分析中把土石结合部的土体专门作为一类岩土层。计算模型长 200 m,临水侧长度约为 80 m,背水侧宽度约为 40 m,从堤顶向下取 40 m,以下部的粉质黏土为相对隔水层。在涵洞右侧的土石结合部的长度取 18 m,高度取大约 6 m,二维分析中宽度不考虑。各种岩土层的渗透系数见表 5-1。

表 5-1　计算剖面各土层渗透系数

岩性	人工填土	砂壤土	粉砂	砂壤土	粉质黏土	土石结合部
渗透系数(cm/s)	2.2E-4	3.02E-4	3.0E-3	3.02E-4	7.1E-5	9.0E-4

计算模型共剖分 22 088 个单元,22 395 个节点。计算模型及网格剖分见图 5-53 和图 5-54。计算工况分为 3 种,第一种设定临水侧地下水位为 62.3 m,背水侧水位为 61.8 m,采用稳定流进行计算,用实测孔隙水压力和计算值进行校准,如果两者相符,则计算下面 2 种工况,即临水侧分别为 2000 年设防水位和 65 m,背水侧水位为 61.8 m。

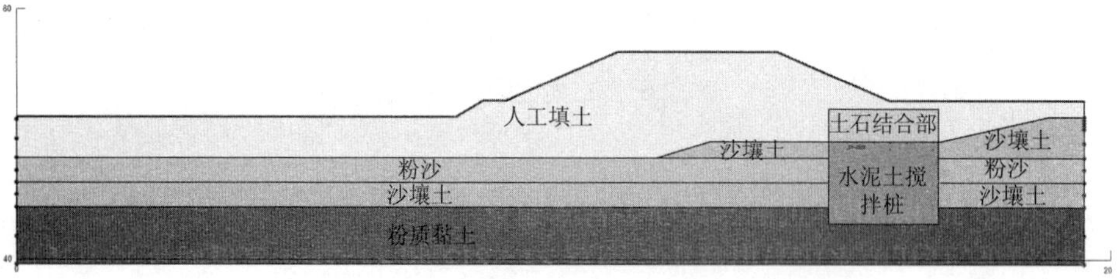

图 5-53　石头庄引黄闸及黄河大堤计算材料分区图

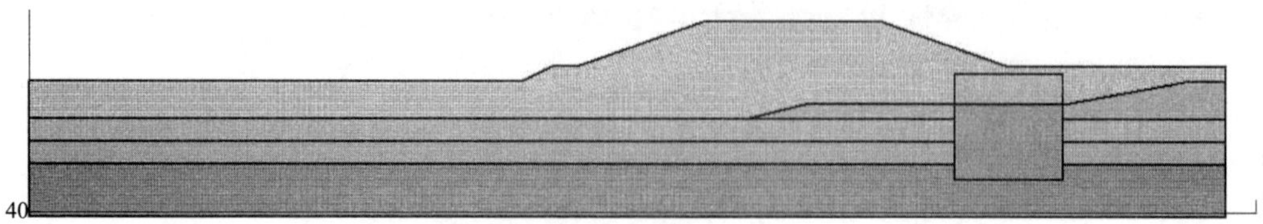

图 5-54　网格剖分

(三)计算结果分析

1.2015 年丰水期数值分析结果及其与实测结果对比

1)孔隙水压力的计算结果

在 2015 年丰水期,石头庄引黄闸土石结合部附近的地下水渗流场见图 5-55,结果表明,地下水渗流主要分布在粉砂层和土石结合部部位,其余部位地下水流动速度则很微弱。石头庄引黄闸土石结合部附近的孔隙水压力分布见图 5-56,结果表明,孔隙水压力主要分布在浸润线以下,且随着埋深的增加,孔隙水压力逐渐增大;在浸润线以上,也分布负的孔隙水压力。

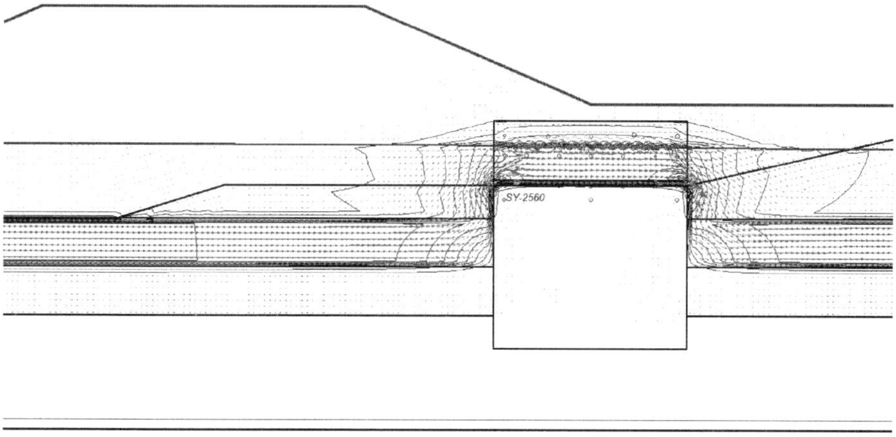

图 5-55　渗流场的流速矢量图

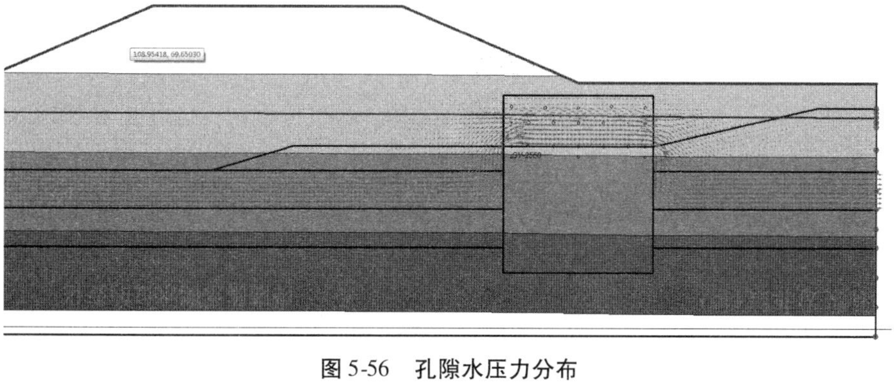

图 5-56　孔隙水压力分布

2)孔隙水压力的计算结果与实测结果对比

高程 57.69 m 下 3 个观测点(SY-2560、SY-2728 和 SY-2829)孔隙水压力数值模拟结果见图 5-57,图中横坐标表示距离第一个实测点(SY-2560)的距离,纵坐标表示孔隙水压力值。计算结果表明,3 个点孔隙水压力值变化范围为 41 ~ 43 kPa,3 个点孔隙水压力计算值变化范围较小。实测结果和数值模拟结果对比见表 5-2,对比结果可见数值模拟结果和实测结果比值为 0.91、0.91 和 0.94,对比结果表明数值模拟结果和实测结果很接近。

高程 58.89 m 下 4 个观测点(SY-2743、SY-2174、SY-2765 和 SY-2412)孔隙水压力数值模拟结果见图 5-58,图中横坐标表示距离第一个实测点(SY-2743)的距离,纵坐标表示孔隙水压力值。从图中分析,其水压力值变化范围为 30 ~ 32 kPa。由于该高程下测试结果很少,且数据离散性大,该高程下孔隙水压力的计算值不与实测值对比。

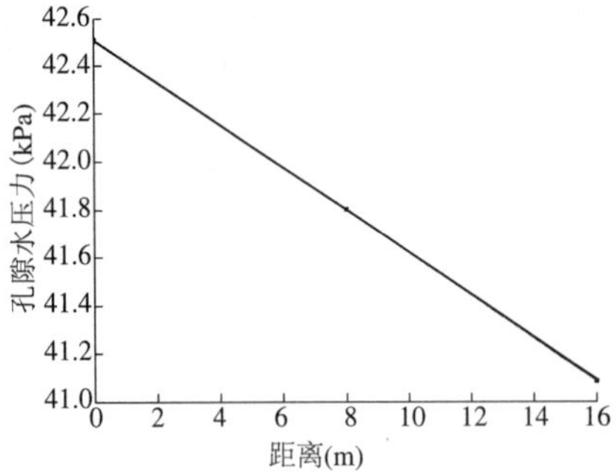

图 5-57　高程 57.69 m 下 3 个观测点孔隙水压力数值模拟结果(SY-2560、SY-2728 和 SY-2829)

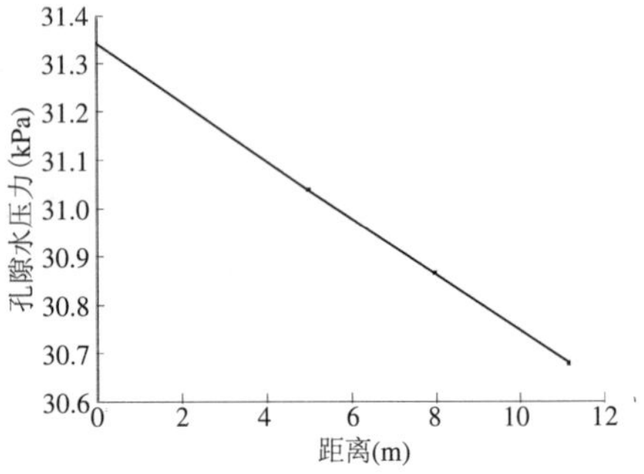

图 5-58　高程 58.89 m 下 4 个观测点孔隙水压力数值模拟结果

高程 61.19 m 下 7 个观测点(SY-2196、SY-2349、SY-2369、SY-2392、SY-2160、SY-2396 和 SY-2527)孔隙水压力数值模拟结果见图 5-59,图中横坐标表示距离第一个实测点(SY-2196)的距离,纵坐标表示孔隙水压力值。计算结果表明,该高程下孔隙水压力值变化范围为 7 ~ 8 kPa,其值变化幅度较小。而实测结果只有 SY2196 和 SY2369,其实测和数值模拟结果对比见表 5-2,对比结果可见数值模拟结果和实测结果比值为 1.04和 0.60,表明数值模拟和实测结果基本相符。

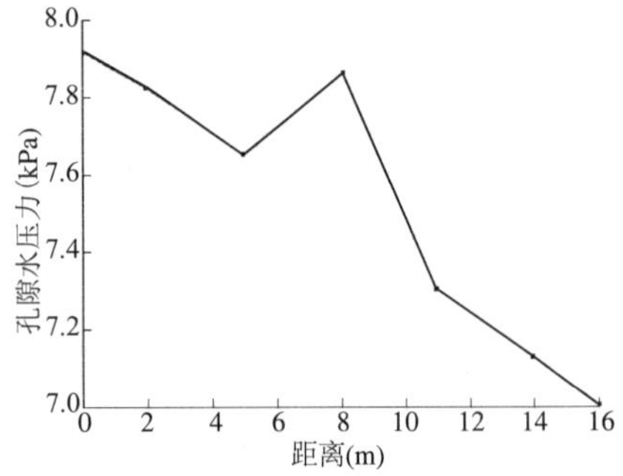

图 5-59　高程 61.19 m 下 7 个观测点孔隙水压力数值模拟结果

高程 62.79 m 下 5 个观测点(SY-2532、SY-2455、SY-2823、SY-2484 和 SY-2595)孔隙水压力数值模拟结果见图 5-60,图中横坐标表示距离第一个实测点(SY-2532)的距离,纵坐标表示孔隙水压力值。从图中分析,其水压力值变化范围为 −7 ~ −9 kPa;实测孔隙水压力值变化范围为 −3 ~ −8 kPa,其实测和数值模拟结果对比见表 5-2,对比结果可见数值模拟结果和实测结果比值为 1.28、1.06、2.29、0.99 和 1.33,表明数值模拟和实测结果吻合度较高。

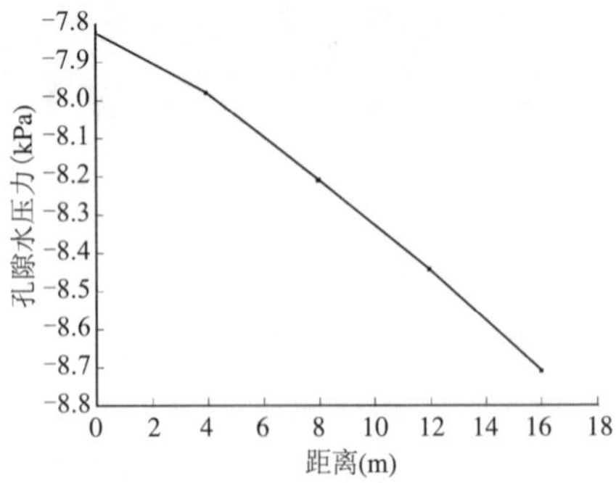

图 5-60　高程 62.79 m 下 5 个观测点孔隙水压力数值模拟结果

竖直方向下4个高程孔隙水压力计算结果见图5-61(监测点为SY-2532、SY-2196、SY-2743和SY-2560),图中横坐标表示距离第一个实测点(SY-2532)的竖直高度,纵坐标表示孔隙水压力值。计算结果表明,随着深度的增加,孔隙水压力的值逐步增大,且符合静态孔隙水压力的增大规律。

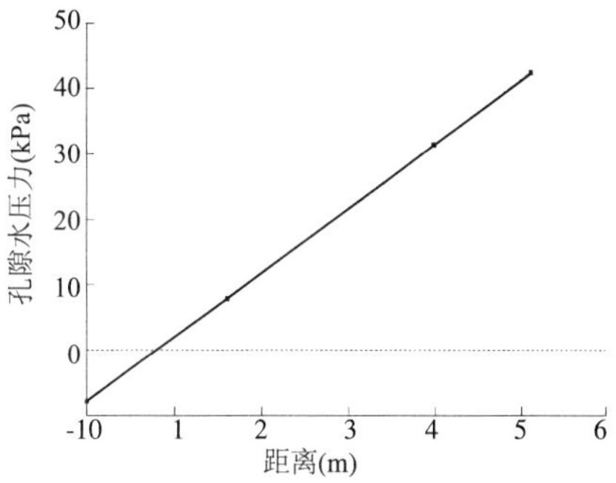

图5-61　竖直方向不同高度下观测点孔隙水压力数值模拟结果

3)比降的计算结果

石头庄引黄闸附近黄河大堤及地基地下水渗透的比降分布图见图5-62和图5-63。计算结果表明,堤身及堤基中比降变化集中部位主要分布于土石结合部和涵洞基础相连部位。其主要原因为地下水主要在粉砂中流动,到达涵洞地基处理部位后,由于地基处理后抗渗性能增加,水流通道主要向渗透性能较大的土石结合部转移,致使该部位比降出现较大变化,在土石结合部内部,土体渗透性能变化较小,比降变化较小,而在土石结合部的末端,土体渗透性能又发生较大的变化,此时,比降也出现集中。

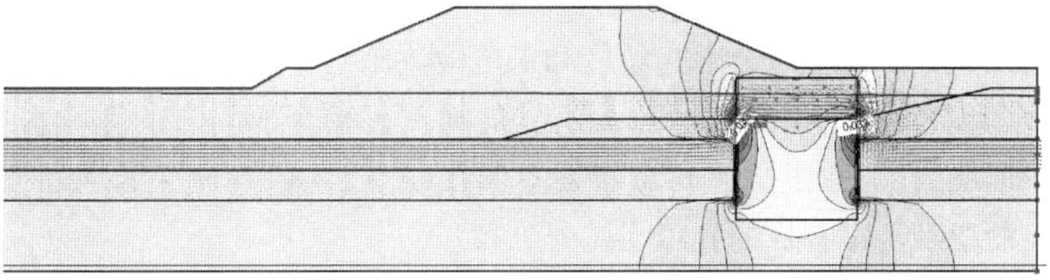

图5-62　比降分布特征

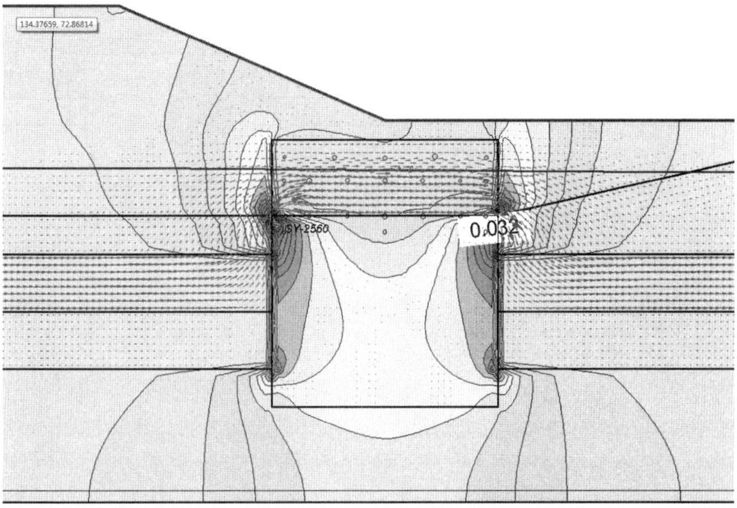

图5-63　土石结合部比降分布局部放大

在渗流作用下,在土石结合部开始端与涵洞基础连接部位的最大比降值约为0.033,在土石结合部末尾端与涵洞基础连接部位的最大比降值约为0.032。

表 5-2　孔隙水压力实测值与计算值对比

高程(m)	测点	孔隙水压力(kPa)		算值/实测值
		实测值	计算值	
57.69	SY-2560	46.50	42.50	0.91
	SY-2728	46.00	41.80	0.91
	SY-2829	43.80	41.20	0.94
61.19	SY-2196	7.60	7.90	1.04
	SY-2369	12.76	7.60	0.60
62.79	SY-2532	-6.11	-7.82	1.28
	SY-2455	-7.52	-7.98	1.06
	SY-2823	-3.59	-8.21	2.29
	SY-2484	-8.53	-8.44	0.99
	SY-2595	-6.57	-8.71	1.33

2.2000 年设防水位下数值分析结果

1)孔隙水压力分布特征

当黄河堤防临水侧水位为2000 年设防水位,背水侧地下水位为61.8 m时,石头庄引黄闸土石结合部附近的地下水渗流场见图5-64。结果表明,地下水渗流主要分布在粉砂层和土石结合部部位,土石结合部起始段和末尾段流速明显大于土石结合部中间部位,其余部位地下水流动速度则很微弱。石头庄引黄闸土石结合部附近的孔隙水压力分布见图5-65,结果表明,孔隙水压力主要分布在浸润线以下,且随着埋深的增加,孔隙水压力逐渐增大,浸润线以上也有负的孔隙水压力分布。

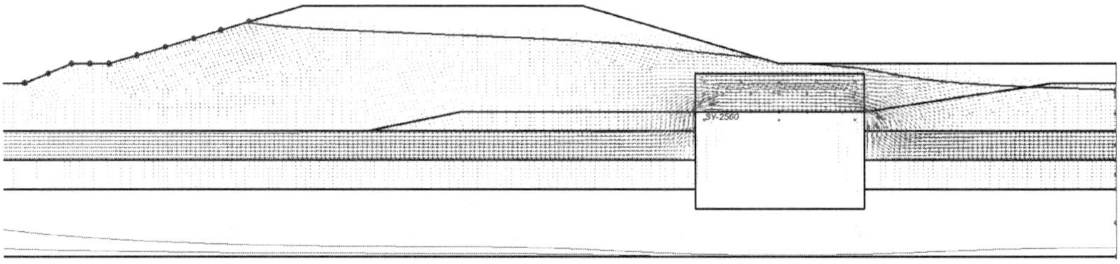

图5-64　流速分布

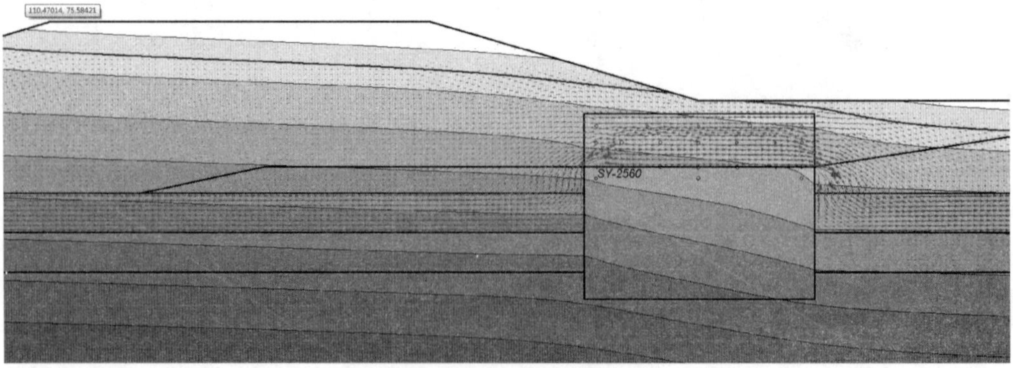

图5-65　孔隙水压力分布

高程 57.69 m 下 3 个观测点(SY-2560、SY-2728 和 SY-2829)孔隙水压力数值模拟结果见图 5-66,图中横坐标表示距离第一个实测点(SY-2560)的距离,纵坐标表示孔隙水压力值。计算结果表明,3 个点孔隙水压力值变化范围为 95 ~ 63 kPa,3 个点孔隙水压力计算值变化大,与临水侧水位 62.3 m 下数值模拟结果(43 ~ 41 kPa)相比,其孔隙水压力明显增大。

高程 58.89 m 下 4 个观测点(SY-2743、SY-2174、SY-2765 和 SY-2412)孔隙水压力数值模拟结果见图 5-67,图中横坐标表示距离第一个实测点(SY-2743)的距离,纵坐标表示孔隙水压力值。从图中分析,其水压力值变化范围为 78 ~ 64 kPa,与临水侧水位为 62.3 m 下数值结果(32 ~ 31 kPa)相比,其孔隙水压力明显增大。

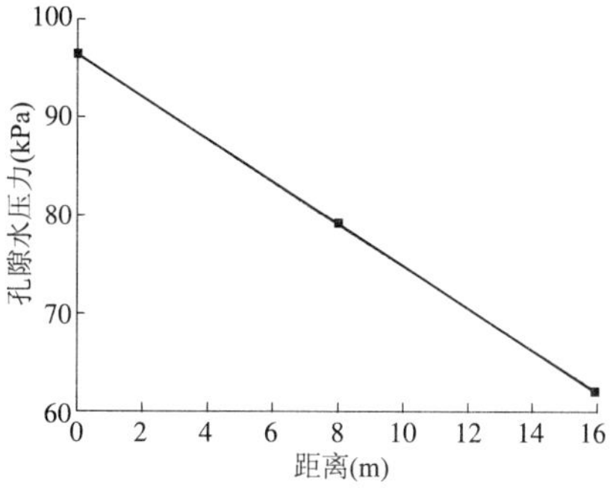

图 5-66　高程 57.69 m 下 3 个观测点孔隙水压力数值模拟结果(2000 年设防水位)(SY-2560、SY-2728 和 SY-2829)

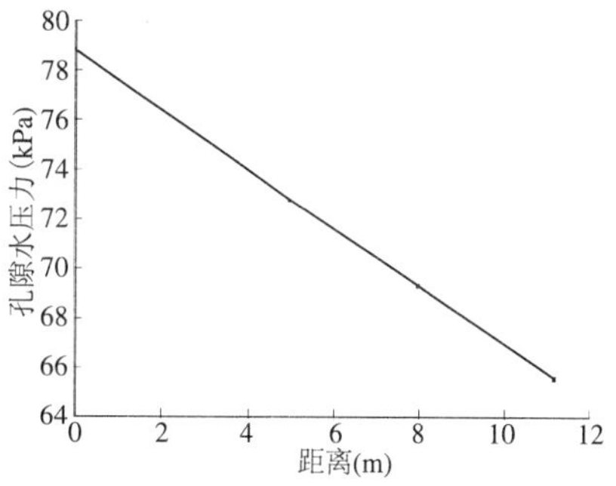

图 5-67　高程 58.89 m 下 4 个观测点孔隙水压力数值模拟结果(2000 年设防水位)

高程 61.19 m 下 7 个观测点(SY-2196、SY-2349、SY-2369、SY-2392、SY-2160、SY-2396 和 SY-2527)孔隙水压力数值模拟结果见图 5-68,图中横坐标表示距离第一个实测点(SY-2196)的距离,纵坐标表示孔隙水压力值。计算结果表明,该高程下孔隙水压力值变化范围为 54 ~ 35 kPa,7 个点差值相对较大,与临水侧水位为 62.3 m 下数值结果(8 ~ 7 kPa)相比,其孔隙水压力明显增大。

高程 62.79 m 下 5 个观测点(SY-2532、SY-2455、SY-2823、SY-2484 和 SY-2595)孔隙水压力数值模拟结果见图 5-69,图中横坐标表示距离第一个实测点(SY-2532)的距离,纵

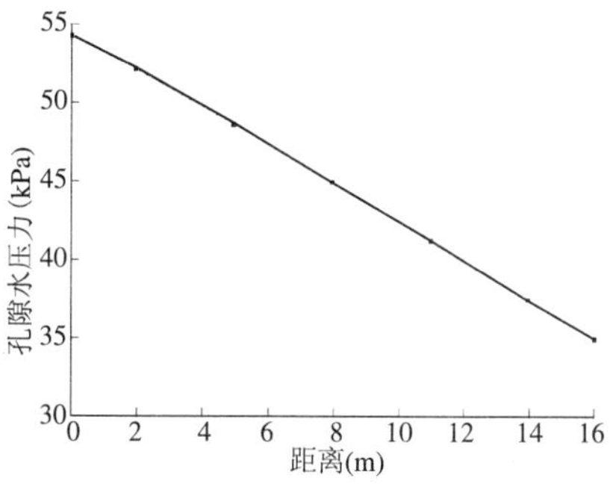

图 5-68　高程 61.19 m 下 7 个观测点孔隙水压力数值模拟结果(2000 年设防水位)

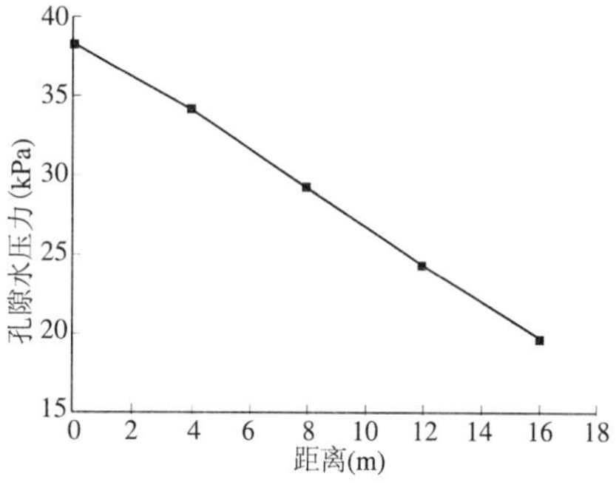

图 5-69　高程 62.79 m 下 5 个观测点孔隙水压力数值模拟结果(2000 年设防水位)

坐标表示孔隙水压力值。从图中分析，其水压力值变化范围为 20～38 kPa，各测点差值明显增大，与临水侧水位为 62.3 m 下数值结果（－8～－3 kPa）相比，其孔隙水压力明显增大。

竖直方向下 4 个高程下孔隙水压力计算结果见图 5-70，其中图 5-70（a）（监测点为 SY-2532、SY-2196、SY-2743 和 SY-2560）中横坐标表示距离第一个实测点（SY-2532）的竖直长度，纵坐标表示孔隙水压力值，图 5-70（b）（监测点为 SY-2595、SY-2527、SY-2702 和 SY-2829）中横坐标表示距离第一个实测点（SY-2595）的竖直高度，纵坐标表示孔隙水压力值。计算结果表明，随着深度的增加，孔隙水压力的值逐步增大，在土石结合部起始端其值从 38 kPa 增加至 54 kPa、78 kPa 和 95 kPa，在土石结合部末端其值从 20 kPa 增加至 35 kPa、57 kPa 和 62 kPa，基本符合静态孔隙水压力线性增长规律。

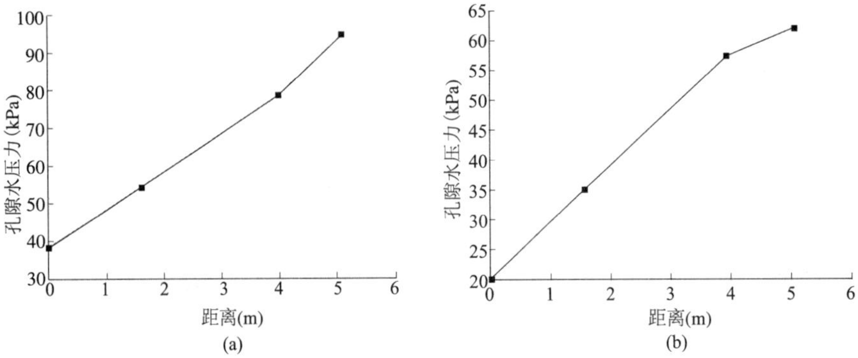

图 5-70　竖直方向不同高度下观测点孔隙水压力数值模拟结果（2000 年设防水位）

2）比降的计算结果

石头庄引黄闸附近黄河大堤及地基地下水渗透的比降分布见图 5-71。计算结果表明，堤身及堤基中比降变化集中部位主要分布于土石结合部和涵洞基础相连部位，与临水侧水位为 62.3 m 下的数值模拟结果类似。

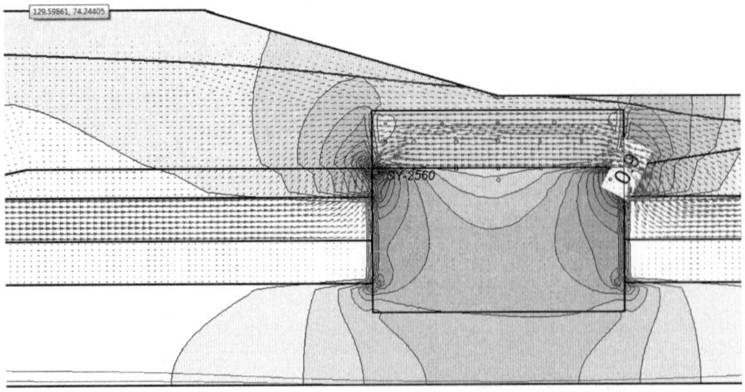

图 5-71　比降分布（2000 年设防水位）

在渗透作用下,在土石结合部开始端与涵洞基础连接部位的最大比降值约为0.75,在土石结合部末尾端与涵洞基础连接部位的最大比降值约为0.9。与临水侧水位为62.3 m下数值结果相比,其最大值增加20倍以上。

3. 不同水位下数值分析结果

1)临水侧65 m下的孔隙水压力分布特征

当黄河堤防临水侧水位为65 m,背水侧地下水位为61.8 m时,可以得到石头庄引黄闸土石结合部附近的地下水渗流场。结果表明,地下水渗流场分布规律与上述两种工况类似,只是其值大小发生变化。

高程57.69 m下3个观测点(SY-2560、SY-2728和SY-2829)孔隙水压力数值模拟结果见图5-72,图中横坐标表示距离第一个实测点(SY-2560)的距离,纵坐标表示孔隙水压力值。计算结果表明,3个点孔隙水压力值变化范围为58~47 kPa,3个点孔隙水压力计算值变化范围较大,与临水侧水位62.3 m下数值模拟结果(43~41 kPa)相比,其孔隙水压力明显增大。

高程58.89 m下4个观测点(SY-2743、SY-2174、SY-2765和SY-2412)孔隙水压力数值模拟结果见图5-73,图中横坐标表示距离第一个实测点(SY-2743)的距离,纵坐标表示孔隙水压力值。从图中分析,其水压力值变化范围为45~40 kPa,与临水侧水位为62.3 m下数值结果(30~32 kPa)相比,其孔隙水压力明显增大,但同一高程下不同位置的水压力变化并不显著。

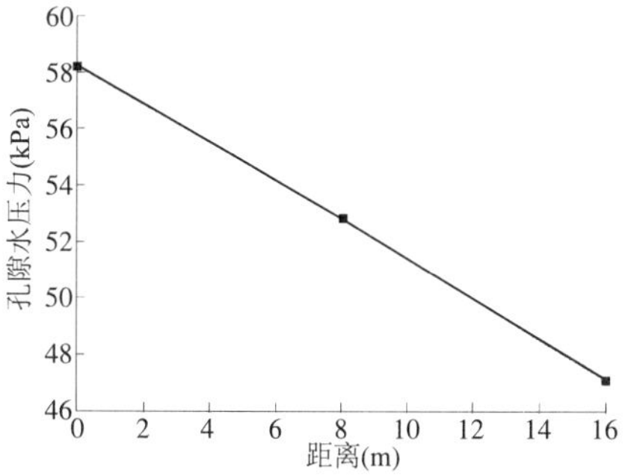

图5-72　高程57.69 m下3个观测点孔隙水压力数值模拟结果(临水侧水位65 m)(SY-2560、SY-2728和SY-2829)

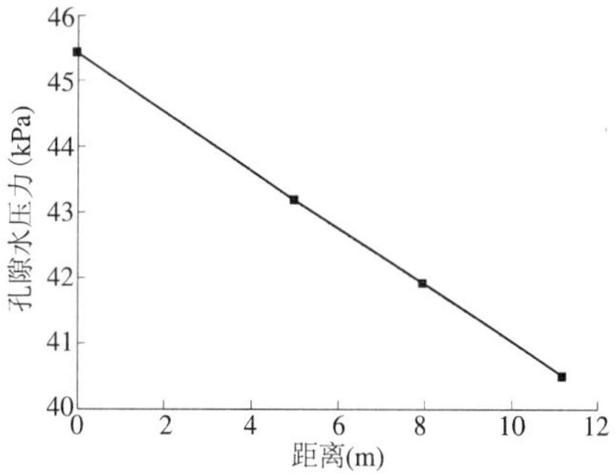

图5-73　高程58.89 m下4个观测点孔隙水压力数值模拟结果(临水侧水位65 m)

2)临水侧65 m下的比降的计算结果

石头庄引黄闸附近黄河大堤及地基地下水渗透的比降结果见图5-74。计算结果表明,堤身及堤基中比降变化集中部位主要分布于土石结合部和涵洞基础相连部位,与临水侧水位为62.3 m下的数值模拟结果类似。

在渗透作用下,在土石结合部开始端与涵洞基础连接部位的最大比降值约为0.28,在土石结合部末尾端与涵洞基础连接部位的最大比降值约为0.28。与临水侧水位为62.3 m下数值结果相比,其最大值增加约10倍。

3)临水侧不同水位下土石结合部孔隙水压力分布

在临水侧水位分别为62.3 m(2015年丰水期水位)、65 m和71 m(2000年设防水位),

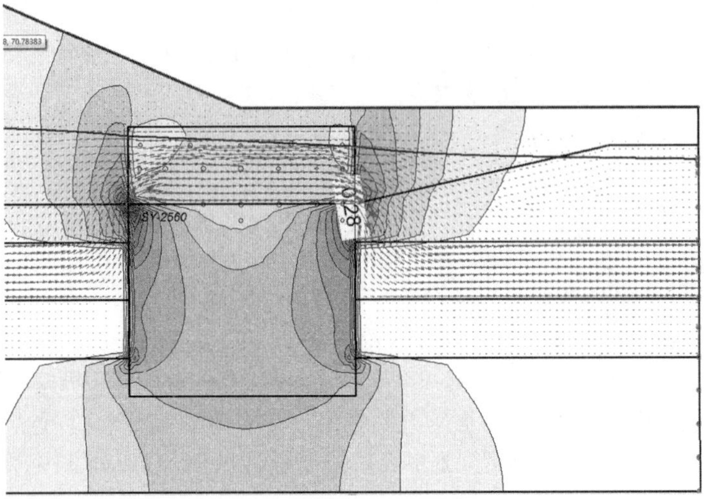

图 5-74　比降分布(临水侧水位为 65 m)

背水侧水位为 61.8 m 的条件下,高程 58.89 m 下孔隙水压力测点 SY-2743 随临水侧水位的变化见图 5-75。结果表明,高程 58.89 m 下孔隙水压力测点 SY-2743 随临水侧水位的增加,其值近似符合线性增加。同样条件下,高程 57.69 m 下孔隙水压力测点 SY-2829 随临水侧水位的变化见图 5-76。结果表明,高程 57.69 m 下孔隙水压力测点 SY-2829 随临水侧水位的增加,其值近似符合线性增加。

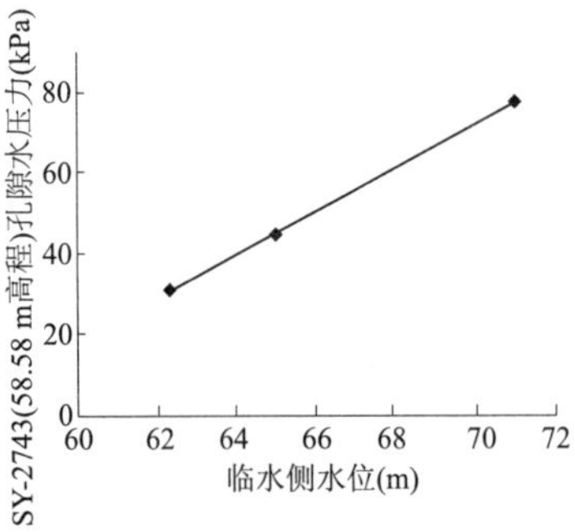

图 5-75　孔隙水压力测点 SY-2743 随临水侧水位的变化

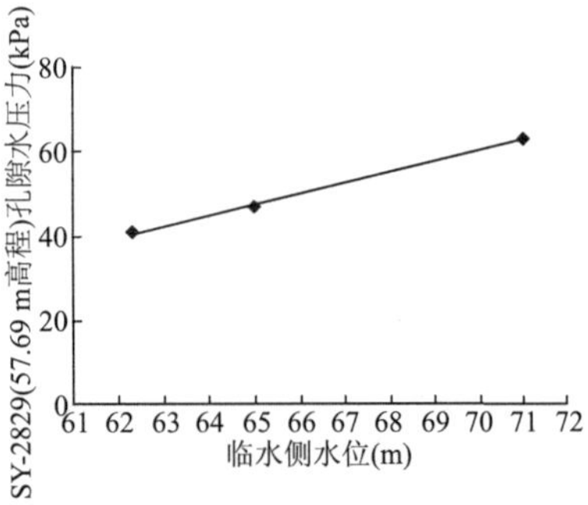

图 5-76　孔隙水压力测点 SY-2829 随临水侧水位的变化

4)临水侧不同水位下土石结合部的比降

在临水侧水位分别为 62.3 m(2015 年丰水期水位)、65 m 和 71 m(2000 年设防水位),背水侧水位为 61.8 m 的条件下,土石结合部的底部(高程约为 58.89 m)随临水侧水位的变化见图 5-77。结果表明,土石结合部最大水力比降随临水侧水位的增加,其值快速增加,其拟合函数为非线性。

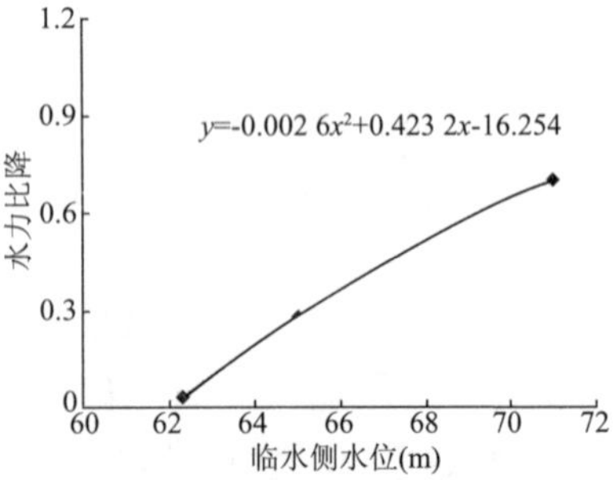

图 5-77　土石结合部最大水力比降随临水侧水位的变化

四、石头庄引黄闸土石结合部三维渗流分析

(一)渗流有限元分析的基本方程

1. 达西定律

有限元渗流计算的理论公式基于饱和与非饱和介质渗流的达西定律,表述如下:

$$q = ki \tag{5-16}$$

式中　q——单位体积的流量;

k——渗透系数;

i——总水头梯度。

达西定律最初是从饱和土得来的,但后来的成果表明他也可以应用于非饱和介质渗流和大面积岩体裂隙渗流(Richara,1931 Childs&Collins-George,1950)。非饱和条件渗透系数不再是常数,而是随着含水率的变化而变化,并且间接地随着水压力的变化而变化。

达西定律经常被写成如下形式:

$$v = ki \tag{5-17}$$

式中　v——达西流速;

其余符号含义同前。

实际的水穿过地层的平均流速是线流速,他等于达西流速除以土的孔隙率。在非饱和土中,他等于达西流速除以单位体积的含水率。有限元计算和显示的仅仅是达西流速。

2. 渗流微分方程

三维渗流的一般控制性微分方程可以表达为:

$$\frac{\partial}{\partial x}\left(k_x \frac{\partial H}{\partial x}\right) + \frac{\partial}{\partial y}\left(k_y \frac{\partial H}{\partial y}\right) + \frac{\partial}{\partial z}\left(k_z \frac{\partial H}{\partial z}\right) + Q = \frac{\partial \theta}{\partial t} \tag{5-18}$$

以下为简化起见,采用二维渗流的一般控制性微分方程进行表述:

$$\frac{\partial}{\partial x}\left(k_x \frac{\partial H}{\partial x}\right) + \frac{\partial}{\partial y}\left(k_y \frac{\partial H}{\partial y}\right) + Q = \frac{\partial \theta}{\partial t}$$

式中　H——总水头;

k_x——x 方向渗透系数;

k_y——y 方向渗透系数;

Q——施加的边界流量;

θ——单位体积含水量;

t——时间。

该过程说明在某一点处一定时间内流体流入和流出单元体的差等于介质系统储水量变化。说明 x 方向、y 方向外部施加的通量之和的改变率等于单位体积含水量的改变率。

对于稳态情况,单元体内流入和流出的流量在任何时间都是相同的,饱和和非饱和情况下的应力状态都可以用两个状态变量来表达(Fredllund 和 Morgenstern,1976;Fredlund 和 Morgenstern,1977)。应力的状态应变量是 $\sigma - u_a$ 和 $u_a - u_w$,其中 σ 为总应力,u_a 为孔隙内的气压,u_w 为孔隙内的水压力。

有限元计算是在总应力不变的条件下进行推导的,假定对于瞬态问题孔隙的气压保持为恒定的大气压。这意味着 $\sigma - u_a$ 保持不变,并且对单位体积含水量的改变没有影响。因此单位体积含水量的改变仅仅依赖于 $u_a - u_w$ 的改变。在 u_a 保持不变时,单位体积含水量的变化仅仅是孔隙水压力变化量的函数。单位体积含水量的变化通过下面的方程与孔隙水压力的变化发生了联系:

$$\partial\theta = m_w \partial u_w \tag{5-19}$$

式中 m_w——储水曲线的斜率。

总水头 H 定义为:

$$H = \frac{u_w}{\gamma_w} + y \tag{5-20}$$

式中 u_w——孔隙水压力;

γ_w——水的容重;

y——高程;

方程(5-20)可以重新整理为:

$$u_w = \gamma_w (H - y)$$

把方程式(5-20)代入式(5-19)得:

$$\partial\theta = m_w \gamma_w \partial(H - y)$$

代入方程式(5-18),得到如下的表达式:

$$\frac{\partial}{\partial x}\left(k_x \frac{\partial H}{\partial x}\right) + \frac{\partial}{\partial y}\left(k_y \frac{\partial H}{\partial y}\right) + Q = m_w \gamma_w \frac{\partial(H - y)}{\partial t}$$

由于高程是个常量,y 对时间的导数为 0,最后被有限元控制方程为:

$$\frac{\partial}{\partial x}\left(k_x \frac{\partial H}{\partial x}\right) + \frac{\partial}{\partial y}\left(k_y \frac{\partial H}{\partial y}\right) + Q = m_w \gamma_w \frac{\partial H}{\partial t}$$

基本微分方程的定解条件仅含边界条件,常见的边界条件有如下几类:

第一类边界条件(Dirichlet 条件):当渗流区域的某一部分边界(比如 S_1)上的水头已知,法向流速未知时,其边界条件可以表述为:

$$H(x,y,z)\big|_{S_1} = \varphi(x,y,z), \quad (x,y,z) \in S_1$$

第二类边界条件(Neumann 条件):当渗流区域的某一部分边界(比如 S_2)上的水头未知,法向流速已知时,其边界条件可以表述为:

$$k\frac{\partial H}{\partial n}\Big|_{S_2} = q(x,y,z), \quad (x,y,z) \in S_2$$

S 为具有给定流量的边界段,n 为 S_2 的外法线方向。

自由面边界和溢出面边界条件:无压渗流自由面的边界条件可以表述为:

$$\begin{cases} \dfrac{\partial H}{\partial n} = 0 \\ H(x,y,z)\big|_{S_3} = Z(x,y) \qquad (x,y,z) \in S_3 \end{cases}$$

溢出面的边界条件为:

$$\begin{cases} \dfrac{\partial H}{\partial n} < 0 \\ H(x,y,z)\mid_{S_4} = Z(x,y) \qquad (x,y,z) \in S_4 \end{cases}$$

3. 渗流有限元分析的基本方程

当坐标轴方向与渗透主轴方向一致时,根据变分原理,三维渗流定解问题等价于求能量泛函的极值问题,即

$$I(H) = \iiint\limits_{\Omega} \frac{1}{2}\left[k_x\left(\frac{\partial H}{\partial x}\right)^2 + k_y\left(\frac{\partial H}{\partial y}\right)^2 + k_z\left(\frac{\partial H}{\partial z}\right)^2\right]\mathrm{d}x\mathrm{d}y\mathrm{d}z - \iint\limits_{S_2} qH\mathrm{d}s \Rightarrow \min$$

根据分析区域的水文地质结构,进行渗流场离散化,即

$$\Omega = \sum_{i=1}^{m} \Omega_i$$

某单元的水头插值函数可表示为:

$$h(x,y,z) = \sum_{i=1}^{8} N_i(\xi,\eta,\zeta) H_i$$

式中　$N_i(\xi,\eta,\zeta)$——单元的形函数;

H_i——单元节点水头值;

ξ,η,ζ——基本单元的局部坐标。

对上式取其变分等于零,并对各子区域叠加,可得到求解渗流场的有限元基本格式:

$$[K]\{H\} = \{F\}$$

式中　$[K]$——整体渗透矩阵;

$\{H\}$——节点水头列阵。

当渗透主轴与坐标轴不一致时,设三维整体坐标系的 X 轴与工程区正北方向的夹角为 θ,三个主渗透系数 k_x、k_y、k_z 的方位角 α_i(与正北方向的夹角,规定以逆时针为正),倾角为 β_i(规定与水平面的夹角为倾角,倾向上为正),则三个主渗透系数方位角 α_i 在三维整体坐标下与 X 轴的夹角为 $\alpha_i - \theta$,因此三个主渗流方向的局部坐标 (u,v,w) 与整体坐标 (x,y,z) 的关系可以表示为:

$$(x,y,z)^{\mathrm{T}} = R\,\{u,v,w\}^{\mathrm{T}} \tag{5-21}$$

其中

$$R = \begin{bmatrix} \dfrac{\partial x}{\partial u} & \dfrac{\partial y}{\partial u} & \dfrac{\partial z}{\partial u} \\ \dfrac{\partial x}{\partial v} & \dfrac{\partial y}{\partial v} & \dfrac{\partial z}{\partial v} \\ \dfrac{\partial x}{\partial w} & \dfrac{\partial y}{\partial w} & \dfrac{\partial z}{\partial w} \end{bmatrix} = \begin{bmatrix} \cos(\alpha_1-\theta)\cos\beta_1 & \cos(\alpha_2-\theta)\cos\beta_2 & \cos(\alpha_3-\theta)\cos\beta_3 \\ \sin(\alpha_1-\theta)\cos\beta_1 & \sin(\alpha_2-\theta)\cos\beta_2 & \sin(\alpha_3-\theta)\cos\beta_3 \\ \sin\beta_1 & \sin\beta_2 & \sin\beta_3 \end{bmatrix}$$

根据复合函数求导原理,在局部坐标系下有限单元的几何矩阵为:

$$[B'] = [R][B]$$

则单元的渗透矩阵元素修改为

$$k_{ij}^e = \iiint\limits_{\Omega_i} [B'_i]^{\mathrm{T}} [M][B'_j] \mathrm{d}x\mathrm{d}y\mathrm{d}z = \iiint\limits_{\Omega_i} [B_i]^{\mathrm{T}} [R]^{\mathrm{T}} [M][R][B_j] \mathrm{d}x\mathrm{d}y\mathrm{d}z, [M] = \begin{bmatrix} k_x & 0 & 0 \\ 0 & k_y & 0 \\ 0 & 0 & k_z \end{bmatrix}$$

4. 渗流薄层单元的模拟

在以往求解复杂基岩渗流问题中,对于薄断层、帷幕、混凝土裂缝以及坝体中存在的各类施工分缝问题的模拟往往存在困难。若采用加密网格的方法模拟,由于其厚度很小,将增加很大的计算量,容易出现单元形态奇异。采用无厚度的二维平面单元来模拟上述结构的薄层单元,基本原理如下:

根据有限元原理,薄层单元的泛函数为:

$$I^e[H] = \int_V \frac{k}{2} \left[\left(\frac{\partial H}{\partial x}\right)^2 + \left(\frac{\partial H}{\partial y}\right)^2 + \left(\frac{\partial H}{\partial z}\right)^2 \right] \mathrm{d}V = \frac{1}{2} \{H^e\}^{\mathrm{T}} [K_f^e] \{H^e\}$$

式中,$\{H^e\}^T = [H_1, H_2, H_3, H_4]$;$[K_f^e]$ 为导水薄层单元的渗透矩阵,可由下式确定:

$$[K_f^e] = k \int_V [B]^{\mathrm{T}} [B] \mathrm{d}V \tag{5-22}$$

式(5-22)中$[B]$矩阵的单元形函数 N_i 的表达式为:

$$N_i(\xi, \eta) = \frac{1}{4}(1 + \xi_0)(1 + \eta_0) \quad i = 1,2,3,4$$

式中:$\xi_0 = \xi_i \xi, \eta_0 = \eta_i \eta$。

$[B]$矩阵中在整体坐标中的微分项可变换在局部坐标中进行,即

$$\begin{Bmatrix} \dfrac{\partial N_i}{\partial x} \\ \dfrac{\partial N_i}{\partial y} \\ \dfrac{\partial N_i}{\partial z} \end{Bmatrix} = J^{-1} \begin{Bmatrix} \dfrac{\partial N_i}{\partial \xi} \\ \dfrac{\partial N_i}{\partial \eta} \\ 0 \end{Bmatrix}$$

式中,J 为雅克比矩阵,可表示为下式:

$$J = \begin{bmatrix} \dfrac{\partial x}{\partial \xi} & \dfrac{\partial y}{\partial \xi} & \dfrac{\partial z}{\partial \xi} \\ \dfrac{\partial x}{\partial \eta} & \dfrac{\partial y}{\partial \eta} & \dfrac{\partial z}{\partial \eta} \\ g_1 & g_2 & g_3 \end{bmatrix}$$

式中,g_1、g_2、g_3 可分别表示为:

$$\begin{cases} g_1 = \left(\dfrac{\partial y}{\partial \xi} \dfrac{\partial z}{\partial \eta} - \dfrac{\partial z}{\partial \xi} \dfrac{\partial y}{\partial \eta}\right) \\ g_2 = \left(\dfrac{\partial z}{\partial \xi} \dfrac{\partial x}{\partial \eta} - \dfrac{\partial x}{\partial \xi} \dfrac{\partial z}{\partial \eta}\right) \\ g_3 = \left(\dfrac{\partial x}{\partial \xi} \dfrac{\partial y}{\partial \eta} - \dfrac{\partial y}{\partial \xi} \dfrac{\partial x}{\partial \eta}\right) \end{cases}$$

式(5-19)中的 $\mathrm{d}V$ 可按下式计算:

$$\mathrm{d}V = \delta_n |G| \mathrm{d}\xi \mathrm{d}\eta$$

式中,G 值可由下式确定:

$$|G| = \sqrt{g_1^2 + g_2^2 + g_3^2}$$

用上述的二维无厚度平面单元模拟薄断层、碾压混凝土层面或各类施工分缝等薄层单元时,由于是采用二维平面单元,没有厚度,网格剖分时无须对其进行专门剖分,在求解整个渗流场时,只要将平面单元的渗透矩阵式(5-22)对各有关结点的贡献组装到总体渗透矩阵中即可实现对薄层的模拟。

(二)计算模型

石头庄引黄闸土石结合部三维渗流分析采用 MIDAS 软件。计算模型中长度为 136.6 m,宽度为 70.0 m,最大高度为 39.0 m,模型中主要岩土层为人工填土、砂壤土、粉砂、砂壤土和粉质黏土,以下部的粉质黏土为相对隔水层。在涵洞左右两侧的土石结合部长度各取 18.0 m,高度取大约 5.2 m,宽度从底部涵洞两侧各 2.0 m 向上按照 1:2 斜率向上延伸,计算模型的材料分布图见图 5-78。由于涵洞施工期间土石结合部的土体夯实困难,在计算分析中把土石结合部的土体专门作为一类岩土层,各种岩土层的渗透系数见表 5-3。

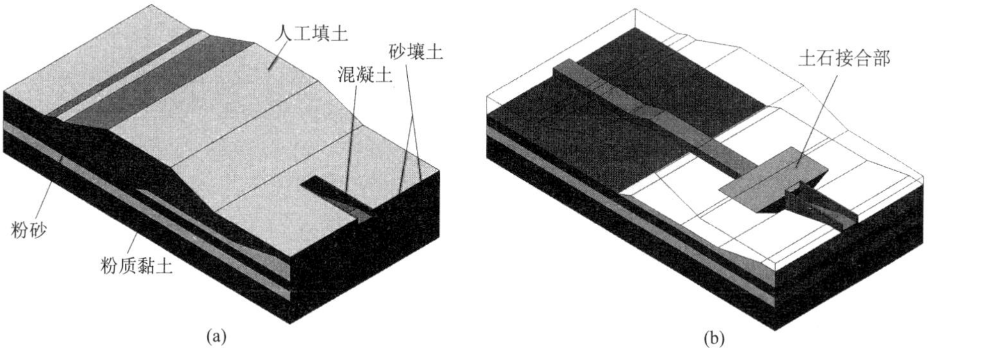

图 5-78 材料分区

表 5-3 计算剖面各土层渗透系数

岩性	人工填土	砂壤土	粉砂	砂壤土	粉质黏土	土石结合部
渗透系数(cm/s)	2.2E-4	3.02E-4	3.0E-3	3.02E-4	7.1E-5	9.0E-4

计算模型共剖分 539 990 个单元,98 399 个节点。

数值分析计算中,采用三种计算工况。第一种计算工况设定临水侧地下水位为62.3 m,背水侧水位为 61.8 m,其水位为 2015 年实测资料,对比孔隙水压力计算值与实测值,如果两者相吻合,则计算第二及第三种计算工况,第二种工况设定临水侧地下水位为 71 m(2000 年设防水位),背水侧水位为 61.8 m,第三种工况设定临水侧地下水位为 65 m,背水侧水位为 61.8 m。计算时均采用稳定流进行计算。

(三)计算结果分析

1.2015 年丰水期数值分析结果及其与实测结果对比

1)孔隙水压力的计算结果

在 2015 年丰水期,石头庄引黄闸土石结合部附近的地下水渗流场见图 5-79,结果表明,地下水渗流主要分布在粉砂层和土石结合部部位,其余部位地下水流动速度则很微弱。石头庄引黄闸土石结合部附近的孔隙水压力分布见图5-80,结果表明,孔隙水压力主要分布在浸润线以下,且随着埋深的增加,孔隙水压力逐渐增大,在浸润线以上,也分布有负的孔隙水压力。

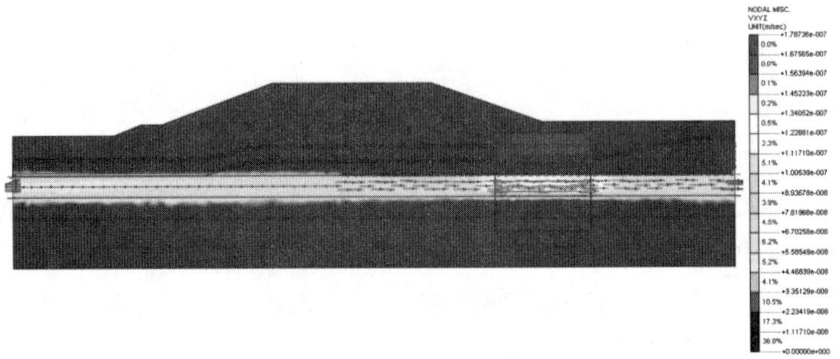

图5-79　流速矢量图

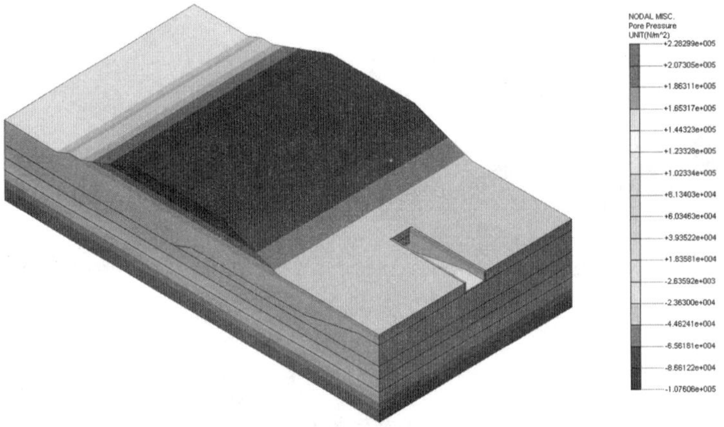

图5-80　孔隙水压力分布

2)孔隙水压力的计算结果与实测结果对比

高程57.69 m下3个观测点(SY-2560、SY-2728和SY-2829)孔隙水压力数值模拟结果见图5-81,图中横坐标表示距离第一个实测点(SY-2560)的距离,纵坐标表示孔隙水压力值。计算结果表明,3个点孔隙水压力值变化范围为41～43 kPa,3个点孔隙水压力计算值变化较小。实测结果和数值模拟结果对比见表3-2,对比结果可见数值模拟结果和实测结果比值为0.90、0.91和0.94,对比结果表明数值模拟结果和实测结果很接近。

高程58.89 m下4个观测点(SY-2743、SY-2174、SY-2765和SY-2412)孔隙水压力数值模拟结果见图5-82,图中横坐标表示距离第一个实测点(SY-2743)的距离,纵坐标表示孔隙水压力值。从图中分析,其水压力值变化范围为29～31 kPa。由于该高程下测试结果很少,且数据离散性大,该高程下孔隙水压力的计算值不与实测值对比。

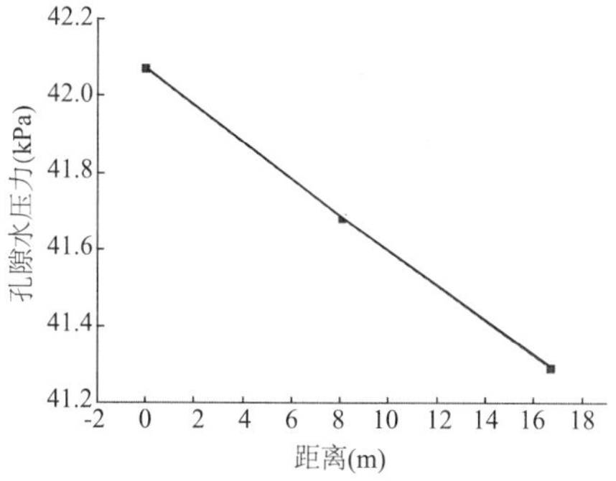

图 5-81　高程 57.69 m 下 3 个观测点孔隙水压力数值模拟结果（SY-2560、SY-2728 和 SY-2829）

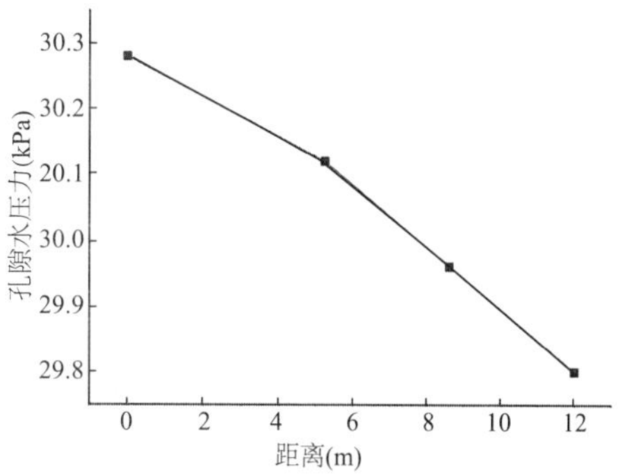

图 5-82　高程 58.89 m 观测点孔隙水压力数值模拟结果

高程 61.19 m 下 7 个观测点（SY-2196、SY-2349、SY-2369、SY-2392、SY-2160、SY-2396 和 SY-2527）孔隙水压力数值模拟结果见图 5-83，图中横坐标表示距离第一个实测点（SY-2196）的距离，纵坐标表示孔隙水压力值。计算结果表明，该高程下孔隙水压力值变化范围为 6 ~ 8 kPa，其值变化幅度较小。而实测结果只有 SY-2196 和 SY-2369，其实测和数值模拟结果对比见表 5-4，对比结果可见数值模拟结果和实测结果比值为 1.03 和 0.59，表明数值模拟和实测结果基本相符。

高程 62.79 m 下 5 个观测点（SY-2532、SY-2455、SY-2823、SY-2484 和 SY-2595）孔隙水压力数值模拟结果见图 5-84，图中横坐标表示距离第一个实测点（SY-2532）的距离，纵坐标表示孔隙水压力值。从图中分析，其水压力值变化范围为 －7 ~ －9 kPa；实测孔隙水压力值变化范围为 －3 ~ －8 kPa，其实测和数值模拟结果对比见表 5-4，对比结果可见数值模拟结果和实测结果比值为 1.3、1.07、2.33、0.98 和 1.27，表明数值模拟和实测结果吻合度较高。

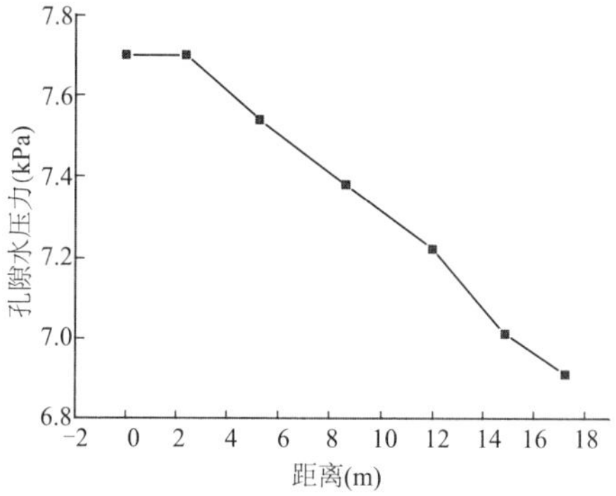

图 5-83　高程 61.19 m 下 7 个观测点孔隙水压力数值模拟结果

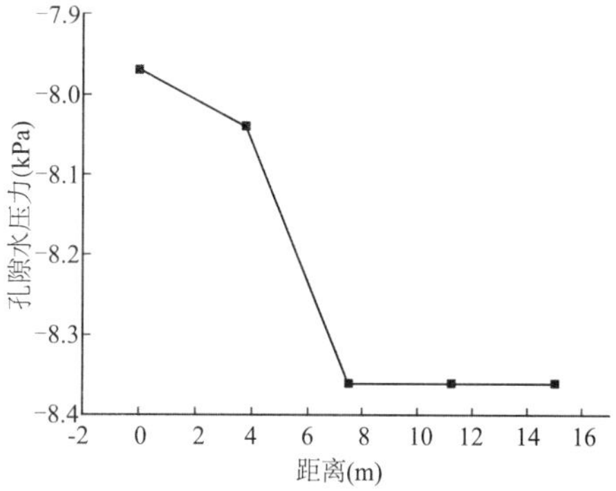

图 5-84　高程 62.79 m 下 5 个观测点孔隙水压力数值模拟结果

竖直方向下 4 个高程下孔隙水压力计算结果见图 5-85（监测点为 SY-2532、SY-2196、

SY-2743 和 SY-2560)，图中横坐标表示距离第一个实测点(SY-2532)的竖直长度，纵坐标表示孔隙水压力值。计算结果表明，随着高度的减小，孔隙水压力的值逐步增大，且符合静态孔隙水压力的增大规律。

3)比降的计算结果

石头庄引黄闸附近黄河大堤及地基地下水渗透的比降分布图见图 5-86(a)、(b)和图 5-87。计算结果表明，在竖直方向上，堤身及堤基中比降变化集中部位主要分布于土石结合部和涵洞基础接触部位，在水平方向上，比降最大的剖面出现在土体和涵洞接触面上。其主要原因为地下水主要在粉砂中流动，到达涵洞地基处理部位后，由于地基处理后抗渗性能增加，水流通道主要向渗透性能较大土石结合部转移，致使该部位比降出现较大变化，在土石结合部内部，土体渗透性能变化较小，比降变化较小，而在土石结合部的末端，土体渗透性能又发生较大的变化，比降出现集中；此外由于涵洞是钢筋混凝土结构，其抗渗透性能强，而土石结合部抗渗性能较差，在两者接触面渗透性能相差明显，因而比降变化较大。

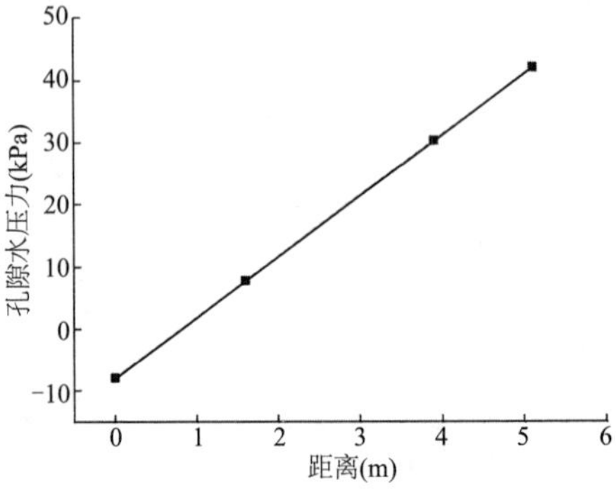

图 5-85　竖直方向不同高度下观测点孔隙水压力数值模拟结果

在渗透作用下，在土石结合部开始端与涵洞基础连接部位的最大比降值约为 0.013，在土石结合部末尾端与涵洞基础连接部位的最大比降值约为 0.023。

表 5-4　孔隙水压力实测值与计算值对比

高程(m)	测点	孔隙水压力(kPa)		计算值/实测值
		实测值	计算值	
57.69	SY-2560	46.50	42.07	0.90
	SY-2728	46.00	41.68	0.91
	SY-2829	43.80	41.29	0.94
61.19	SY-2196	7.60	7.86	1.03
	SY-2369	12.76	7.49	0.59
62.79	SY-2532	−6.11	−7.97	1.3
	SY-2455	−7.52	−8.04	1.07
	SY-2823	−3.59	−8.36	2.33
	SY-2484	−8.53	−8.36	0.98
	SY-2595	−6.57	−8.36	1.27

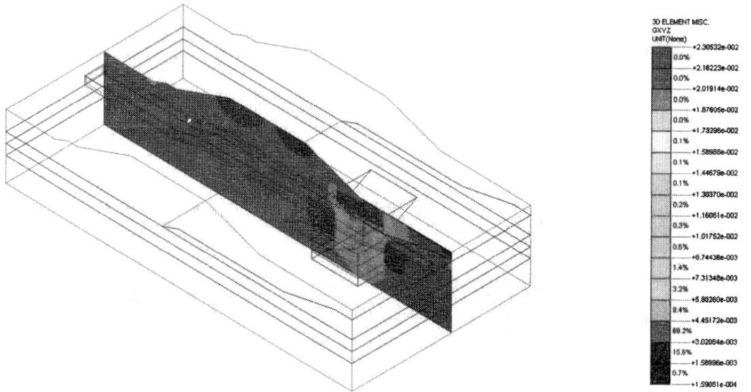

(a)

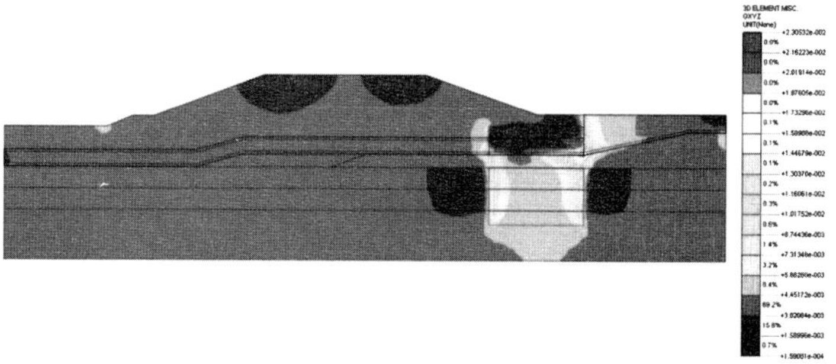

(b)

图 5-86　比降分布特征

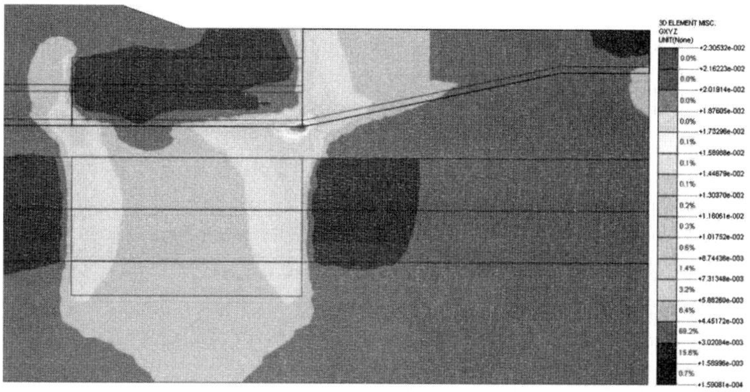

图 5-87　土石结合部比降分布局部放大

2. 2000 年设防水位下数值模拟结果

当黄河堤防临水侧水位为 2000 年设防水位，背水侧地下水位为 61. 8 m 时，石头庄引黄闸土石结合部附近的地下水渗流场见图 5-88，结果表明，地下水渗流主要分布在粉砂层和土石结合部部位，土石结合部起始段和末尾段流速明显大于土石结合部中间部位，其余部位地下水流动速度则很微弱。石头庄引黄闸土石结合部附近的孔隙水压力分布见图 5-89，结果表明，孔隙水压力主要分布在浸润线以下，且随着埋深的增加，孔隙水压力逐渐增大，在浸润线以上，也有负的孔隙水压力分布。

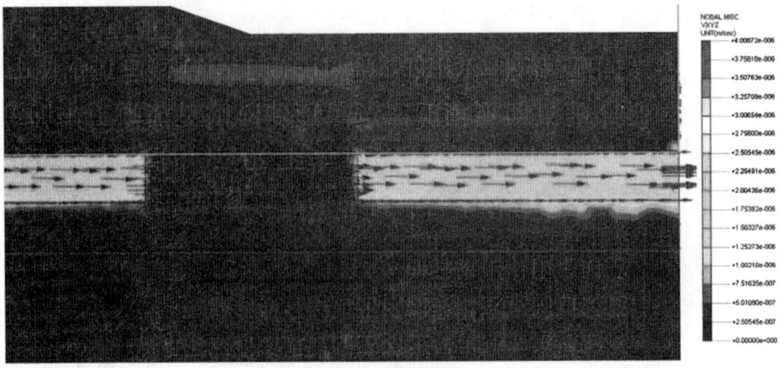

图 5-88　流速分布

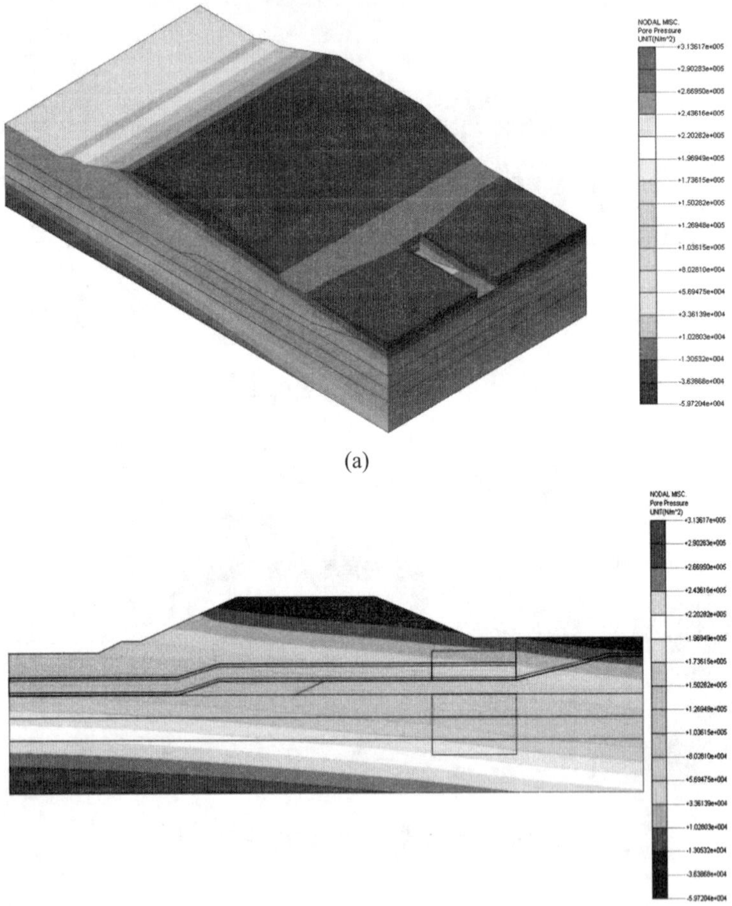

(a)

(b)

图 5-89　孔隙水压力分布

高程 57.69 m 下 3 个观测点（SY-2560、SY-2728 和 SY-2829）孔隙水压力数值模拟结果见图 5-90，图中横坐标表示距离第一个实测点（SY-2560）的距离，纵坐标表示孔隙水压力值。计算结果表明，3 个点孔隙水压力值变化范围为 79 ~ 63 kPa，3 个点孔隙水压力计算值变化范围大，与临水侧水位 62.3 m 下数值模拟结果（41 ~ 43 kPa）相比，其孔隙水压力明显增大。

高程 58.89 m 下 4 个观测点(SY-2743、SY-2174、SY-2765 和 SY-2412)孔隙水压力数值模拟结果见图 5-91,图中横坐标表示距离第一个实测点(SY-2743)的距离,纵坐标表示孔隙水压力值。从图中分析,其水压力值变化范围为 68 ~ 56 kPa,与临水侧水位为 62.3 m 下数值结果(29 ~ 31 kPa)相比,其孔隙水压力明显增大。

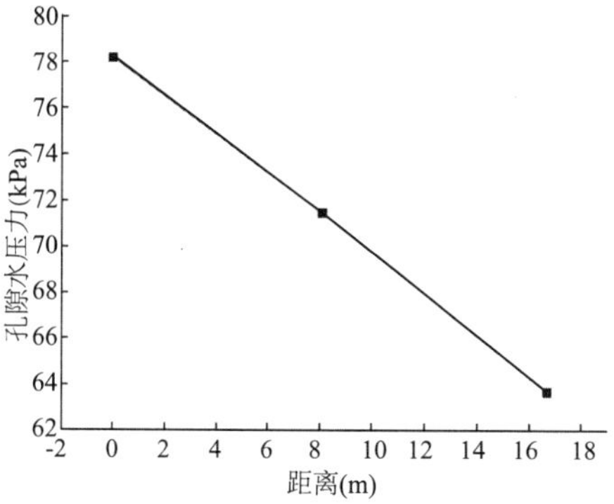

图 5-90　高程 57.69 m 下 3 个观测点孔隙水压力数值模拟结果(2000 年设防水位)(SY-2560、SY-2728 和 SY-2829)

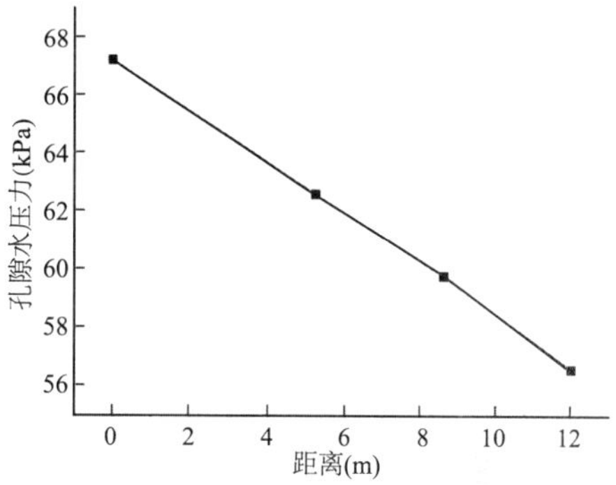

图 5-91　高程 58.89 m 下 4 个观测点孔隙水压力数值模拟结果(2000 年设防水位)

高程 61.19 m 下 7 个观测点(SY-2196、SY-2394、SY-2369、SY-2392、SY-2160、SY-2396 和 SY-2527)孔隙水压力数值模拟结果见图 5-92,图中横坐标表示距离第一个实测点(SY-2196)的距离,纵坐标表示孔隙水压力值。计算结果表明,该高程下孔隙水压力值变化范围为 46 ~ 29 kPa,7 个点差值相对较大,与临水侧水位为 62.3 m 下数值结果(8 ~ 6 kPa)相比,其孔隙水压力明显增大。

高程 62.79 m 下 5 个观测点(SY-2532、SY-2455、SY-2823、SY-2484 和 SY-2595)孔隙水压力数值模拟结果见图 5-93,图中横坐标表示距离第一个实测点(SY-2532)的距离,纵坐标表示孔隙水压力值。从图中分析,其水压力值变化范围为 16 ~ 30 kPa,各测点差值明显增大,与临水侧水位为 62.3 m 下数值结果(−7 ~ −9 kPa)相比,其孔隙水压力明显增大。

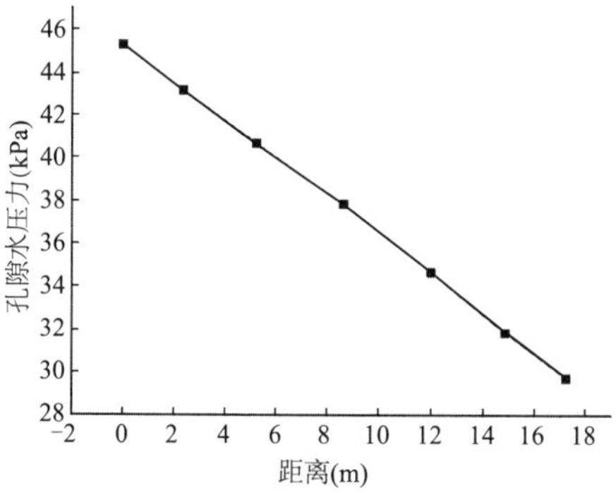

图 5-92　高程 61.19 m 下 7 个观测点孔隙水压力数值模拟结果(2000 年设防水位)

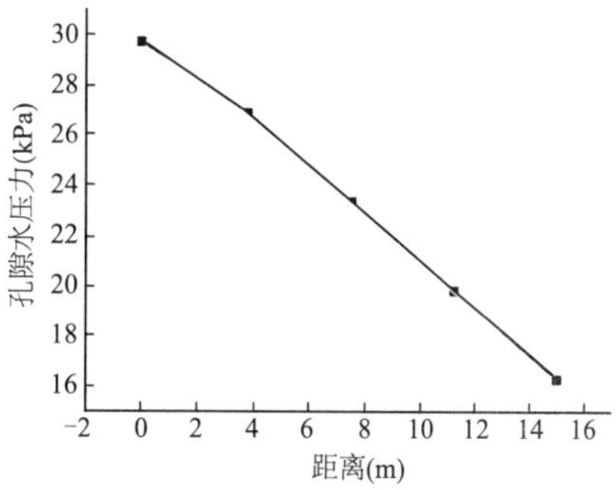

图 5-93　高程 62.79 m 下 5 个观测点孔隙水压力数值模拟结果(2000 年设防水位)

竖直方向下 4 个高程下孔隙水压力计算结果见图 5-94，其中图 5-94(a)(监测点为 SY-2532、SY-2196、SY-2743 和 SY-2560)中横坐标表示距离第一个实测点(SY-2532)的竖直长度，纵坐标表示孔隙水压力值，图 5-94(b)(监测点为 SY-2595、SY-2527、SY-2702 和 SY-2829)中横坐标表示距离第一个实测点(SY-2595)的竖直长度，纵坐标表示孔隙水压力值。计算结果表明，随着高度的减小，孔隙水压力的值逐步增大，在土石结合部起始端其值从 30 kPa、增加至 45 kPa、67 kPa 和 78 kPa，在土石结合部末端其值从 16 kPa 增加至 30 kPa、52 kPa 和 64 kPa，基本符合静态孔隙水压力线性增长规律。

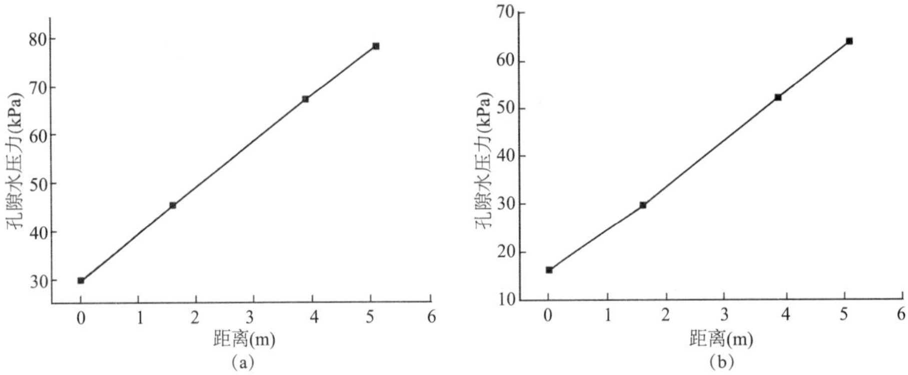

图 5-94　竖直方向不同高度下观测点孔隙水压力数值模拟结果(2000 年设防水位)

3. 比降的计算结果

石头庄引黄闸附近黄河大堤及地基地下水渗透的比降分布图见图 5-95。计算结果表明，堤身及堤基中比降最大剖面位于土体和涵洞接触面上，在该剖面中比降变化集中部位主要分布于土石结合部和涵洞基础相连部位，与临水侧水位为 62.3 m 下的数值模拟结果类似。

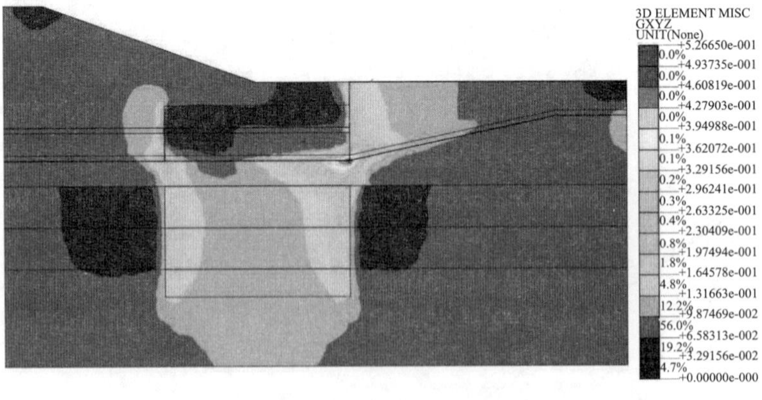

图 5-95　比降分布(2000 年设防水位)

在渗透作用下，在土石结合部开始端与涵洞基础连接部位的最大比降值约为 0.28，在土石结合部末尾端与涵洞基础连接部位的最大比降值约为 0.52。与临水侧水位为 62.3 m 下数值结果相比，其最大值增加 20 倍以上。

4. 不同水位下数值分析结果

1）临水侧 65 m 下的孔隙水压力分布特征

当黄河堤防临水侧水位为 65 m，背水侧地下水位为 61.8 m 时，可以得到石头庄引黄闸土石结合部附近的地下水渗流场。结果表明，地下水渗流场分布规律与上述两种工况类似，只是其值大小发生变化。

高程 57.69 m 下 3 个观测点（SY-2560、SY-2728 和 SY-2829）孔隙水压力数值模拟结果见图 5-96，图中横坐标表示距离第一个实测点（SY-2560）的距离，纵坐标表示孔隙水压力值。计算结果表明，3 个点孔隙水压力值变化范围为 52 ~ 47 kPa，3 个点孔隙水压力计算值变化范围大，与临水侧水位 62.3 m 下数值模拟结果（41 ~ 43 kPa）相比，其孔隙水压力明显增大。

高程 58.89 m 下 4 个观测点（SY-2743、SY-2174、SY-2765 和 SY-2412）孔隙水压力数值模拟结果见图 5-97，图中横坐标表示距离第一个实测点（SY-2743）的距离，纵坐标表示孔隙水压力值。从图中分析，其水压力值变化范围为 41 ~ 37 kPa，与临水侧水位为 62.3 m 下数值结果（29 ~ 31 kPa）相比，其孔隙水压力明显增大，但同一高程下不同位置的水压力变化并不显著。

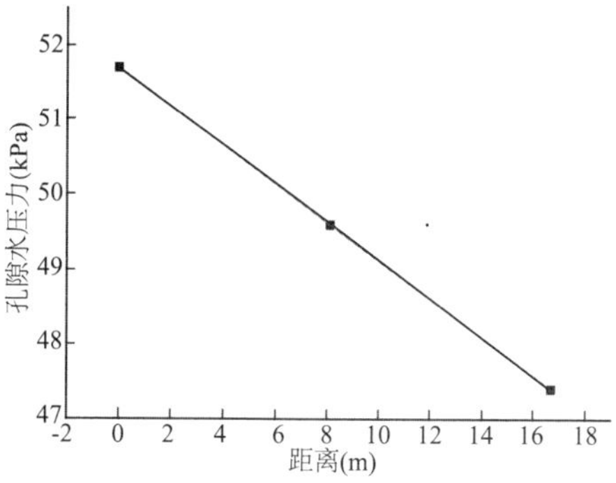

图 5-96　高程 57.69 m 下 3 个观测点孔隙水压力数值模拟结果（临水侧水位 65 m）（SY-2560、SY-2728 和 SY-2829）

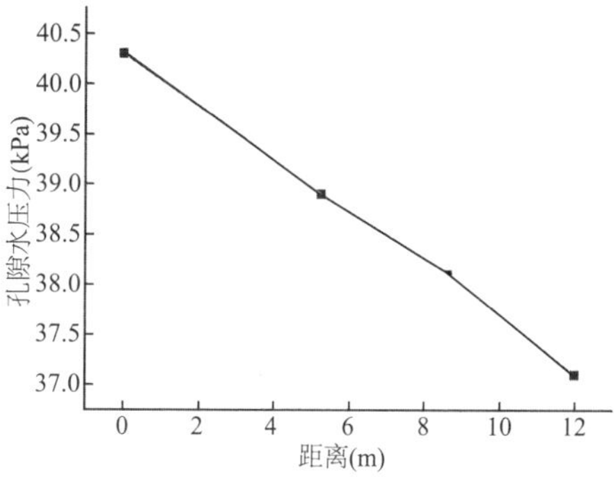

图 5-97　高程 58.89m 下 4 个观测点孔隙水压力数值模拟结果（临水侧水位 65 m）（SY-2743、SY-2174、SY-2765 和 SY-2412）

2）临水侧 65 m 下的比降的计算结果

石头庄引黄闸附近黄河大堤及地基地下水渗透的比降分布图见图 5-98。计算结果表

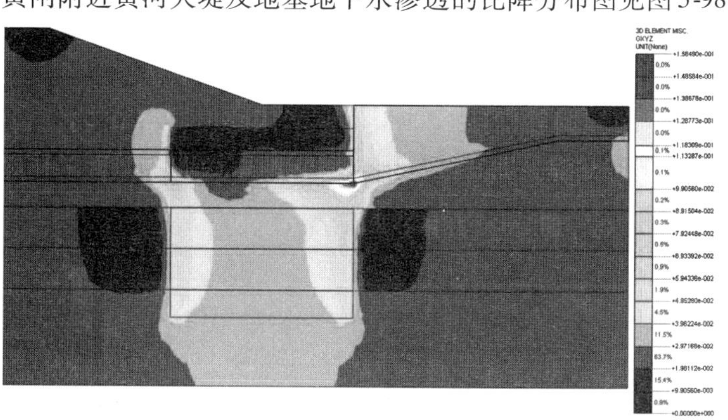

图 5-98　比降分布（临水侧水位为 65 m）

明，堤身及堤基中比降变化集中部位主要分布于土石结合部和涵洞基础相连部位，与临水侧水位为 62.3 m 下的数值模拟结果类似。

在渗透作用下，在土石结合部开始端与涵洞基础连接部位的最大比降值约为 0.09，在土石结合部末尾端与涵洞基础连接部位的最大比降值约为 0.16。与临水侧水位为 62.3 m下数值结果相比，其最大值增加约 7 倍。

3）临水侧不同水位下土石结合部孔隙水压力分布

在临水侧水位分别为 62.3 m（2015 年丰水期水位）、65 m 和 71 m（2000 年设防水位），背水侧水位为 61.8 m 的条件下，高程 58.89 m 下孔隙水压力测点 SY-2743 随临水侧水位的变化见图 5-99。结果表明，高程 58.89 m 下孔隙水压力测点 SY-2743 随临水侧水位的增加，其值近似符合线性增加。同样条件下，高程 57.69 m 下孔隙水压力测点 SY-2829 随临水侧水位的变化见图 5-100。结果表明，高程 57.69 m 下孔隙水压力测点 SY-2829 随临水侧水位的增加，其值近似符合线性增加。

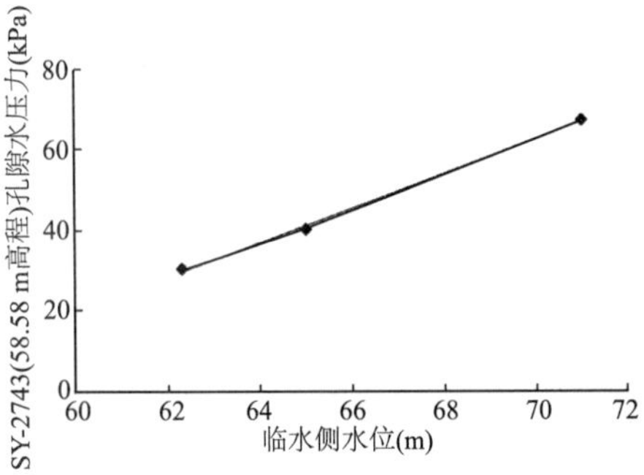

图 5-99　孔隙水压力测点 SY-2743 随临水侧水位的变化

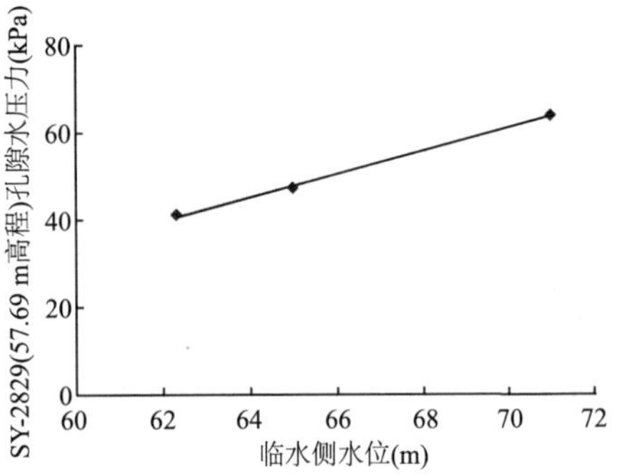

图 5-100　孔隙水压力测点 SY-2829 随临水侧水位的变化

4）临水侧不同水位下土石结合部的比降

在临水侧水位分别为 62.3 m（2015 年丰水期水位）、65 m 和 71 m（2000 年设防水位），背水侧水位为 61.8 m 的条件下，土石结合部的底部（高程约为 58.89 m）随临水侧水位的变化见图 5-101。结果表明，土石结合部最大水力比降随临水侧水位的增加，其值快速增加，其拟合函数为线性。

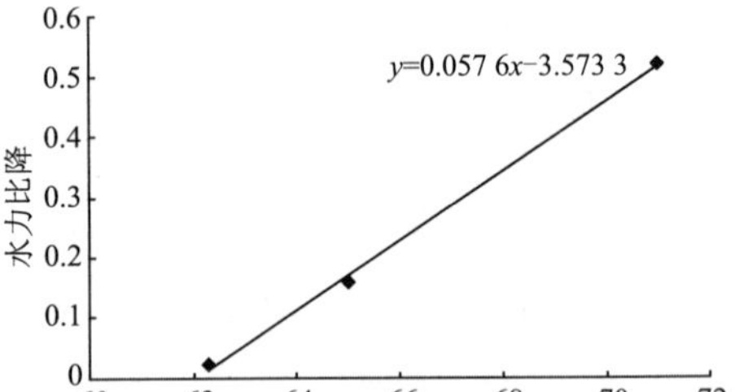

图 5-101　土石结合部最大水力比降随临水侧水位的变化

五、引黄闸土石结合部渗漏破坏的预测与预警

（一）现状分析

黄河下游引黄水闸建筑在黄河大堤上，涵闸同防洪大堤连为一体，构成了千里堤防统一的防洪屏障，一旦出事，后果不堪设想。涵闸在运用时，上下游形成较大的水位差，使闸基土的渗透压力增大。当土体内部渗透水流的渗透比降超过土体的允许比降值时，部分

土体即发生渗透变形破坏,土体内部形成集中冲刷,从而发展为潜流孔道,造成工程险情。

沿黄涵闸最常见的地质问题为土石结合部渗透,引黄涵闸修建后,缩短了渗径,增大了逸出比降,从而容易引发渗透变形。黄河下游涵闸,由于修建时的技术条件,止水过简,洞子过长,加上洞身填土不均引起的地基不均匀沉降,易使接头顶部受挤压,底部容易被拉断。渗透水流由此进入闸基土中,渗径大为缩小,形成渗透水流逸出。

堤坝常因不均匀沉降、水力劈裂、土与建筑物变形不协调等原因而产生裂缝,引发集中土石结合部渗流破坏,导致溃坝。Richards 和 Reddy (2007)对 267 个土坝渗透破坏案例的渗透破坏类型进行了分析,发现裂缝集中渗流冲蚀破坏的占 49.8%。对我国近年来 9 座渗透破坏土坝(包含 2013 年出险的曲亭、联丰、星火、翻山岭 4 座水库)的进一步分析发现,8 座水库渗透破坏主要位于排泄水建筑物附近,1 座为沉降量最大的断面,这些位置均为易产生裂缝之处,部分工程调研结果见表 5-5。

表 5-5　渗透破坏水库出险位置调研结果

水库名称	出险时间	出险位置
八一	2003	先看到坝坡有渗流逸出,渗流出口的位置位于沉降量最大的断面
英德尔	2005	震后溢洪道下游右侧漏水,上游左侧有漩涡
小海子	2007	坝基渗流从排水沟内排出
岗岗	2007	新建泄洪排沙洞下游附近排水
杨湾桥	2011	放水涵管漏水,大坝下游右岸坝坡发生塌坑
曲亭	2013	大库大坝左侧灌溉洞进水口沿洞线下游约 20 m 处水面有漩涡出现
联丰	2013	新建放水涵洞出口上部左侧发现渗透破坏现象
星火	2013	溢洪道闸室左侧翼墙与土坝结合处渗漏
翻山岭	2013	左坝肩山体出现管涌

渗流接触冲刷是土石坝渗透破坏中最常见的形式。渗流的接触冲刷主要发生在不同岩土体的接触带。如果两层材料的渗透系数之比大于 50,在沿层面的渗流作用下容易产生接触冲刷。如青海沟后沙砾石面板坝的溃决与顶部沙砾石坝施工中的分离有直接关系。由于沙砾石存在分离问题,极不均匀的沙砾石的施工中分离后在坝体中出现粗细层,而且在坝顶上下游相连通,水库蓄水到最高水位后坝顶漏水,在坝顶沙砾石坝体中产生了水平方向的接触冲刷,导致顶部防浪墙倒塌而溃决。

接触冲刷也是黄河水闸主要的渗流问题,其主要发生在闸室土石结合部,其原因主要有以下 3 点:

(1)涵闸边墩、岸墙、护坡等混凝土或砌体与土基堤身结合部,土料回填不实,长期受地表径流渗入形成渗漏通道,导致边墩、岸墙、护坡等混凝土或砌体倒塌、倾覆。

(2)闸体与土堤所承受的荷载不均,引起不均匀沉陷、错缝,遇到降雨时地表径流进入,长时间冲蚀形成陷坑,陷坑逐步扩大,逐渐使岸墙、护坡失去依托而开裂、塌陷。

(3)洪水顺裂缝造成集中绕渗,严重时在闸下游造成管涌、流土,淘蚀涵闸周围土体,进而危害涵闸及堤身的安全。

目前,国内外对土石结合部的接触冲刷问题的分析较少。

普拉维德认为,当细土层的粒径 d_i 与粗土层的孔隙直径 D_0 之比 $d_i/D_0<0.7$ 且渗流

的雷诺数 $Re<20$ 时，两层土之间的渗流才会出现接触冲刷，并建议按照下式确定在纵向渗流作用下粗细两层土之间接触冲刷的临界水力比降：

$$J_{c,\mathrm{cr}}=\frac{1}{\sqrt{\varphi_1}}\left(3+15\frac{d_3}{D_0}\right)\frac{d_3}{D_0}\sin\left(30^\circ+\frac{\theta}{8}\right) \tag{5-23}$$

$$D_0=0.455\sqrt[E]{C_u}\frac{1-n_{粗}}{n_{粗}}d_{17}$$

式中　$J_{c,\mathrm{cr}}$——接触冲刷临界水力比降；

φ_1——系数，沙砾石取 1.0，碎石取 0.35 ~ 0.4；

θ——重力方向与水流方向的夹角；

C_u、$n_{粗}$、d_{17}——粗粒土的不均匀系数、孔隙率及等效粒径。

采用该公式计算时 $d_i=d_3$，即小于该粒径的土重占总土重的 3%，公式比较复杂，在实际工程中应用困难。

伊斯托美娜根据试验结果给出了接触冲刷的水力比降与土层特征粒径之间的函数关系，即：

$$J_{c,\mathrm{cr}}=f\left(\frac{D_{10}}{d_{10}\tan\varphi}\right) \tag{5-24}$$

式中　D_{10}——粗土层的有效粒径；

d_{10}——细土层的有效粒径；

$\tan\varphi$——细土层的摩擦系数；

$J_{c,\mathrm{cr}}$——接触冲刷临界水力比降。

式中将细土层的摩擦系数考虑在内，试验结果表明，当 $D_{10}/d_{10}<10$ 时，成层土中不会产生渗流接触冲刷，其结果也可参见图 5-102。

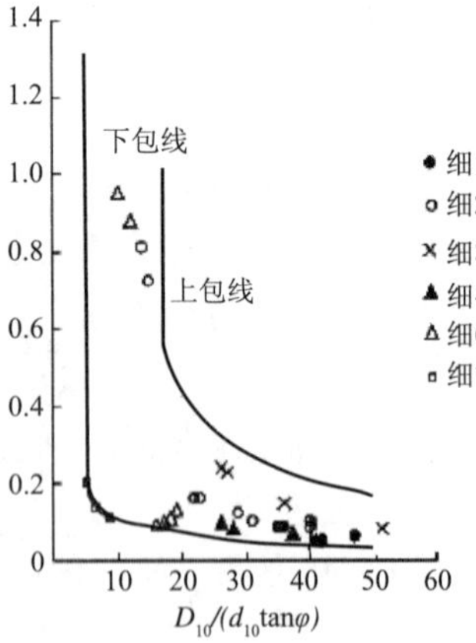

图 5-102　$J_{c,\mathrm{cr}}=f\left(\frac{D_{10}}{d_{10}\tan\varphi}\right)$关系曲线

范德吞(1963)认为接触冲刷水力比降大小只与细土层和粗层粒径平均值之比有关，根据试验资料得出两者呈近似线性关系的结论。当两土层粒径平均值之比增大时，产生接触冲刷的水力比降也随之增大，即土层粒径相差越大，越容易发生接触冲刷。

陶同康(1985)等从土层接触面上土颗粒的受力平衡出发，推导出无黏性土接触冲刷临界水力比降的计算公式：

$$J_{c,\mathrm{cr}}=0.181\alpha\frac{\rho_s-\rho_\omega}{\rho_\omega}\left(\frac{1-n_1}{D_{\theta k}}+\frac{1-n_2}{d_{\theta k}}\right)d_{10} \tag{5-25}$$

式中　α——土颗粒的形状系数；

ρ_s——土颗粒的密度；

ρ_ω——水的密度；

n_1——粗土层的孔隙率；

n_2——细土层的孔隙率；

$D_{\theta k}$——粗土层的等效粒径；

$d_{\theta k}$——细土层的等效粒径。

该公式较全面地考虑了产生接触冲刷的各种影响因素，但是式中的参数较多且难以确定，因此计算结果有较大的不确定性。

2011 年刘杰根据试验资料进一步提出来两水平无黏性土层之间产生接触冲刷时临界水力比降与颗粒组成之间的关系为：

$$J_{c,\mathrm{cr}} = 6.5\frac{d_{10}}{D_{20}}\tan\varphi \tag{5-26}$$

式中　D_{20}——粗土层的有效粒径；

d_{10}——细土层的有效粒径；

$\tan\varphi$——细土层的摩擦系数；

$J_{c,\mathrm{cr}}$——接触冲刷临界水力比降。

清华大学的雷红军等分析了黏土－结构接触面大剪切变形后渗流特性，试验结果表明：含有填筑缺陷的接触面在大剪切变形过程中渗透性降低；而含有粉土杂质的混合黏土接触面，其渗透性起初随剪切变形的增加而减小，剪切至某一程度后反向增加；存在填筑缺陷和杂质的接触面渗透性强于均质黏土接触面。

（二）土石结合部渗透破坏的预测

1. 渗透破坏临界水力比降的确定

根据石头庄引黄闸土石结合部的土压力和孔隙水压力的实际监测结果，土石结合部的土压力随着深度增加而减少，表明了土石结合部土体密实度不足，且土石结合部的底部密实度不如上部，即土石结合部破坏最可能从其下部开始。

由于石头庄引黄闸土石结合部土体实际的物理力学性质指标很难准确测定，结合上部堤身土体的力学性质指标，选定土石结合部土体的抗剪强度指标黏聚力（c）为 6 kPa，内摩擦角（φ）为 8°，则其极限抗剪强度为：

$$\tau_f = (\sigma - u)\tan\varphi' + c'$$

式中　τ_f——土体的极限抗剪强度，kPa；

σ——土体的总应力，kPa；

u——土体的孔隙水应力，kPa；

φ'——土体的有效内摩擦角，（°）；

c'——土体的有效黏聚力，kPa。

2. 2015 年丰水期下土石结合部渗透破坏的验算

2015 年丰水期高程 59.19 m 的土压力（TY-2155）实测值为 51 kPa 和临近高度（高程 58.89 m）孔隙水压力 SY-2743 的计算值为 31.5 kPa，则其极限抗剪强度为：

$$\tau_f = (\sigma - u)\tan\varphi' + c' = (51 - 31.5)\tan 8° + 6 = 19.5 \times 0.1405 + 6 = 8.74(\mathrm{kPa})$$

如果土体发生渗透破坏则渗流力等于土体极限抗剪强度：

$$J_{\mathrm{cr}} = \frac{\tau_f}{\gamma_w} = 8.74/9.8 = 0.89$$

式中　J_{cr}——土体的临界水力比降；

γ_w——水的重度，kN/m³。

而在 2015 年丰水期下土石结合部的最大水力比降仅为 0.033，远远小于其临界水力比降，土石结合部不会发生破坏。

3. 2000 年设防水位下土石结合部渗透破坏的验算

根据二维渗流分析结果，2000 年设防水位下高程 58.89 m 接近 TY-2155 点孔隙水压力的计算值为 78 kPa，则土体的极限抗剪强度为：

$\tau_f = (\sigma - u)\tan\varphi' + c' = (\sigma - 78)\tan 8^\circ + 6$，其结果近似等于 6 kPa。

如果土体发生渗透破坏则渗流力等于土体极限抗剪强度，则临界水力比降为：

$$J_{cr} = \frac{\tau_f}{\gamma_w} = 6/9.8 = 0.61$$

在 2000 年设防水位下土石结合部的开始端和末端最大水力比降均超过 0.7，大于土石结合部的临界水力比降，表明土石结合部已经发生渗透破坏。

4. 土石结合部渗透破坏的预测

根据 2015 年丰水期和 2000 年设防水位下土石结合部渗透破坏的预测，当高程 58.89 m 接近 TY-2155 点孔隙水压力达到 51 kPa 时，其抗剪强度由内摩擦角提供的部分可以忽略，仅由黏聚力提供其强度，这时可能出现渗透破坏，此时的临界渗透比降为 $J_{cr} = \frac{\tau_f}{\gamma_w} = 6/9.8 = 0.61$。

根据二维计算结果（见图 5-38、图 5-39 和图 5-40），当土石结合部底部的水力比降达到 0.61 时，其局部开始出现渗透破坏，对应的孔隙水压力测点 SY-2743 的值约为 70 kPa，由于测点 SY-2743 失效，相应孔隙水压力测点 SY-2829 的值约为 60 kPa。

根据三维计算结果（见图 5-62、图 5-63），当土石结合部底部的水力比降达到 0.61 时，其局部开始出现渗透破坏，对应的孔隙水压力测点 SY-2829 的值约为 67.7 kPa。

综合二维和三维计算结果，当孔隙水压力测点 SY-2829 测点的值约为 65 kPa 时，石头庄引黄闸土石结合部将发生渗透破坏，可以进行渗透破坏预警。

第四节　本章小结

本章将石头庄引黄闸作为典型引黄水闸工程，通过对其土石结合部监测分析、二维渗流分析和三维渗流分析，得出以下结论：

（1）随着从枯水期向丰水期转变，黄河水位总体上升，石头庄引黄闸闸基下部地下水水位抬升，且地下水水位升高速度和河水位上升速度密切相关；同时同一高程下引黄闸闸基附近的孔隙水压力一般略微高于闸基正下方的孔隙水压力。

（2）综合分析高程 59.19 m、61.29 m、61.59 m 和 61.89 m 的引黄闸涵洞两侧土石结合部的土压力，与之相对应的土压力范围为 10～60 kPa、40～50 kPa、80～120 kPa 和 50～110 kPa，即土压力随着高程增加逐步增大，这说明与在均质土层中土压力随着深度增大而增加的分布规律相矛盾，这也从另一个侧面表明了土石结合部的土体存在密实度不足的缺陷。

（3）综合二维和三维计算结果，当孔隙水压力测点 SY-2829 测点的值约为 65 kPa 时，石头庄引黄闸土石结合部将发生渗透破坏，可以进行渗透破坏预警。

参考文献

[1] 水利部黄河水利委员会,黄河防汛总指挥部办公室. 防汛抢险技术[M]. 郑州:黄河水利出版社,2000.

[2] 王运辉. 防汛抢险技术[M]. 武汉:武汉水利电力大学出版社,1999.

[3] 张宝森. 堤防工程及穿堤建筑物土石结合部安全监测技术发展[J]. 地球物理学进展,2003,18(3):445-449.

[4] 赵天义. 河南引黄涵闸防渗止水技术发展简述[J]. 人民黄河,1987(2):51-55.

[5] 郭玉松,毋光荣,袁江华. 堤防隐患探测技术综述[J]. 水利技术监督,2002,10(5):40-42.

[6] 焦爱萍,邢广彦,何江. 堤防隐患探测新技术[J]. 水利科技与经济,2003,15(1):66-76.

[7] 冷元宝,黄建通,张震夏,等. 堤坝隐患探测技术研究进展[J]. 地球物理学进展,2003,9(3):370-379.

[8] 万海斌. 抗洪抢险成功百例[M]. 北京:中国水利水电出版社,2000.

[9] 李树枫. 土石坝老化病害评价指标体系及对策研究[D]. 北京:中国农业大学,2005.

[10] 水利电力部水文水利管理司. 水工建筑物养护修理工作手册[M]. 北京:水利电力出版社,1979.

[11] 梅孝威. 水利工程管理[M]. 北京:中国水利水电出版社,2005.

[12] 毋光荣,郭玉松,谢向文. 堤坝隐患探测技术研究与应用[J]. 河南水利,2001(6):52.

[13] 陈辉,景卫华,李益进. 穿堤建筑物的防渗措施简析[J]. 山西建筑,2009,35(2):356-357.

[14] 常利营,陈群. 接触冲刷研究进展[J]. 水利水电科技进展,2012,32(02):79-82.

[15] 白玉慧,颜振元,张庆华,等. 土石坝工程老化程度评价指标研究[J]. 水利学报,1998,29(2):0054-0057.

[16] 高加成,甘新民. 堤坝蚁穴发育规律及早期防治措施研究[J]. 湖南理工学院学报(自然科学版),2003,16(3):87-90.

[17] COTE J,KONRAD J M. Thermal conductivity of base-course materials[J]. Anadian Geotechnical Journal,2005(42):61-78.

[18] 肖衡林. 渗漏监测的分布式光纤传感技术的研究与应用[D]. 武汉:武汉大学,2006.

[19] 肖衡林,鲍华,王翠英,等. 基于分布式光纤传感技术的渗流监测理论研究[J]. 岩土力学,2008,29(10):2794-2798.

[20] 杨世铭,陶文铨. 传热学[M]. 北京:高等教育出版社,2006.

[21] 刁乃仁,方肇洪. 地埋管地源热泵技术[M]. 北京:高等教育出版社,2006.

[22] 戴昌晖,等. 流体流动测量[M]. 北京:航空工业出版社,1992.

[23] 张奕. 传热学[M]. 南京:东南大学出版社,2004.

[24] 胡再新. 分布式光纤温度测量系统的原理及应用[J]. 中国仪器仪表,2004(7):44-46.

[25] Panthulul T V,Krishnaiah C,Shirke J M. Detection of seepage paths in earth dams using self-potential and electrical resistively methods[J]. Engineering Geology, 2001(59):281-295.

[26] Mendez,et al. Application of embedded optical fiber sensors in reinforced concreted building and structures[J]. SPIE,1989,1170:6-069.

[27] 蔡德所,肖衡林,鲍华. 分布式光纤温度传感系统(DTS)和光纤陀螺(FOG)技术在大坝工程中的应

用研究[M].桂林:广西师范大学出版社,2013.

[28] Hartog H. Distributed Temperature Sensor Based on Liquid Core Optical Fiber[J]. IEEE Lightwave Tech,1983,1(3):498-509.

[29] 刘明.瞬态热线法测量液体导热系数的研究[D].杭州:浙江大学,2010.

[30] 朱正伟.边坡监测的复合光纤装置法研究及其应用[D].重庆:重庆大学,2011.

[31] Harris A,Castle P F. Bend loss measurements on high numerical aperture single-mode fibers as a function of wavelength and bend radius[J]. Lightwave Technology,Journal of,1986,4(1):34-40.

[32] Marcuse D. Curvature loss formula for optical fibers[J]. JOSA,1976, 66(3): 216-220.

[33] Fields J N,Cole J H. Fiber microbend acoustic sensor[J]. Applied optics. 1980, 19(19): 3261-3265.

[34] 张娟.缠绕式光纤应变传感技术的研究[D].秦皇岛:燕山大学,2006.

[35] Sienkiewicz F,Shukla A. A simple fiber-optic sensor for use over a large displacement range. (vol 28,pg 293,1997)[J]. Optics and Lasers in Engineering. 1998,29(1):73.

[36] Augousti A T,Maletras F, Mason J. The use of a figure-of-eight coil for fibre optic respiratory plethysmography:geometrical analysis and experimental characterisation[J]. Optical Fiber Technology, 2005,11(4):346-360.

[37] 刘邦.复合光纤装置监测滑坡可行性的试验研究[D].重庆:重庆大学,2011.

[38] 罗虎.滑坡监测复合光纤装置性能试验研究[D].重庆:重庆大学,2012.

[39] 廖延彪,金慧明.光纤光学[M].北京:清华大学出版社有限公司,1992.

[40] Wan K T, Leung C. Fiber optic sensor for the monitoring of mixed mode cracks in structures[J]. Sensors And Actuators A-physical, 2007,135(2):370-380.

[41] 大坝的安全.王铁生,译[J].水利水电快报,1984(5).

[42] 混凝土坝岩基的安全性.孙申登,译[J].水利水电快报,1984(6).

[43] 根据历史数据分析土石坝的事故概率.范敏,译[J].水利水电快报,2003,24(18):5-7.

[44] 刑林生.我国水电站大坝事故分析与安全对策[J].水利水电进展,2001,21(2):26-32.

[45] Tsang Y W,Tsang C F. Channel model of flow though fractured media[J]. Water resources research,1987,23(3).

[46] 毛昶熙.渗流计算分析与控制[M].北京:中国水利水电出版社,1990.

[47] 钱家欢,殷宗泽.土工原理与计算[M].2版.北京:中国水利水电出版社,1996.

[48] 郭建扬.防汛堤坝、堤基结构与渗透变形[J].岩石力学与工程学报,1998(6).

[49] 肖四喜,李银平.大堤管涌形成机理分析及治理方法[J].工程勘察,2000(3).

[50] Hugaev R R. Seepage through Dams. Advances in Hydroscince[J]. By V. t. C. how,1971(7).

[51] Hsu S J C. Aspects of piping Resistance to seepage in clayeysoils[C]//10th conference on soil Mech and Found Engineering,1981:421.

[52] Sherard J L,et al. Piping in the Earth Dams of Dispersive Clay[J]. Performance of Earth and Earth-Supported Structures,1972,1,Part l.

[53] 张刚.管涌现象细观机理的模型试验与颗粒流数值模拟研究[D].同济大学,2007.

[54] Seed H B,Duncan J M. The Teton Dam failure: areview retrospective[C]//Proceedings review of the 10th International Conference on Soil M echanics and Foundation Engineering,Stockholm,Sweden: [s. n.],1981:219-238.

[55] Sherard J L. Lessons from the T eton Dam failure[J]. Engineering Geology, 1987, 24: 239-259.

[56] 刘杰.土石坝渗流控制理论基础及工程经验教训[M].北京:水利电力出版社,2006.

[57] 顾淦臣.国内外土石坝重大事故剖析:对若干土石坝重大事故的再认识[J].水利水电科技进展,

1987,17(2):13-20.

[58] 牛运光. 从我国几座土石坝渗流破坏事故中吸取的经验教训[J]. 水利水电技术,1992(7):50-54.

[59] 常利营,陈群. 接触冲刷研究进展[J]. 水利水电科学进展,2012,32(2):79-82.

[60] 邓伟杰,路新景. 接触冲刷研究现状及存在问题的解决思路[EB/OL]. 中国科技论文在线,2008.

[61] 高峰,詹美礼. 法向力作用下接触冲刷破坏的实验模拟研究[EB/OL]. 中国科技论文在线,2007.

[62] 王保田,陈西安. 悬挂式防渗墙防渗效果的模拟试验研究[J]. 岩石力学与工程学报,2008,27(S1):2766-2771.

[63] 陆兆溱. 工程地质学[M]. 北京:中国水利水电出版社,1989.

[64] 钱家欢,殷宗泽. 土工原理与计算[M]. 北京:中国水利水电出版社,1980.

[65] 刘杰. 无黏性土层之间渗流接触冲刷机理实验研究[J]. 水利水电科技进展,2011,31(3):27-30.

[66] Sundborg A. The river Klareilven study of pluvial processes[J]. Geografist, 1956, 38:125-316.

[67] Dune J S. Tractive resistance of cohesive channels[J]. J of Soil Mech and Foundation Division, ASCE, 1959,85:1-24.

[68] Partheniades E. Erosion and deposition of cohesive soils[J]. Journal of the Hydraulic Division, ASCE, 1965, 91: 105-139.

[69] 陈建生,刘建刚,焦月红. 接触冲刷发展过程模拟研究[J]. 中国工程科学,2003,5(7):33-39.

[70] A. Д. Голъьдина, Л Н Расскаэов. Проектирование грунтовых п лотин[M]. Москьа: Иэд ABC,2001.

[71] 陶同康,尤克敏. 无黏性土接触冲刷分析[J]. 力学与实践,1985,7(1):15-18.

[72] 刘建刚. 堤基渗透变形理论与渗漏探测方法研究[D]. 南京:河海大学,2002,9.

[73] 陈群,谷宏海,何昌荣. 砾石土防渗料—反滤料联合抗渗试验[J]. 四川大学学报,2012,44(1):13-18.

[74] 邓伟杰. 土石坝接触冲刷试验与分析研究[D]. 南京:河海大学,2008.

[75] Истомина В С. Фалвтрационная устойчивостъ грунтов [M]. Госстройнздат Москьа: Госсгойиэдат,1957.

[76] 范德吞. 大颗粒材料的渗透性及其实际应用[M]//渗流译文汇编. 南京:南京水利科学研究所,1963.

[77] B. H. 热连柯夫. 关于土石坝与裂缝岩基连接处的抗渗强度[M]//渗流译文汇编:第十辑. 南京水利科学研究院,1980.

[78] 河南水利科学研究所. 土坝心墙与岩基接触冲刷试验研究报告[R]. 1981.

[79] 黎国凡. 温峡口水库石渣组合坝黏土心墙与基岩接触冲刷试验[J]. 水利水电技术,1987.

[80] 刘杰. 土石坝截水槽接触冲刷的试验研究[C]//全国病险水库与水闸除险加固专业技术论文集. 北京:中国水利水电出版社,2001.

[81] 詹美礼,高峰,何淑媛,等. 接触冲刷渗透破坏的室内试验研究[J]. 辽宁工程技术大学学报,2009,28:206-208.

[82] 黄河水利科学研究院. 黄河下游堤防溃口力学机理模拟研究报告[R]. 2011.

[83] 赵寿刚,汪自力,张俊霞,等. 黄河下游堤防土体抗冲特性试验研究[J]. 人民黄河,2012,34(1):11-13.

[84] 罗庆君. 防汛抢险技术[M]. 郑州:黄河水利出版社,2000.

[85] 毛昶熙,段祥宝,李思慎,等. 堤防工程手册[M]. 北京:中国水利水电出版社,2009.

[86] 王剑仙. 穿堤建筑物防渗加固技术[J]. 西部探矿工程,2002(5):29-30.

[87] 牟汉书. 浅谈穿堤建筑物土石结合部渗水防护[J]. 中国新技术新产品,2007(10):104-105.

[88] 汪自力,周杨,张宝森. 黄河下游堤防安全管理技术探讨[J]. 长江科学院院报,2009,26(S1):96-99.

[89] Huang N E,Shen Z,Long S R. A new view of nonlinear water waves: the Hilbert Spectrum[J]. Annual Review of Fluid Mechanics, 1999,31:417-457.

[90] Wu Z H,Huang N E. Ensemble empirical mode decomposition:a noise assisted data analysis method [J]. Advances in Adaptive Data Analysis, 2009,1(1):1-41.

[91] Huang N E,Shen Z,Long S R,et al. The empirical mode decomposition and Hilbert spectrum for nonlinear and non-stationary time series analysis[J]. Proc. Roy. Soc. London, 1998,454:903-995.

[92] Rilling G,Flandrin P,Goncalves P. On empirical mode decomposition and its algorithms[C]. 2003.

[93] Wu Z H,Huang N E. A study of the characteristics of white noise using the empirical mode decomposition[J]. Proc. Roy. Soc. London, 2004,460A:1579-1611.

[94] Flandrin P,Rilling G,Goncalves P. Empirical mode decomposition as a filter bank[J]. IEEE Signal Processing Letters, 2004,11(2):112-114.

[95] Zhao J P,Huang D J. Mirror extending and circular spline function for empirical mode decomposition method[J]. 2001(3):247-252.

[96] Deng Y J,Wang W,Qian C C,et al. Boundary-processing-technique in EMD method and Hilbert transform[J]. Chinese Science Bulletin, 2001,(11):954-961.

[97] 盖强,马孝江,张海勇,等. 一种消除局域波法中边界效应的新方法[J]. 大连理工大学学报,2002,42(1):115-117.

[98] Zeng K,He M X. A simple boundary process technique for empirical decomposition[C]. 2004.

[99] 贾嵘,王小宇,蔡振华,等. 基于最小二乘支持向量机回归的 HHT 在水轮发电机组故障诊断中的应用[J]. 中国电机工程学报,2006,26(22):128-133.

[100] Flandrin P,Goncalves P,Rilling G. Detrending and denoising with empirical mode decompositions[R]. Vienna Austria,2004.

[101] Boudraa A O,Cexus J C. EMD-Based Signal Filtering[J]. IEEE Transactions on Instrumentation and Measurement, 2007,56(6):2196-2202.

[102] 王婷. EMD 算法研究及其在信号去噪中的应用[D]. 哈尔滨:哈尔滨工程大学,2010.

[103] 吕建新,吴虎胜,田杰. EEMD 的非平稳信号降噪及其故障诊断应用[J]. 计算机工程与应用,2011,47(28):223-227.

[104] 林瑞忠,林俊豪,李玉榕,等. HHT 在多相流差压信号消噪上的应用[J]. 福州大学学报:自然科学版,2011,39(04):550-556.

[105] 尤炀. 时频分析在大坝监测资料分析中的应用[D]. 南京:河海大学,2009.

[106] Packard N H,Crutchfield J P,Farmer J D,et al. Geometry from a Time Series[J]. Physical Review Letters. 1980,45(9):712-716.

[107] Takens F. Detecting strange attractors in turbulence[J]. Mathematics, 1981,898:366-381.

[108] 韩敏. 混沌时间序列预测理论与方法[M]. 北京:中国水利水电出版社,2007.

[109] Kim H S,Eykholt R,Salas J D. Nonlinear dynamics, delay times, and embedding windows[J]. Phsica D, 1999,127:48-60.

[110] Rosenstein M T,Collins J J,De Luca C J. A practical method for calculating largest Lyapunov exponents from small data sets[J]. Physica D, 1993,65:117-134.

[111] 陆振波,蔡志明,姜可宇. 关于小数据量法计算最大 Lyapunov 指数的讨论[R]. 2011.